碳中和城市与绿色智慧建筑系列教材
住房和城乡建设部“十四五”规划教材
教育部高等学校建筑类专业教学指导委员会规划推荐教材

丛书主编　王建国

智能建造装备与施工

Intelligent Construction Equipments and Practices

吴刚　冯德成　侯士通　编著

中国建筑工业出版社

图书在版编目（CIP）数据

智能建造装备与施工 = Intelligent Construction Equipments and Practices / 吴刚，冯德成，侯士通编著 . -- 北京：中国建筑工业出版社，2025. 2. --（碳中和城市与绿色智慧建筑系列教材 / 王建国主编）（住房和城乡建设部“十四五”规划教材）（教育部高等学校建筑类专业教学指导委员会规划推荐教材）. -- ISBN 978-7-112-30577-3

Ⅰ . TU74-39

中国国家版本馆 CIP 数据核字第 2024NP1829 号

为了更好地支持相应课程的教学，我们向采用本书作为教材的教师提供课件，有需要者可与出版社联系。
建工书院：https://edu.cabplink.com
邮箱：jckj@cabp.com.cn　电话：（010）58337285

策　　划：陈　桦　柏铭泽
责任编辑：吉万旺　仕　帅
文字编辑：周　潮
责任校对：赵　菲

碳中和城市与绿色智慧建筑系列教材
住房和城乡建设部“十四五”规划教材
教育部高等学校建筑类专业教学指导委员会规划推荐教材
丛书主编　王建国

智能建造装备与施工

Intelligent Construction Equipments and Practices

吴刚　冯德成　侯士通　编著

*

中国建筑工业出版社出版、发行（北京海淀三里河路9号）
各地新华书店、建筑书店经销
北京海视强森图文设计有限公司制版
北京中科印刷有限公司印刷

*

开本：787毫米×1092毫米　1/16　印张：20　字数：380千字
2024 年 12 月第一版　2024 年 12 月第一次印刷
定价：69.00元（赠教师课件）
ISBN 978-7-112-30577-3
（43962）

如有内容及印装质量问题，请与本社读者服务中心联系
电话：（010）58337283　QQ：2885381756
（地址：北京海淀三里河路 9 号中国建筑工业出版社 604 室　邮政编码：100037）

《碳中和城市与绿色智慧建筑系列教材》
编审委员会

《碳中和城市与绿色智慧建筑系列教材》

总序

建筑是全球三大能源消费领域（工业、交通、建筑）之一。建筑从设计、建材、运输、建造到运维全生命周期过程中所涉及的“碳足迹”及其能源消耗是建筑领域碳排放的主要来源，也是城市和建筑碳达峰、碳中和的主要方面。城市和建筑“双碳”目标实现及相关研究由 2030 年的“碳达峰”和 2060 年的“碳中和”两个时间节点约束而成，由“绿色、节能、环保”和“低碳、近零碳、零碳”相互交织、动态耦合的多途径减碳递进与碳中和递归的建筑科学迭代进阶是当下主流的建筑类学科前沿科学研究领域。

本系列教材主要聚焦建筑类学科专业在国家“双碳”目标实施行动中的前沿科技探索、知识体系进阶和教学教案变革的重大战略需求，同时满足教育部碳中和新兴领域系列教材的规划布局和“高阶性、创新性、挑战度”的编写要求。

自第一次工业革命开始至今，人类社会正在经历一个巨量碳排放的时期，碳排放导致的全球气候变暖引发一系列自然灾害和生态失衡等环境问题。早在 20 世纪末，全球社会就意识到了碳排放引发的气候变化对人居环境所造成的巨大影响。联合国政府间气候变化专门委员会（IPCC）自 1990 年始发布五年一次的气候变化报告，相关应对气候变化的《京都议定书》（1997）和《巴黎气候协定》（2015）先后签订。《巴黎气候协定》希望2100年全球气温总的温升幅度控制在 1.5℃，极值不超过 2℃。但是，按照现在全球碳排放的情况，那 2100 年全球温升预期是 2.1~3.5℃，所以，必须减碳。

2020 年 9 月 22 日，国家主席习近平在第七十五届联合国大会向国际社会郑重承诺，中国将力争在 2030 年前达到二氧化碳排放峰值，努力争取在 2060 年前实现碳中和。自此，“双碳”目标开始成为我国生态文明建设的首要抓手。党的二十大报告中提出，“积极稳妥推进碳达峰碳中和，立足我国能源资源禀赋，坚持先立后破，有计划分步骤实施碳达峰行动，深入推进能源革命……”，传递了党中央对我国碳达峰、碳中和的最新战略部署。

国务院印发的《2030 年前碳达峰行动方案》提出，将碳达峰贯穿于经济社会发展全过程和各方面，重点实施“碳达峰十大行动”。在“双碳”目标战略时间表的控制下，建筑领域作为三大能源消费领域（工业、交通、建筑）之一，尽早实现碳中和对于“双碳”目标战略路径的整体实现具有重要意义。

为贯彻落实国家“双碳”目标任务和要求，东南大学联合中国建筑出版传媒有限公司，于 2021 年至 2022 年承担了教育部高等教育司新兴领域教材研究与实践项目，就“碳中和城市与绿色智慧建筑”教材建设开展了研究，初步架构了该领域的知识体系，提出了教材体系建设的全新框架和编写思路等成果。2023年3月，教育部办公厅发布《关于组织开展战略性新兴领域“十四五”高等教育教材体系建设工作的通知》(以下简称《通知》),《通知》中明确提出，要充分发挥“新兴领域教材体系建设研究与实践”项目成果作用，以《战略性新兴领域规划教材体系建议目录》为基础，开展专业核心教材建设，并同步开展核心课程、重点实践项目、高水平教学团队建设工作。课题组与教材建设团队代表于2023年4月8日在东南大学召开系列教材的编写启动会议，系列教材主编、中国工程院院士、东南大学建筑学院教授王建国发表系列教材整体编写指导意见；中国工程院院士、西安建筑科技大学教授刘加平和中国工程院院士、清华大学教授庄惟敏分享分册编写成果。编写团队由3位院士领衔，8所高校和3家企业的80余位团队成员参与。

2023年4月，课题团队向教育部正式提交了战略性新兴领域“碳中和城市与绿色智慧建筑系列教材”建设方案，回应国家和社会发展实施碳达峰碳中和战略的重大需求。2023年11月，由东南大学王建国院士牵头的未来产业(碳中和)板块教材建设团队获批教育部战略性新兴领域“十四五”高等教育教材体系建设团队，建议建设系列教材16种，后考虑跨学科和知识体系完整性增加到20种。

本系列教材锚定国家“双碳”目标，面对建筑类学科绿色低碳知识体系更新、迭代、演进的全球趋势，立足前沿引领、知识重构、教研融合、探索开拓的编写定位和思路。教材内容包含了碳中和概念和技术、绿色城市设计、低碳建筑前策划后评估、绿色低碳建筑设计、绿色智慧建筑、国土空间生态资源规划、生态城区与绿色建筑、城镇建筑生态性能改造、城市建筑智慧运维、建筑碳排放计算、建筑性能智能化集成以及健康人居环境等多个专业方向。

教材编写主要立足于以下几点原则：一是根据教育部碳中和新兴领域系列教材的规划布局和“高阶性、创新性、挑战度”的编写要求，立足建筑类专业本科生高年级和研究生整体培养目标，在原有课程知识课堂教授和实验教学基础上，专门突出了碳中和新兴领域学科前沿最新内容；二是注意建筑类专业中“双碳”目标导向的知识体系建构、教授及其与已有建筑类相关课程内容的差异性和相关性；三是突出基本原理讲授，合理安排理论、方法、实验和案例分析的内容；四是强调理论联系实际，强调实践案例和翔实的示范作业介绍。总体力求高瞻远瞩、科学合理、可教可学、简明实用。

本系列教材使用场景主要为高等学校建筑类专业及相关专业的碳中和新兴学科知识传授、课程建设和教研学产融合的实践教学。适用专业主要包括建筑学、城乡规划、风景园林、土木工程、建筑材料、建筑设备，以及城市管理、城市经济、城市地理等。系列教材既可以作为教学主干课使用，也可以作为上述相关专业的教学参考书。

本教材编写工作由国内一流高校和企业的院士、专家学者和教授完成，他们在相关低碳绿色研究、教学和实践方面取得的先期领先成果，是本系列教材得以顺利编写完成的重要保证。作为新兴领域教材的补缺，本系列教材很多内容属于全球和国家双碳研究和实施行动中比较前沿且正在探索的内容，尚处于知识进阶的活跃变动期。因此，系列教材的知识结构和内容安排、知识领域覆盖、全书统稿要求等虽经编写组反复讨论确定，并且在较多学术和教学研讨会上交流，吸收同行专家意见和建议，但编写组水平毕竟有限，编写时间也比较紧，不当之处甚或错误在所难免，望读者给予意见反馈并及时指正，以使本教材有机会在重印时加以纠正。

感谢所有为本系列教材前期研究、编写工作、评议工作、教案提供、课程作业作出贡献的同志以及参考文献作者，特别感谢中国建筑出版传媒有限公司的大力支持，没有大家的共同努力，本系列教材在任务重、要求高、时间紧的情况下按期完成是不可能的。

是为序。

丛书主编、东南大学建筑学院教授、中国工程院院士

前言

随着科技的快速发展和社会环境的迅速变化，低碳经济和可持续发展已成为国家发展的重要战略方向。传统建造模式在生产劳动、施工效率、组织方式、建筑能耗及节能环保等多方面带来的局限与桎梏日渐凸显，新型基础设施建设与建筑改革已逐渐成为推动国家进步与文明发展的重要力量。自2021年国家“新基建”“双碳”等政策发布以来，智能建造已成为实现我国建筑业转型升级的关键手段。

智能建造的概念最早于2010年由鲁班软件创始人杨宝明博士提出。它是一种面向实际工程的规划、设计、制造、施工、运维全寿命周期，充分利用数字化、网络化、智能化等技术，以数字化设计、机器人主导或辅助施工为特点，构建项目多阶段建造和运行的新型工程建造方式。该概念一经提出，便引起国内外工程界和学术界的广泛关注与研究，目前已发展成为土木工程等专业最为前沿的热点方向。

在上述背景下，东南大学于2018年申请并获批了“智慧建造与运维国家地方联合工程研究中心”，并于2019年经教育部批准新增“智能建造”本科专业（2020年进行首次招生），这为智能建造领域人才培养奠定了良好基础；同时，为了推动智能建造方面的学术交流，自2018年起，东南大学发起并主办了连续四届“全国基础设施智慧建造与运维”学术论坛，在业内引起巨大反响，现场累计参会人数超1.5万，线上累计参会人数超45万。

为了更好地推动智能建造相关领域的人才培养、技术研发和工程应用，本书汇集了东南大学教授团队的最新研究成果，从智能建造的起源及概念出发，聚焦智能建造模式、技术及装备，由浅入深地详细阐述了该技术装备在建筑施工方面的具体应用和实践情况。

全书共分为8章，主要内容包括四个方面：第1章从整体上阐述智能建造的起源及相关概念，介绍智能装备及施工等的重要性及其未来发展趋势。第2章主要介绍智能建造的施工模式，并总结了智能建造的适用结构体系及实现该过程中应具备的关键因素。第3~5章从数字化建模、自动化生产和安装等方面对智能建造的详细施工过程展开介绍，包括智能建造过程中的感知与建模、集成自动路径规划等构件自动化生产及运输、不同类型构件的辅助安装机器人等。第6~8章从施工集成平台管理、质量检测装备、全周期数字化管理平台三方面对智能建造施工及管理质量控制展开详细阐述，包括施工建造集成平台的结构要求及具体施工工序、多种施工质量检测装备、基于物联网的全寿命周期施工管理平台等。截至2024年底，已建成配套核心课程5

节并上传至虚拟教研室，建成配套建设项目 10 项，很好地完成了纸数融合的课程体系建设。

东南大学教授团队分章节完成了本书的撰写工作，其中第 1 章由冯德成教授、吴刚教授编写，第 2 章由袁竞峰教授编写，第 3 章由严煜杰博士编写，第 4 章和第 7 章由侯士通博士编写，第 5 章由吴京教授编写，第 6 章由管东芝副教授编写，第 8 章由徐照教授编写。全书由吴刚教授、冯德成教授统稿，曾滨院士主审。在本书的编写过程中，团队学生冯礼、蔡文政、武昱晓、王凌霄、李宇凡、吴明阳、顾云凡、满今润、杨超杰为本书的文字修订、图表校对等做了大量工作，在此一并表示感谢。同时，对本书编写过程中给予指导和帮助的同仁们表示衷心的感谢。

由于编者的水平和经验有限，本书中的不妥和错误之处，恳请广大读者批评指正。

作者
2024 年春　于南京

目录

第1章 绪论

【本章导读】

随着科技的进步和社会的发展，传统建造模式的局限性逐渐凸显，对智能建造的需求日趋强烈。本章旨在描述智能建造的起源及其应用重要性。首先，介绍在现实条件下传统建造模式的不足。其次，详细介绍了智能建造的起源与发展现状，进一步展开说明智能建造装备对改变建筑行业的重要性及先进优势。最后，对智能建造的发展趋势进行展望。本章的框架逻辑如图 1–1 所示。

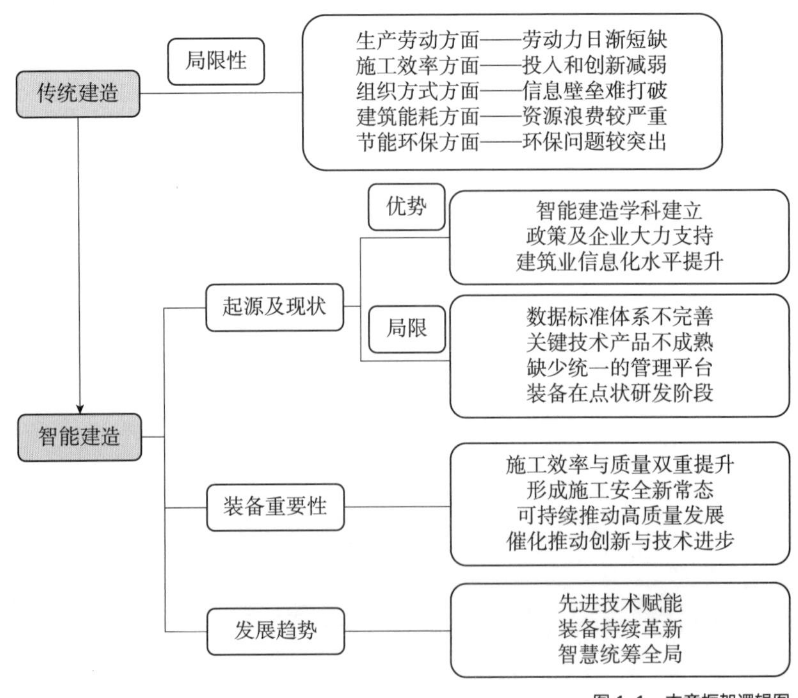

图 1-1　本章框架逻辑图

【本章重点难点】

了解传统建造模式的局限性；掌握智能建造的起源、发展现状及其重要意义；熟悉智能建造装备在智能建造领域的核心意义，并掌握其重要性的表现情况；了解智能建造的发展趋势。

1.1 传统建造模式的局限性

随着科技的快速发展和社会环境的变化，传统建造模式所带来的局限与桎梏逐渐凸显。科技进步导致社会对效率和质量的要求不断提高，然而，传统建造模式存在着大量虚耗的人力资源和时间成本，繁杂的施工工序特点，造成了低下的生产效率和不可靠的生产质量；信息化时代的到来意味着社会中不同对象之间的交流带宽已取得长足的发展，但在传统建造模式中，建筑全生命周期中的信息传递与交流存在显著滞涩，直接导致决策和协调困难；全球环境保护意识逐渐提高，低碳经济和可持续发展已成为国家发展的重要战略方向，即便如此，传统建造模式在能源消耗、资源浪费和环境污染等方面仍存在明显弊病，两者严重相悖。

以上背景迫切需求深入探究传统建造模式的局限性。只有充分了解传统建造模式在当前社会发展速度下存在的问题，才能更好地借助时代带来的优势，加快开发智能建造装备与施工技术，推动建筑行业迈向新纪元。通过对传统建造模式的局限性展开探讨，着重要点，将能够更好地把握当今建筑行业的发展方向，推动创新与可持续发展的实现。

1.1.1 生产劳动方面

建筑业作为劳动密集型产业，在我国劳动力剩余时期为解决民众就业问题做出了突出贡献：通过农村人口进城务工，为农村家庭提供了经济支持，提高农村生活水平，促进城乡资源流动，有效地推动了乡村建设。然而在建筑业总产值屡创新高、建筑行业日新月异的今天，建筑业用工面临着严峻的数量、质量、成本挑战。2022 年建筑业从业人数 5184.02 万人，比上年末减少 98.92 万人，减少 1.87%，连续四年持续下滑，2013~2022 年建筑业从业人数增长情况如图 1-2 所示。随着经济、社会发展，人们对于从事建筑行业的就业意愿急转直下，导致的结果是建筑行业的劳动力日渐短缺，其主要体现在以下 4 个方面：

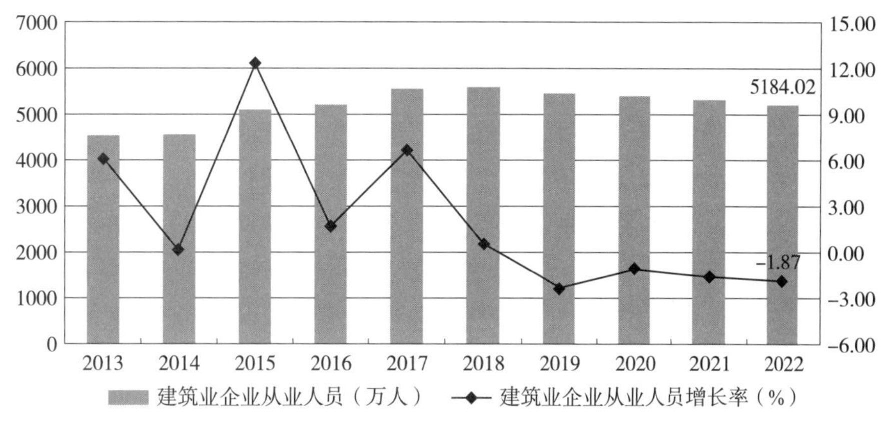

图 1-2　2013~2022 年建筑业从业人数增长情况（中国建设教育协会）

（1）严重的职业健康安全威胁。建筑行业是一个事故多发行业，工人在复杂的施工环境中面临着诸如坠落、触电、高空坠物等安全风险，并且由于安全意识的薄弱、安全培训的不到位以及缺乏有效的监控与预警机制等，建筑行业频繁发生的安全事故已经成为一个严重的社会问题。这加剧了年轻人对从事建筑行业的担忧和犹豫，进一步降低了行业吸引力。

（2）巨大的心理落差。当今社会，人们对工作环境舒适性、工作内容安全性以及行业认同感的要求越来越高，然而，传统土木建筑行业的工作环境往往较为艰苦，长时间的户外工作、高噪声、高温等严酷的工作环境，以及行业人员对于职业荣誉感的缺乏，使得民众的就业期望与实际工作情况存在巨大的心理落差，加剧了年轻人对于从事传统建造行业的排斥，导致年轻人转向寻求更符合期望的职业领域，使建筑行业面临着缺乏新鲜血液的挑战。

（3）技术型人才需求的转变。随着科技的迅猛发展和数字化时代的到来，年轻人对涉及互联网、智能化和智慧领域的行业表现出更大的学习兴趣。相对于传统的土木建筑行业，建筑行业在技术创新和数字化转型方面相对滞后，无法满足年轻人对新技术、新工具和新方法的追求。这导致年轻人更倾向于选择从事与信息技术、人工智能、机器学习等相关的工作，而对传统建造领域的兴趣日益减少。

（4）劳动力成本的上升。随着社会发展和国家地位提升，我国人口红利逐渐消失，劳动力资源日益紧缺。劳动密集型的建筑行业面临用工成本不断上涨、企业的招聘名额逐渐萎缩、工人与建筑企业之间的矛盾日益激化的问题，迫使建筑行业寻求更高效、智能化的解决方案。

（5）人口老龄化的影响。随着人口老龄化的加剧，劳动力短缺的问题进一步恶化。年龄较大的工人逐渐进入退休年龄，而新一代劳动力的补充相对不足。少数可用的劳动力供应会推高工资水平，对传统建造模式的可行性和竞争力带来了挑战。

1.1.2　施工效率方面

传统建造模式下，施工效率受到多方面因素制约，导致建筑项目的进度缓慢，成本增加。从劳动生产率来看，2022 年，按建筑业总产值计算的劳动生产率再创新高，达到 493526 元 / 人，比上年增长 4.30%，增速比上年降低 7.60 个百分点，如图 1-3 所示。值得注意的是，尽管我国劳动生产率增速快，但实际水平仍然较低，与美国、日本等国家相比，仍存在很大的进步空间。施工效率低下主要体现在以下方面：

（1）生产增速逐放缓。近年来，建筑行业的劳动生产率增速呈下降

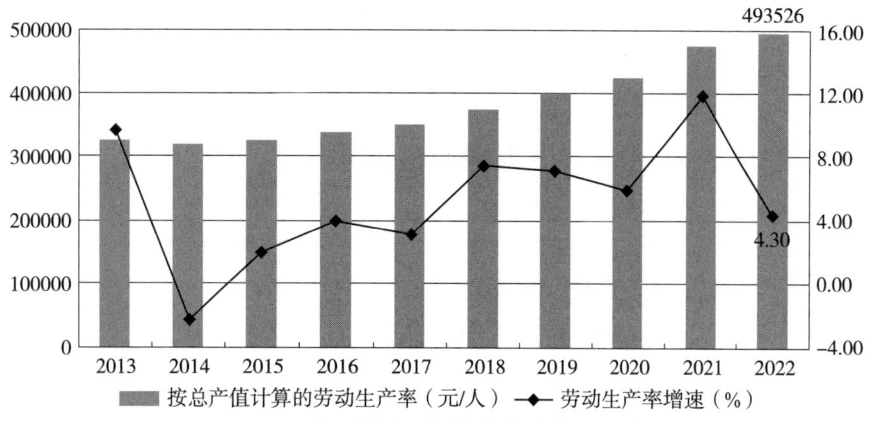

图 1-3　2013-2022 年按建筑业总产值计算的建筑业劳动生产率及增速（中国建设教育协会）

趋势。传统建造模式更倾向于依靠劳动力完成施工，在我国发展前期，借助庞大的人口红利，我国基础建设取得了瞩目的成绩，但机械化程度低，人均建筑面积较小，这与我国目前经济的高速发展形成了不协调的局面。

（2）智能程度待改善。传统建造模式中，缺乏先进的施工设备和技术的应用，施工机械化、信息化和智能化程度相对较低，使得施工过程依赖大量的人工劳动和手工操作，效率受限。同时，施工现场容易受到现场条件、气候变化等因素的影响，进一步降低了施工效率，导致进度延误、成本超支等问题。据统计，我国建筑行业的劳动生产率仅为发达国家的 2/3 左右，这表明施工效率仍有提升的空间。

（3）生产质量难确保。传统建造模式中，由于设计与施工之间的协同不足、施工工艺选择不当、建筑材料品质低劣、监督管理不到位等原因，工程质量问题频繁出现。这些质量问题不仅影响了建筑的安全性和持久性，还增加了维修和修复的成本，给使用者带来安全隐患。

（4）批量生产不达标。传统建造模式中，建筑产品往往缺乏批量生产的特点。每个建筑产品都具有特定的功能、用途和要求，导致无法形成标准化的施工计划和统一的产品物料需求清单。相比之下，制造业通常能够通过批量生产和标准化的生产过程来提高效率和降低成本，而建筑行业的个性化和定制化特点限制了施工效率的提升。

（5）施工标准难统一。传统建造模式中，由于建筑产品的多样性和特殊性，缺乏统一的施工标准。不同的建筑产品在造型、结构、尺寸、设备配置和内外装修等方面都有不同的具体要求，这使得施工组织难以形成标准的施工计划和统一的产品物料需求清单。

（6）行业盈利极有限。传统建造模式下，建筑行业的利润率相对较低，市场竞争异常激烈。由于施工效率低下、成本控制困难等因素，建筑企业往往面临着较小的利润空间。这也限制了建筑企业在提高施工效率方面的投入和创新。

1.1.3 组织方式方面

传统建造模式下，由于各层组织架设的层层嵌套，责任各方之间存在着巨大的信息壁垒，信息交流存在阻滞，形如一个个信息孤岛，导致了严重的资源浪费与安全隐患问题：

（1）分工不够明确。在传统建造模式中，各参与方的责任和工作范围往往不明确，导致项目管理和协调困难。不同专业之间的界限模糊，责任划分不清，可能导致工作交叉、信息共享不畅和决策困难。这使得施工过程中的效率低下和信息传递的滞后成为常态。

（2）信息流通不畅。传统建造模式中，施工企业通常无法对项目现场进行有效的垂直管控，这导致了项目现场数据实时获取的困难。与企业的经营管理流程缺乏有效衔接，施工企业无法及时准确地获取项目现场数据，无法实现从项目现场到企业战略决策层的垂直信息整合。这对施工企业的决策制定和资源调配造成了困难，进一步影响了施工效率和质量。

（3）各方信息孤立。在传统建造模式中，由于建筑施工的专业分包机制，施工组织的协同性较差。不同参与方之间存在信息不对称的问题，对于相同项目信息的理解方式可能存在差异。缺乏信息共享和统一，导致各参与方之间存在协作障碍，无法有效协同工作。这使得施工过程中的信息孤立成为制约施工效率的重要因素。

（4）缺乏有效协同。在传统建造模式中，各专业之间的协作方式和交流方式相对有限。缺乏有效的协同机制和工具，导致施工过程中的信息传递和沟通效率低下。施工现场的工作人员、机械设备和建筑材料等建造资源在不断变化的环境中协同工作，但任务执行中常常出现空间、顺序和路径冲突等问题，影响了施工效率。

（5）缺乏整体调控。在传统建造模式中，由于不同设计人员之间具有不同的工程背景和理解，施工过程中的矛盾和质量参差不齐成为常见问题。缺乏整体性的规划和协调，可能导致安全隐患、维护费用增加以及使用寿命缩短等一系列质量问题。

（6）资源极大浪费。传统建造模式中的项目计划与调度方法往往无法应对施工过程中的复杂性和不确定性。静态的、离散的施工任务划分可能无法适应实际施工中不断变化的环境和条件。这导致项目计划容易延期或出现资源冲突，进而导致资源浪费和效率低下的问题。为了应对不确定性，管理者常常会预留冗余，但这也造成了不必要的资源浪费。

1.1.4 建筑能耗方面

在传统建筑模式下，建筑耗能成为一个重要问题，对可持续发展和能源效率构成挑战。2020 年全国建筑能耗总量为 22.7 亿 tce，占全国能源消费总量比重为 45.5%，如图 1-4 所示。技术落后、设计不合理以及建筑维护不善等因素导致了巨大且不必要的资源浪费，这与我国基本国策相矛盾。必须时刻牢记，节约资源是我国的基本国策，是维护国家资源安全、推进生态文明建设以及推动高质量发展的一项重大任务。

（1）材料资源浪费。传统建筑模式中，施工过程中存在大量的材料浪费。由于技术工艺落后、组织管理不当、工人素质不高以及质量返工频繁等原因，大量建筑材料被浪费；另外，水泥、混凝土等常用建筑材料的生产需要消耗大量能源和资源，而在施工过程中的浪费进一步加剧了建筑行业的能源消耗和资源消耗。

（2）能源管理意识不足。传统建筑模式下，对能源管理和节能意识的重视程度不高。建筑业主和使用者对能源消耗和管理的重要性认识不足，缺乏有效的能源管理措施和技术应用。这导致建筑在使用阶段的能耗难以有效控制和减少。并且，目前缺乏监测和调节能源消耗的手段，以及对能源利用效率的优化，使得建筑耗能水平较高。

（3）能源消耗过高。传统建筑模式中，建筑的供暖、通风、空调和照明系统等能源消耗较高。常采用的传统供暖方式、空调系统和照明设备能效较低，导致建筑能耗增加。此外，传统建筑模式下对被动设计原则的忽视，使得建筑的能源效益不佳。同时，可再生能源的利用也较为有限，如太阳能、风能等可再生能源在传统建筑模式中的应用较少，无法有效减少建筑的能源需求。

（4）建筑老化和维护不善。传统建筑模式下，建筑的老化和维护不善也导致能源消耗的增加。建筑物老化和损坏会导致能源泄漏和能效下降，需要进行修复和维护。然而，传统建造模式中对建筑的维护和更新不够重视，缺乏定期检查和维护，使能源消耗持续增加。

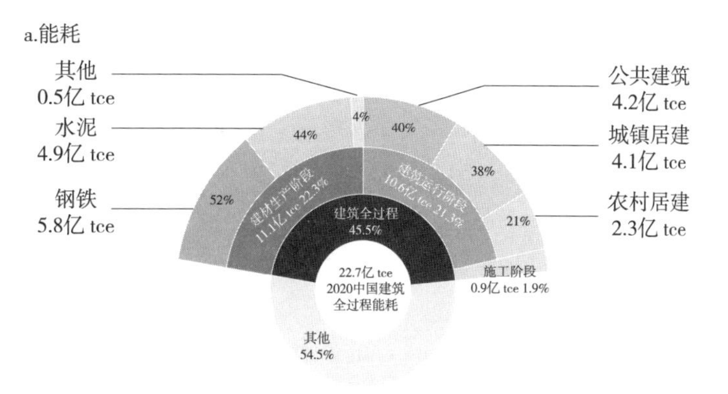

图 1-4 2020 年中国建筑全过程能耗总量及占比情况（中国建筑节能协会）

1.1.5 节能环保方面

生态环境部发布《关于统筹和加强应对气候变化与生态环境保护相关工作的指导意见》(环综合〔2021〕4号),“要综合运用相关政策工具和手段措施，持续推动实施鼓励能源、工业、交通、建筑等重点领域制定达峰专项方案”。作为四大重点节能减排领域之一，建筑的耗能和排放量一直居高不下。据中国建筑节能协会发布的《中国建筑能耗研究报告(2022)》有关数据，2020年全国建筑与建造碳排放总量为50.8亿 tCO_2，占全国碳排放的比重为50.9%，如图1-5所示。通过技术创新，发展智慧建造和绿色建筑、推动建筑领域节能减排刻不容缓。此外，目前环保问题主要体现在以下方面：

(1)资源浪费与环境污染。传统建筑模式在建造过程中会产生大量垃圾，包括现场产生的扬尘、噪声、污水以及建筑残余垃圾等。这些垃圾对环境造成污染，影响空气质量和水质，并可能对周边居民的健康构成潜在风险。此外，在建造过程中，建筑垃圾的处理和循环利用效率较低，运输过程中的规范要求也没有得到严格执行，导致建筑过程对周边环境的影响逐渐扩大，并且影响的范围也越来越广。

(2)建筑废弃物处理。传统建筑模式下产生大量的建筑废弃物，如砖块、混凝土、钢材等。这些废弃物的处理和处置对环境造成负担。常见的废弃物处理方式是填埋或焚烧，但这些方式会导致土地和空气的污染，并浪费可再生的资源。缺乏有效的建筑废弃物回收和循环利用体系，使得废弃物处理问题长期存在。

(3)生态破坏和生物多样性损失。传统建筑模式对自然环境造成的破坏和生物多样性的损失也是一个突出问题。大规模的建筑开发活动导致土地的破坏和生态系统的破碎化，破坏原有的生物栖息地，减少物种多样性和破坏了生态平衡。

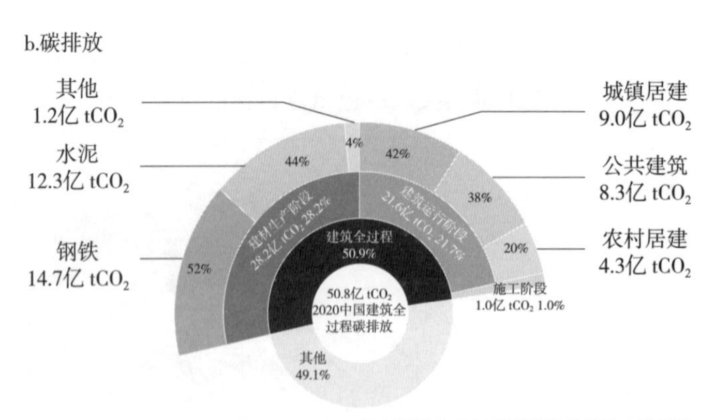

图1-5 2020年中国建筑全过程碳排放总量及占比情况

随着经济社会的快速发展，传统建筑业生产率低、环境污染严重等问题日益突出，不仅对经济社会产生影响，也造成了很多环境问题，不符合当前发展趋势，不利于可持续发展，为尽快实现建筑业高质量发展和转型升级，智能建造应运而生。智能建造是指面向工程规划、设计、制造、施工、运维全寿命周期，充分利用数字化、网络化、智能化等技术，以数字化设计、机器人主导或辅助施工，构建项目多阶段建造和运行的新型工程建造方式，主要包含构建工程建造信息模型、数字化协同设计及机器人施工三方面内容，智能建造规划与设计、智能建造装备及智慧运维三个模块。

党的十八大以来，我国建筑业生产规模不断扩大，行业结构不断优化，建筑业生产总值持续增加，据2023年2月28日国家统计局发布的《中华人民共和国2022年国民经济和社会发展统计公报》，如图1-6所示，2022年建筑业全年增加值83383亿元，比上年增长5.5%，建筑业在国民经济中的支柱产业地位不断巩固，为促进经济增长、缓解社会就业压力、推进新型城镇化建设、保障和改善人民生活作出了重要贡献。

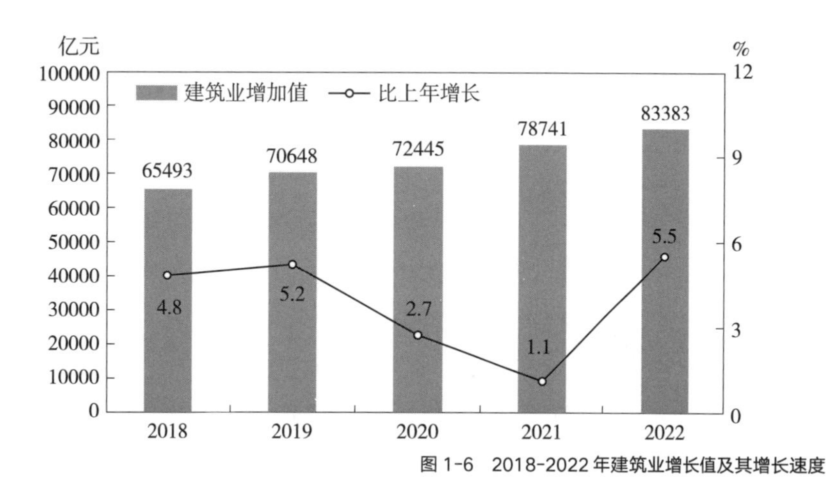

图1-6 2018-2022年建筑业增长值及其增长速度

2020年9月22日，双碳目标——“2030年前实现碳达峰、2060年前实现碳中和”被正式提出，以智能建造推动高质量发展，成为建筑业摆脱传统建造困境、实现绿色低碳目标的重要途径。

1.2.1 智能建造起源

2001年以来，国内外学者对智能建造领域开始展开相关研究；中国较国外研究起步较晚，于2011年智能建造才开始逐渐被关注。2016年3月，“十三五”规划中提出，“在新建建筑和既有建筑改造中推广和普及智能化应用，完善智能化系统运行维护机制，逐步推广智能建筑”。2017年，

“智能建造”概念被首次明确提出。2018年3月，《教育部关于公布2017年度普通高等学校本科专业备案和审批结果的通知》（教高函〔2018〕4号）公告中，首次将“智能建造”纳入我国普通高等学校本科专业，对智能建造展开深入研究。2020年7月，住房和城乡建设部印发《关于推动智能建造与建筑工业化协同发展的指导意见》，将智能建造正式纳入我国建筑业长期发展规划；同年9月，《关于加快新型建筑工业化发展的若干意见》报告中指出推进发展智能建造技术；同年10月，《中共中央关于制定国民经济和社会发展第十四个五年规划和二〇三五年远景目标的建议》中明确提出实施城市更新行动，加快推进智能建造。2021年2月，住房和城乡建设部在广东、上海、重庆选取了7个项目开展智能建造试点；12月，全国住房和城乡建设工作会议指出，加快推动智能建造与新型建筑工业化协同发展，建设建筑产业互联网平台。2022年1月，住房和城乡建设部印发《“十四五”建筑业发展规划》，提出“2035年基本建立智能建造与新型建筑工业化协同发展的政策体系和产业体系”“2035年迈入智能建造世界强国行列”等远景目标；11月，住房和城乡建设部正式公布将北京、天津、重庆等24个城市列为智能建造试点城市（为期三年），由此，智能化建造进程加速迈进。

2023年6月，住房和城乡建设部对《住房和城乡建设部办公厅关于发布智能建造新技术新产品创新服务典型案例（第一批）的通知》（建办市函〔2021〕482号）确定的124个案例应用情况开展总结评估，对于在提品质、降成本等方面确有实效的智能建造技术在全国范围内推广使用，着力推进智能建造在全国范围内的使用。

1.2.2 智能建造现状

我国智能建造起步较晚，尚处于快速发展的初级阶段，研究热点聚焦于“信息集成与数字孪生”以及“建设项目全生命周期中的智能算法”两个聚类，更注重设计阶段的智能化和自动化，强调领域知识的应用，缺乏对信息感知、融合和决策以及机器人等具身智能的理论支持及更深层次的探讨。为实现以智能建造推动建筑业高质量发展，使其与建筑工业化、智能制造及绿色建筑深度融合，形成了智能建造产业体系，如图1-7所示。

1. 智能建造优势

1）智能建造学科建立

智能建造专业是以土木工程专业为基础，融合机械设计制造及其自动化、电子信息及其自动化、工程管理等专业发展而成的新工科专业。目前，

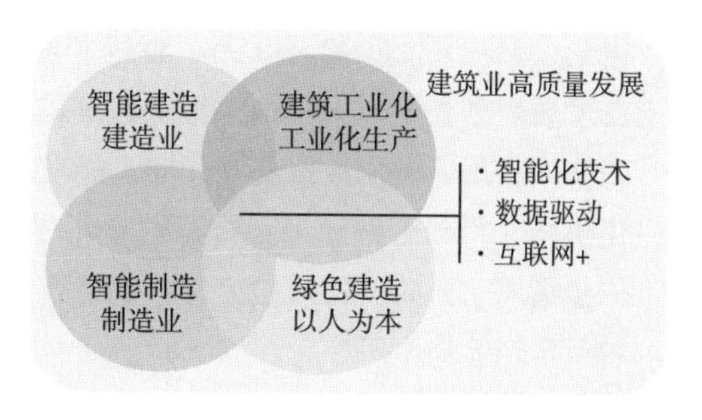

图 1-7 智能建造产业体系

在《教育部关于公布 2017 年度普通高等学校本科专业备案和审批结果的通知》（教高函〔2018〕4 号）公告的支持下，各大高校已逐步建立智能建造学科、开设智能建造专业。2018 年，国内首次开设“智能建造”专业；随后，在北京、江苏、天津、安徽、福建、黑龙江等全国多地相继开设，培养具有创新能力、国际视野的专业型、技术型人才，为智能建造的发展建立了扎实基础，智能建造进入具体建设阶段。

2）政策着力支持、企业大力发展

智能建造作为一个新型建造方式，是为解决传统建造导致的一系列问题而产生的，是建筑业发展和转型的必然趋势。自 2017 年被明确提出以来，智能建造贯穿于“十三五”及“十四五”规划，成为实现双碳目标的重要战略发展方向，并发展成为一项长期国策；基于此，各地相继出台相关支持政策和实施意见，逐步将现有各类产业支持政策向智能建造领域倾斜，为推动建筑业转型升级营造良好的发展环境。

在国家及地方政策的大力支持下，出现了一大批优秀的智能建造装备企业，将人工智能技术应用到结构健康检测、结构安装及全生命周期管理中。广联达科技股份有限公司开发的“基于 BIM 的智慧工地管理系统”，综合运用 BIM 技术、物联网、云计算、大数据、移动互联网等信息化技术及相关智能设备，实现工地数字化、精细化、智慧化管理；北京构力科技有限公司基于 PKPM-PC 软件集成标准化、智能化技术，实现多专业协同数据自动对接，消除数据孤岛；中建三局第一建设工程有限责任公司、中国铁路上海局集团有限公司依托智能建造技术实现全生命周期内跨部门、跨专业的信息共享、资源整合，协同推进工程建设……

在政策着力支持和企业大力发展的相互配合下，智能建造已呈现出蓬勃发展的积极态势。

3）建筑业信息化水平提升

近年来，随着 BIM、云计算、大数据、5G 等新技术的产生和发展，我国建筑业信息化水平有较大提升，并已拥有世界上最大的建筑信息模型（BIM）技术应用的体量，BIM、人工智能、物联网等技术在项目建造过程中得到大量应用。2022 年 1 月，住房和城乡建设部在印发的《“十四五”建筑业发展规划》中提出“加快推进建筑信息模型（BIM）技术在工程全寿命期的集成应用，健全数据交互和安全标准，强化设计、生产、施工各环节数字化协同，推动工程建设全过程数字化成果交付和应用”，为智能建造发展进一步指明了方向，BIM 技术在推动建筑业信息化建设及智能建造发展中发挥着举足轻重的作用。

“机器替人”是智能建造的核心之一，当前对机器人的研制已起步，并被应用于工业、制造业等多个领域，对于推动智能建造已形成了一定的技术基础。

2. 智能建造局限

1）数据标准体系不完善

建筑业智能建造领域标准编制存在内容不全面、指标不具体等问题。我国智能建造标准编制内容在制造阶段以混凝土预制构件生产为主，标准对象存在局限性；在施工阶段只涉及 BIM 模型、智慧工地平台与智能建造装备 3 个方面，缺乏体系完整性和系统性；运维阶段多针对特定技术领域或工程应用场景进行编制，普适性不强；在工程应用层面，现阶段我国建筑设计整体仍处于参数化设计阶段，尚未达到“真正”的智能设计水平。

领域内没有形成统一的数据标准，不同平台、不同软件间普遍存在数据壁垒、数据孤岛问题，数据信息难以实现互联互通，难以实现资源的合理配置。我国智能建造相关标准多涉及设计、制造、施工、运维 4 个阶段中的某个独立阶段，仅有少部分标准涉及各阶段间的数据流通与数据融合及建筑全生命周期数据贯通等内容。相比之下，国外标准编制内容更侧重于多阶段或建筑全生命周期。

国内外智能建造标准均以 BIM 为技术核心开展编制工作。如前所述，BIM 在推动建筑业信息化进程中发挥着举足轻重的作用。但与此同时，可以预见，与 BIM 相比，其他智能建造专项技术在智能建造领域应用较少，尽管其不断有阶段性成果出现，但由于缺少能够适用于建筑全生命周期内多阶段典型应用场景的通用技术成果，且存在着理论基础不完备、技术成熟度较低、工程应用案例少、技术体系不健全等不足，其应用也得到了很大限制。

2）关键技术产品不成熟

以 BIM 来说，其作为智能建造的基础和支撑以及促进建筑业信息化发展的主要抓手，研究与应用存在较大短板。BIM 技术虽然已应用于较多工程项目中，但 BIM 设计、智慧工地等技术部分仅做项目展示使用，而没有发挥到实际的工程应用中。目前市面上的部分智能装备对应用场景存在诸多限制条件，其产品功能、效益仍无法满足企业应用需求，市场适应性不强。从世界范围来看，相较于美、英、韩、北欧等地区 BIM 技术较为成熟的发展与应用，我国 BIM 技术研究较晚，在建筑工程中的应用时间较短，且主要体现在施工阶段，远远达不到智能建造要求的全生命周期管理。除此以外，数字驱动和建造过程更多依赖国外软件，尚未掌握智能建造的核心技术，对于“卡脖子”问题难以实现进一步突破。同时，科研创新和产业实践没有实现接轨、没有形成良好的沟通与互动，研发企业的创新与应用企业的需求不能实现精确满足，供需不匹配，减缓了智能建造的发展。

除了上述所说的软件短板以外，硬件的“上游”资源控制器、减速器等先进智能装备在精度、可靠性等与国际水平也存在一定差距。

3）缺少统一的智能建造管理平台

在智能建造的发展过程中，只有形成完善的管理平台，才能形成系统、完整的智能建造理论体系，提高发展效率。目前虽一直致力于构建智能建造管理平台，但在推行智能建造新技术的过程中，对于工作者而言，相较于智能管理模式的建立，当下的传统管理模式更熟悉，见效更快，因此当智能管理平台管理与现行的传统管理规定冲突时，人们下意识地仍会保留传统管理模式，导致平台得不到推广、新技术无法进一步落实，反而增加管理负担。

4）智能装备处于点状研发阶段

智能装备的研发目前都是解决单一工序的问题，工作效率较低，作业环境要求较高，带来的价值不明显。智能装备的研发没有系统性，往往是在为了解决问题而针对性研发相关装备，而装备与装备之间没有形成某种联系，只是在装备自身的某种条件和范围下运行，没有形成良好的配合。智能装备的发展是为了实现全生命周期管理，亟需形成基于整体工艺场景的智能装备，形成智能装备网络，为构建智能平台奠定扎实基础。

当前建筑业正发生深刻变革，面对传统建造带来的一系列经济、社会问题，发展智能建造已是大势所趋，从项目试点到城市试点、从政策支持到企业实践，智能建造发展的机遇与挑战并存。通过引入国外核心技术、学习国外先进创新建造技术，以加快国内智能建造理论与技术的发展；从人机协同到人机共融，从“机器助人”到“机器替人”，仍需突破基础科学问题，并非短期内可以实现。

在当前基础上，要加深对信息感知、融合和决策及机器人等具身智能的研究和实践，持续研究多源数据融合方法，提高领域知识学习和利用能力，创新性探索领域大模型研发及应用，推动智能建造进一步取得突破性进展，以智能建造推动高质量发展，实现智能制造世界强国的远景目标。

为了有效克服传统建筑行业的不足，创新性加快推进智能建造进程，智能建造装备变得越来越重要，逐渐成为智能建造的最核心技术。智能建造装备是应用先进技术和智能化系统来提升建筑施工效率、质量和可持续性的设备和工具。它们通过自动化、数字化和信息化的方式，为建筑行业带来了革命性的变化。除此之外，随着建筑行业的发展和技术的进步，智能建造装备已经成为实现高效、高质量和可持续建筑的关键要素。传统的建筑施工方法往往受限于人力和时间的限制，容易产生低效率和低质量的问题。然而，智能建造装备的引入提供了一种创新的解决方案，可以显著改变建筑行业的现状。

智能建造装备的重要性主要体现在以下四点：

（1）智能建造装备能够提高建筑施工的效率；

（2）智能建造装备可以提升建筑质量和安全性；

（3）智能建造装备对于可持续发展至关重要；

（4）智能建造装备能够推动创新和技术进步。

下面将对以上四点展开说明。

1.3.1 施工效率与质量的双重提升

智能建造装备能够大大提高建筑施工的效率。传统的施工过程通常需要投入大量的人力和时间，容易受到人为因素和不可控的外界条件的影响。而智能建造装备的引入，如自动化机械臂、无人机、机器人等，可以实现施工过程的自动化和高度精确的操作。这些装备能够以更快的速度完成施工任务，并减少错误和缺陷的发生。研究表明，智能建造装备的运用可以显著缩短施工周期，提高施工效率。

1. 自动化设备和机器人的应用

自动化设备和机器人在施工过程中扮演着重要的角色，它们的应用能够提高建筑行业的施工效率、降低成本。以下是几种常见的自动化设备和机器人。

随着科技的进步，一些建筑机器人也逐渐进入到工程中。2020 年底，碧桂园发布消息称 9 款 43 台建筑机器人上岗，用于顺德碧桂园的一个项目。机器人的种类包括整平机器人、抹平机器人以及室内喷涂机器人等。目前这些建筑机器人已经能够自动化完成相应的施工作业，工作效率是人工的 2~4 倍。这些机器人可以用于完成施工现场相应的工序，减轻工人的劳动强度，并提高搬运效率。

无人机在建筑行业中有广泛的应用。它们可以进行高空勘测、测量和监测工作。通过搭载摄像头、激光扫描仪等传感器，无人机可以快速获取建筑施工现场的准确数据，并生成高分辨率的地图、模型和图像。这些数据可以用于建筑设计、规划和监督，减少人为错误和提高施工质量。此外，无人机还可以用于检查建筑物的维护和安全问题，实现定期巡检和风险评估。如图 1-8 所示为两名专家操控无人机执行任务。

图 1-8　两名专家操控无人机执行任务

随着技术的不断发展和创新，可以预见到更多智能化的自动化设备和机器人将被引入到建筑施工中，将进一步提高施工效率。

2. 高精度测量和定位技术的优势

高精度测量和定位技术在智能建造装备中的应用是提高施工效率的关键因素之一。这些技术包括激光扫描、GPS 定位和传感器技术等，它们能够在施工过程中实现精确测量和定位，从而减少误差并提高施工效率。

激光扫描技术是一种非常精确的测量方法，它通过使用激光束扫描建筑物的表面，可以获取准确的三维数据。这些数据可以用于创建建筑物的数字模型，实现精确的设计和规划。此外，激光扫描技术还可以在施工过程中进行实时监测和检查，帮助发现和纠正潜在的问题，减少后续的修正工作。

GPS 定位技术在智能建造装备中的应用也十分重要。通过使用卫星定位系统，建筑施工人员可以准确确定建筑物或施工元素的位置和坐标。这对于复杂的施工项目尤其有益，如道路建设、桥梁施工等。GPS 定位技术不仅提供了高精度的空间定位信息，还可以与其他智能设备和系统进行集成，实现施工过程的自动化和协同作业。

传感器技术在智能建造装备中的应用广泛而重要。传感器可以用于监测和感知施工现场的各种参数和条件，如温度、湿度、压力、振动等。通过实时监测和反馈，施工人员可以及时了解施工过程中的状态和变化，并根据需要采取相应的措施。传感器技术还可以与智能控制系统集成，实现自动调节和优化施工过程，提高施工效率和质量。

这些高精度测量和定位技术在智能建造装备中的应用，已经取得了显著的成果，并在实际项目中得到了广泛应用。例如，在泰来兴业信息技术（北京）有限公司的城墙外立面改造案例中就用到了激光扫描技术获取了北京老城区胡同两侧外立面瓦面的三维数据。在 2013 年 Pradhananga Nipesh 等人就基于 GPS 数据研发了一个分析软件，该软件能够自动识别和跟踪设备活动和安全相关信息，分别用于作业现场性能和布局决策。

3. 智能工具和系统的效率提升

智能建造装备的重要性在于其能够利用智能工具和系统来优化施工过程，从而提高生产力和效率。这些智能工具和系统包括物联网（IoT）、大数据分析和人工智能（AI）等，它们的应用使得建筑施工变得更加高效和智能化。

物联网技术在智能建造装备中的应用能够实现设备之间的互联和信息共享。通过将传感器和设备连接到互联网上，可以实时监测和收集施工现场的数据。这些数据可以用于优化资源管理、调度和协调工作流程。例如，通过物联网技术，施工现场的各种设备和机器可以相互协调，避免冲突和延误，提高施工效率。

大数据分析在智能建造装备中的应用可以帮助施工人员更好地理解和利用施工数据。大数据分析技术能够处理和分析大量的施工数据，提取有价值的信息和见解。通过对施工过程、资源利用和工作效率等方面的数据进行分析，可以发现潜在的优化和改进空间。例如，通过分析施工进度和资源利用的数据，可以及时调整工作计划和资源分配，提高施工效率。

人工智能技术的应用也为智能建造装备提供了强大的效率提升能力。在建筑施工中，人工智能可以应用于施工过程的自动化、质量控制和安全监测等方面。例如，基于机器学习和视觉识别技术的智能监控系统可以实时检测施工现场的安全风险，并发出预警。这样可以提高施工现场的安全性，减少事故的发生，进一步提高施工效率。

1.3.2 打造施工安全新常态

智能建造装备在施工过程中的应用可以显著提高施工质量和安全性。下面主要从精确度和一致性的改进、监测和预测潜在问题的能力及提供安全和可靠的工作环境三个方面说明。

1. 精确度和一致性的改进

精确度和一致性的改进是智能建造装备带来的重要优势之一。通过采用先进的技术和智能化系统，智能建造装备能够减少人为错误和缺陷，提供更高的精确度和一致性。

智能建造装备通过自动化定位和导航系统实现施工过程的精确性。传统的人工操作容易受到人为误差的影响，而智能建造装备利用全球定位系统（GPS）和激光导航技术，能够精确控制施工设备的位置和姿态，从而确保施工元素的正确安置和对齐。例如，自动化挖掘机可以在具有挑战性的场景中健壮地运行，减少了传统人工操作中的误差，从而提高了基础设施施工的精确度。

智能建造装备结合数字建模和虚拟现实技术，能够在施工前进行全面的模拟和验证，确保施工的准确性和一致性。通过创建数字模型并将其与实际施工场景进行比对，施工团队可以在模拟环境中发现潜在问题，并提前采取相应的措施，避免了设计与施工之间的不一致性。这种先进的技术还可以用于施工过程中的质量控制，通过实时监测和比对实际施工与设计模型的差异，及时纠正问题，保证施工质量的一致性。

智能建造装备的自动化质量控制系统能够实时监测关键参数，如材料用量、温度、压力等，以确保施工过程中的一致性和质量。通过传感器和实时数据采集，异常情况可以及时发现，并采取纠正措施，减少了人为错误和缺陷的发生。例如，预应力混凝土智能同步张拉系统可以精确控制预应力大小和预应力筋伸长，同时可以实时控制张拉同步，提高施工质量和一致性。

2. 监测和预测潜在问题的能力

监测和预测潜在问题的能力是智能建造装备的关键应用之一。通过使用智能传感器和监测系统，可以实时监测施工过程中的各项参数和指标，及早发现潜在问题，并采取相应的措施，从而提高施工质量和安全性。

智能传感器和监测系统能够广泛应用于施工现场，监测各种关键参数。这些传感器可以实时采集数据，并将其传输到中央控制系统进行分析和处理。通过监测系统的分析，可以对施工过程中的潜在问题进行识别和预测，从而及早采取措施防止问题的发生。举例来说，智能建造装备中的温度传感器可以监测混凝土浇筑过程中的温度变化，通过实时监测和记录温度数据，可以确保混凝土的硬化过程符合设计要求，避免出现温度应力引起的开裂和质量问题。类似地，振动传感器可以监测土方挖掘和基坑开挖过程中的振动情况，及时发现超过限定值的振动，避免对周边建筑物和地下管线造成损害。

智能建造装备还可以通过数据分析和预测模型来识别潜在问题。通过收集大量的施工数据并进行分析，可以发现施工过程中的异常情况和趋势，预测可能出现的问题。例如，通过分析混凝土施工的数据，可以预测混凝土的强度发展趋势，及早发现可能出现的质量问题。

3. 提供安全和可靠的工作环境

智能建造装备在提高施工质量与安全方面的第三个重要应用是提供安全和可靠的工作环境。通过引入自动化安全系统和可视化监控技术，智能建造装备可以大大提升施工现场的安全性，减少事故风险，并为工人提供更安全的工作环境。

自动化安全系统是智能建造装备中的关键组成部分之一。例如，自动化安全系统可以包括智能安全帽、安全警示装置和智能警报系统等。智能安全帽配备传感器和监测设备，能够监测到施工人员是否正确佩戴安全帽进行作业，可以监测施工人员的行动轨迹，设立电子围栏，保障建造者们在安全区域进行作业，当检测到异常情况时，系统会自动发出警示并采取相应的措施，例如发送警报通知相关人员或停止危险操作；且智能安全帽配备一键求救的功能。这样的自动化安全系统可以及时发现工人的不适或意外情况，从而避免事故的发生，提供更安全的工作环境。

可视化监控技术在智能建造装备中也扮演着重要角色。通过使用摄像头、无人机和智能监控系统等设备，可以实时监测施工现场的情况，并进行远程监控和分析。这样的可视化监控技术可以提供对施工现场的全方位监视，帮助识别潜在的安全风险和问题。例如，通过监控系统，可以及时发现设备故障、材料堆放不当或工人违规操作等情况，并采取相应的纠正措施。这种实时监控和干预能够大大减少事故的发生，提供更安全可靠的工作环境。

1.3.3 可持续发展的推动力量

智能建造装备在推动建筑行业的可持续发展方面发挥着重要作用。本节从优化材料和资源管理、减少人力成本和劳动力需求以及节约能源和环境保护三个方面来说明智能建造在推进可持续发展中的重要性。

1. 优化材料和资源管理

通过智能建造装备的应用，可以实现精确的材料管理和资源利用，从而降低成本、减少浪费，实现可持续发展的目标。

智能建造装备通过引入先进的技术和智能化系统，实现对材料的精确管理。例如，使用激光扫描技术可以对建筑物进行精确的测量和模型生成，从而确保材料的准确配对和使用。智能传感器和监测系统可以实时监测材料的消耗和使用情况，提供及时的数据和反馈，有助于优化材料的使用效率。此外，利用大数据分析和人工智能技术，可以对材料的需求和供应进行预测和优化，实现精细化的材料管理。

智能建造装备还可以帮助降低资源浪费，实现可持续发展。通过智能建造装备的协同工作和自动化操作，可以减少人为错误和误差，提高施工的精确度和一致性，从而减少浪费；同时，还可以探索“智能建造装备＋产业工人”新型劳务模式，推动施工现场人机协作，提高施工效率，优化人力资源管理。此外，智能建造装备还可以推动建筑工地的可再生能源的利用，例如光伏建筑一体化，以降低对传统能源的依赖。如图 1-9 所示为迪拜岛太阳能光伏建筑。

图 1-9　迪拜岛太阳能光伏建筑

研究表明，智能建造装备的应用可以显著提高建筑行业的可持续性。例如，一项研究指出，智能建造装备的应用能够降低建筑物的能源消耗和碳排放量，通过智能建造装备的优化应用，数据中心能耗可分别降低约 20%~40%。

2. 减少人力成本和劳动力需求

通过智能建造装备的应用，可以实现自动化施工和机器人替代，从而减少人力成本和劳动力需求，实现可持续发展的目标。

智能建造装备的自动化施工技术可以取代传统的人力劳动，提高施工效率，并减少与人力相关的成本。例如，自动化搬运机器人可以完成繁重的搬运任务，取代人工搬运，减少了人力成本和劳动力需求。同样，智能建造装备中的机器人可以完成一些重复性和危险性高的工作，如混凝土浇筑、砌砖等，减少了对人工劳动力的依赖。

通过减少人力成本和劳动力需求，智能建造装备为建筑行业的可持续发展带来了多重益处。首先，降低了建筑施工的成本，增加了企业的竞争力和盈利能力。其次，减少了对劳动力的依赖，缓解了劳动力供需紧张的问题，促进了人力资源的合理配置。最重要的是，减少人力成本和劳动力需求有助于减少劳动力的疲劳和安全风险，提升工人的工作条件和生活质量。

3. 节约能源和环境保护

智能建造装备通过优化能源利用，如应用智能照明系统、节能设备和可再生能源，实现了对能源的有效利用，从而为建筑行业的可持续发展做出了积极贡献。

智能建造装备通过引入智能照明系统、节能设备和可再生能源等先进技术，实现对能源的优化利用。智能照明系统通过感应和调控技术，实现对照明需求的精确控制，避免能源的浪费。节能设备的应用，如高效供暖和通风系统，减少能源的消耗，提高能源利用效率。此外，智能建造装备还推动了可再生能源的应用，如太阳能和风能等，使建筑行业向绿色能源转型迈出重要步伐。

此外，智能建造装备还可以减少废弃物和污染物的产生，从而对环境保护发挥积极作用。智能建造装备的应用能够提高施工过程的精确度和一致性，减少建筑材料的浪费和人为错误，降低废弃物的产生。同时，智能建造装备也可以监测和控制施工过程中的环境影响，如噪声、振动和粉尘等，从而降低对环境的污染。

1.3.4 创新与技术进步的催化剂

智能建造装备在推动创新和技术进步方面具有重要作用。本节从鼓励研发和创新、促进数字化转型两个方面入手来说明智能建造在推动创新和技术进步的作用。

1. 鼓励研发和创新

智能建造装备在推动创新和技术进步方面具有重要作用。通过鼓励研发和创新，智能建造装备不断推动新材料、传感技术和自动化系统等方面的发展，为建筑行业带来了许多新的技术和解决方案。

智能建造装备的应用鼓励了新材料的研发和应用。智能建造装备的使用推动了新材料的发展，如高性能混凝土、复合材料和纳米材料等。这些材料具有优异的强度、耐久性和环境适应性，能够满足不同建筑需求，并提供更可持续的解决方案。

智能建造装备也推动了传感技术的创新。传感技术在建筑行业中起着监测和控制的关键作用。通过智能传感器的应用，可以实时监测建筑物的结构、温度、湿度、能耗等重要参数，从而提高建筑物的安全性、舒适性和能效性能。智能建造装备的发展也促进了传感技术的进步，包括更小型化、高灵敏度和低能耗的传感器的研发，为建筑行业提供了更精准和可靠的监测手段。

此外，智能建造装备的自动化系统也为技术进步提供了契机。自动化系统的应用使得建筑施工过程更加高效、准确和安全。智能建造装备推动了自动化系统的发展，如自动化机械臂、机器人和无人驾驶设备等。这些自动化系统不仅提高了施工效率，还减少了人力需求和人为错误的发生。通过智能建造装备的引入，建筑行业能够充分利用先进的自动化技术，推动施工过程的现代化和提高工作效率。

2. 促进数字化转型

智能建造装备在推动创新和技术进步方面发挥了重要作用。特别是在促进建筑行业的数字化转型方面，智能建造装备引入了建模和仿真技术、虚拟现实和增强现实应用等新兴技术，推动了建筑行业向数字化的转变。

智能建造装备的数字化技术为建筑行业提供了全新的工具和方法，促进了建筑信息模型（BIM）的应用。通过 BIM 技术，建筑师、工程师和施工人员可以在虚拟环境中创建三维模型，可视化地展示建筑设计和施工过程。这种数字化建模的方法可以准确地模拟建筑结构、材料和装置，提前发现潜在问题并进行优化。

智能建造装备还引入了虚拟现实（VR）和增强现实（AR）等技术，为建筑行业带来了全新的视觉体验和协作方式。通过虚拟现实技术，建筑师和客户可以身临其境地体验建筑设计，评估空间感和功能性。增强现实技术则将虚拟元素与现实环境相结合，使得设计方案的展示更加直观和可操。这些数字化的视觉化工具不仅提升了设计沟通和决策的效果，也减少了设计变更和错误的发生，节约了时间和资源。

通过智能建造装备推动建筑行业的数字化转型，不仅提高了设计和施工的效率，还促进了协同工作和信息共享。数字化转型使得建筑行业能够更好地应对复杂的项目需求和变化的市场环境。同时，智能建造装备的应用还促进了相关技术的研发和创新，为建筑行业的可持续发展奠定了基础。

智能建造装备在现代建筑行业中的重要性不言而喻。它通过提高施工效率、提升施工质量与安全，以及降低成本与资源浪费的方式，对整个行业产生了深远的影响。智能建造装备的应用也推动了创新和技术进步，为建筑行业带来了更高效、可持续和创新的未来。

在国家政策及技术发展下，当前建筑行业已逐步融合了包括自动化设备、机器人、激光扫描、GIS 技术等各种先进技术，向建筑智能化发展，智能建造已成为发展的必然趋势。《国民经济和社会发展第十四个五年规划和 2035 年远景目标纲要》强调“加快数字化发展，以数字化转型整体驱动生产方式、生活方式和治理方式变革”，提升产业发展质量，实现由劳动密集型生产方式向技术密集型生产方式的转变亟需新一代信息技术对工程生产体系和组织方式进行全方位赋能，推动智能建造快速发展。智能建造作为新一代信息技术与工程建造的有机融合产物，支持工程建造全过程、全要素、全参与方协同，利用先进的技术和创新的方法来改进建筑和施工领域的效率、质量和可持续性，已成为未来发展的必然趋势。首先，建造模式将与先进科技相结合，实现建造模式的智慧赋能，以提高生产效率和生产质量；其次，智能装备将在建造模式的革新中得到进一步提升，以满足建筑行业的需求；最后，建造环节将形成集成化管理平台，实现建造一体化，进一步提升协调和管理效能。

智能建造的发展将促进建筑行业的数字化转型，实现高效、可持续的建造方式，推动产业升级和可持续发展目标的实现，成为建筑业发展的必然趋势之一。

1.4.1 先进技术赋能智能建造

智能建造是一种创新的建造方式，它将信息化、智能化和工程建造过程高度融合，包括 BIM 技术、物联网技术、激光扫描技术、人工智能技术等先进技术，本质是利用物理信息技术实现智能化工地，并通过动态配置实现设计和管理的生产方式改进和升级。智能建造技术的引入推动了相关技术的快速融合和应用，使得建筑行业的设计、生产、施工和管理等环节更加信息化和智能化，引领着新一轮的建筑业革命。

智能建造主要体现在以下几个方面。首先，在设计过程中利用先进技术实现设计的虚拟建模和模拟分析，实现设计过程的智能化；其次，在施工过程中通过基于人工智能技术的机器人代替传统施工方式，提高施工效率和质量；在管理过程中广泛应用物联网技术，实现对建筑工地的实时监控和智能管理；最后，在运维过程中结合云计算和大数据技术，形成智能服务模式，为建筑的运营和维护提供更高效的方式。

当前，全球建筑业的发展呈现出智能化、信息化和工业化的趋势，数字化发展模式成为各国的研究重点。建筑行业应用智能建造技术势在必行，这将推动国内建设业的升级转型，智能建造技术将在建设工程的全寿命周期中发挥至关重要的作用。

1.4.2 智能装备持续革新

智能建造技术在建筑工程的全生命周期中发挥作用，科技的赋能使得各个阶段的特点变得更加复杂，涌现出各种新的技术应用场景。这些不同的技术不断丰富自身的独立性，同时又相互联系，构成了整个智能建造体系。为了推动我国成为智能建造领域的世界强国，应在智能建造关键领域坚持自主发展，通过弥补技术短板、凸显特色、促进升级、加强优势，加快推进智能建造关键领域的技术水平发展。重点集中在以下四个关键领域。

1. 数字化建模

数字化建模涉及建造过程的感知和建模，是通过应用先进的技术和装备，实现对建筑物和施工过程的高精度、高效率的数字化记录和建模，包括人机交互激光扫描装备（图 1-10）、多目视觉立体成像装备、倾斜摄影遥感成像装备等。在建造过程中，工人们可以携带手持式激光扫描仪，对建筑物进行快速扫描，将其几何特征以点云的形式进行记录，准确地获取建筑物的几何信息；通过后续的数据处理和算法分析，可以生成建筑物的三维模型，用于后续的设计、施工和管理。多目视觉立体成像装备广泛应用于建筑物的立面测量、形状重建和模型生成等方面，通过多个视角的摄像机，捕捉建筑物的图像信息，再通过计算机视觉技术对这些图像进行处理和分析，可以得到建筑物的立体模型。倾斜摄影遥感成像装备利用航空或无人机等载具在不同角度和高度拍摄的大范围、高分辨率的建筑物倾斜摄影图像，实现对建筑物的立体建模和几何测量。如图 1-11 所示为无人机航测获取数据的场景。数字化建模还涉及基于多源数据的建造过程数字化建模，这意味着可以将不同来源的数据整合起来，包括激光扫描数据、图像数据、传感器数据等，通过数据融合和处理，实现对建造过程的全面记录和分析，帮助识别和解决施工中的问题，提高施工效率和质量。

图 1-10 人机交互激光扫描装备

图 1-11 无人机航测获取数据

2. 规则化生产

规则化生产涉及构件的自动化生产和运输，以及建造现场的人 / 机 / 材料空间布局优化，包括预制构件自动化生产线、构件全寿命溯源数字编码、自动化设备和数字化技术、虚拟仿真等技术的应用。在规则化生产中，预制构件自动化生产线通过在工厂环境下使用自动化设备和机器人，按照设计要求和规格自动进行构件的加工、装配和检测，实现对建筑构件的高效生产，减少了人工操作的依赖，确保了构件的一致性和质量。构件全寿命溯源数字编码通过为每个构件分配唯一的数字编码，记录构件的生产信息、运输信息、安装信息和维护信息等，实现对构件的全生命周期管理和追踪，更好地监控构件的使用情况，检查构件的安全性和质量，并提供有效的管理和维护决策依据。自动化设备和数字化技术通过规则化生产，实现工序标准化、装配化和模块化，提高施工的精确性和一致性，提高施工的效率和质量。虚拟仿真技术通过对建造现场进行优化和模拟分析，预测潜在的问题和瓶颈，通过科学的规划和布局，采取相应的措施进行调整和改进，实现对人 / 机 / 材料空间布局的优化，提高施工效率，减少资源浪费。如图 1-12 所示为建筑构件机组移动生产线数字化生产线布局。

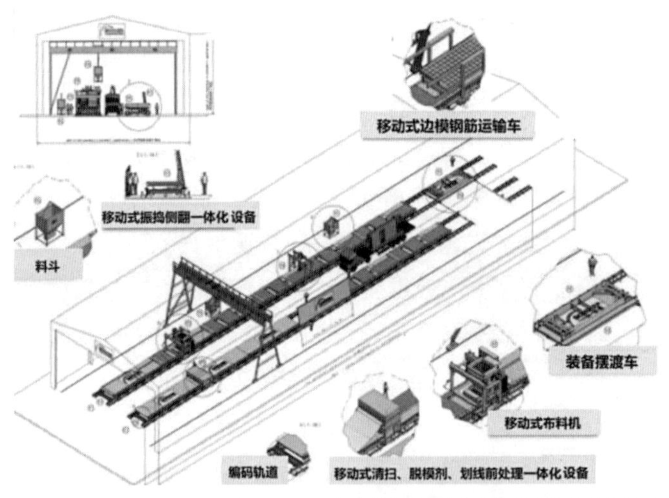

图 1-12　建筑构件机组移动生产线数字化生产线布局

3. 轻量化安装

轻量化安装关注的是在建筑施工过程中实现对重、大构件和细、小流程的安装的轻量化和智能化，其目标是通过应用智能机器人技术，减轻人工劳动强度，提高安装效率和质量。在轻量化安装中，智能安装系列机器人发挥着重要的作用，如图 1-13 所示。针对重、大构件的安装，可以采用重、大构件安装辅助机械臂，这些机械臂通过与智能控制系统的配合可以进

图 1-13　智能安装机器人在建筑中的应用

行复杂的运动轨迹规划和操作，具有高强度和高承载能力，能够准确抓取和操控重、大构件，实现安装的自动化和精准化，确保构件的准确安装和稳定性；对于细、小流程的安装，可以利用细、小流程安装辅助机器人，这些机器人通常具有较小的体积和灵活的操作能力，通过使用视觉识别和传感技术对细、小构件进行定位和识别，进而执行细、小构件的组装、固定和调整工作，能够在狭小空间中完成精细的安装任务。智能安装系列机器人具备高度的自主性和灵活性，能够适应不同类型和规模的安装任务，同时减少人为错误的发生，结合智能化的运动规划和感知技术，可以实现构件与构件之间的协同安装，提高安装的一致性和精度。

4. 自动化流程

自动化流程涉及建筑施工过程中各个环节的自动化操作和流程控制。在自动化流程中，质量检测是非常重要的一环，可采用接触式和非接触式的检测方法，旨在获得准确的质量数据和评估结果，确保建筑施工过程和成品的质量符合设计要求和标准。接触式质量检测通常使用传感器和探针等设备直接接触被检测对象进行测量，适用于需要测量尺寸、形状、力度等物理参数的情况，例如，在混凝土浇筑过程中，可以使用压力传感器来监测混凝土的流动性和均匀性，以确保混凝土质量的一致性；非接触式质量检测通过光学、声波、热红外等非接触式传感技术，无需直接接触被检测对象即可获取相关数据，适用于需要测量表面平整度、温度、颜色等参数的情况，例如，通过激光扫描技术可以对墙面的平整度进行检测，红外热像仪可以用于检测建筑材料的热特性。如图 1-14 和图 1-15 分别为非接触式光电法测量及接触式指针。

创新、发展和优化数字化建模、规则化生产、轻量化安装和自动化流程等相关技术，促进智能化设备的融合发展，推动智能建造持续进步，使建筑行业向着更智能、更高效和可持续的方向前进。

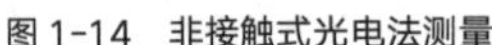

图 1-14　非接触式光电法测量

图 1-15　接触式探针

1.4.3　智慧统筹全局

智能建造技术的广泛应用对建筑行业的设计理念和建造模式产生了革命性的变化，在 BIM 技术、智能建造技术等先进技术以及数字化建模、自动化生产等智能装备的赋能下，建筑全生命周期建设呈现出明显的信息技术增多和应用场景广泛多样的特点。只有通过全过程的统筹管理，促进智能建造过程、建造技术一体化和标准的统一化以及信息处理的可视化，才能使科技的赋能达到理想效果，而开发一款能够实现建筑全生命周期数字化管理的平台成为实现这一目标的可行道路之一。

平台的可视化交互功能对建筑施工过程至关重要。施工环境复杂多变、施工人员专业技能参差不齐以及责任各方信息交流的不及时，导致工程事故频发。通过规范化施工流程和搭建施工过程可视化集成平台，施工阶段的工程质量将得到显著提高。这样的平台将能够提供直观的信息展示和交互界面，使施工人员能够更好地理解和掌握施工过程的要求，从而确保施工质量的提升。

智能化决策是建筑生产过程中的另一个关键领域。建筑生产过程会产生大量的工程数据，这些工程大数据具有体量大、种类多、变化快、价值密度低等特点。建立一个全周期数字化管理平台，将工程决策与管理从经验驱动转变为数据驱动，成为提高生产力、提升企业竞争力和改善行业治理效率的不二途径。该平台将能够整合、分析和可视化展示工程数据，为决策者提供准确、全面的信息支持，帮助他们做出智能化的决策，并提升整个建筑生产过程的效率和质量。

可见，建立一款建筑的全生命周期数字化管理平台对于实现智能建造的目标至关重要。这样的平台将具备可视化交互和智能化决策的功能，能够提高施工阶段的工程质量、推动生产力的提升，并为企业和行业的发展带来新的机遇和挑战。

第 1 章基于传统建造模式的局限性，阐述了智能建造的起源及重要性，并从整体出发介绍了智能装备的重要性及其未来发展趋势。

第 2 章主要介绍了智能建造的基本概念以及施工模式，在此基础上，总结了智能建造的适用结构体系及实现智能建造应具备的关键因素。

第 3~5 章从建模、生产到安装对智能建造详细施工过程进行介绍。第 3 章对智能建造过程中的感知与建模、相关智能装备进行详细介绍，包括人机交互激光扫描装备、多目视觉立体成像设备、倾斜摄影遥感成像设备及基于多源数据的建造过程数字化建模；第 4 章介绍了构件自动化生产线、现场人 / 机 / 材空间优化布局、集成自动路径规划的运输装备等自动化生产及运输相关内容；第 5 章在上述基础上，介绍系列机器人对重、大构件和细、小构件的辅助安装情况及过程。

第 6~8 章从施工集成平台管理、质量检测装备、全周期数字化管理平台三方面对智能建造施工及管理质量控制展开详细阐述。第 6 章从施工管理平台的组成部分出发，介绍了建造平台的结构要求及具体施工工序；第 7 章介绍了接触式和非接触式两类质量检测装备；第 8 章从建筑全生命周期出发，介绍了全周期管理的数字孪生技术、基于物联网的云管理及决策以及信息化等先进技术。

本章参考文献

[1] 李在卿．建筑业质量 环境 职业健康安全管理体系整合实务 [M]. 北京：中国计量出版社，2005.

[2] 黄河．工程公司智能建造发展之路 [J]. 施工企业管理，2022，(07)：35-38.

[3] 周绪红，刘界鹏，冯亮，等．建筑智能建造技术初探及其应用 [M]. 北京：中国建筑工业出版社，2021.

[4] 李晓军．土木工程信息化 [M]. 北京：中国建筑工业出版社，2020.

[5] 尤志嘉，吴琛，郑莲琼．智能建造概论 [M]. 北京：中国建材工业出版社，2021.

[6] 吴俊．建设工程智慧建造体系构建及实践 [D]. 重庆：重庆大学，2020.

[7] 莫延红．工程传统设计模式的局限性与 BIM 技术的机遇和挑战 [J]. 青海交通科技，2018，(01)：56-59.

[8] 黄光球，郭韵钰，陆秋琴．基于智能建造的建筑工业化发展模式研究 [J]. 建筑经济，2022，43 (03)：28-34.

[9] 国家统计局．中华人民共和国 2022 年国民经济和社会发展统计公报 [M]. 北京：中国统计出版社，2023.

[10] 李国建，宫长义，施明哲，等．智能建造开启建筑行业新机遇 [J]. 江苏建筑，2022，(06)：4-7+21.

[11] YAN J K，ZHENG Z，ZHOU Y，et al. Recent research progress in intelligent construction：A comparison between China and developed countries[J]. Buildings，2023，13：1329.

[12] 刘占省，孙啸涛，史国梁．智能建造在土木工程施工中的应用综述 [J]. 施工技术（中英文），2021，50 (13)：40-53.

[13] 中华人民共和国住房和城乡建设部 .“十四五”建筑业发展规划 [EB/OL].（2002-01-19）[2024-07-29]. https：//www.gov.cn/zhengce/zhengceku/2022-01/27/5670687/files/12d50c613b344165afb21bc596a190fc.pdf.
[14] 蔡京建 . BIM 助力提升建筑业信息化水平 [J]. 中国工业和信息化，2022，（Z1）：54-58.
[15] 张英楠，谷志旺，张铭，等 . 智能建造国内外标准编制对比研究 [J]. 上海建设科技，2022，（05）：1-6+14.
[16] 本刊编辑部 . 关于进一步支持智能建造产业发展的建议 [J]. 中国建设信息化，2023，（06）：16.
[17] 张铭 . 基于 BIM 技术的智能建造 [J]. 施工企业管理，2022，（07）：56.
[18] PRADHANANGA N，TEIZER J. Automatic spatio-temporal analysis of construction site equipment operations using GPS data[J]. Automation in Construction，2013，29（Jan.）：107-122.
[19] KAMARI M，HAM Y. AI-based risk assessment for construction site disaster preparedness through deep learning-based digital twinning[J]. Automation in Construction，2022，134（Feb.）：104091.1-104091.16.
[20] ZHANG L，ZHAO J，LONG P，et al. An autonomous excavator system for material loading tasks[J]. Science Robotics，2021，6（55）.
[21] ZHUO Y. Intelligent tensioning control and management integrated system for high-speed railway prestressed concrete beam[J]. Journal of Civil Structural Health Monitoring，2018，8（03）：499-508.
[22] 叶伟琼 . 创新“智能建造装备 + 产业工人”模式努力打造应用型试点城市样板 [N]. 中国建设报，2023-05-16（006）.
[23] ZHU H，ZHANG D，GOH H，et al. Future data center energy-conservation and emission-reduction technologies in the context of smart and low-carbon city construction[J]. Sustainable Cities and Society，2023，（89）：104322.
[24] SAMPAIO A Z，MARTINS O P. The application of virtual reality technology in the construction of bridge：The cantilever and incremental launching methods[J]. Automation in Construction，2014，37（Jan.）：58-67.
[25] 安筱鹏 .“全球产业技术革命视野下的工业化与信息化融合”之四 工业化与信息化融合的 4 个层次 [J]. 中国信息界，2008，（05）：34-38.
[26] 陈珂，丁烈云 . 我国智能建造关键领域技术发展的战略思考 [J]. 中国工程科学，2021，23（04）：64-70.
[27] 毛超，彭窑胭 . 智能建造的理论框架与核心逻辑构建 [J]. 工程管理学报，2020，34（05）：1-6.
[28] 刘占省，刘诗楠，赵玉红，等 . 智能建造技术发展现状与未来趋势 [J]. 建筑技术，2019，50（07）：772-779.
[29] 王淑桃 . 工程建设管理中智能建造技术的创新应用 [J]. 建筑经济，2021，42（04）：49-52.
[30] NIU Y，LU W，CHEN K，et al. Smart construction objects[J]. Journal of Computing in Civil Engineering，2016，30（04）：04015070.
[31] ZHANG H，ZHOU Y，ZHU H，et al. Digital twin-driven intelligent construction：Features and trends[J]. Structural Durability & Health Monitoring：SDHM，2021，（03）：15.
[32] 赵卫东，刘宏 . BIM 技术助力建筑企业智能建造管理升级 [J]. 施工企业管理，2022，（07）：50-52.

第2章

智能建造概念与施工模式

【本章导读】

建筑业作为国民经济的重要支柱产业，长期面临效率低下、资源浪费、管理粗放等问题，亟需通过信息化、数字化与智能化技术实现转型升级。面对德国“工业 4.0”、中国“智能建造与建筑工业化协同发展”等国家战略的推动，智能建造应运而生，成为建筑业迈向高质量发展的重要途径。本章首先解析了智能建造的背景与内涵，结合国内外政策与学者的定义，明确其本质是以新一代信息技术为支撑，实现建筑全生命周期的数字化、智能化管理。随后，重点阐述了智能建造的四大施工模式，包括以 BIM-*n*D 为核心的多维建模、虚拟施工组织模拟、人机协同与建造机器人应用，以及数据管理和信息传递的智能化运维，系统展现了智能建造的技术逻辑与实施路径。此外，本章还介绍了智能建造的支撑技术，包括大数据、移动互联网、边缘计算、物联网及 BIM+GIS 的融合应用，强调这些技术在提升工程效率、决策精准性与智能协同管理方面的关键作用。最后，通过虚拟建造、机器人施工、动态监测和智能化施工工艺等典型应用场景，深入剖析了智能建造的实际落地与发展前景，为后续章节的研究奠定理论基础。本章的框架逻辑如图 2-1 所示。

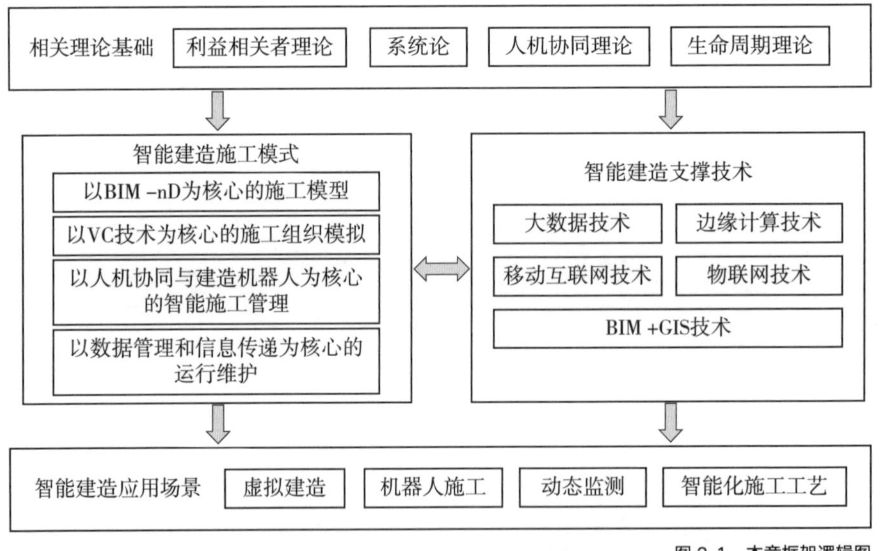

图 2-1　本章框架逻辑图

【本章重点难点】

如何实现 BIM 技术在不同施工阶段的多维度集成与动态优化；虚拟施工中 VR/AR 技术与现场施工环境的高精度匹配与实时反馈；人机协同过程中，智能设备与人工操作的高效协同与安全保障；在数据管理环节，如何通过物联网与边缘计算技术，实现施工现场海量异构数据的实时采集、处理与决策支持。

随着人工智能、物联网、大数据、边缘计算、机器人、建筑信息模型（Building Information Modeling，BIM）、第五代移动通信技术（5th Generation Mobile Communication Technology，5G）等新一代信息技术与工程建造不断融合，装配式建造和数字化建造不断迭代推进，智能建造应运而生。智能建造的施工模式主要包括以 BIM-*n*D 为核心的施工模型、以虚拟施工（Virtual Construction，VC）技术为核心的施工模拟组织、以人机协同与建造机器人为核心的智能施工管理、以数据管理和信息传递为核心的运行维护。其中的支撑技术主要包括大数据、移动互联网、边缘计算、物联网、BIM+ 地理信息科学（Geographic Information Science，GIS）等。而智能建造的典型应用场景主要包括虚拟建造、机器人施工、动态监测、智能化施工工艺等。推进智能建造是一项复杂的系统性工作，也是实践性要求很高的工程，需要在实践中不断探索和创新。

2.1.1 智能建造背景

2010 年以后，世界各国纷纷将智能制造纳入国家战略，抢占产业发展的制高点，以实现各自国家工业向高质、高效、高竞争力发展。《中国制造2025》于 2015 年发布，旨在推动中国制造业迈向智能制造和高端制造，该计划包括支持研发、技术创新、产业升级和智能制造标准化等一系列措施；欧盟数字化欧洲战略于 2015 年发布，旨在推动欧洲数字化经济和社会的发展，该战略包括支持数字技术、物联网、人工智能和智能制造的投资和政策支持；德国工业 4.0 战略于 2013 年发布，旨在将数字化技术融入制造业，提高生产效率和竞争力，该战略侧重于自动化、物联网和数字化制造的发展。

建筑业是国民经济的重要物质生产部门和支柱产业，但信息化、精细化管理的水平与其他重要行业相比却处于较低水平，亟需提升数字化水平。如图 2-2 所示为建筑业近十年总产值变化情况，图 2-3 为 2015-2022 年中国建筑信息化行业市场规模情况。

麦肯锡国际研究院《想象建筑业的数字化未来》报告统计，在全球机构行业数字化指数排行中，建筑业位于倒数第二位。基于智能建造实现建筑业的跨越式发展是一个重大课题，也是历史发展机遇。“日本智能制造基础2020 战略”于 2017 年发布，旨在通过促进自动化、机器人技术、物联网和数字化制造来实现智能制造；韩国的智能工厂 2020 计划于 2015 年启动，旨在通过数字化和智能技术提高韩国制造业的竞争力，计划重点包括数字孪生（Digital Twin）技术、物联网、自动化生产线等领域的发展。在此背景下，

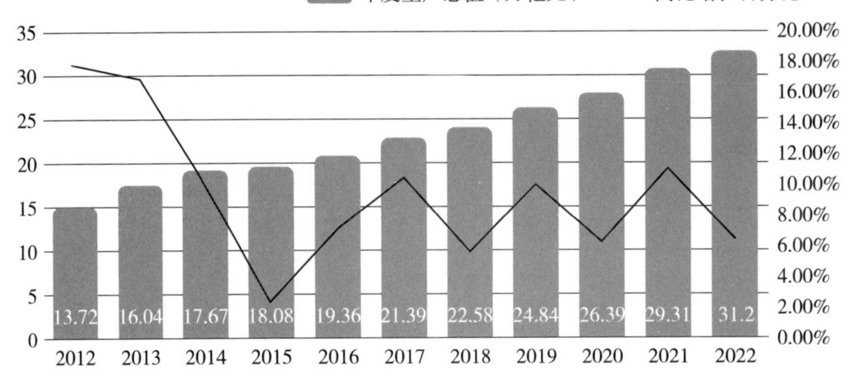

图 2-2　建筑业近十年总产值变化
（来源：国家统计年鉴 2022）

图 2-3　2015-2022 年中国建筑信息化行业市场规模情况
（来源：国家统计年鉴 2022）

各国在工程建设领域，面向智能建造陆续出台了不同的战略与政策，推进建筑产业全面升级与发展。英国制定了《英国建筑 2025》战略，其发展目标聚焦于降低成本、提高效率、减少排放、增加出口，其中突出的工作主题之一是推动新一代智能技术的应用，以实现建筑行业的智能化；德国在 2015 年发布了《数字化设计与建造发展路线图》，该路线图强调工程建造领域必须经历数字化设计和智能化转型的过程。

2.1.2　智能建造概念

据《辞海》和《现代汉语词典》的解释，“智能”（intelligent）是要感知系统在其中运行的环境，关联系统周围发生的事件，对这些事件作出决策，解决问题、生成相应的动作并控制它们。

肖绪文院士指出，智能建造是面向过程产品全生命周期，实现泛在感知条件下的信息化建造，即根据过程建造要求，通过智能化感知、人机交互、决策实施，实现立项过程、设计过程和施工过程的信息、传感、机器人和建造技术的深度融合，形成在基于互联网信息化感知平台的管控下，按照数字化设计的要求，在既定的时空范围内通过功能互补的机器人完成各种工艺操作的建造方式。

丁烈云院士指出，智能建造是新一代信息技术与工程建造融合形成的工程建造创新模式，即利用以“三化”（数字化、网络化、智能化）和“三算”（算据、算力、算法）为特征的新一代信息技术，在实现工程建造要素资源数字化的基础上，通过规范化建模、网络化交互、可视化认知、高性能计算及智能化决策支持，实现数字链驱动下的工程立项策划、规划设计、施（加）工生产、运维服务一体化集成与高效率协同，不断拓展工程建造价值链、改造产业结构形态，向用户交付以人为本、绿色可持续的智能化工程产品与服务。

卢春房院士指出，智能建造是新一代通信技术与先进设计施工技术深度融合，并贯穿于勘察、设计、施工、运维等工程活动各个环节，具有自感知、自学习、自决策、自适应等功能的新型建造方式。另有学者从狭义和广义角度给出了智能建造的定义：狭义的智能建造指的是利用智能装备、智能施工机械或自动化生产设备进行制造与施工，如 3D 打印、智能施工机器人、机械手臂、无人机测绘等；广义的智能建造基于人工智能控制系统、大数据中心、智能机械装备、物联网，能实现智能设计、智能制造、智能施工和智能运维的全生命周期建造过程，不同于传统的建造方式，广义的智能建造在项目伊始，智能系统便进行生产规划、计算建造流水节拍、调配资源、监控和调控建造过程，直至项目结束，是一种集设计、制造、施工建造于一体的新型项目建造体系和思维方式。

此外，也有学者将智能建造定义为以建筑信息模型、物联网等先进技术为手段，以满足工程项目的功能性需求和不同使用者的个性化需求为目的，构建项目建造和运行的智慧环境，通过智慧化的技术创新和管理创新对工程项目全生命周期的所有过程实施有效改进和管理的一种管理理念和模式。

互联网时代，数字化催生着各个行业的变革与创新，建筑业也不例外。智能建造是解决建筑业低效率、高污染、高能耗的有效途径之一，已在很多工程中被提出并实践，例如深圳国际机场 T3 航站楼、深圳湾超级总部基地和北京大兴国际机场等，因此需要归纳总结智能建造的特征。智能建造涵盖建设工程的设计、生产和施工 3 个阶段，借助人工智能、物联网、大数据、边缘计算、机器人、5G、BIM 等先进的信息技术，通过感知、识别、传递、分析、决策、执行、控制、反馈等建造行为，实现全产业链数据集成，为全生命周期管理提供支持，智能建造是利用新一代信息技术的融合，对传统建设活动及流程的智慧化升级，涉及智能决策、智能设计、智能生产、智能施工和智能运维五阶段的全链条活动，其核心逻辑是通过 BIM 完成模型迭代和数据统一。

因此，智能建造是指在建造过程中充分利用信息技术、集成技术和智能技术，构建人机交互建造系统，提升建造产品品质，实现安全绿色、精益优效的建造方式，即智能建造是以提升建造产品，实现建造行为安全健康、节能降污、提质增效、绿色发展为理念，以 BIM 技术为核心，将物联网、大数据、人工智能、智能设备、可信计算、云边端协同、移动互联网等新一代信息技术与勘察、规划、设计、施工、运维、管理服务等建筑业全生命周期建造活动的各个环节相互融合，实现具有信息深度感知、自主采集与迭代、知识积累与辅助决策、工厂化加工、人机交互、精益管控的建造模式。

2020 年 7 月,《关于推动智能建造与建筑工业化协同发展的指导意见》提出了推动智能建造与建筑工业化协同发展的原则、目标、重点任务和保障措施，并从 7 个方面提出了具体的工作任务，同时提出了到 2025 年、2035 年的发展目标。这一政策发布后，国家在半年内密集发布多项与智能建造技术应用相关的政策，同时国家还发布了一系列配套政策，涉及新时代建筑产业工人队伍的培育、智能建造技术典型应用案例的征集、智能建造试点工作的开展等，以配套政策进一步推动智能建造技术的发展。

2.1.3 智能建造特征

智能化技术在施工阶段的应用主要带来了施工生产要素的升级、建造技术的升级和项目管理的智慧化，产生了新的施工组织方式、流程和管理模式。

1. 施工生产要素升级体现在材料、设备的智能化

施工生产要素升级是指建筑材料和施工机械设备的升级，包括新型建筑材料和智能机械设备的应用。智能设备是以智能传感互联、人机交互、新型视觉展示及大数据处理等新一代信息技术为特征，以新设计、新材料、新工艺硬件为载体的新型智能终端产品及服务，如在安全管理中常用的智能安全帽、智能手环、无人机等设备。智能安全帽可以监测工人的不安全行为，将数据汇总到后台进行实时监控。智能机械包括挖掘机、起重机等，如智能挖掘机，综合利用传感、探测、视觉和卫星等多信息融合，使挖掘机具有环境感知能力、作业规划及决策能力。智能材料是一类具有特殊性能和功能的材料，它们可以响应外部刺激或条件而改变其性能或状态，智能材料在智能建造领域具有广泛的应用潜力，可以改善建筑物的性能、可持续性和效率，例如智能建造中的自修复材料可以自动修复小型结构损伤，从而延长建筑物

的使用寿命并降低维护成本。这些材料可以用于混凝土、玻璃和其他结构材料。

2. 建造技术的升级体现在装配化施工

建造技术的升级是指施工方式从传统的现浇混凝土施工到装配化施工，目前施工装配化主要有 3 种方式。较为常见的生产方式是现场建造方式，是现浇与现场装配的组合，这种建造方式可以实现生产和装配同时进行。第二种生产方式是工厂化建造方式或者预制装配式，70%~90% 的构件都是在工厂完成，然后运输到施工现场进行拼装。根据装配化程度不同，又可分为全装配式和半装配式。装配式建筑体系包括大型砌块建筑、装配式大板、骨架板材、盒式建筑、装配整体式建筑。第三种是使用 3D 打印技术实现了建筑自动化建造，减少了劳动力投入，降低了施工成本和施工时间。3D 打印分为施工现场打印或者异地打印再运输到现场。此外，施工机器人的引入促进了建造技术的升级，施工机器人可完成建筑墙面砂浆刮平、砌墙等工作，大大提高施工效率，降低施工风险，如砌砖机器人，铺砖量可达到 1000 块 /h，并可连续 7 天 ×24h 工作。预制和模块化建筑技术属于一种先进的建造方法，涉及在工厂环境中制造建筑构件和模块并将它们运输到建筑现场进行组装，这项技术在多种不同类型的建设项目中广泛应用，包括住宅、商业建筑、工业设施，以及部分桥梁和隧道工程的建设与安装。

3. 项目管理的智慧化体现在智慧工地整体解决方案

“智慧工地”是建立在高度信息化基础上的一种支持人和物全面感知、工作互通互联、信息协同共享、决策科学分析、风险智慧预控的新型信息化管理手段。其特征包括全面感知，即可感知不同主体、不同对象的各类工程信息；工作互联互通，将分散在不同阶段、不同主体、不同终端中的各种信息汇集在智慧管理信息平台，实现生产过程可视化；更智能化，利用大数据、人工智能等方法实现复杂数据的处理、分析和预警，从而进行安全管理、质量管理等。例如，RFID 技术被广泛应用于人员定位与管理、物料追踪、设备使用权限管理等；计算机视觉技术在结构变形检测、不安全行为识别等方面发挥了巨大作用。在智慧工地领域，近几年我国涌现出一批典型的代表性工程，如郑州奥体中心智慧工地和北京大兴国际机场智慧工地，均成功构建了系统性的智慧工地管理体系，涵盖信息化综合管理、BIM 技术应用、项目数据集成管理平台以及绿色建造等关键要素，有效提高了效率、降低了成本，并注重环境可持续性，为智慧工地整体解决方案提供了典型案例，为未来类似项目提供了示范性经验和启示。

2.1.4 我国的智能建造

智能建造是工业化和信息化高度融合后达到的又一个新阶段。建筑工业化对信息化有着巨大拉动作用，而信息化又可以极大地促进建筑工业化的发展，二者是行业发展的两个阶段，将建筑工业化与信息化有机结合，实现两者深度融合是推进智慧建造发展的关键所在，将促进建筑业产业变革，实现中国建造高质量发展。2020 年 7 月，中华人民共和国住房和城乡建设部等十三个部门联合印发《关于推动智能建造与建筑工业化协同发展的指导意见》(以下简称《意见》)，强调建筑业向工业化、数字化、智能化方向升级，加快建造方式转变，推动建筑业高质量发展，打造“中国建造”品牌。《意见》指出要以大力发展建筑工业化为载体，以数字化、智能化升级为动力，加大智能建造在工程建设各环节的应用，形成涵盖科研设计、生产加工、施工装配、运营维护等全产业链融合一体的智能建造产业体系，促进智能化和工业化协调发展，建立健全一体化智能建造发展模式。各地方政府制定的发展目标较国家制定的目标更加具体，部分地区还制定了定量指标。各地方通常以推进 BIM、物联网、人工智能等新一代信息技术在工程建设中的应用为推动智能建造技术发展的手段，一些地区将“智慧工地”建设作为推进智能建造应用的手段之一。各地方关于推进智能建造与智慧工地的相关政策如表 2-1 所示。

智能建造部分地方政策 表 2-1

时间	政策	地区和部门	相关内容
2020 年 12 月	关于推进智能建造的实施意见	重庆市住房和城乡建设委员会	提出到 2021 年底、2022 年底、2025 年建筑业工业化、数字化发展目标。提出 2021 年起“智慧工地”的建设要求和激励政策
2021 年 1 月	甘肃省住房和城乡建设厅等关于推动智能建造与建筑工业化协同发展的实施意见	甘肃省住房和城乡建设厅等 12 部门	提出到 2023 年、2025 年的目标。在建造全过程加大 BIM 等新技术创新和集成应用；加强智能设备等的应用
2020 年 11 月	关于促进建筑业高质量发展的若干措施(公开征求意见稿)	广东省住房和城乡建设厅	推进战略性新兴产业和建筑业的结合发展。推行智能建造，加大 BIM 等新一代信息技术在建造全过程的集成与创新应用
2019 年 10 月	关于加快建筑业转型升级高质量发展的若干意见	贵州省住房和城乡建设厅	开展“智慧工地”创建，以推广 BIM 技术为主要着力点，推进 BIM、物联网、大数据等信息技术在设计、施工、运维全过程中的集成应用
2020 年 9 月	关于印发《河北省绿色建筑创建行动实施方案》的通知	河北省住房和城乡建设厅等 8 部门	在建造全过程加大 BIM、互联网、物联网等信息技术的集成与创新应用。探索数字化设计体系建设

续表

时间	政策	地区和部门	相关内容
2021 年 2 月	关于推动智能建造与建筑工业化协同和加快新型建筑工业化发展的实施意见	江西省住房和城乡建设厅等 16 部门	提出到 2025 年和 2035 年发展目标。在建造全过程加大 BIM 等信息技术的创新和集成应用。推进智能化建造和制造设备的研发和应用
2020 年 6 月	山西省住房和城乡建设厅关于进一步推进建筑信息模型（BIM）技术应用的通知	山西省住房和城乡建设厅	一定规模以上规定类型的工程作为试点项目开展 BIM 技术应用
2021 年 2 月	陕西省住房和城乡建设厅等部门关于推动智能建造与新型建筑工业化协同发展的实施意见	陕西省住房和城乡建设厅等 17 部门	提出到 2035 年的发展目标。搭建建筑产业互联网平台，推动工业互联网在建筑领域的融合应用，促进大数据在工程项目中的应用；加快增材制造、物联网、BIM 等新技术在建造全过程集成应用
2021 年 1 月	关于完善质量保障体系提升建筑工程品质的实施意见	浙江省人民政府办公厅	建设浙江工程云。加大关键共性技术、重大装备和数字化、智能化工程建设装备研发力度，加快推进建筑机器人与建造技术的结合应用。推进 BIM 等信息技术在工程质量安全监管以及建筑工程全过程的集成应用
2022 年 12 月	省住房和城乡建设厅关于印发《关于推进江苏省智能建造发展的实施方案（试行）》的通知	江苏省住房和城乡建设厅	BIM、3D 打印、物联网、人工智能、云计算、大数据、元宇宙等新技术在建筑行业中的应用水平显著提升，建立并完善江苏省智能建造标准体系与评价体系；形成项目、企业、产业智能建造相关新技术、新产品和新服务应用体系。促进建筑产业互联网、数字一体化设计、建筑机器人及智能装备、部品部件智能生产线和智能施工管理等五大智能建造关键领域广泛应用
2023 年 5 月	南京市发布《关于推进智能建造与新型建筑工业化协同发展的实施意见》	南京市人民政府	到 2025 年末，全市智能建造与新型建筑工业化协同发展的政策体系、产业体系和监管体系基本完备，实现建筑信息模型（BIM）技术在规模以上新建工程项目中普及应用，智能建造适宜技术在政府投资大中型项目应用中占比达到 60% 以上。推进工业互联网在建筑领域的融合应用，以新型建筑工业化项目为基础，以政府投资建设项目为重点，初步建成建筑产业互联网平台，实现建筑业产业基础、技术装备、科技创新能力、劳动生产率及建筑品质全面提升

2.2.1 施工模式简介

智能建造施工模式是指利用先进的技术和数字化工具来提高建筑施工效率、质量和可持续性的建造方法，它包括应用各种智能技术和创新解决方案，如数字化设计、增强现实（AR）、虚拟现实（VR）、3D 打印、机器人和自动化、智能传感器和物联网（IoT）、人工智能和大数据分析等。

智能建造是将智能技术与先进建造技术深度融合的一种新型建造模式，旨在优化建筑施工的各个环节，从设计阶段到施工和运营阶段，提高工作效率、降低成本、减少资源浪费，并提供更高质量的建筑成果。通过数字化工具和技术，建筑师可以更准确地设计和模拟建筑，工人可以利用自动化设备和机器人来完成繁重和高精度的工作，传感器和物联网技术可以实时监测和管理工程建造过程，人工智能和大数据分析可以提供数据驱动的决策支持等。智能建造具体施工模式如图 2-4 所示。

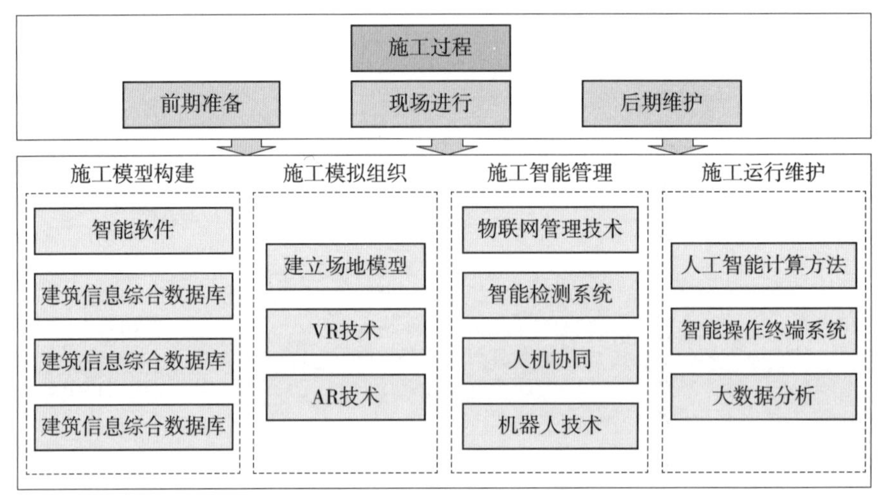

图 2-4 智能建造具体施工模式

2.2.2 以 BIM-*n*D 为核心的施工模型构建

目前，施工阶段的 BIM 模型主要基于设计院 CAD 二维施工图纸进行构建，按照不同的用途存在 3D、4D、5D 等应用形式，从本质上讲，“*n*D”代表用于描述不同信息层次结构的多个维度，就一般民用建筑而言，3D 模型主要应用于专业之间的碰撞检查、复杂节点深化设计等；4D 模型增加了时间维度，可以实现虚拟施工、施工进度计划模拟等；5D 模型主要应用于施工过程中不同阶段、不同形式的工程量统计和成本核算等；在 6D 模型中，能源使用和可持续性能成为关注重点，结合模型，能够应用各种能源评估系统对建筑物的能耗能效进行评估；7D 模型更注重建筑设施管理，通过对建筑物的整个生命周期进行分析，提升建筑设施全生命周期性能。

建筑信息建模（BIM）的 n 维概念正引领着工程建造信息模型构建与应用的变革潮流，为工程建造信息模型的构建和应用提供了在多个维度上探索和优化建设项目的能力。基于 1D 到 nD 的多维 BIM 模型，能够更好地规划、设计、建造和管理工程建设项目，实现效率的提升、成本的控制以及可持续性的增强，该模型允许对进度、成本、可持续性等进行动态模拟和分析，提升工程的性能、可维护性和安全性等。

2.2.3　以 VC 技术为核心的施工组织模拟

信息技术的不断进步为建筑业带来了全新的活力，显著提高了建筑行业的生产效率。在建筑生命周期的重要阶段——施工阶段，很多研究正在积极探索虚拟施工（Virtual Construction，VC），即如何应用 BIM 技术和模拟仿真技术来进行施工现场的规划、布局、过程模拟分析和优化，实现过程中的施工组织模拟。VC 技术的应用（包括 BIM 技术和 VR/AR 等技术的延伸拓展）不仅可以实现施工过程的数字化、可视化表达，同时还集成了其他维度因素对施工的影响。有学者通过建立 IFC（Industry Foundation Class）数据格式的信息模型，将 BIM 与四维（four-dimensional，4D）技术融合，实现了对施工现场的动态管理和可视化模拟。

VC 技术中可以通过 VR（虚拟现实）技术构建虚拟施工现场，辅助施工交底，有效降低因施工组织不当造成的时间与管理成本的增加，有效解决空间关系冲突，使施工组织的进行更加高效合理，通过对 Vuforia SDK 技术、Unity3D 技术的有效应用，充分发挥出 VR/AR 技术的应用优势。

通过引入先进的施工模拟技术，如虚拟现实（VR）和增强现实（AR），施工单位能够显著减轻工人的负担。与 VR 不一样，AR/MR（混合现实）的体验场景，不再局限于室内体验区，而是能够达到任何位置，比如项目实地现场，从 BIM 软件中导出模型数据，在项目现场，可通过 AR 手持设备和 MR 眼镜等，将模型、图纸等 1∶1 加载在现场，提升在施工现场的临场感与体验感，能够提升方案的沟通效果。这些技术允许建筑工人在模拟的虚拟环境中进行培训和演练，以提高他们的技能和知识，减少了现场施工中的错误和风险，从而增强了工人的安全能力和生产效率。此外，这些模拟技术还可以帮助工人更好地理解复杂的施工流程和工程图纸，提供实时的指导和反馈，使他们能够更轻松地应对挑战，提高施工质量，从而改善了工作环境，减轻了工人的身体和精神负担。

2.2.4 以人机协同与建造机器人为核心的智能施工管理

1. 人机协同的应用

人机协同在施工现场智能管理中的应用已经成为工程建造行业的一个重要趋势。人机协同将建筑工人与智能机器、传感器和数据分析相结合，以提高施工过程的效率、安全性和质量，施工任务执行中需要用到自动化机器人和设备，如自动挖掘机、无人机和自动导向车辆，可以在施工现场执行各种任务，如土方工作、材料运输、钢筋绑扎和焊接，以减轻工人的体力负担。人 - 机器人协作（human-robot collaboration，HRC）定义为人与机器人相互合作，建立一个动态系统，在环境中完成任务，HRC 的目标是减轻人类在执行重复性和体力要求高的任务时的工作量，并能提升工作效率和任务完成的准确度。

人机协同技术目前已经广泛应用在高层建筑智能建造平台的施工上，高层建筑智能建造平台又称空中造楼机，集成了各类机械设备、操作平台、防护设施及智能监控，使结构施工规范化、标准化。在该平台上，人与机器人协作在钢筋绑扎、模板安装和混凝土浇筑等重点工序上都有直接的体现与应用，例如测量放线人员和测量机器人的协作、钢筋工和自动绑扎机器人的协作等，极大程度上提高了工人施工的效率。

2. 建造机器人的概念

近百年来，虽然自然科学与工程技术领域的革新不断，建筑本身的形态和功能也大不相同，但建筑施工的业态形式却始终没有出现显著的变化。建造机器人是一项正在承担起建筑业革新重任的人工智能新技术。

建造机器人是用于建设项目工程建造方面的机器人，分为广义的建造机器人和狭义的建造机器人。广义的建造机器人是指全生命周期（包括勘察、设计、建造、运营、维护、清拆、保护等）从事建造活动的机器人及相关的智能化设备。狭义的建造机器人特指与建筑施工作业密切相关的机器人设备，通常是一个在建筑预制或施工工艺中执行某个具体的建造任务（如砌筑、切割、焊接等）的装备系统，其涵盖面相对较窄，但具有较为显著的工程建造特征，并与相应的工艺工法匹配。

3. 建造机器人的种类

建造机器人应用在设计、建造、破拆、运维四个方面，专业的建造机器人正在逐步从研发走向落地，在房屋、高塔、桥梁、地铁建造中发挥积极作用。建造机器人包括测绘机器人、砌墙机器人、预制板机器人、焊接机器人、混凝土喷射机器人、施工防护机器人、地面铺设机器人、装修机器人、清洗机器人、隧道挖掘机器人、破拆机器人等，种类繁多，形成了一个庞大

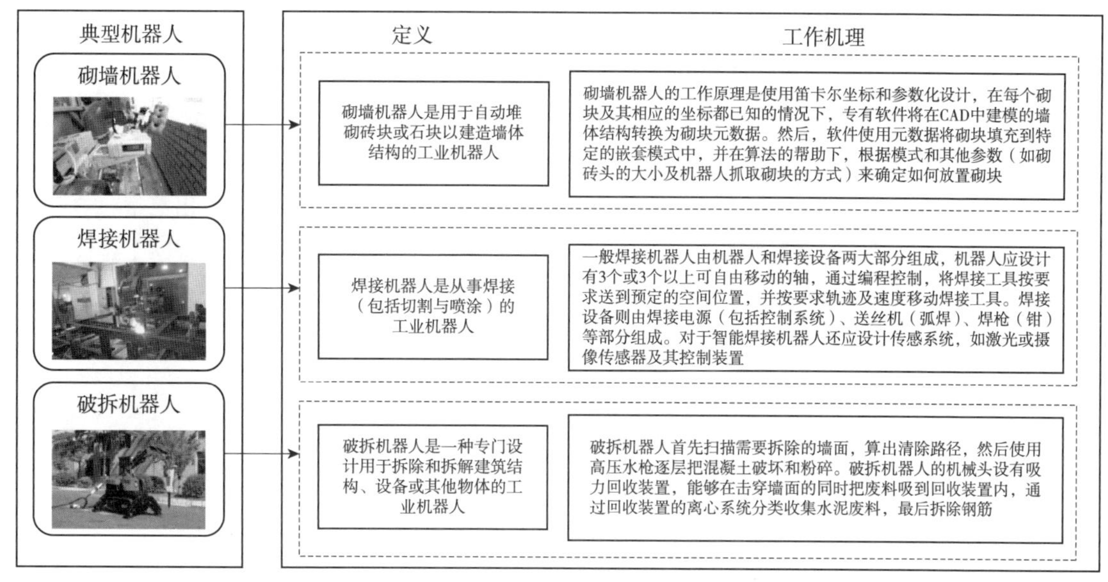

图 2-5　典型机器人介绍

的建造机器人家族，图 2-5 展示了几种典型的建造机器人。

2.2.5　以数据管理和信息传递为核心的运行维护

运行维护是工程运营阶段的重要工作内容，通过大数据、边缘计算等信息化技术，推动物 - 物、人 - 物之间形成万物互联的关系信息系统，使数据贯穿工程全寿命期的各个阶段，信息联通工程的各个子系统，从而及时发现存在的风险并作出预警，为运行维护提供决策支持。构建用于预测性维护的智能数据库是目前的重要发展趋势，在智能运维的背景下，预测分析方法在运行维护中变得越来越重要。这一趋势的变化依赖于数据挖掘标准化流程模型，该模型可被应用于搜索现有数据库中的模式、趋势和相关性，同时随着传感器数据在智能建造中不断积累，也为数据挖掘创建了更加丰富的数据库资源。

BIM 技术是实现数据智能化管理和信息传递的核心技术，不仅可以在施工阶段指导施工，同时可以实现对建筑物的智慧运行和维护。BIM 可以实时同步模拟，建筑物在运行过程中出现需求，可以提取 BIM 中相应信息，实现建筑物的高效运行维护。BIM 功能可以通过基于知识的技术来增强，例如通过采用基于案例的推理（Case-Based Reasoning，CBR）方法，可以实现信息和知识共享，从而使得各利益相关者受益，通过将 CBR 系统中嵌入的知识管理框架与 BIM 系统中嵌入的信息管理框架相融合，可以有效地促进 BIM 系统从“建筑信息模型”向“建筑知识模型”的转变，使 BIM 系统在信息和知识协同管理方面达到更高水平。

长期以来，工程长期维护工作的难点一直是隐蔽工程的运营维护问题，由于管道与线路的维护过于隐蔽，即使出现问题也很难快速发现问题所在，并提出有效的解决办法，但是应用BIM技术后，BIM模型中包含的运维信息可以较为精准与形象地展示设备和管线的详细情况，当出现问题时，结合运维监测功能的BIM信息化系统能够快速将其检测出来，发出警报，并基于知识管理系统，通过人工智能技术快速地制订出解决方案，有助于维修人员开展检修工作。

2.3.1 大数据

大数据是指需要通过快速获取、处理、分析以从中提取高价值的海量、多样化的交易数据、交互数据与传感数据等多元化异构性数据，具有集成共享、交叉复用、智力资源和知识服务能力的特征。具体包括分布式文件系统、大规模并行处理（Massively Parallel Processing，MPP）数据库、分布式数据库、可扩展的存储系统、云计算平台等技术。

在大数据时代下，将先进的网络和自动化技术如大数据传输及存储、实时数据处理、异构多源数据处理等技术应用在施工现场，推动自动化管理的发展。将现代信息技术如AI动态数据模型、BIM技术平台、动态仿真系统、环境监测系统等与传统的工程施工相结合，有利于科学发展观和可持续发展战略的落实；有利于减少企业在施工过程中的资源浪费，有效降低企业施工成本；有利于提高建筑施工企业现场管理水平；也有利于降低施工环节中的安全事故发生率。所以，将具有自动识别、精确定位、实时传输功能的自动化技术引入施工现场管理具有十分广阔的应用前景。通过自动化数据采集技术对施工现场的生产要素进行识别、定位、跟踪、监控，并将信息数据实时传输给计算机，经过分析处理之后，将实时的施工现场状况反馈给管理者，帮助其智能化管理整个施工过程。

2.3.2 移动互联网

移动互联网与物联网的深度整合将构建出一个远程控制的应用场景，为智能建造带来重要的发展机会。物联网与人工智能的深度整合将带来巨大的发展空间，将会推动智慧城市等领域的发展，也会带动建筑业产业链发展。物联网与行业的结合是5G时代重要的标志，与人们生活息息相关，满足各个方面的需求，真正体现了“以人为本”这一理念。将5G技术应用于智能建造中，结合 AI 技术、物联网技术和大数据分析等，实现工地的智慧升级。

首先，5G 网络提供了增强移动宽带（适用于超高清视频、虚拟现实、增强现实等）、海量物联网通信（适用于智慧城市、智能家居等）、超高可靠性与超低时延业务（适用于工业控制、无人机控制、智能驾驶控制等）三大应用场景，可用无线网络连接代替线缆连接，减少线缆成本，同时可以大大增加施工机器人、机械设备的移动范围，提升灵活度，在不同场景之间进行不间断工作及工作内容的平滑切换。其次，5G 网络可以完成各种差异化的业务，5G 网络可以在满足高精度工序要求下控制网络时延、保证传输准确性和可靠度，同时满足高清监控等技术要求。再者，5G 网络可助力构建连接工地内外的信息生态系统，实现随时随地的信息共享。

一方面，移动互联网可弥补传统信息化管理模式的不足，克服地理、空间等多方面因素限制，实现智能建造信息服务全覆盖，充分发挥移动应用技术优势，为施工现场提供规范标准的现场人员管理、日常工作支撑以及安全风险作业等信息化支撑服务，帮助现场管理人员实时了解工程建设情况，辅助其开展日常工作。另一方面，移动互联网可为用户提供便携的信息展现和业务处理服务，能够及时准确地展现现场关键信息，便捷地开展业务审核工作，通过施工现场作业情况，整体掌握工程进度、安全、质量等实际情况，督促施工作业水平提高，提升专业管理的精益化水平。

2.3.3 边缘计算

边缘计算指数据或任务能够在靠近数据源头的网络边缘侧进行计算和执行计算的一种新型服务模型，终端设备能够提供轻量级的计算能力和数据处理能力，分担服务器的计算任务，减少上传至中心平台的数据量、额外传输能量消耗和降低服务器负载。通过边缘计算，终端设备产生的数据不需要再传输至遥远的云数据中心处理，就近在网络边缘侧完成数据分析和处理，更加高效和安全。边缘计算智慧系统由终端节点、边缘计算节点、网络节点、云计算节点等组成。终端节点如射频识别（RFID）、红外传感器、全球定位系统、激光扫描仪等信息传感设备带来海量数据；边缘计算节点通过合理部署和调配网络边缘侧节点的计算和存储能力，实现基础服务响应；网络节点把分散的数据资源融为有机整体，实现资源的全面共享和有机协作，并按需获取信息；云服务节点将边缘计算层的上报数据进行永久性存储，是构建智能建造综合信息平台的基础，成为推动智能化升级的核心动力。

边缘智能工地安全管理通过应用边缘计算技术，收集感知建筑施工现场的不安全行为、不安全状态、不安全因素等，及时发现安全隐患，进行警告提醒，智能联动相关措施，消除现场不安全因素和隐患，整体提升安全管理绩效。边缘智能工地安全管理应用由终端节点、网络节点和云数据中心组成。终端节点用于采集数据、就近数据存储处理、响应反馈，并将数据上传至云数据中心；网络节点主要用于边缘计算节点和云数据中心的数据传输；云数据中心处理边缘计算节点无法处理的任务、收集全局信息和分析各边缘计算节点的处理情况，实时监控现场状况，并进行动态展示，其架构如图 2-6 所示。

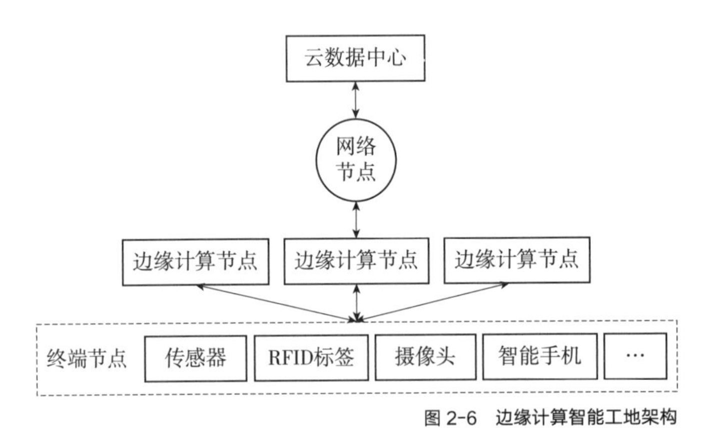

图 2-6 边缘计算智能工地架构

2.3.4 物联网

因特网能有效地连接各种信息或相关数据，是物联网发展和进步的基础。通过数据信息的交换与交互，实现智能数据信息的识别、定位与控制。物联网的出现，离不开各种电子传感器、光电控制器的发展。传感器技术是智能化监测技术的基础。通过安装各种类型的传感器，可以对施工过程中的温度、湿度、振动、位移、力量、压力等物理量进行实时监测。传感器技术可以分为主动式传感器和被动式传感器两种类型，主动式传感器需要通过外部电源进行驱动，能够主动地输出监测数据，例如压力传感器、振动传感器等；而被动式传感器则不需要外部电源，可以自行产生电信号输出监测数据，例如应变传感器、温度传感器等。

物联网技术（Internet of Things，IoT）是信息科技产业的第三次革命。物联网是将无线网络、电子射频、人工智能、云计算等技术相结合的新一代信息技术，已经在各个领域全面铺开。在施工场景中，物联网可实现信息感知、数据采集、知识积累、辅助决策、精细化施工与管理。在架构上，云边端、容器、云原生等新兴理念的引入，使得工程全生命周期数据流通的低延迟、共享数据的实时性、安全性及平台的高可用性得到保证，实现云端数据的无缝协同。在功能上，将资源、信息、机器设备、环境及人员紧密地连接在一起，通过工程建造全流程的表单在线填报、流程自动推送、手机 APP 施工现场电子签名、数据结构化存储等功能，实现了审批流程数字化、数据存档结构化、监督管理智能化，形成智慧化的工程建造环境和集成化的协同运作服务平台，可实现项目现场与企业管理的互联互通、资源合理配置、质量和设备的有效管控、各参与方之间的协同运作、安全风险的提前预控，大幅度提高了工程建造质量，降低了建造成本，提高了建造效率。基于物联网的智慧工地管理系统架构如图 2-7 所示。

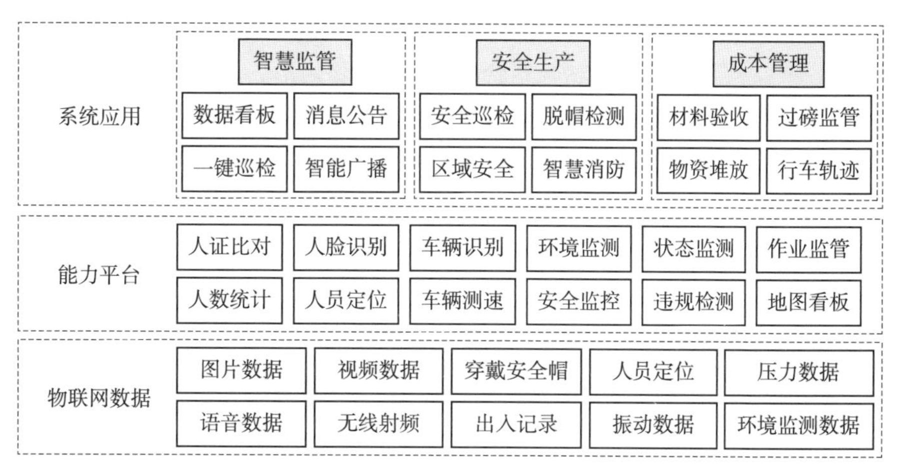

图 2-7 基于物联网的智慧工地管理系统架构

2.3.5 BIM+GIS

建设过程海量信息的多源创建、结构化存储、多元化应用模式是智能建造推进过程中工业化、数字化、智能化等的基础。BIM 是建设项目相关设施的物理和功能特性的数字表达。在项目的不同阶段，不同利益相关方通过在 BIM 中插入、提取、更新和修改信息，以支持不同参与方的协同作业。BIM 可视为一个共享的知识资源，储存工程项目从建设到拆除的全生命周期中的所有信息，为决策提供可靠依据。

BIM 以信息为纽带，将工程建设各环节、各专业、各岗位串联起来，是建筑行业数字化转型的引领性技术。BIM 模型中往往包含模型本身的图形及数据（建模时赋予的尺寸、面积、体积、清单、定额等信息），也包含建设全过程资料数据（建造过程中产生的文档、图纸、合同、产品说明书、检验报告、现场照片、设计施工人员信息等资料）。BIM 具有三维渲染（宣传展示）、快速算量（提高效率）、精确算量（减少浪费）、多算对比（有效管控）、虚拟施工（有效协同）、碰撞检查（减少返工）、冲突调用（决策支持）等功能，具有可视化、模拟性、协调性、优化性、可出图性的优势。

地理信息系统（GIS，Geographic Information System）是以采集、存储、

管理、分析、描述和应用整个或部分地球表面（包括大气层在内）与空间和地理分布有关的数据的计算机系统，其中包括空间定位数据、图形数据、遥感图像数据、属性数据等，用于分析和处理在一定地理区域内分布的各种现象和过程，解决复杂的规划、决策和管理问题。GIS 能够提供的，不仅是地图可视化和简单的查询和定位。GIS 可以对相同空间范围内各种不同因素之间的内在关系进行发掘和分析。通过空间分析，可以帮助发现不同因素之间的内在联系，从而能够更好地认识现象背后更深层的规律。

BIM+GIS 可以将多种来源，各种专业的数据进行高效整合。基于 GIS 基础平台，结合高分辨率影像地形、无人机实景三维模型、激光点云等空间数据，和红线、地质、自然保护区、行政区划、国土空间规划、耕地保护矢量数据等业务数据；同时，可以三维展示建筑、桥梁、隧道等全项目、全专业的 BIM 模型信息。BIM+GIS 电子沙盘架构如图 2-8 所示。

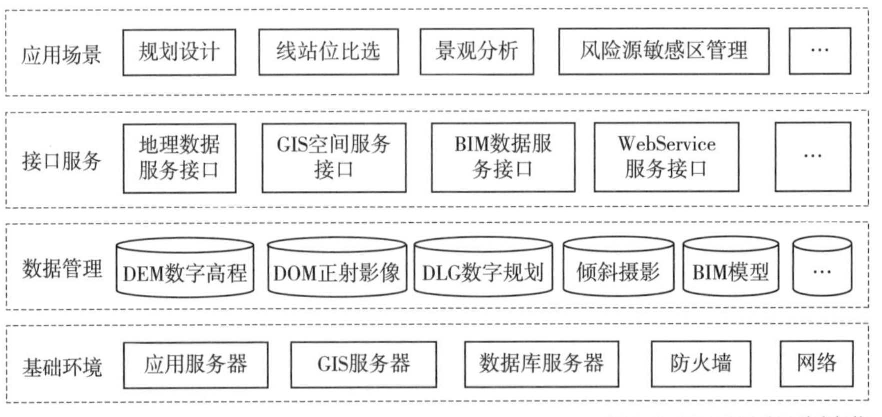

图 2-8 BIM+GIS 电子沙盘架构

2.4 智能建造应用场景

2.4.1 虚拟建造

虚拟建造的本质是数字驱动智能建造，物理世界通过数字镜像，形成建造实体的数字孪生，通过数字化手段进行建造设计、施工、运维全生命周期的建模、模拟、优化与控制，并创造新的建造模式与建造产品。虚拟建造的关键技术包括 BIM 技术、参数化建模、轻量化技术、工程数字化仿真、数字样机、数字设计、数字孪生、数字交互、模拟与仿真、自动规则检查、三维可视化、虚拟现实等，具体体现在数字化建模、数字设计与仿真、数据可视化三个方面。

虚拟建造的核心是通过建立虚拟的建设工程三维信息模型，提供完整的、与实际情况一致的建设工程信息库，它颠覆了传统点、线、面的建模方法，从工程的全生命周期源头就赋予信息属性，为数字信息在各阶段的流通、转换、应用提供了精细化、科学化的基础，不仅包含描述构件的几何信息、专业属性及状态信息，还包含了非实体（如运动行为、时间等）的状态信息，为工程项目的各参与方提供了一个工程信息交换和共享的平台，也为工程设计、施工和运维提供了信息载体与计算平台。

仿真技术为虚拟建造提供平台，基于建造实体的数字孪生体，对特定的流程、参数等进行分析与可视化仿真模拟，依据仿真结果，修改、优化及生成技术成果。通过仿真的结果，可提前发现实际施工与运营过程中可能存在的问题，从而制定可行方案，进一步控制质量、进度和成本，提高运营效率。具体仿真技术如虚拟现实（VR）、增强现实（AR）可提供交互式、实时的用户参与，通过第一人称视角发现潜在的风险和危害，或进行相关人员的技能培训。在设计阶段，仿真技术使得建筑表达立体化、直观化、真实化，设计者可真实体验建筑效果，把握尺度感。结合BIM技术，通过BIM+VR、BIM+AR等高精度、实时渲染技术，虚拟场景接近真实，给建造过程的数字化表达赋予新的生命力；在施工阶段，结合施工仿真模拟，可直观预演施工进度，辅助方案制定；在运维阶段，可提前发现建筑运行使用过程中的问题，辅助科学决策。

2.4.2 机器人施工

传统工程施工现场的施工与管理工作主要依靠人工，但是人工作业存在局限性，施工与管理工作效率不高且易出错。施工现场的核心管理工作没有与信息技术高度融合，进行现场管理方面的手段相对落后，因此，智能建筑机器人被引入施工现场，从而发挥智能建筑机器人对施工现场管理工作的支撑作用，完善现场的施工管理。

智能建筑机器人作为施工现场的一项辅助工具，其优势在于：一是在工程施工现场，智能建筑机器人可以完成一些人力难以完成的工作，智能建筑机器人可以持续不断工作，而且不受到外界环境干扰，并可以在环境较差的条件下工作；二是通过预先设定好的智能建筑机器人程序，机器人可以顺利完成各项工作，相比人工作业会更加精准；三是智能建筑机器人在施工现场应用，可以与其他相关的建筑信息技术和模型进行有效集成，完成一些高度灵活的工作，还可以进行简单的创意工作，当前逐渐将信息技术融入到智能建筑机器人的应用中，智能建筑机器人不仅能完成简单的施工工艺操作，而是成为工程建造过程中重要的技术工具。

在具体的施工环节中，施工机器人正在取代人工发挥作用。如测量机器人运用AI测量算法处理技术和模拟人工测量规则完成实测实量任务，保障测量范围精准覆盖。同时，其测量数据能实现云端即时上传与储存，并生成数据报表，进行进度及工效分析。基于测量结果，腻子喷涂机器人可获取角度、压力、射程、流速等指令数据，使其机械动作达到传统腻子涂敷施工对“轻、重、柔、合”的工艺要求；打磨机器人可根据测量的平整度等数据设置作业路径、机械臂运动角度、力度与频次等参数，由机器人末端与作业面精准接触完成打磨作业。在物料运输方面，物流机器人接受指令后抵达指定仓储位置抓取指定材料后开展点对点运输，将材料送抵指定位置。

2.4.3 动态监测

感知是智能建造的基础与信息来源，物联是智能建造的信息流通与传输媒介，平台是感知和物联在线化的技术集成。关键技术是云边端工程建造平台、传感器、物联网、5G、3D 激光扫描仪、无人机、摄像头、RFID 等设备和技术。感知技术是通过物理、化学和生物效应等手段，获取建造的状态、特征、方式和过程的一种信息获取与表达技术。智能建造中的感知设备包括应力、变形、位移、温度、加速度等传感器，以及摄像头、RFID、激光扫描仪、红外感应器等设备。

视频监控也称图像监控，它利用摄像机把即时的场景采集下来，通过传输介质传输到远端的监控中心，同时通过在视频采集点配备机械转动装置和电控可变镜头实现对远端场景全方位的观察，达到远程实时监控的目的。采用视频监控技术能够实现声音与图像的同步传送，可以得到与施工现场环境一致的场景信息，用来实现对外围区域及场内重要区域的管理，减轻管理人员的工作强度，提高管理质量及管理效益。视频监控技术在日常的管理工作中比较常见，作为现代化管理有力的辅助手段，视频监控系统将现场内各场景的视频图像传送至监控中心，管理人员在不亲临现场的情况下可客观地对各监察地区进行集中监视，发现情况统一调动，节省大量巡逻人员，还可避免许多人为因素。结合高科技图像处理手段，可为现场管理提供证据支持，如图 2-9 所示。但是，目前基于视频监控技术的施工现场管理对视频文件进行管理和分析的智能化水平还有待提高，需要降低监控者的主观经验影响。

2.4.4 智能化施工工艺

使用智能化施工工艺，可在满足工程质量的前提下，实现低资源消耗、低成本及短工期，最终获得高收益，主要包括基于 BIM 的钢筋翻样和智能化加工、预制装配式智能化施工、3D 打印施工等。

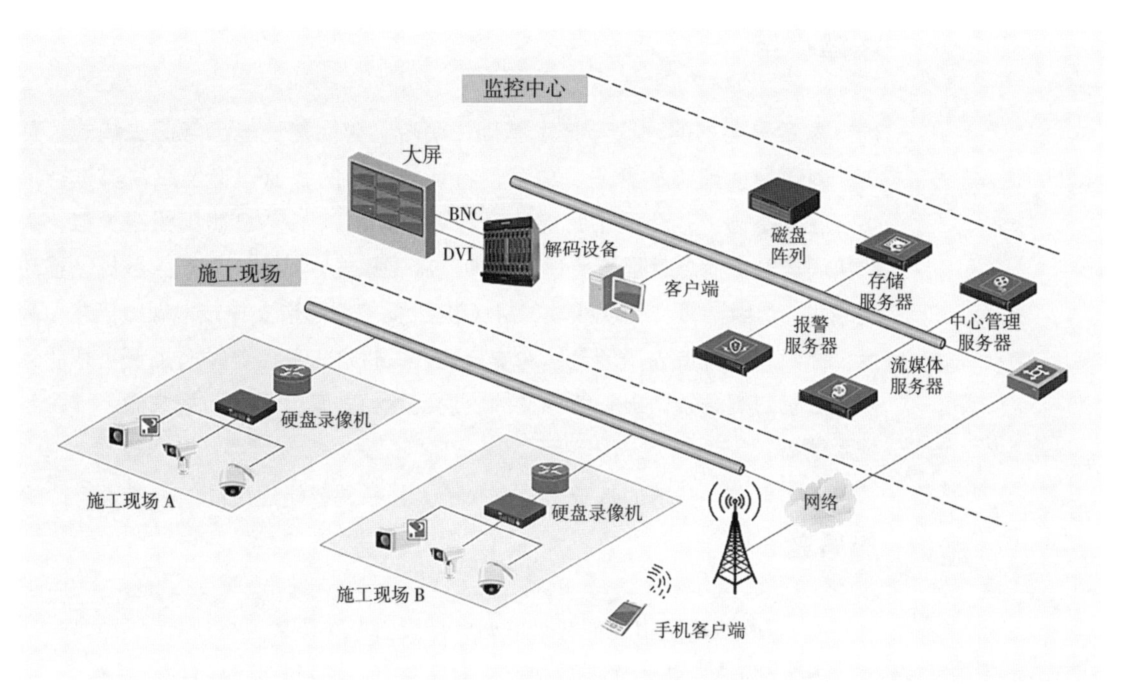

图 2-9　工地监控系统拓扑图

1. 基于 BIM 的钢筋翻样和智能化加工

首先利用 BIM 钢筋翻样软件进行钢筋翻样建模，复核钢筋数量，然后将生成的配料单导入系统进行自动下料优化、综合套裁，系统在保证最大限度利用余料的情况下，自动计算各型号钢筋剪切数据，并将最终下料单生成二维码，最后数控加工设备通过识别二维码，自动进行剪切、弯曲加工。

2. 预制装配式智能化施工

借助 BIM 技术进行装配式施工的步骤包括：使用 BIM 进行建模，进行管线综合设计，协调各专业进行沟通；精确预留预埋管线位置，减少不必要的返工现象，优化施工中遇到的问题，提前与设计人员确定最终方案。在施工环节，对精准分段、场外预制加工、现场组装过程等进行监控。

3. 3D 打印施工

3D 打印技术具有操作便捷、快速成型的优势，通过 3D 打印技术进行建筑模型的打印有利于建筑行业的健康持续发展。基于建筑 3D 打印原理，结合构件的浇筑工艺，对梁、板、柱等模型构件进行数据处理，探索构件模型到工艺模型集成的过程，可开展基于 BIM 平台的 Revit 二次开发应用研究，使 BIM 信息可用于 3D 打印施工。

本章小结

本章为全书的理论与技术基础，明晰了智能建造概念与施工模式。首先，对于智能建造的背景、概念、特征和我国的智能建造发展情况进行描述。在此基础上，介绍了智能建造背景下 BIM-*n*D、VC 施工组织模拟、人机协同、数据信息管理与传递四类典型施工模式。其次，对于大数据、移动互联网、边缘计算、物联网、BIM+GIS 五类智能建造支撑技术做出描述。最后，面向智能建造应用场景，对虚拟建造、机器人施工、动态监测、智能化施工工艺四类场景做出智能建造的应用现状与前景分析，为后文做出理论与技术铺垫。

思考题

2-1　智能建造出现的背景有哪些？它们存在什么关系？

2-2　简述建筑业发展从工业化到信息化、再到智能化的内在逻辑。

2-3　用自己的话阐释发展智能建造的积极作用或重大意义。

2-4　建筑工业化与建筑信息化分别是什么？简述它们之间的区别与联系。

2-5　智能建造的定义与特征是什么？

本章参考文献

[1] 谭建荣，刘振宇，徐敬华．新一代人工智能引领下的智能产品与装备 [J]. 中国工程科学，2018，(20)：35-43.

[2] 徐鹏．德国工业 4.0 标准化战略研究 [J]. 信息技术与标准化，2016，(03)：34-37.

[3] 朱亚立．数字施工，未来工程项目的成功之道 [J]. 中国勘察设计，2017，(08)：40-41.

[4] 黄群慧，江鸿，贺俊．韩国推进智能制造的最新部署及其启示 [J]. 中国经贸导刊，2018，(18)：54-56.

[5] 胡权．重新定义智能制造 [J]. 清华管理评论，2018，(Z1)：76-89.

[6] 肖绪文．实现智能建造须满足四个条件 [J]. 环境与生活，2019，(04)：79.

[7] 丁烈云．数字建造导论 [M]. 北京：中国建筑工业出版社，2019.

[8] 卢春房．中国高速铁路的技术特点 [J]. 科技导报，2015，33 (18)：13-19.

[9] 毛超，刘贵文．智慧建造概论 [M]. 重庆：重庆大学出版社，2021.

[10] 杨彪，缪程武，王帆．BIM 技术在汕头塔岗围市政工程中的应用研究 [J]. 土木建筑工程信息技术，2022，14 (05)：59-63.

[11] 顾朝林，曹根榕．基于城镇化发展趋势的中国交通网战略布局 [J]. 地理科学，2019，39 (06)：865-873.

[12] 毛超，彭窑胭．智能建造的理论框架与核心逻辑构建 [J]. 工程管理学报，2020，34 (05)：1-6.

[13] 陈珂，丁烈云．我国智能建造关键领域技术发展的战略思考 [J]. 中国工程科学，2021，

23 (04): 64-70.
[14] 中华人民共和国住房和城乡建设部，中华人民共和国国家发展和改革委员会，中华人民共和国科学技术部，等 . 住房和城乡建设部等部门关于推动智能建造与建筑工业化协同发展的指导意见 [EB/OL]. (2020-07-03) [2024-07-15]. https://www.gov.cn/zhengce/zhengceku/2020-07/28/content_5530762.htm.
[15] 张英楠，汪小林，陈泽，等 . 面向工地作业环境的砌墙机器人研究 [J]. 建筑施工，2021，43 (10): 2170-2172.
[16] LENZ J，LUCKE D，WUEST T. Description model of smart connected devices in smart manufacturing systems[J]. Procedia Computer Science，2023，217: 1086-1094.
[17] 戴宏民，戴佩华 . 工业 4.0 与智能机械厂 [J]. 包装工程，2016，37 (19): 206-211.
[18] 王彬文，肖迎春，白生宝，等 . 飞机结构健康监测与管理技术研究进展和展望 [J]. 航空制造技术，2022，65 (03): 30-41.
[19] 王俊，赵基达，胡宗羽 . 我国建筑工业化发展现状与思考 [J]. 土木工程学报，2016，49 (05): 1-8.
[20] 叶浩文，王兵，田子玄 . 装配式混凝土建筑一体化建造关键技术研究与展望 [J]. 施工技术，2018，47 (06): 66-69.
[21] 邱鹏鹏 . 3D 打印混凝土施工可行性技术研究 [J]. 公路交通科技 (应用技术版)，2018. 14 (06): 59-62.
[22] 戴淑丹 . 预制模块化建筑结构研究及发展理念 [J]. 广东建材，2018，34 (03): 67-69.
[23] 雷素素，李建华，段先军，等 . 北京大兴国际机场智慧工地集成平台开发与实践 [J]. 施工技术，2019，48 (14): 26-29.
[24] 兰文臣，王振宇，张志威，等 . “智慧工地”助力北京大兴国际机场建设 [J]. 工程质量，2020，38 (01): 24-28.
[25] 樊则森 . 建筑工业化与智能建造融合发展的几点思考 [J]. 中国勘察设计，2020，(01): 25-27.
[26] 于洋 . 浅谈建筑业智能建造发展现状及未来趋势 [J]. 建筑机械化，2022，43 (06): 6-8+35.
[27] 刘占省，孙啸涛，史国梁 . 智能建造在土木工程施工中的应用综述 [J]. 施工技术 (中英文)，2021，50 (13): 40-53.
[28] AKINOSHO T D，OYEDELE L O，BILAL M，et al. Deep learning in the construction industry: A review of present status and future innovations[J]. Journal of Building Engineering，2020，32.
[29] 范云翠，李昕浩 . 智能建造背景下建筑施工企业转型发展研究 [J]. 建筑经济，2022，43 (S2): 368-371.
[30] LEE S S，Kim K T，TANOLI W A，et al. Flexible 3D model partitioning system for nD-based BIM implementation of alignment-based civil infrastructure[J]. Journal of Management in Engineering，2020，36 (01): 04019037.1-04019037.12.
[31] GHAFFARIANHOSEINI A，ZHANG T，NAISMITH N，et al. ND BIM-integrated knowledge-based building management: Inspecting post-construction energy efficiency[J]. Automation in Construction. 2018，97 (Jan.): 13-28.
[32] 王哲，刘从文 . BIM-ND 技术在施工管理中的动态成本分析 [J]. 中国新技术新产品，2020，(10): 128-129.
[33] 刘勇 . VR、AR 在建筑工程信息化领域的应用 [J]. 土木建筑工程信息技术，2018，10 (04): 100-107.
[34] 陈瓔 . 浅谈 AR 和 VR 技术在建筑设计中的应用 [J]. 青年与社会，2019，(06): 180.
[35] ROSSI A，VILA Y，LUSIANI F，et al. Embedded smart sensor device in construction

site machinery[J]. Computers in Industry，2019，108：12-20.
[36] 刘发勇 . 浅谈我国房地产行业建筑信息化模型应用案例 [J]. 城市建筑，2020，17 (08)：195-196.
[37] 李学龙，龚海刚 . 大数据系统综述 [J]. 中国科学：信息科学，2015，45 (01)：1-44.
[38] MUNAWAR H S，ULLAH F，QAYYUM S，et al. Big data in construction：current applications and future opportunities[J]. Big Data Cognitive Computing，2022，6(01)：18.
[39] BILAL M，OYEDELE L O，QADIR J，et al. Big Data in the construction industry：A review of present status，opportunities，and future trends[J]. Advanced Engineering Informatics，2016，30 (03)：500-521.
[40] 陶雪娇，胡晓峰，刘洋，大数据研究综述 [J]，系统仿真学报，2013，25 (S1)：142-146.
[41] 吴吉义，李文娟，黄剑平，等 . 移动互联网研究综述 [J]. 中国科学：信息科学，2015，45 (01)：45-69.
[42] 姜红德 . 智慧工厂：智能制造路径探索 [J]. 中国信息化，2015，(01)：42-44.
[43] POPOVSKI P，TRILLINGSGAARD K F，SIMEONE O，et al. 5G wireless network slicing for eMBB，URLLC，and mMTC：A communication-theoretic view[J]. IEEE Access. 2018，(6)：55765-55779.
[44] 张攀峰，刘龙辉，彭华 . 移动互联网下水电工程施工现场的管理变革 [C]// 中国大坝工程学会，中国工程院土木，水利与建筑工程学部 . 水利水电工程建设与运行管理技术新进展——中国大坝工程学会 2016 学术年会论文集 . 郑州：黄河水利出版社，2016.
[45] 王震，丁磊，周义山，等 . 基于移动互联网技术的电网基建现场管理系统研究及应用 [J]. 项目管理技术，2021，19 (12)：123-127.
[46] 杨亮，朴春慧，刘玉红，等 . 基于边缘计算的铁路施工项目安全监管数据共享研究 [J]. 电信科学，2020，36 (06)：70-78.
[47] 杨兴磊，鲁玉龙，张俊尧，等 . 基于边缘计算的智慧铁路工地生产管理系统 [J]. 铁路计算机应用，2020，29 (10)：26-29.
[48] 褚建立，刘彦舫 . 计算机网络技术 [M]. 北京：清华大学出版社，2006.
[49] ALAM T. Cloud-based IoT applications and their roles in smart cities[J]. Smart Cities，2021，1196-1219.
[50] 李玫 . 分析信息技术在建筑施工管理中的应用探讨 [J]. 智能建筑与智慧城市，2020，(04)：67-68.
[51] 刘强，崔莉，陈海明 . 物联网关键技术与应用 [J]. 计算机科学，2010，37 (06)：5.
[52] 朱敬冬 . 建筑工程施工中智能化监测技术的研究与应用 [J]. 智能建筑与智慧城市，2023，(10)：96-98.
[53] 任道远 . 边缘智能与云边协同技术趋势 [J]. 软件和集成电路，2019，(07)：40-41.
[54] 宫夏屹，李伯虎，柴旭东，等 . 大数据平台技术综述 [J]. 系统仿真学报，2014，26 (03)：489-496.
[55] 鄢江平，翟海峰 . 杨房沟水电站建设质量智慧管理系统的研发及应用 [J]. 长江科学院院报，2020，37 (12)：169-175+182.
[56] 陈起，朱忠进，沈燕，等 . 广电 5G 及物联网技术在智慧工地中的应用 [J]. 广播电视网络，2023，30 (10)：88-90.
[57] 王淑桃 . 工程建设管理中智能建造技术的创新应用 [J]. 建筑经济，2021，42 (04)：49-52.
[58] 张海龙 . BIM 技术在市政基础设施项目中的应用研究 [D]. 北京：北京建筑大学，2018.
[59] ZOU Y，KIVINIEMI A，JONES S W. A review of risk management through BIM and BIM-related technologies[J]. Safety Science，2017，97：88-98.

[60] 孟凡博．建筑信息模型 BIM 技术在建筑工程建设中的应用 [J]. 科研，2015，(22)：12.
[61] 王凯，郭志峰，张翠．道路与桥梁工程 BIM 建模基础 [M]. 重庆：重庆大学电子音像出版社，2022.
[62] TOMLINSON R F. Thinking about GIS：Geographic Information System Planning for Managers[M]. Redlands：ESRI Press，2007.
[63] FOTHERINGHAM S，ROGERSON P. Spatial Analysis and GIS[M]. Boca Raton：Crc Press. 2013.
[64] MALCZEWSKI J. GIS-based land-use suitability analysis：a critical overview[J]. Progress in Planning，2019，62(01)：3-65.
[65] 朱扬．基于三维 GIS 的施工管理信息系统 [J]. 交通标准化，2010，(Z1)：191-194.
[66] 郭剑勇．基于 BIM+GIS 电子沙盘的重庆市郊铁路永川线三维设计研究与应用 [J/OL]. 铁道标准设计，2023，1-7[2024-07-15] https://doi.org/10.13238/j.issn.1004-2954.202306210001.
[67] 张冰，李欣，万欣欣．从数字孪生到数字工程建模仿真迈入新时代 [J]. 系统仿真学报，2019，31(03)：369-376.
[68] 王方建，习晓环，万怡平，等．大型建筑物数字化及三维建模关键技术分析 [J]. 遥感技术与应用，2014，29(01)：144-150.
[69] 张建斌，朱合华，朱岳明，等．厦门翔安海底隧道数字化建模技术 [J]. 岩石力学与工程学报，2007，(06)：1237-1242.
[70] 钱丽，李海江，姜韶华．水运基础设施设计与施工 BIM 数据标准化需求分析 [J]. 中国港湾建设，2017，37(10)：6-12.
[71] 董文澎，朱合华，李晓军，等．大型基坑工程数字化施工仿真方法研究与应用 [J]. 地下空间与工程学报，2009，5(04)：776-781.
[72] 伍朝辉，符志强，王亮，等．虚拟现实的公路 BIM 感知与工程评价方法研究 [J]. 系统仿真学报，2020，32(07)：1402-1412.
[73] ZHOU W，WHYTE J，SACKS R. Construction safety and digital design：A review[J]. Automation in Construction，2012，22(Mar.)：102-111.
[74] 王潇潇，姬付全，卢海军，等．BIM 虚拟技术在铁路隧道施工管理中的应用 [J]. 隧道建设，2016，36(02)：228-233.
[75] 王文发，许淳．基于 BIM 的住宅施工质量可视化动态监测仿真 [J]. 计算机仿真，2016，33(04)：403-406.
[76] 李峰，王居林，张颖．施工安全的可视化技术及应用 [J]. 施工技术，2013，42(15)：109-112.
[77] 林凤钦．建筑机器人及智慧工地应用出发点及着落点 [J]. 机械管理开发，2021，36(02)：266-269.
[78] 李念勇．智能建筑机器人与施工现场结合的探讨 [J]. 建筑，2019，(01)：36-37.
[79] 段瀚，陈琳欣，郭红领．人机合作背景下建筑机器人的施工策略研究 [J]. 施工技术（中英文），2023，52(14)：53-59.
[80] 段瀚，张峰，陈高虹，等．建筑机器人驱动下的智能建造实践与发展 [J]. 建筑经济，2022，43(11)：5-12.
[81] 喻钢，胡珉，杨光．基于“BIM+ 智能感知”的综合管廊智慧运维管理研究 [J]. 智能建筑，2018，(06)：38-41.
[82] 李伯虎，柴旭东，刘阳，等．智慧物联网系统发展战略研究 [J]. 中国工程科学，2022，24(04)：1-11.
[83] 童恩栋，沈强，雷君，等．物联网情景感知技术研究 [J]. 计算机科学，2011，38(04)：9-14+20.
[84] 李庆斌，马睿，胡昱，等．大坝智能建造理论 [J]. 水力发电学报，2022，41(01)：1-13.
[85] 谢逸，张竞文，李韬，等．基于视频监控的地铁施工不安全行为检测预警 [J]. 华中科技

大学学报（自然科学版），2019，47（10）：46-51.
[86] 孙远．视频流内容检测技术研究与实现 [D]. 西安：西安电子科技大学，2013.
[87] 崔晓强．基于视频监控的施工现场信息化管理研究 [J]. 建筑施工，2013，35（02）：148-150.
[88] 胡勇，邸克孟，冯锐．基于 BIM 技术的钢筋智能化加工技术研究 [J]. 土木建筑工程信息技术，2020，12（03）：44-49.
[89] 袁波宏，张建霞．BIM 在预制装配式智慧化机房中的应用 [J]. 工程建设与设计，2020，（23）：157-158.
[90] 肖博丰，李古．混凝土 3D 打印技术的研究与应用进展 [J]. 中国建材科技，2021，30（03）：49-54.
[91] 雷元新，邓坚，陈景辉．基于 BIM 技术的智能化混凝土浇筑工艺研究 [J]. 施工技术，2019，48（07）：127-130.

第3章 建造过程感知及建模

【本章导读】

随着建筑行业向智能化、数字化和精细化方向发展，传统的建造方式在效率、精度和安全性方面逐渐暴露出诸多瓶颈。智能感知与建模技术应运而生，成为解决上述问题的核心手段。通过先进的感知装备获取高精度的建造过程数据，并利用建模技术将这些数据转化为可视化、可分析的数字模型，推动建筑行业实现全生命周期智能化管理。本章深入探讨建造过程中的智能感知装备，包括人机交互激光扫描装备、多目视觉立体成像装备、倾斜摄影遥感成像装备三大类，着重介绍了各类装备的技术原理、相关技术，讨论了各类装备在智能建造应用中的特点与不足，并阐述了各类装备在智能建造中的主要应用场景，最后结合文献介绍了各类装备相关的建造过程建模方法。本章的框架逻辑如图 3-1 所示。

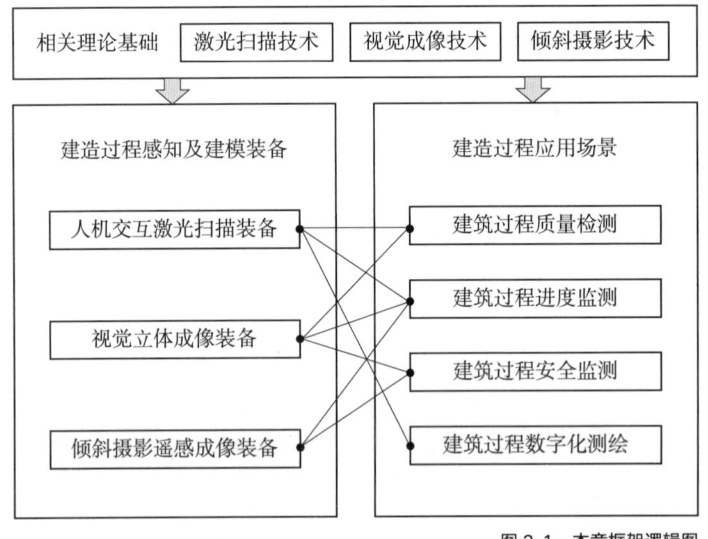

图 3-1　本章框架逻辑图

【本章重点难点】

了解人机交互激光扫描装备、视觉立体成像装备、倾斜摄影遥感成像装备在建造过程中施工质量监测、施工安全检测、施工进度监测等方面的应用价值；掌握智能感知装备的技术参数与适用场景；熟悉激光扫描技术、视觉成像技术、倾斜摄影技术的基本原理。

本章深入探讨建造过程中的智能感知装备，包括人机交互激光扫描装备、多目视觉立体成像装备、倾斜摄影遥感成像装备三大类，着重介绍了各类装备的技术原理、相关技术，讨论了各类装备在智能建造应用中的特点与不足，并阐述了各类装备在智能建造中的主要应用场景，最后结合文献介绍了各类装备相关的建造过程和建模方法。在人机交互激光扫描装备方面，本章详细介绍四种不同类型的激光扫描装备，包括它们的测距原理和相关技术，并讨论不同类型激光扫描装备在智能建造应用中的特点与不足。在多目视觉立体成像装备方面，本章首先探讨基于单目相机的三维摄影测量技术原理及应用，在此基础上阐述双目立体成像装备及多目立体成像装备相关的技术，并讨论不同立体视觉装备在智能建造中的应用场景。其次，在倾斜摄影遥感成像装备方面，本章还将详细介绍基于无人机平台的摄影测量技术，包括其建模原理、技术框架、软硬件配套。从无人机的定位和传感特性出发，探讨如何通过立体视觉成像技术将二维图像映射到全局坐标系统，构建三维数字模型，并通过实际案例，展示无人机倾斜摄影技术在施工安全监测、施工进度监测等方面的应用。

3.1 人机交互激光扫描装备

3.1.1 激光扫描装备及原理

激光扫描技术是20世纪90年代中期测绘技术的一项新突破，通过采用高速激光扫描测量的方法，使用不同的测距原理，大面积、高分辨率地获取被测目标表面大量密集点的三维坐标、反射率、纹理等信息，从而快速地建立被测目标的三维模型，具有快速性、不接触性、实时性、主动性、高密度、高精度、数字化等特点。此外，激光扫描装备通常为主动式测量装备，因此使用条件受环境、光照等因素影响较小，应用范围较为广泛。

三维激光扫描技术的本质是激光测距。使用激光光子源朝特定方向发射激光信号，并通过接收器接收被扫描物体反射回来的激光信号，利用反射信息计算物体表面到扫描仪的距离，从而完成一次激光测距。同时，激光扫描装备通过转动激光光子源、调整棱镜或镜片角度等方式，控制激光测距方向及路径，从而实现对周围环境进行快速扫描。激光测距的方式主要分为四大类：Time-of-Flight（ToF）测距法、相位测距法、三角测距法以及结构光法。

1. ToF 测距法

ToF 测距法的工作原理如图3-2所示。由于光脉冲的传播速度已知，通过测量光脉冲的往返时间，可以计算扫描装备到目标表面之间的距离。扫描仪主动发射激光脉冲，同时计时单元启动计时；激光脉冲经过旋转棱镜射向扫描物体，在到达待测目标后向各个方向散射；光学接收器接收返回的脉冲信号，计时单元停止计时，计算信号的往返时间 Δt，与光传播速度相乘计算往返距离得到 $2R$。

在 ToF 测距中，光脉冲往返时间的测量精度决定了该装备的测量精度，大多数此类装备的精度都在毫米级以上。通常，ToF 激光扫描装备会搭配一个旋转镜面系统，可以实现沿空间中不同方向高速旋转发射激光，这使得此类装备可以每秒测量数万个甚至数十万个点。ToF 三维激光扫描装备具有长测距，适用于测量大型建筑结构或地理环境等。其限制在于单次单方向扫描时仅能测量到距离扫描仪最近点的距离，无法对扫描视角内的物体所有表面上的点进行测距。

2. 相位测距法

在相位测距法的激光测距中，激光器产生一个调制的正弦信号并将这个正弦信号分成两路，其中 10% 的正弦信号能量作为参考信号，剩余 90% 的正弦信号能量作为发射信号。发射信号通过激光发射电路发射出去，在探测到目标后产生回波信号。接收器捕捉到回波信号后，通过计算参考信号和回波信号的相位差，结合激光波长和其他相关参数计算得到目标距离。

如图 3-3 所示，假设激光调制正弦信号为 $x(t)=B\cos(2\pi f_t t+\phi_0)$，其中 B 为调制信号的幅度，f_t 为调制信号的频率，ϕ_0 为调制信号的初始相位。若调制信号从激光装置 A 点到待测目标 B 点后回波到激光装置 A' 的总时长为 $t_{AA'}$，则相位差可表达为 $\phi=2\pi f_t t_{AA'}$。因此通过测量相位差 ϕ，结合信号频率则可计算时长 $t_{AA'}$，再结合光速 $c=3.0\times10^8$m/s 计算 A 点到 A' 点的距离 $2S$。若忽略 A 点与 A' 点之间的距离，则待测目标与激光扫描装置之间的距离 S 可表达为：

$$S=\frac{c}{2}\left(\frac{\phi}{2\pi f_t}\right) \tag{3-1}$$

从式（3-1）中可以看到，在已知信号频率 f_t 的前提下，目标距离值 S

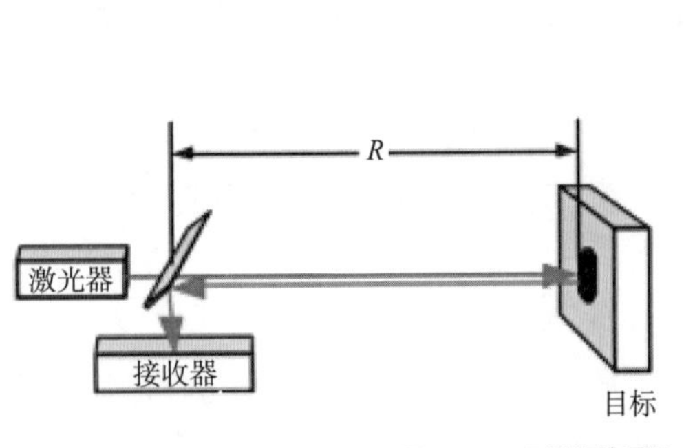

图 3-2　ToF 测距法原理

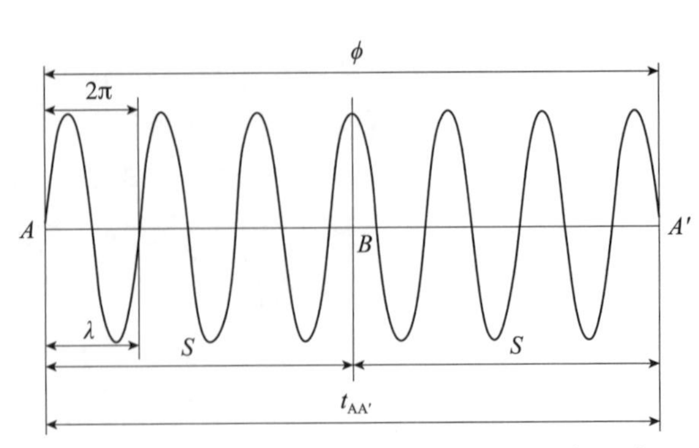

图 3-3　相位测距法原理

取决于相位延迟 ϕ，即鉴相精度 $\Delta\phi$ 决定测距精度 $\Delta S_{\min}$，定量关系可由式（3-2）表达。鉴相是指将相位差的变化转换成输出电压的变化，即调相的逆变换，以此实现调相波解调的过程。此外，若已知调制信号的频率为 f_t，则相位测距法所能测量的最大测量距离 $S_{\max}$ 可表达为式（3-3）：

$$\Delta S_{\min}=\frac{c}{2}\left(\frac{\Delta\phi}{2\pi f_t}\right) \tag{3-2}$$

$$S_{\max}=\frac{c}{2f_t} \tag{3-3}$$

结合式（3-2）和式（3-3）可以得出，在系统测相精度一定的情况下，调制频率越大，则最大测量距离越小，测距精度越高；反之，调制频率越小，最大测量距离越大，测距精度越低。即采用一个调制频率进行相位法距离测量，大测距与高精度无法同时满足。因此，相位测距法通常适用于对精度要求较高的中短距离，常用的手持式激光测距仪多采用相位激光测距法，其测距精度能够达到毫米级及以上，精度较高。但是由于相位式测距发射的激光为连续波，其平均功率远低于脉冲激光的峰值功率，通常无法实现远距离目标的测距。

3. 三角测距法

激光三角测距法的工作原理是利用激光器、光敏器件电荷耦合器（Charge Coupled Device，CCD）与被测物体之间的三角几何关系计算被测物体表面的距离关系。激光三角法较为简便，成本较低，其原理简单、可运用范围广泛、测量精度高、实时性强。此外，还不易受其他因素影响，对目标物体材质要求低，受物体表面纹理影响较小，测量速度快，一般运用到逆向工业测绘中。激光三角测距法可细分为两种：直射式激光三角法和斜射式激光三角法。

直射式激光三角法是指激光器打下的激光线垂直入射到被测物表面，如图 3-4 所示。假设 B 为基准面上一个测量点，是激光器发射出的激光入射光线形成的一个基准面上的光入射点，然后光入射点在物体表面发生夹角为 α 的漫反射后在光敏器件成像为 B' 点，A 点为被测物表面一点，其在光敏面上的成像点为 A'，AB 为入射光束，BB' 为反射光束。根据物像点之间的三角关系可以得到被测物体表面点到参考面的距离，进而求出被测物体表面的三维信息，得到最终的测量数据。

由图中相对高度的垂直关系及相似三角形关系可以得出：

$$\frac{h\sin\alpha}{h'\sin\beta}=\frac{L-h\cos\alpha}{L'+h'\cos\beta} \tag{3-4}$$

式中，h 为 A 点与 B 点之间的相对高度；h' 为 h 在像平面内对应的位移，即 A' 与 B' 点之间的距离；α 为 AB 与 BB' 之间的夹角；β 为 BB' 与 $A'B'$ 的夹角；L 为

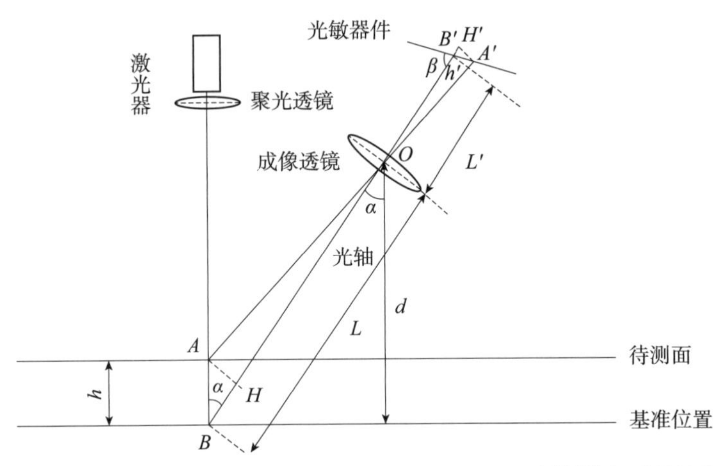

图 3-4　直射式激光三角法示意

B 点与成像面之间的垂直距离即为物距；L' 为 B' 点与成像面之间的垂直距离即为像距。

求出 h 为：

$$h = \frac{Lh'\sin\beta}{L'\sin\alpha + h'\sin(\alpha+\beta)} \tag{3-5}$$

斜射式激光三角法是指激光器打下的激光线与被测物体表面法线夹角小于 90°，如图 3-5 所示。设激光入射光线与基准参考面法线所呈的角度为 α_1，法线与 BB' 所呈的夹角为 α_2，其余条件与直射式相同，由相似三角形关系可以得出：

$$\frac{\dfrac{h}{\cos\alpha_1}\sin(\alpha_1+\alpha_2)}{h'\sin\beta} = \frac{L - \dfrac{h}{\cos\alpha_1}\cos(\alpha_1+\alpha_2)}{L' + h'\cos\beta} \tag{3-6}$$

式中，α_1 为激光入射光线与基准参考面法线所呈的角度，$\alpha_1=0$ 时，即为式（3-7）；α_2 为法线与 BB' 所呈的夹角；其余条件与直射式相同。求出 h 为：

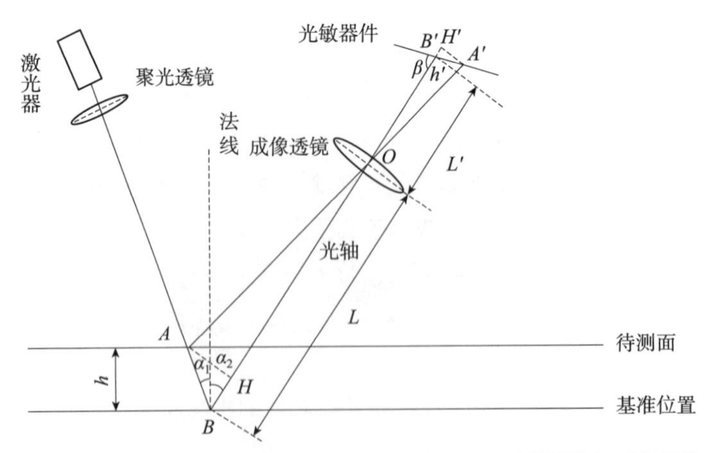

图 3-5　斜射式激光三角法示意

$$h=\frac{Lh'\cos\alpha_1\sin\beta}{L'\sin(\alpha_1+\alpha_2)+h'\sin(\alpha_1+\alpha_2+\beta)} \tag{3-7}$$

上述两种方式构成的激光三角技术由于入射光线方向不同而具有不一样的特性，在对激光三角测量系统进行实际设计时可以根据具体需求选择符合设计条件的入射方法。直射式激光三角测量系统主要通过检测散射、漫反射光来进行测量工作，所以当被测物表面比较复杂或者粗糙度较高时更适合选用直射式，并且测量范围也比较大，但是漫反射光光强较低。而斜射式激光三角测量系统主要检测反射光，能量比漫反射光更集中，在光敏面上能得到清晰的成像，在被测物表面形状简单时比较有利于测量。此外，当被测物体移动时，直射式激光三角测量系统照射在被测物上的点不会发生偏移，其光路结构简单、光斑稳定；而斜射式激光三角测量系统的光照射点会随测量面移动而发生偏移，并且如果被测物表面有凹凸的话，也会产生一定的误差。

4. 结构光法

结构光测距法的工作原理是选取特定波长的激光作为光源，利用激光投影仪将发射出来的光点、光线或光面经过一定编码后以特定光图案或结构光的形式（如点阵、线阵、曲线等）投射到物体表面，之后通过对应的光学图像传感器捕捉反射的光图案，最后通过分析反射光图案与原始光图案的差异，计算物体表面各点的深度信息。

根据光图案或结构光的结构形式，可将结构光测量技术分为点结构光测量、线结构光测量、面结构光测量。点结构光测量技术虽然能在准确获得激光点的情况下获得该点的空间坐标，但是由于被测物体体型庞大，测量效率较低。线结构光测量方法是用线型代替点型，虽然测量精度没有点结构光测量高，但扫描效率提高。面结构光测量方法是对单线结构光的升级，利用一幅完整图案对物体进行测量，相比点结构光和线结构光测量，其测量效率最高，测量精度也较高，图像处理的算法复杂庞大。

以上介绍了激光扫描装备中激光测距的四种主要方式，四种方式各有优缺点，在实际应用中应根据具体应用场景需求选择相应的激光装备。此外，依据激光扫描装备的不同使用方式，其可被分为站立式激光扫描装备、手持式激光扫描装备、移动式激光扫描装备和机载激光扫描装备四类。四种不同类型的激光雷达各有其优缺点，可应用于不同的工作场景。

1. 站立式激光扫描装备

站立式激光扫描装备是一种放置在地面或静态平台（如测量三脚架）上的传感器，其激光测距多为 ToF 测距法和相位测距法。常见的站立式激光扫描仪如图 3-6 所示，相对于其他激光扫描设备，站立式激光扫描装备具有

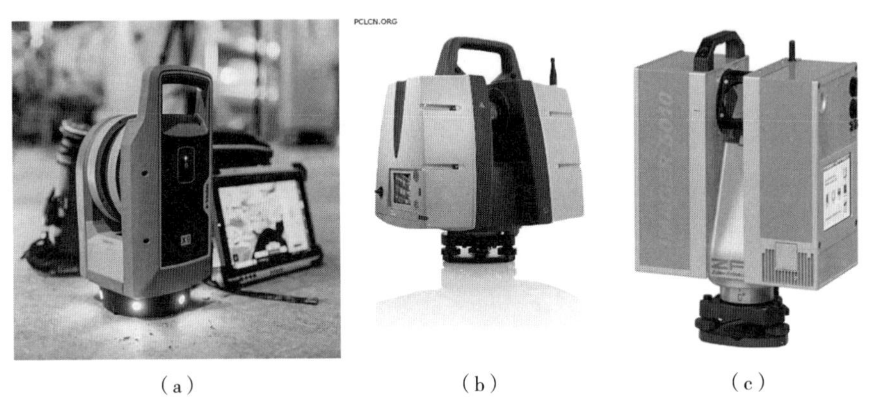

（a）　（b）　（c）

图 3-6　站立式激光扫描仪

（a）Trimble X9；（b）Leica P50；（c）Image 5016

常见三维激光扫描仪配置对比　表 3-1

型号	Faro Focus3D X330	Image 5016	Leica P50	HS650	Trimble X9
测距原理	脉冲法	相位法	脉冲法	脉冲法	脉冲法
最远范围	360m	365m	1000m	650m	120m
最近范围	0.6m	0.3m	N/A	1.5m	0.7m
扫描速度	97.6 万点 /s	110 万点 /s	100 万点 /s	50 万点 /s	100 万点 /s
扫描精度	± 2mm	± 1.2mm	± 3mm	± 2mm	± 2mm
仪器质量	5.2kg	6.5kg	11.25kg	11kg	11kg

扫描精度高、扫描分辨率高的特点，如表 3-1 所示，因此每次站立式激光扫描通常需要完成数以百万次的测距，所需的扫描时间较长，需要持续几分钟到几十分钟。扫描时间取决于设定的扫描分辨率及扫描精度，对于目前常用的站立式激光扫描仪，用户可以根据实际需求自主调节扫描精度及扫描分辨率，以此决定扫描所需时间：扫描分辨率决定激光测距的次数，扫描精度决定每次测距所需时间。由于其较长的扫描时间，站立式激光扫描装备对动态场景的记录效果较差，通常只被用于捕捉静态场景。

此外，在单次激光扫描过程中，激光扫描设备需要在固定测点保持不动，而建造场景的占地面积通常较大，导致单次扫描结果通常受遮挡影响大，因此需要在多个测站点进行多次测量来获取完整的点云模型，且不同测站点可以获得的扫描内容也不相同，需要进行不同的扫描参数设置，包括点云密度设置、扫描速度设置等。因此在扫描之前需要做好详细的方案，根据目标物体的大小、范围、复杂程度和精度要求，确定扫描路线、布站位置和数量、测距以及扫描分辨率，保证扫描工作能够在计划的时间、精度、成本范围内完成。此外，管理者还需要考虑激光扫描系统的时间规划，这是基于扫描工程项目的成果需求，综合考虑外业数据的获取时间和内业数据的处理时间。

规划扫描站点的过程就是寻找最小数量的预定义站点的过程，这些站点的扫描范围可以在满足数据质量要求的情况下完全覆盖被测目标，最少的站点也就意味着最少的测量时间。目前，测量师依靠自己的经验和感觉来规划扫描位置和在每个选定位置的采集参数设置。然而，建筑工地是一个复杂且不断变化的环境，即使是经验丰富的测量师也无法保证获得的点云能够完全覆盖所有的扫描目标，且保证具有规定的质量水平。因此需要从人为确定测量点变成算法自动确定测量点，于是提出了扫描规划（Plan for Scanning），旨在满足数据质量的要求下，寻找能够完全覆盖扫描目标的最小预定义的视图数量，防止过多的扫描位置数量和不必要的高质量扫描仪设置造成的数据冗余。

2. 手持式激光扫描装备

手持式激光扫描装备因为其灵活性和对复杂场景的高效三维重建能力而大受欢迎，通常采用激光三角法和结构光法两种测距方式。最先进的手持扫描设备扫描速度可以超每秒 50 万点，并同时达到亚毫米级精度，并可以结合三维三角形网格实时重建技术，实现结构表面高精度精细化建模。图 3-7 展示了几种较常见的手持式激光扫描装备，同时表 3-2 列举了几种常见的手持式激光扫描装备的技术参数。

（a）

（b）

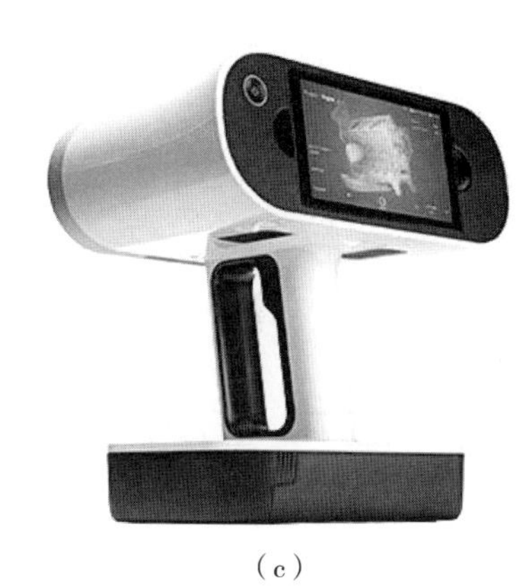
（c）

图 3-7　手持式激光扫描仪
（a）Creaform Handyscan；（b）EinScan Pro 2X；（c）Artec Leo

常见手持式激光扫描设备参数对比　　表 3-2

型号	EinScan Pro 2X	Handyscan Black Elite	Artec Leo	T-SCAN Hawk2	SIMSCAN30
最远范围	4m	4m	1.2m	N/A	N/A
最近范围	0.03m	0.05m	0.35m	N/A	N/A
扫描速度	300 万点 /s	130 万点 /s	400 万点 /s	50 万点 /s	202 万点 /s
扫描精度	± 0.045mm	± 0.025mm	± 0.1mm	± 0.02mm	± 0.02mm
仪器质量	0.8kg	0.94kg	2.6kg	1kg	0.57kg

与固定式激光扫描仪不同的是，使用手持式扫描仪从不同角度对同一物体进行扫描时，必须对扫描仪的位置进行连续监控。一般需要使用两个摄像头来创建立体视觉，以确定扫描仪的位置。对不同的位置信息进行配准后，可将多次的扫描结果配准到同一坐标系中。手持式激光扫描装备也可以与机械臂等装备结合使用，以达到更稳定的运动轨迹，如图 3-8 所示。并且其运动轨迹可以通过关节的内部传感器来跟踪，从而可能比移动式扫描仪具有更高的准确性和精度。

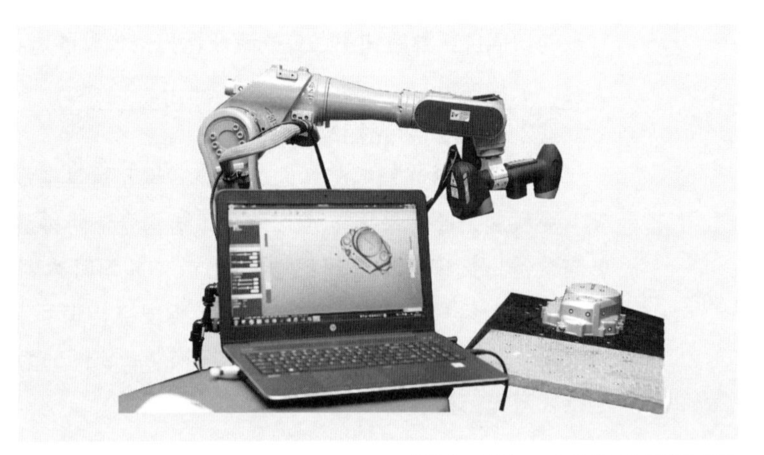

图 3-8　ZGScan-R 机器人自动化扫描仪

3. 移动式激光扫描装备

移动式激光扫描系统将至少一个激光扫描仪与全球导航卫星系统（Global Navigation Satellite System，GNSS）、惯性传感器（Inertial Measurement Unit，IMU）以及其他传感器和计算机组件相结合，可以在扫描仪移动时快速地收集地表位置数据。这类装置通常安装在车辆上，如图 3-9 所示，围绕被测目标行驶以收集数据。最先进的装备可以实现在以 100km/h 或者更高的速度行驶时，每秒收集到 100 万个点。

（a）

（b）

（c）

图 3-9　车载激光扫描测量系统

（a）华测 MS-120；（b）Trimble MX50；（c）SZT-R1000

进行数据后处理时，将定位系统和惯性传感器的数据与扫描点相结合，可以生成密集的地理参考点云和其他测量信息，便于开展后续的施工监测测量任务。其定位精度通常在毫米到厘米级别，扫描装备最大测距为 1000m。表 3-3 列举了几种常见的移动式激光扫描装备的技术参数。移动式激光扫描装备是一种很好的土地测量仪器。但是，在远离主聚焦区域和具有大入射角的表面时，其扫描结果的精度和点密度会下降。此外，扫描时容易受到遮挡的影响，容易丢失部分重要数据。最后，移动式激光扫描装备的成本一般较高，也是限制其推广使用的重要因素。

常见移动式激光扫描仪参数对比　　表 3-3

型号	Trimble MX50	SZT- R1000	Trimble MX9	华测 MS120	徕卡 Pegasus TRK 700 Neo
扫描范围	830m	920m	475m	119m	490m
扫描速度	240 扫描线 /s	55 万点 /s	500 次 /s	102 万点 /s	100 万点 /s
最快车速	110km/h	50km/h	110km/h	60km/h	N/A
扫描精度	± 2mm	± 20mm	± 5mm	± 0.9mm	N/A
仪器质量	23kg	17.39kg	37kg	13.5kg	18kg

4. 机载激光扫描装备

机载激光扫描装备的工作原理与站立式激光扫描装备相同。机载便是将扫描装备连接到人为操控的无人机上，其自上而下的视角可以更好地覆盖扫描平坦或是略微倾斜的地形。这种视角的改进是以降低扫描精度和点云密度为代价的，且较难获取建筑物的立面信息，但是这种扫描方式速度快，也不会产生与高入射角相关的问题。图 3-10 展示了常见的几种机载式激光扫描装备，装备的相关技术参数由表 3-4 给出。航空摄影测量是绘制大面积地图的首选方法，传统上，需要有人驾驶飞机从高空中收集图像来重建现场地形。最近，机载激光雷达已经成为航空摄影测量的可行替代方案，但是其前期成本较高。

（a）

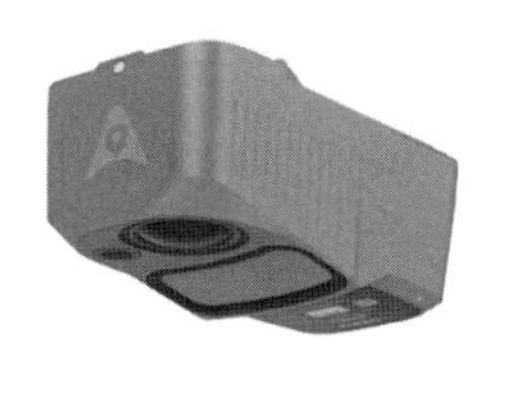
（b）

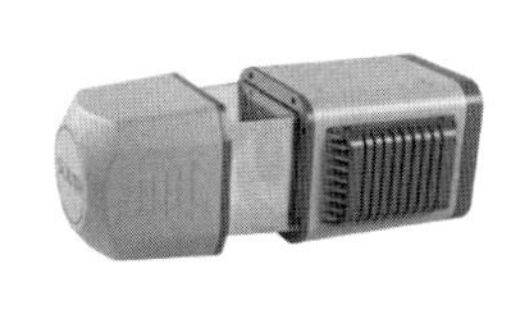
（c）

图 3-10　机载式激光扫描装备
（a）大疆 L1；（b）华测 AA10；（c）SAL-1500

常见机载激光扫描仪参数对比　　表 3–4

型号	华测 AA10	大疆 L1	Yellowscan Mapper+	GS–130X	SAL–1500
最远测程	800m	450m	N/A	120m	1500m
最近测程	10m	N/A	N/A	0.5m	1.5m
平面精度	± 5cm	± 10cm	± 2.5cm	± 2cm	± 5cm
高程精度	± 5cm	± 5cm	± 2.5cm	± 5cm	± 5cm
扫描速度	50 万点 /s	48 万点 /s	N/A	N/A	200 万点 /s
仪器质量	1.55kg	0.93kg	1.1kg	1.26kg	3.89kg

3.1.2　三维激光点云生成及后处理方法

使用上述四种类型的激光雷达采集到的是激光雷达原始数据，具有以下 5 个特点：

1. 数据的海量性

激光扫描仪以每秒钟几十万、几百万个数据点的采集速率获取目标物体表面的轮廓信息，为后续工作提供数据的同时，容易造成数据冗余。

2. 信息的丰富性

激光雷达原始数据不仅包含了距离信息，同时也记录了被测对象表面的三维坐标信息、回光强度、反射率以及目标点到扫描仪中心的距离、水平角、垂直角以及偏差值等信息。

3. 数据的不均匀性

由于激光雷达从单点发射激光进行测距，导致距测站近的被测目标数据稠密，距测站远的被测目标数据稀疏。

4. 噪声的多样性

激光扫描测量同传统的水准测量、全站仪测量一样，都是有误差的，误差的大小主要取决于仪器精度、环境状况等多方面因素。物理学上将一切不规则的信号定义为噪声，环境干扰可能产生非测量目标物体表面的无用数据和离群噪声，噪声的存在对后续的处理工作有很大的影响。

5. 数据的一次性

对于一个大体积目标需要多次多点扫描，每个测站点获取的信息是不同的，将多个测站点测得的信息拼接起来才能获得完整的建筑模型。假如一个测站的扫描数据出现较大偏差，那么就需要在这个测点进行重新扫描。每一个独立的扫描点记录单一时刻的信息。

因此需要通过一系列处理步骤将激光雷达原始数据转换为有用性更高的点云数据。在此介绍一个常规的数据处理流程。

1. 点云数据预处理

激光雷达原始数据中通常存在一些噪声、无效数据或异常值，需要进行预处理，包括去除噪声、点云简化、数据拼接等操作。在数据预处理中，主要是要去除孤点和离群点等存在离群特性的大噪声点。对于某一小块数据，大噪声点一般仅占其中的很小一部分，而小噪声分布在较小的范围内，如果噪声过多、过大，则说明测量结果数据不正确，从而无法有效处理。对离群点和孤点的去除可以采用半径滤波法。半径滤波法的基本原理是：在数据中选取一个点，以该点为圆心作一个圆并计算落在该圆中点的数量，当数量大于给定值时，则保留该点，当数据小于给定值时，则剔除该点。此方法运算速度快，依序迭代留下的点较为密集。

由于激光扫描装备的测量速度快、扫描范围广，得到的激光雷达原始数据量大，但并不是所有的数据点对后续的模型重建工作都有用。大量的数据点不仅需要很长的处理时间，还会造成整个建模过程难以控制。因此，有必要在保证数据精度和模型特征的前提下简化数据。数据的简化压缩方法可主要分为不能保持特征的简化法和可保持特征的简化法两类。不能保持特征的简化法主要有简单采样法、网格采样法和角度法等。简单采样法是一种较为常用的方法，主要是通过均匀采样、随机采样或按距离采样等方式实现数据简化；网格采样法是通过保存均匀网格或八叉树网格等的重心点（距离网格中心最近的点）实现数据简化，采样结果分布均匀，结果的点数等于网格的个数；角度法的基本原理是选取点云数据中相邻三点，根据中间点与相邻两点连线间的夹角与阈值比较进行数据筛选。此类方法具有简单易行、效率高等优点，但其缺点是对特征不敏感，不能有效保持特征。保持特征的简化法有曲率采样法等。曲率采样法的原则是小曲率区域保留少量的点，而大曲率区域则保留足够多的点，以精确完整地表示曲面特征，是一种根据物体的几何特征，对测量数据点云进行精简的方法。此类方法能较准确地保持曲面特征并有效减少数据点，但缺点主要是处理效率较低。

点云的去噪、简化属于点云优化处理，是点云可用性的可选条件，而点云精确注册（拼接）则是点云可用性的必要条件。一般来说，手持式、移动式和机载激光扫描装备都进行了空间标定，不存在多测站的拼接问题。但是站立式激光扫描装备为了获得物体的全景数据，需要多次设站进行扫描测量，这样得到的多站数据就需要进行拼接处理。

点云配准旨在估计源点云和模板点云之间的刚性运动变换参数（四元数、欧拉角、旋转矩阵、平移向量等），应用变换参数后实现两片点云的对齐，从而将不同视角采集的点云数据拼接成一个完整的三维点云模型。通常，来自不同视角的点云之间会存在一定的重叠区域，如何从重叠区域找到用于配准的“匹配点对”是匹配算法的关键。因此，点云的配准问题可以转化成点对的配准问题。传统方法中，查找匹配点对时会计算几何特征的相似性，但是对点云的初始位置要求较为严格，需要在空间上有一定的重叠部分才能获得较好的配准效果。随着深度学习的发展，点云配准网络可以直接处理无序的原始点云数据，逐渐对点云的初始位置不敏感，并获得了高精度且健壮的鲁棒性效果。

点云配准根据其实现方法可以分为两类：传统的点云配准和基于深度学习的点云配准。传统的点云配准算法通常分为两个阶段：粗配准和精配准。一般首先使用粗配准算法获得一个良好的初始值，其次使用精配准算法最小化两片点云之间的刚性变换误差。

粗配准算法用于在两幅图像中找出相似的特征点或区域，从而实现图像匹配、目标跟踪等应用。可分为基于特征点的粗配准方法和基于区域的粗配准方法。特征点是指图像中具有明显特征的点，如角点、边缘、斑点等。基于特征点的粗配准方法通过在两幅图像中提取特征点，并计算它们之间的相似度来实现匹配，常见的算法有尺度不变特征转换算法（Scale-Invariant Feature Transform，SIFT）、加速稳健特征算法（Speeded-Up Robust Features，SURF）和定向简要描述符算法（ORiented Brief，ORB）等。基于区域的粗配准方法通过在图像中提取感兴趣的区域，并计算它们之间的相似度来进行匹配，常见的算法有颜色直方图匹配、SIFT特征区域匹配等。基于特征点的粗配准方法具有较高的匹配精度和鲁棒性，但是特征点提取和匹配的计算量较大，对计算资源要求较高。此外，特征点提取算法对图像的旋转、尺度变化和光照变化较为敏感。基于区域的粗配准方法在计算速度和鲁棒性上有一定优势，但是其对图像的局部变化较为敏感，对噪声和遮挡的容忍度较低。

运用最广泛的精配准算法是迭代最近点算法（Iterative Closest Point，ICP）。通过迭代计算最小化两个点云之间的距离，来优化一个点云到另一个点云的转换矩阵（旋转矩阵和平移矩阵）。通过反复迭代，ICP算法可以逐步地将两个点云对齐，使它们的误差越来越小，最终达到一个较好的配准效果。其缺点在于对于大规模点云数据的匹配效率较低；初始估计不准的情况下，容易陷入局部最优解；在匹配时容易受到局部噪声和外点的干扰。

基于深度学习的点云配准算法一般分为端到端的学习方法和基于特征学习的方法。端到端的学习方法一次性完成所有特征点的学习和刚性变换的估计，更关注点云之间的全局特征。基于特征学习的方法关注描述特征点的学习，而刚性变换则由一些鲁棒的姿态估计器获得。首个可以直接处理点云数据的深度学习模型框架是 PointNet，该网络通过一个简单的对称函数，即最大池化，来处理每个点，消除了输出结果因点云数据的无序性所受到的影响。

在两种点云配准方法中都提到特征提取及特征匹配，其中特征可以是环境中的几何特征，例如建筑物或地标的角落，也可以是环境中人为设置的目标，例如具有已知几何形状的棋盘或已知半径的白色球体，如图 3-11 所示。三维数据配准的过程需要至少三个特征点作为输入，以产生一个变换矩阵，该变换矩阵指定将点云中捕获的特征点与控制网络中的特征点对齐所需的平移和旋转量。也有一些目标定位算法可以自动提取这些目标。

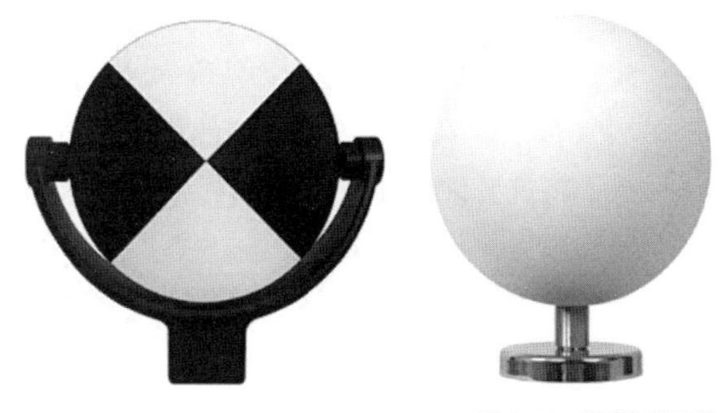

图 3-11　激光扫描标靶

2. 点云数据滤波

为了进一步提高点云数据的质量，可以进行点云滤波操作，去除无效或冗余的点。需要进行滤波的情况有：平滑密度不规则的点云；去除遮挡、环境干扰等造成的离群点；下采样大量数据；去除数据噪声。其中，噪声可能来源于设备精度、电磁波的衍射特性、环境因素带来的影响、操作者经验带来的影响等。下采样是指从大容量的点云数据样本中按照一定规则选取具有代表性的样本来代替原来的大样本，在对海量的点云进行处理前进行数据压缩，简化计算提高算法效率。

常用的滤波方法包括体素滤波、统计滤波等。体素滤波法通过体素化网格进行下采样数据，减少数据点。将网格重心点代替体素网格内的所有点，保留过滤后的点云数据。该法可以达到向下采样的同时不破坏点云本身的几何结构，但是可能会移动点的位置。统计滤波法统计每个点到其最近的 k 个点的平均距离，则点云中所有点的距离应构成高斯分布，根据给定的均值与方差，可以剔除方差之外的点。即使方差之外的点是正确点，也因为其太稀疏，提供的信息较少。

3. 目标检测

三维激光扫描装备收集到的点云数据本质上只是一组离散的点，它们代表着扫描场景或物体表面的采样点。在将点云数据应用到实际工程应用之前，需要根据应用需求提取相关物体点数据，过滤不相关的点数据。例如在大部分智能建造应用场景中，需要关注场景中的人员、建筑物、结构构件、建筑材料等目标，因此需要先从点云数据中识别这些目标，也就是所谓的目标检测。现有基于点云数据的目标检测大致可以分为基于投影和基于体素化两大类方法。

基于投影的目标检测的原理是：通过投影的方式，把三维点云转换为二维图像。可以将点云投影到鸟瞰图和前视图两个方向上，并运用二维卷积提取像素级特征。以投影到鸟瞰图为例，这种方法可以很好地保留原始点云数据在俯视视角下的空间位置信息和目标物体的几何形状，也不会发生前视图物体重叠和物体大小尺寸不同的问题，不会受到目标物体距离的影响。但是三维投影转换分离了原始三维空间的精确信息，因此，此目标检测算法精度较低。

基于体素化的目标检测的原理是：将点离散化为体素化的三维网格输入，将其量化到规范的网格中，便于利用卷积的矢量化特征提取。也因此容易受到量化网格大小的影响，较小的网格尺寸会导致算法的计算量变大；较大的网格尺寸存在量化损失，会使得目标丢失精确的位置信息，无法保留细腻度信息。此外，体素的离散化过程会引入量化伪影，原始空间的分辨率会降低至体素图中的面元数量，连续的卷积和下采样操作也可能削弱原本存在于点云中的精确定位信号。

4. 点云语义分割

点云语义分割的工作原理是：依据点的特征对空间中的点进行区别，使得同一划分中的点云具有相同或者相似的属性。将具有共同特征属性的点云子集分割出来后，划分到一个点云集合中，便于后续单独对该点云物体进行检测识别、目标分类、场景重建等工作。在施工监测应用，对点云中不同表面、不同物体进行分割，可以更好地进行后面的特征提取、实例分割、安全检测等工作。传统的点云语义分割方法主要包括：区域生长法、聚类分割法、随机采样一致性等。

区域生长法的原理是：在每个需要分割的区域内找出一个种子点作为区域“生长”的起点，然后将种子点周围领域中与其有相同或相似性质的点合并到种子点所在的区域内，而这个新的点将作为新的种子点向四周生长，直到没有满足条件的点可以合并到区域内，点云分割完成。

聚类分割法中，将每个点都抽象为一组特征向量空间，然后对特征向量空间的点进行聚类，将点分类，其原理是：对点云在特征空间内的亲疏关系进行判别，将距离较近的点从两类合二为一，再重新进行迭代计算，直到点云之间的关系大于某一设定的值，此时点云分割完成。

基于随机采样一致性分割的原理是：通过对点集进行剔除的方式剔除掉局外点，从而将剩余的点组成一个具有某些共同属性的子集。数据一般分为两种数据——有效数据和无效数据，通过对划分参数进行设定，判断有效数据是否占整体数据的大多数，如果有效数据较多，则需要重新设定新的算法并进行计算。

3.1.3 基于激光扫描装备的建造过程感知与建模

1. 建造过程质量检测

三维激光扫描装备，特别是站立式激光扫描设备，由于其精度高、精细化程度高的特点，在建造过程中常被应用于结构构件的感知与建模，并应用于构件尺寸偏差检测、表观缺陷识别等。例如，在建筑工程的建造过程中，NJ Shih 和 Wang 在 2004 年利用 Cyrax 2500 激光扫描仪对建造过程中的墙体表面进行建模，通过与假定光滑参考墙平面对比计算墙面粗糙度，并依据粗糙度对点云着色，最终如图 3-12 所示，在墙体模型中通过切片方式直观地展示墙体粗糙度。Bosché 等在 2010 年基于激光扫描装备提出了一个建造过程中预制构件尺寸、位置合规性检测软件。软件可以实现从建造过程点云数据中自动识别关键结构构件，对各个构件分别建模，通过自适应迭代最近邻算法（ICP）将扫描得到的模型与构件设计模型进行自动配准、姿态对比以及偏差计算，以实现建造质量的智能控制。此外，个别新型激光扫描装备内置可见光相机，在进行三维激光扫描的同时采集表面颜色与纹理信息，并通过传感器联合标定实现激光可见光融合，用以建造过程精细化建模。例如，Wang 等为了解决传统预制混凝土的表面平整度和变形检测时的费时费力、出错率高的问题，提出使用激光可见光融合方案实现建造过程中预制混凝土构件的自动建模及变形检测，并在此基础上提出基于激光可见光融合数据的机器学习模型，实现预制混凝土构件中钢筋的自动识别建模位置估计研究。

除了结构构件的建模外，三维激光扫描装备也常应用于建造场景中非结构构件的感知与建模，如图 3-13 所示。例如 Wang 等为了解决传统的幕墙开发设计、组装生产、人工定位和建设测量方法中遇到的问题，并主要针对幕墙设计安装领域，提出使用三维扫描技术进行精确的数据收集捕捉并记录建造现场的实时情况，并在 3D BIM 模型中进行高精度的系统还原，便于尺寸修改和现场安装。他们将激光扫描仪的作用分为三类：对已完成的结构施工面进行施工尺寸复核确认；对安装完成的幕墙龙骨进行偏差复查和检测；指导现场安装工作。

二维码 3-1　基于三维激光扫描的墙面粗糙度感知与建模（彩色图）

图 3-12　基于三维激光扫描的墙面粗糙度感知与建模

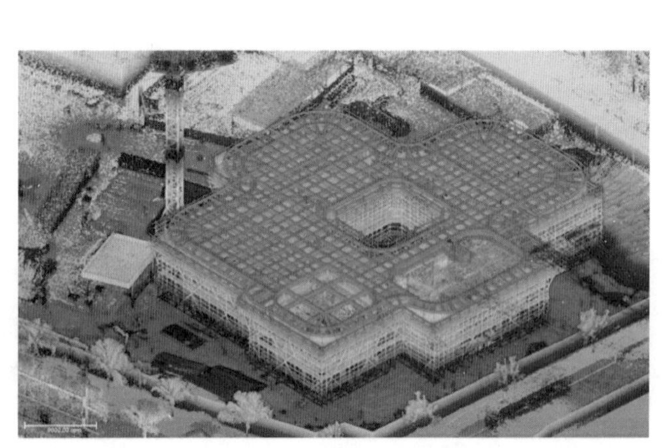

二维码 3-2　三维激光扫描采集的整体建造场景点云模型（彩色图）

图 3-13　三维激光扫描采集的整体建造场景点云模型

此外，三维激光扫描装备在市政设施及交通基础设施的建造过程中也应用广泛。Walters 等使用徕卡 Geosystems 3600 激光扫描仪在道路铺装前对道路基层表面进行扫描，在铺装后再对其表面进行扫描，通过比较两次生成的点云模型可以确定任意点的厚度，以此识别厚度低于设计要求的任何区域。Kim 等先后提出了一种基于地面激光扫描的预制混凝土桥面板尺寸自动估计算法、一种结合建筑信息模型（BIM）和激光扫描的质量评估框架，并进一步开发出了一种技术，可以估计具有任意外边界和复杂结构特征的预制混凝土的桥面板尺寸。此外，他们还提出了一种镜面辅助激光扫描系统，该系统可以扫描预制混凝土构件的侧面。另一方面，他们也开发了一种利用地面激光扫描对预制混凝土表面剥落缺陷进行同时定位和量化的技术。该方法利用角度和距离偏差作为缺陷敏感特征，提高了混凝土预制构件表面剥落缺陷的局部化和定量化。

2. 建造过程进度监测

除了建造过程中构件的建模与质量检测，三维激光扫描装备也常被应用于建造过程进度监测。点云数据能够提供建造场景的精确几何信息，包括建筑物的形状、尺寸和位置等。通过周期性地采集建造过程中不同阶段的点云数据，可以创建出一个三维的“时间轴”，显示出项目在不同阶段的建造状态，这使得建造进度的变化能够以直观的方式呈现，便于监测和分析。例如在钢结构建筑的建造过程中，NJ Shih 和 Wang 在钢结构建筑的进度检查时，将使用 Cyrax 2500 三维激光扫描仪测得的建筑点云数据与原始设计模型相比较，量化差异。之后，Shih 和 Wu 对同一个钢结构工程的两个进度日扫描模型进行重叠比较，如图 3-14 所示，新增加的部分即是两次扫描间时间段内的工作进度，将其与工程进度表相比较即可判断当下施工进度是否有拖延。此外，建造过程中的三维激光扫描还可以覆盖建筑围护结构中的建造活动，并可以通过建筑开口记录部分室内建造工作，辅助建造过程的安全监测。

二维码 3-3 不同进度日扫描模型的对比（彩色图）

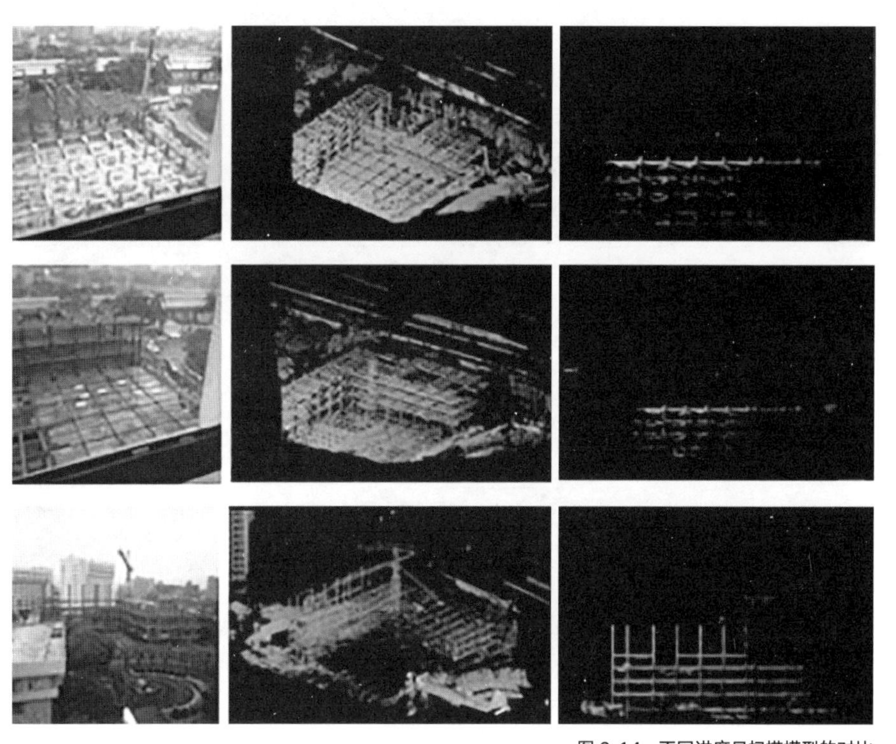

图 3-14 不同进度日扫描模型的对比

建造过程不同阶段采集的激光点云数据，可以结合工程设计模型或建造计划模型，通过自动点云配准及对比技术，实现对建造进度的智能监测和量化评估。例如，Kim 等提出将从站立式三维扫描仪获得到的 3D 数据与 4D BIM 模型结合，以此进行建造进度的检测。将从不同位置获得的数据结合起来，获得整体数据并与 BIM 模型配准，并通过两阶段的修订工作：①通过给定的建造顺序将正在建造的工序前的所有工序认定为已建成；②通过给定的建筑构件逻辑关系将相关连接件认定为已建成，将因传感器视线被遮挡而无法拍摄到的构件及下层构件的支撑连接构件修订为已建成构件，更好地自动化监测建造进度。Turkan 等为了解决扫描数据处理的复杂性，提出了一个自动化的建造进度跟踪与更新系统，将三维点云数据与三维 CAD 模型和进度信息相结合，实现对建造进度的跟踪，如图 3-15 所示。结合进度信息的三维 CAD 模型（项目 4D 模型）提供了在建设施按计划的空间特征，通过创新的逻辑推理算法，实现了自动化进度反馈回路。其自动化程度很高，唯一的手动步骤是在扫描数据和模型数据中选择至少三对点，将激光扫描数据与 3D CAD 模型在同一坐标系中匹配。

此外，除了建筑主体的建造过程，Hashash 等还将三维激光扫描装备应用于基坑开挖及围护结构的监测（图 3-16），为了将建筑开挖阶段引起的地面变形与相应的开挖阶段对应起来，使用三维激光扫描仪在施工时监测挖掘的施工进度和辅助开挖，增强对相关建筑数据的收集，这也是首次在露天挖掘现场使用三维激光扫描装备。扫描获得的模型结合其他现场传感器读数可

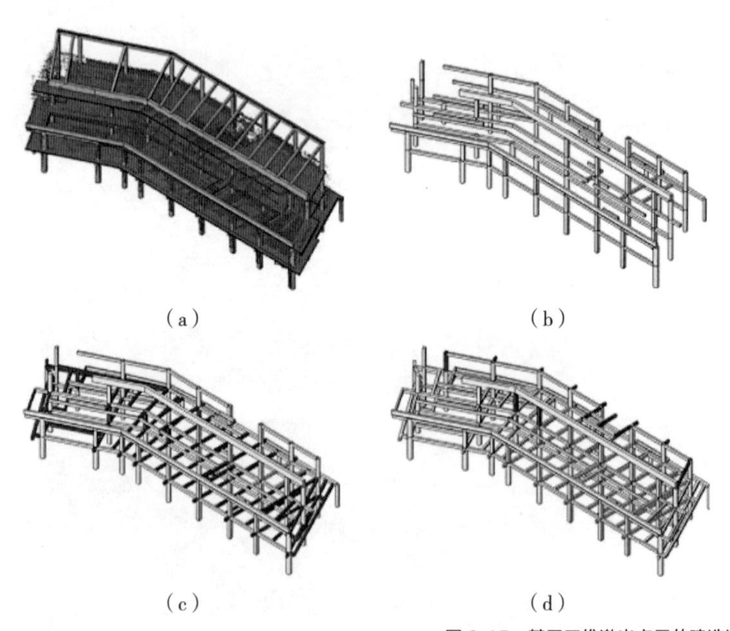

图 3-15　基于三维激光点云的建造进度监测

（a）点云配准结果；（b）修订前的模型；（c）第一阶段修订后的模型；（d）第二阶段修订后的模型

二维码 3-4　开挖项目的
地形网格模型（彩色图）

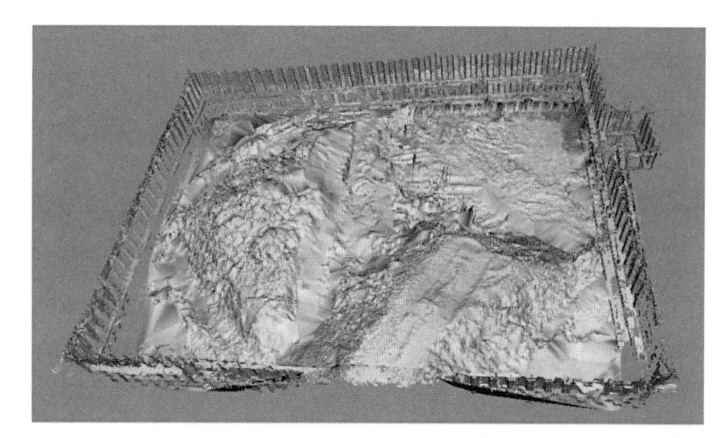

图 3-16　开挖项目的地形网格模型

以帮助工程师评估开挖变形来源；可以用于绘制开挖顺序和支护系统的详细竣工图；可以显示挖掘现场的尺寸、准确的开挖量和深度数据等。

3. 建造过程数字化测绘

在施工项目开始前，需要对施工场地进行现场勘察，对建筑物、道路、围栏等建成物体进行定位；对树木、巨石、水池等自然物体进行识别。生成的场地模型可以为设计和施工决策提供必要的信息，便于确定建筑物的拟建位置，以及道路、管道等的最佳布设位置。对于站立式激光扫描仪，单次测量时固定的站立式激光扫描可以从单个扫描位置收集非常密集和精确的地形信息。然后，通过配准和组合从多个扫描位置收集的数据来生成大型工地的地形模型。但该方法的不足主要体现在，完整的地形模型通常需要从大量的测点采集数据，不同测点间需要人为移动和耗时的后处理过程。若测点布置过少，激光扫描的精度及密度将随测量距离的增加而减少，导致地形模型的质量下降。

与站立式激光扫描装备相比，车载移动式激光扫描仪则能更高效地完成大范围建造场地的精细扫描，并结合车载定位系统和惯导系统，构建建造场地的完整点云图，还可以通过参考附近的 GNSS 基站，通过后处理工作进一步提高点云精度。此外，测绘车辆沿着计划路线逐步扫描周围环境，可以有效保证各部分较高的点密度。需要注意的是，为了保障最终点云模型的质量及覆盖率，车载激光扫描装备通常需要事先规划行驶路线，确保每条车道获取的点云数据的重叠率满足要求，并需要考虑建造现场的部分复杂环境对行车路线的影响。

无人机机载激光扫描装备可以从高空中获取详细的场地信息，受场地的影响较小，可以对站立式和移动式扫描仪不容易到达的地方进行测绘。但需要注意的是从高空中获取的信息可能会受到遮挡物的影响以及无人机自身的电池容量不支持长时间的扫描任务。

视觉相机也是智能建造中常用的感知设备之一，包括普通单目相机和多目立体相机，如图 3-17 所示。例如，工程师可以使用普通单目相机记录工程进度，拍摄工地的实时情况，以便于项目经理进行远程监控和管理。此外，相机还可以用于拍摄工地的安全状况，以便及时发现和处理安全隐患。多目立体相机则具有更强大的功能，可以捕捉到三维空间的信息。例如，通过无人机搭载的立体相机，工程师可以获取地形的三维模型，以便于进行工程设计和规划。此外，立体相机还可以用于工程的质量检查。通过对工程结构进行三维扫描，工程师可以检查结构的完整性和稳定性，发现并修复潜在的问题。与三维激光扫描装备相比，视觉立体成像设备具有轻量化、使用成本低、采集频率高等优点，适合广泛推广使用。但是作为被动式测量设备，立体成像装备通常受光照环境影响较大，全天候适应能力较差。

单目相机获取的图像一般是二维数据。单目相机的成像是从单个视角中观察三维场景，并将三维场景投影到二维成像平面上，用二维格栅化像素点的形式来记录场景三维信息。由于深度信息在投影过程中丢失，因此在获取重构场景深度时需要额外的信息或计算，常用的方式有两种。第一种方式是基于单目的三维重建方式，使用单目相机在不同角度对同一物体采集图像序列，通过运动恢复结构技术估算相机参数及三维特征点位置，并结合多视角几何推算场景三维信息；第二种为多目立体视觉方式，使用两个或多个相对位姿固定的相机捕捉同一场景，并通过图像视差及立体匹配构建深度图。下面将分别介绍这两种立体成像的相关原理及装备，最后总结各视觉立体成像的特点及其在建造过程感知方面的应用。

（a） （b） （c）

图 3-17 常见单目相机及多目立体相机
（a）单反相机；（b）工业相机；（c）双目相机

3.2.1 单目相机成像及三维重建技术

1. 单目相机成像原理

相机成像的本质是将世界坐标系下三维物体的绝对坐标通过薄透镜成像模型投影至图像坐标系形成图像坐标值的过程，该过程涉及世界坐标系、相机坐标系、像平面坐标系三个坐标系之间的相互转换。实际中物体的成像过程会发生折射，透镜聚焦成像时，来自物体的光线经过两个主平面的折射，最终成像于相平面上，这种由两个主平面组成的透镜成像平面模型被定义为透视投影模型。在实际工程应用中，由于被测目标与透镜之间的距离（物距）远大于透镜两个主平面之间的距离（焦距），通常忽略厚透镜两个主平面之间的光线传播过程，此时可以用针孔相机成像模型代替透视投影模型。在绝大多数智能建造应用中都选择小孔成像模型近似实际投影模型。典型的针孔相机成像模型如图 3-18 所示，其中三个坐标系的通常定义如下，其中除像平面坐标系的量纲为像素个数，其他两个坐标系的量纲均为物理长度。

世界坐标系：固定在恒定的空间，不随相机或物体的移动而移动，一般被视为对整体的客观衡量坐标系；相机坐标系（$O_f X_c Y_c Z_c$）：通常固定在相机中心点，Z_c 轴指向相机光轴方向；X_c 和 Y_c 轴的方向可任意指定，但为了方便起见，一般令 X_c 轴方向与像素（传感器）横向重合，Y_c 轴方向与像素（传感器）纵向重合；像平面坐标系（$Ox_i y_i$ 或 Oxy）：像平面坐标是固定在数字图像或照片上的二维坐标系统，用于描述场景在图像中的像素位置。像平面坐标系的原定通常选择在图像画幅左上角或画幅中心，x 轴位于像素水平方向平行指向画幅右侧，y 轴位于像素竖直方向平行指向画幅下侧。

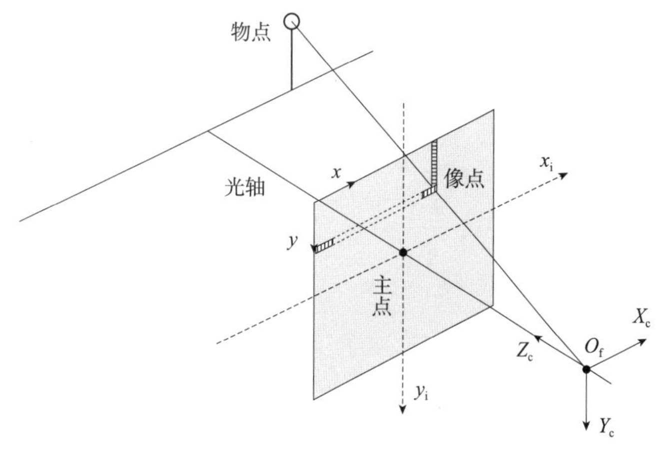

图 3-18　针孔相机成像模型

场景在三个坐标系间的转换通常由三个参数集控制：相机外参矩阵、相机内参矩阵以及相机畸变参数。相机外参矩阵也称为外部参数矩阵，通常表示 3×4 矩阵，由一个 3×3 的旋转矩阵 $\boldsymbol{R}$ 和 3×1 的平移向量 $\boldsymbol{T}$ 组成，可写作 $[\boldsymbol{R}|\boldsymbol{T}]$。外参矩阵主要用于描述相机的空间位置和方向，定义了世界坐标系与相机坐标系之间的变换关系，其变换关系可以表示为式（3-8）。其中 $[X_w, Y_w, Z_w]$ 是场景中一点在世界坐标系中的坐标，$[X_c, Y_c, Z_c]$ 为同一点在相机坐标中的坐标。由于此处的坐标系转换过程为仿射变换（线性变换接上一个平移），因此引入齐次坐标表达，将坐标写作 $[X_w, Y_w, Z_w, 1]$ 和 $[X_c, Y_c, Z_c, 1]$。

$$\begin{bmatrix} X_c \\ Y_c \\ Z_c \\ 1 \end{bmatrix} = \begin{bmatrix} R & T \\ 0 & 1 \end{bmatrix} \begin{bmatrix} X_w \\ Y_w \\ Z_w \\ 1 \end{bmatrix} \tag{3-8}$$

相机内参矩阵也称为内部参数矩阵，通常表示为3×3的矩阵，如式（3-9）。内参矩阵中f_x和f_y分别为相机在像平面水平（x轴）和竖直（y轴）方向的像素焦距，量纲像素点个数。像素焦距略区别于常见的毫米焦距，是描述相机分辨率与相机传感器尺寸间的关系，可以用于计算相机像素与实际物理尺寸间的关系，因此常被应用于相机标定及图像测量等应用中。像素焦距在水平和竖直两个方向理论上相同，但实际上考虑到相机传感器和镜头可能不完全对称，因此数值会略有不同。在针孔成像模型中，相机主轴与图像平面交点也被称为主点。主点通常在成像平面的中心，但实际相机中可能会存在微小的偏移，也就是所说的主点偏移。主点偏移量由c_x和c_y表示，具体定义为主点在像素坐标系中的坐标。

相机内参矩阵构建了场景从相机坐标系到像素坐标系内的射影变换，其数学表达如式（3-10）所示。同样的，此处为了方便射影变换的数学表达，引入齐次坐标表达。此外需要注意的是此处的影射变换为三维空间坐标系向二维平面坐标系，深度信息Z_c在此变换中丢失。

$$\begin{bmatrix} f_x & 0 & c_x \\ 0 & f_y & c_y \\ 0 & 0 & 1 \end{bmatrix} \tag{3-9}$$

$$Z_c = \begin{bmatrix} u \\ v \\ 1 \end{bmatrix} = \begin{bmatrix} f_x & 0 & c_x & 0 \\ 0 & f_y & c_y & 0 \\ 0 & 0 & 1 & 0 \end{bmatrix} \begin{bmatrix} X_c \\ Y_c \\ Z_c \\ 1 \end{bmatrix} \tag{3-10}$$

由图3-17所示坐标系变换中可以看到，在针孔成像模型中，坐标变换均为线性变换，而在实际成像过程中，光线在镜头中的折射不规则，导致采集到的图像中还会存在一定畸变，导致由针孔成像模型计算的像素坐标与实际像素坐标存在一定的偏差。因此引入镜头畸变参数，使针孔成像模型更接近实际成像过程。畸变的类型很多，其中最常见的为径向畸变和切向畸变两种。径向畸变产生的原因为光线在远离透镜中心的地方比靠近中心的地方更加弯曲，故会造成桶形或枕形畸变，如图3-19所示，其公式化表达如式（3-11）。切向畸变产生的原因为透镜平面不完全平行于图像平面，即图像坐标系和像素坐标系二者之间不完全平行，对应的公式化表达如式（3-12）。对于一般的实际相机模型来说，径向畸变往往占相机畸变最主要的一部分，且往往远大于切向畸变，故对于很多情况下，仅考虑径向畸变也是符合常理的。此外需要注意的是，径向畸变中包含k_1、k_2、k_3三个

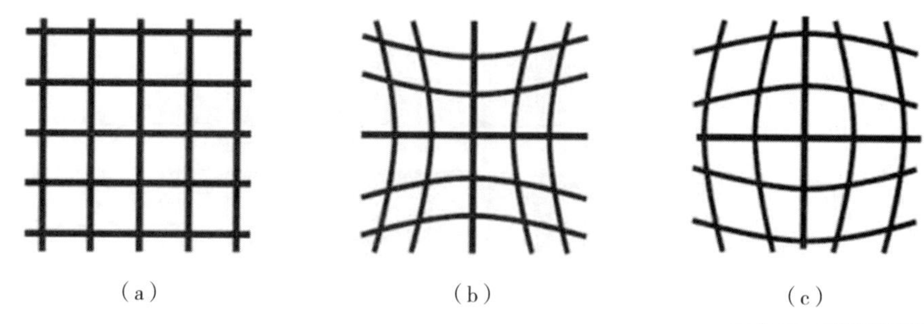

图 3-19　径向畸变模型
(a)实际物体;(b)枕形畸变;(c)桶形畸变

参数，但 k_1、k_2 可以满足大多数相机畸变的表达，因此标定过程中可以选择不标定 k_3 参数，使其值为 0。只有在径向畸变较为严重的情况下，例如广角镜头，才需要考虑在标定过程中包含 k_3 参数。

$$\begin{cases} x_r=x(1+k_1r^2+k_2r^4+k_3r^6) \\ y_r=y(1+k_1r^2+k_2r^4+k_3r^6) \end{cases} \tag{3-11}$$

式中，$r=\sqrt{(x-u_0)^2+(y-v_0)^2}$。

$$\begin{cases} x_r=x+[(2p_1y+p_2(r^2+2x^2)] \\ y_r=y+[(2p_1x+p_2(r^2+2y^2)] \end{cases} \tag{3-12}$$

2. 相机内参标定

从前述相机成像原理可知，要重构图像的准确深度信息，必须先得到相机的内外参数矩阵以及畸变参数。相机内参矩阵及畸变参数可以通过相机标定的方法得到。目前应用最广泛的是张正友标定法，其因为操作简单、方法灵活、基本不需要昂贵的硬件辅助而被大量的应用于计算机视觉领域。张正友相机标定方法的基本流程如下：

首先，打印一张含有标识点的图案将其贴附在一个平面上，或者采用直接加工好的含有标识点的标定板。

其次，通过移动图案或者移动相机，从不同的几个角度采集平面图像，如图 3-20 所示。从理论上来讲，利用两幅图像即可标定出所有参数，但是此时求解方程为静定的，若增加图像的张数至 3 幅，则标定误差会大幅度下降。继续增加图像张数至 10 张左右，精度会得到有限提升。由于图像采集等噪声的存在，再继续增加图像张数标定精度则基本不变。注意在改变标定平面角度时，应尽量避免图像两两之间出现近似的纯平移关系，即相对旋转角度不能过小。

然后，寻找出图案中对应标识点的位置。从图像处理的角度出发，寻找出图像中存在的闭合轮廓，并对其进行椭圆相似度筛选和半径筛选（排除环境中的闭合轮廓防止误判），对每一个符合要求的闭合轮廓进行椭圆拟合，求得其椭圆中心，即对应标识点的位置。

图 3-20　不同姿态的标定板图像

最后，利用最小二乘法估计出全部内参和外参及镜头畸变系数，再利用迭代方法，例如 Levenberg-Marquardt 迭代技术，将所有变量进行整体优化，极小化重投影误差。

3. 三维重建算法

三维重建算法是计算机视觉领域的关键技术之一，其本质是分析单目相机从多个视角对同一场景中采集的图像序列，识别并匹配图像序列中的共同特征点，进而通过三角测量法估算特征点的深度信息并以此重建场景三维几何信息。立体视觉算法主要有以下步骤：

特征提取：对每张影像进行特征点检测和描述，提取出具有区分性和稳定性的特征向量，如 SIFT（scale-invariant feature transform）、SURF（Speeded Up Robust Features）等特征点，用于后续的特征匹配。

特征匹配：根据特征向量的相似度，寻找不同影像之间的特征对应关系，建立影像间的几何约束，用于后续的相机姿态估计和三维重建。

相机姿态估计：根据特征匹配结果，通过 RANSAC 算法及八点法，计算基础矩阵（Fundamental Matrix）表示空间内点在两个相机像素坐标系下的转换关系。若相机内参矩阵及畸变参数已通过前述相机标定方法得到，则可通过内参矩阵及基础矩阵直接求解本质矩阵（Essential Matrix），进而估算相机姿态。最后通过非线性优化方法（如 Bundle Adjustment）最小化重投影误差，以提高相机姿态估算准确性。若相机未经标定，则需要在非线性优化过程中同时优化相机内部参数，但会提高优化问题的复杂度，在图像数量有限的情况下将影响优化的准确率。

三维重建：根据相机姿态和特征匹配结果，利用多视几何原理，计算出每对特征点在空间中的三维坐标，生成地表的稀疏或稠密点云。常用空中三角测量加密法例如光束法平差、多视影像区域网联合平差等算法，求解出图像中各个特征点对应的空间坐标，从而生成三维模型或点云数据。光束法区域网是一种常用的空中三角加密方法，它以每张像片组成的一束摄影光线作为平差的基本单位，通过共线条件方程进行平差，实现整个区域纳入到已知的控制点地面坐标系中。多视影像区域网联合平差是一种利用多视影像（包括垂直和倾斜摄影数据）进行联合平差的方法。它需要考虑影像间的几何变形和遮挡关系，通过同名点自动匹配和自由网光束法平差，得到较好的同名点匹配结果。接着使用多视影像密集匹配技术利用多个视角的影像，通过相机姿态估计、特征点匹配等技术实现对影像的密集匹配从而生成高精度的三维点云模型。

表面重建：对点云进行滤波、拼接、平滑等处理，生成三维模型表面的数字高程模型或数字表面模型。这一步使用纹理映射是指将图像或纹理贴图映射到三维模型表面上，使得三维模型表面上的每个点都能够呈现出与真实物体相似的外观和纹理。在数字表面模型构建的过程中，通过将高密度的真彩点云三角剖分，可以得到三角形网络模型，并进一步与对应的图像进行纹理映射，可以生成高分辨率、高精度且自然真实的数字模型。在得到数字表面模型数据后，为了消除噪声和野点，可以对模型进行滤波处理，去除不规则的部分和不必要的细节，同时保留模型的主要形态和特征。此外，为了获得更加连续的数字表面模型，还可以对不同匹配单元之间的差异进行融合。在得到数字表面模型数据后，为了消除噪声和野点，可以对数字表面模型进行滤波处理。滤波处理可以去除数字表面模型中的不规则部分和不必要的细节，同时保留数字表面模型的主要形态和特征。此外，为了获得更加连续的数字表面模型，还可以对不同匹配单元之间的差异进行融合，构成最终数字表面模型。

3.2.2 双目立体设备

双目立体视觉是利用两个相机，从不同角度对同一个三维场景同时采集图像，再从采集到的两张二维图像中根据三角测量原理获取三维场景的深度信息，常见的双目视觉装备参数如表 3-5 所示。双目视觉的优点是简单可靠，结果精确度更好，价格也更低廉。双目立体视觉系统由两个单目相机组成，其成像原理如图 3-21 所示，两个相机成像中心的位置略有偏差，两个成像中心的连线称为基线，其之间的距离称为基线长度。当双目摄像机同时拍摄同一物体时，由于成像中心位置不同，其视线方向也略有不同，因此在两幅图像中会得到同一物体的不同视差。根据三角测量原理，可以通过计算视差来确定物体的深度，进而构建物体的三维模型。双目立体成像主要包括四个步骤：双目相机标定，双目立体匹配，深度计算，场景三维重建。其中深度计算和场景三维重建的方法与前述单目三维重建的方法类似，此处重点介绍双目相机标定及双目立体匹配两个步骤。

常见双目视觉装备参数对比　　　　表 3-5

型号	Orbbec Gemini 2 XL	Stereolabs ZED 2i	Intel Realsense D455	Leap Motion	Mynt Eye D1010-IR-120/Color
最远测程	20m	20m	6m	0.8m	7m
最近测程	0.4m	0.2m	0.4m	0.1m	0.32m
基线长度	100mm	N/A	N/A	N/A	120mm
视场范围（水平 × 竖直 × 深度）	91° × 66° × 101°	110° × 70° × 120°	86° × 57°	140° × 120°	120° × 55° × 103°
仪器质量	≈ 152g	≈ 166g	≈ 100g	≈ 32g	≈ 828g

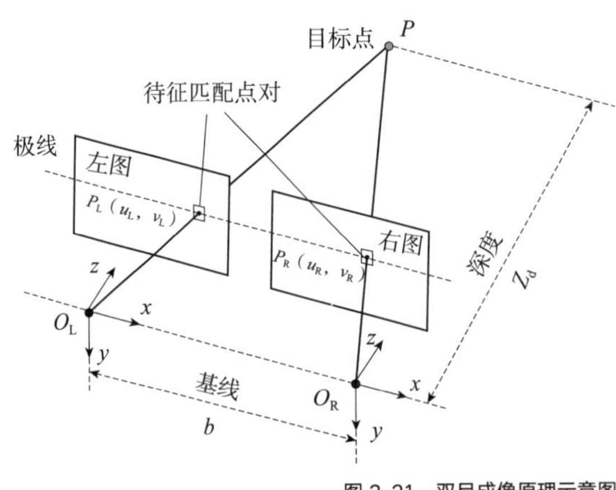

图 3-21　双目成像原理示意图

1. 双目相机标定

前述单目相机标定内容已经介绍了相机标定的目的主要是确定相机的内部参数。对于双目相机，其标定参数不仅包括两个相机各自的内参，还包括两个相机之间的相对位置，也就是两个相机坐标系间的转换矩阵。由于双目相机中两个相机间的相对位置是固定的，因此相机坐标系间的转换矩阵可以由一个 3 × 3 的旋转矩阵 R 和一个 3 × 1 的位移向量 t 所定义。双目相机的标定也可以通过张正友标定法实现，利用标准化的棋盘格作为参照物，通过多角度拍摄的双目图像，识别并匹配双目图像中的棋盘格角点来完成相机的标定。其中内参的标定过程在本章 3.2.1 节已介绍。此外，标定过程中还可以得到各组双目图像对应的相机外参矩阵。因此对于任一棋盘角点 P，可以通过式（3-14）计算得到其在两个相机坐标系下的坐标 P_l=[x_1，y_1，z_1]，P_r=[x_2，y_2，z_2]。而由于两个相机间的相对位置是固定的，因此坐标 P_l 和 P_r 之间还存在固定的转换关系，可由式（3-13）表达。结合式（3-14）及式（3-13），可以推导得到两个相机坐标系间的旋转、平移矩阵 R 和 t，如式（3-15）。因此在双结合拍摄的多组双目图像，利用最小二乘法或是奇异值分解最小化误差，最终得到最优的旋转、平移矩阵。因此在完成双目相机的标定后，双目立体成像的两个相机的内参矩阵及两个相机之间的本质矩阵和基础矩阵都已知。在这种情况下，对于在双目图像中识别及匹配的特征点，就可以根据标定结果直接重建特征点的深度及其在相机坐标系下的三维坐标。

$$P_r = RP_l + t \tag{3-13}$$

$$\begin{cases} P_l = R_l P + t_l \\ P_r = R_r P + t_r \end{cases} \tag{3-14}$$

化简得：

$$\begin{cases} R = R_r R_l^T \\ t = t_r - R t_l \end{cases} \tag{3-15}$$

2. 双目立体匹配

双目立体匹配用于确定左右摄像头拍摄的两幅图像中的像素点之间的对应关系，以便计算深度信息。与单目三维重建算法中的特征提取匹配类似，双目立体匹配包含了特征提取、特征匹配、视差计算、深度计算、深度图构建这五个主要步骤。特征提取通常是从双目图像中提取 SIFT、SURF 等特征，然后通过匹配两张图片间的共同特征，结合内参矩阵及基础矩阵，生成三维点云图。与单目三维重建中的特征匹配略有不同的是，由于双目相机中两个相机的相对位置固定且已标定，因此在特征匹配的过程中可以通过利用极线约束（Epipolar Constraint）来提升匹配效率。所谓极线约束，就是对于任一目标点 P，若已知其在某一相机成像平面内的坐标 P_L，则其在另一相机成像平面内的坐标 P_R 必然位于极平面与右成像平面的交线上，如图 3-21 所示。因此，当我们在一幅图像中找到一个特征点后，要找其在另一图像内的对应点时，不需要在另一幅图像的所有位置上进行搜索。相反我们只需要搜索对应的极线（Epipolar Line）上的点。

另外，在图 3-21 中我们可以看到，两个相机的成像平面相互平行且都与基线平行，因此极线始终是水平线。然而在实际情况中，大多数双目相机成像平面并不完全平行，因此极线通常不水平，如图 3-22（a）所示，不利于特征点搜索。针对这种情况，可以通过双目立体校正方法，把两张图片的像素重新排列，达到理想状态下成像平面相互平行的状态，确保同一特征点在两幅图像中具有相同的行坐标，从而实现水平对齐，如图 3-22（b）所示，提高立体匹配的效率。

3.2.3 基于视觉立体成像的建造过程感知与建模

1. 建造过程进度监测

建造过程进度监测需要对建造场景进行周期性的扫描，对扫描的完整性及扫描效率通常有较高的要求，因此较适合于应用单目相机及三维重建技术。例如，Golparvar 等设计了 4D 增强现实环境的模型，实现了从每天拍摄的大量进度照片中自动获取已建设施的点云模型，并可将生成的模型在 4D BIM

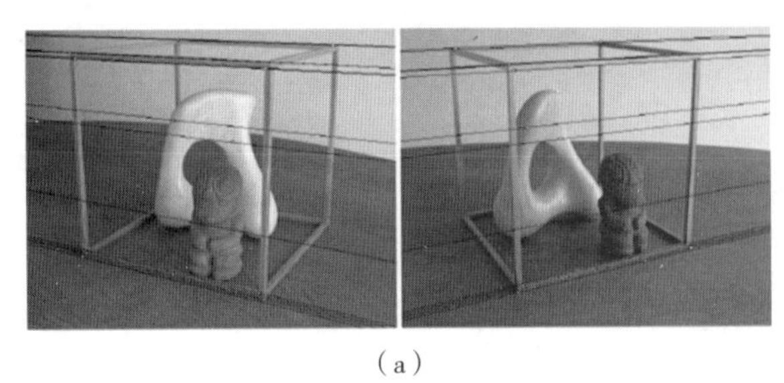

（a）

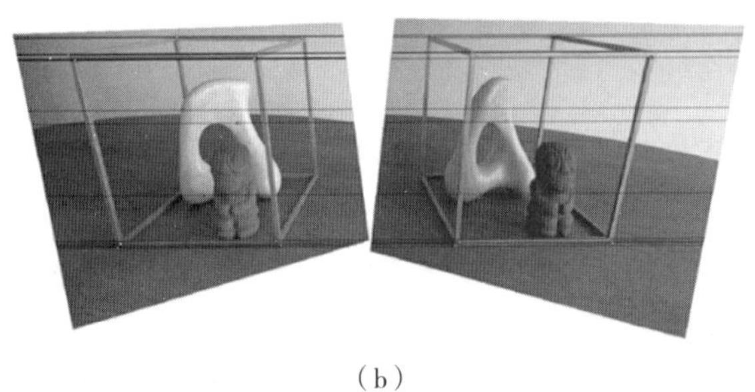

（b）

图 3-22　双目图像校正
（a）原始图像——极线为斜线；（b）校正后图像——极线为水平线

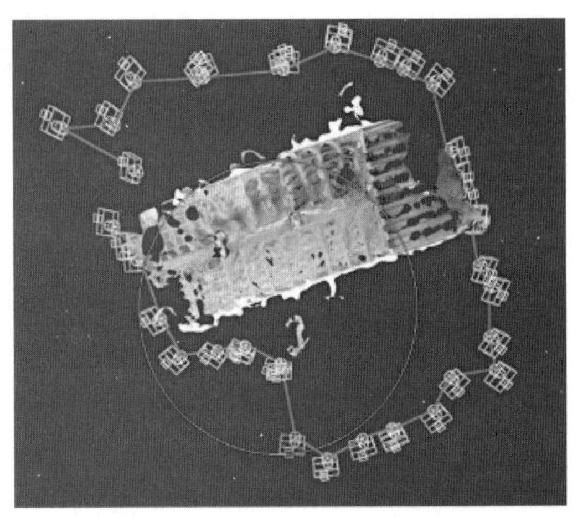

图 3-23　从图像构建的模型示意图

（三维空间附加时间维度）上半自动叠加，便于远程监控项目进度。Bhatla 等（2012）提出了利用手持数码相机拍摄图像序列，结合三维重建算法估算图像的拍摄位置，并生成建造场景的三维点云，如图 3-23 所示。重建得到的三维点云与设计模型配准后进行对比，以监测施工进度，但实验结果表明监测的精度还有待提高。Mahami 等（2019）采用了摄影测量的多立体视角方法，在建筑周围放置了几个黑白圆形编码目标来定义基准面以解析实际物体尺度，从建筑物的适当位置捕获图像，在整个项目期间生成建筑物内外的精确 3D 模型，并与设计的模型进行对比，实现自动化的施工进度监测。

通过人工采集图像进行建造进度监测的方式通常效率较低，而通过监控设备的方式又要求较高的监控覆盖率，导致监测成本较高。因此在建造进度监测的应用中，视觉立体成像装备通常与移动式数据采集平台结合使用，如车载扫描平台、移动式机器人、旋翼无人机平台等。其中基于无人机平台的视觉成像技术因受地形限制较小，对复杂建造现场的适应性较强，因此应用最为广泛，具体将在本章 3.3.3 节展开介绍。

2. 建造过程安全监测

视觉立体成像装备采集的感知数据具有较好的实时性，且更新频率高，能有效监测建造过程动态场景，因此也常被应用于建造过程的安全监测。例如 Park 等提出了施工人员安全帽自动监测方法。从现场施工摄像机拍摄的视频中检测人体和安全帽，利用检测到的人体与安全帽之间的几何和空间关系进行匹配，可以自动识别出没有戴安全帽的人（站立的情况下），并发出安全警报。Lee 和 Park 提出了一个可以同时跟踪多个工人并生成其三维轨迹的框架，其中开发了一种匹配算法，可以实现在两个摄像机的视图中，对同一个工人的 2D 投影矩形区进行配对，以此实现施工现场的自动化监测。Omar 等设计了一种新型的实时监测、更新和控制施工现场活动的自动化管理系统，利用近景摄影技术生成三维模型，能够持续监测建筑活动，并可以迅速通知管理人员。该系统还可以减少建筑工地经常发生的局部静态遮挡的影响，特别是对垂直的遮挡元素。Yan 等基于单目二维监控摄像机视频重建，提出了一种被检测物体周围的三维边界框的自动提取方法，并在此基础上实时估算施工人员与重型车辆之间的三维空间关系，从而加强施工现场的撞击危害监测。

上述的应用都是基于单个立体成像装备，虽然能有效实现建造过程的安全监测，但其监测的场景范围通常有限，通常无法有效覆盖整个建造场景。在此情况下，可以考虑融合多个视觉成像装备的数据，以提高建造过程安全监测的覆盖率。例如，Zhu 等利用建造过程中的多个监控摄像视频，结合多视角立体视觉技术，实现场景内工作人员以及施工装备的位姿信息的实时监测；在位姿监测的基础上，通过 Kalman 滤波预测人员及施工装备的移动，以实现施工人员、结构体及移动中的施工装备间的碰撞预警，提高施工过程中的安全风险控制。Soltani 等通过同步相机和实时定位系统的时间和坐标系统，将实时定位系统收集到的数据与两个或多个相机收集到的数据融合在一起，以此提高目标建筑工地内挖掘机的姿态估计系统的精度和减少后处理时间。Wang 等设计了一种可以在施工工地上回收垃圾的巡检机器人，他们采用了基于 RGB-D 摄像机的 SLAM 算法为机器人提供导航服务，同时在机器人巡逻时完成施工现场的三维重建工作并输出点云信息，有助于施工现场的管理。

3. 建造过程质量检测

视觉立体成像装备，单目三维重建技术及双目立体成像设备，可以从构件或其他物体表面采集精细点云数据，有效捕捉构件表面粗糙度、几何尺寸、纹理信息等，并用于检测构件的外观缺陷、尺寸偏差、平整度等。最新研究表明，通过改进特征点匹配算法及相机位姿估算方法，视觉立体成像装备采集的点云模型精度可以达到亚毫米级，符合质量检测的精度需求。此类质量检测方法在装配式结构中应用最为广泛，例如用双目相机近距离扫描预制构件并采集密集点云模型，通过将点云模型与设计模型配准并对比得到预制构件的几何偏差。立体视觉收集的点云模型通过点云预处理、点云聚类、点云分割等处理步骤后，还可以用于构件的局部缺陷识别，如裂缝、孔洞、错位等。

二维码 3-5　立体视觉设备采集钢筋点云模型（彩色图）

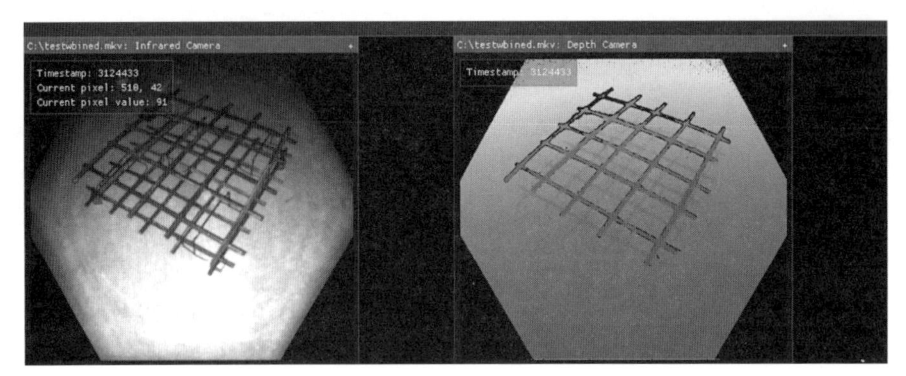

图 3-24　立体视觉设备采集钢筋点云模型

视觉立体成像设备也被应用混凝土现浇构件的质量检测中，如检测钢筋混凝土构件中钢筋的尺寸及间距以及预埋件的位置等。如图 3-24 所示，利用双目立体视觉可以有效采集施工现场的钢筋布置的三维点云模型，精确捕捉钢筋的实际位置、长度以及尺寸，结合数字化点云处理软件可以快速提取钢筋工程检测相关信息，降低钢筋检测的成本并提升检测的效率及精度。其中数字化点云处理过程中，还可以结合机器学习方法，如区域卷积神经网络、循环神经网络等，自动识别、分割点云模型中的钢筋，通过点云 - 模型匹配自动提取钢筋尺寸及长度，并自动量测各钢筋间的间距，实现钢筋检测流程的全自动化。视觉立体成像设备也被应用于钢结构建造应用中，例如焊缝质量检测、拼接缝检测、构件配准和对齐以及构件变形分析等，如图 3-25 所示。

综上所述，视觉立体成像装备因其高性价比、高精度的特点被广泛应用于智能建造的各个应用场景中。然而需要注意的是，视觉立体成像设备为被动测量装备，因此其应用场景受环境光照等因素的影响较大，不利于在室内或其他光照条件受限的建造场景下使用，因此在实际应用中需要考虑与主动式测量设备结合使用，如三维激光扫描仪、结构光相机等。

二维码 3-6　立体视觉设备采集钢筋点云模型（彩色图）

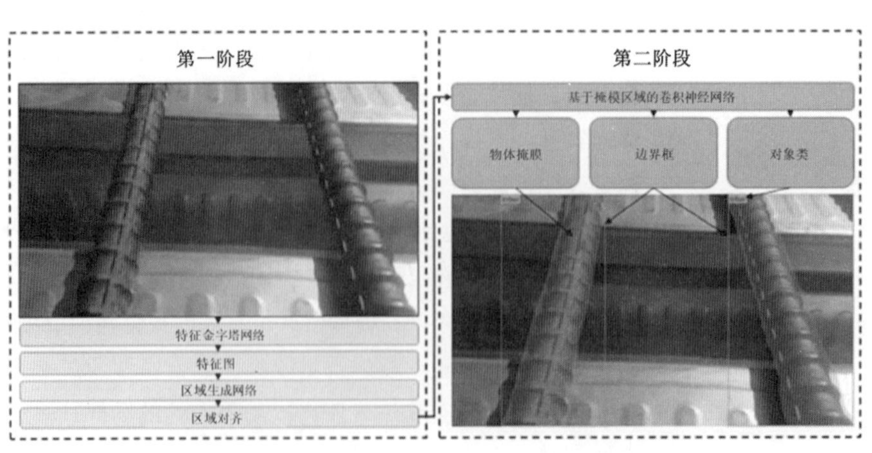

图 3-25　立体视觉设备采集钢筋点云模型

无人机摄影测量发展自20世纪80年代前后，最初主要应用在测绘领域当中，从一开始执行最简单的航摄任务，到现在可以搭载各种先进的高精度、高分辨率的传感器装备执行航空摄影、测绘、遥感、监测、评估等任务。摄影测量的发展经历了模拟摄影测量、解析摄影测量以及数字摄影测量三个阶段。使用机械或光学仪器在室内模拟摄影的过程，在空间中交会出被摄物体的位置，称为模拟摄影测量；利用计算机通过解算共线方程的方式，确定像点和对应地面点位坐标的空间关系，称为解析摄影测量；原始数据、过程数据和成果数据都是以数字形式存储，对被摄物体用几何和数字化形式表达，并计算其内在数学和物理关系，称为数字摄影测量。

3.3.1 倾斜摄影成像原理

倾斜摄影成像技术是在传统数字摄影测量技术的基础上发展出来的，传统摄影测量使用正射影像，在摄影瞬间摄像机的主光轴近似与地面垂直，拍摄物体得到图像的大小和形状与其在地面上的实际大小和形状基本一致，没有相片倾角的影响，因此可以直接用于制图和测量等应用。倾斜摄影技术是指在摄影瞬间，摄像机的主光轴与地面呈一定夹角拍摄的影像。在倾斜影像中，由于相片倾角的存在，地面上的物体在图像中会出现形变和大小变化。但是倾斜摄影技术可以通过从不同角度采集影像，获取地面物体更为完整准确的信息。例如通过几何校正与三维重建等工作从二维图像中还原提取出三维物体的空间坐标。无人机倾斜摄影是指将航摄镜头搭载在飞行平台上，从垂直方向或多个倾斜方向采集具有一定重叠度的影像，后期在数字建模系统中结合控制点数据对影像数据进行解算后构建等比例实景三维模型，具有快速高效、真实和准确性高等优点。

倾斜摄影成像可以简单分为采用单镜头相机和多镜头相机的摄影成像技术，简称为单目倾斜摄影成像和多目倾斜摄影成像。单目倾斜摄影成像的每张影像只有一个视点，成本低，效率较高，但容易受到遮挡、光照、噪声等因素的影响，因此需要利用井字飞行航线、五向飞行航线提高影像的重叠度和连续性。多目倾斜摄影成像常用的有三目、五目倾斜摄影测量。其使用多台相机对地物进行影像采集，每张影像拥有多个视点，因而可以提高特征匹配和三维重建的可靠性和稳定性，但缺点在于多台相机之间需要复杂的校准和同步，需要处理的数据量大，计算步骤相较于单目相机更为复杂。

通常倾斜摄影遥感成像硬件装备由三部分构成。

1. 倾斜摄影系统

根据相机数目的不同，无人机的倾斜摄影系统可以分为单目、三目和五目倾斜摄影系统，搭载相机数量的增多将显著缩短飞行时间，提高三维重建的精度、可靠性和稳定性，但将面临多相机配准和复杂后处理等问题。因此在实际应用中，单目倾斜摄影测量多用于小范围的测绘，例如生成结构数字化模型、检测结构表观病害。多目相机多用于大场景的倾斜摄影测量工作，例如对道路、桥梁、隧道等进行高精度的三维建模与识别。

单目倾斜摄影系统是在无人机的云台上只搭载一台具有高分辨率、短焦距等优势的单目相机，高分辨率可以显著提高拍摄图像的清晰度，最大限度保留图像细节，减少风力、气压、温度等因素造成的图像模糊与失真。短焦距可以增加无人机拍摄的视场和重叠度，保证图像之间的几何约束和空间关系。由于倾斜摄影测量同属于光学测量的技术范围，因此无人机搭载的单目相机同样需要进行标定，标定过程包括内外方位元素的标定。

无人机搭载的单目相机在采集过程中，需要保持稳定，以减少图像的模糊和失真。为此，无人机配备有云台、飞行控制器等设备和惯性导航单元（IMU）、全球定位系统（GPS）等控制系统。云台可以调节相机方向和角度，使相机保持水平或倾斜，并根据飞行路线和目标区域进行自动或手动调整，因此云台上搭载的单目相机既可以垂直拍摄，又可以倾斜拍摄。IMU 测量无人机的加速度、角速度和磁场强度，它可以提供无人机的运动状态和姿态信息。GPS 通过卫星导航系统测量无人机的地理位置和高度，提供无人机的坐标信息。基于 IMU 和 GPS 提供的数据，飞行控制器可以自动控制无人机的飞行动作和参数，以保证无人机的稳定性和安全性。在采集时无人机可以采用五向飞行航线，模拟五目倾斜摄影系统将无人机镜头调整并保持 5 个朝向分别航飞 5 次来进行数据采集，最终采集到 1 条正射和 4 个方向倾斜的数据。也可采用“井字航线法”从两个相互垂直的航向进行数据采集。井字飞行每条航线飞机不掉转机头，能采集 4 个方向倾斜数据。该倾斜摄影系统在小范围的影像采集中工作效率比较高。

由于单目倾斜测量只使用一台相机拍摄的图像，因此单目倾斜测量需要依赖辅助控制点来确定图像与地面之间的尺度关系。在后处理过程中，单目倾斜测量相较于多目倾斜测量，除了进行相对定向工作外，还需要增加绝对定向这一步骤。

三目倾斜摄影系统是利用一定技术将一台垂直视角的相机、两台倾斜视角的相机进行集成，其中倾斜相机的视角与铅垂线呈 45°。该系统通过往返飞行一个架次或者通过两次调整相机位置在一条航线上飞行两个架次完成影像数据采集。三目倾斜摄影系统较单目倾斜摄影系统工作效率有所提升，但在实际应用中使用较少。

五目倾斜摄影系统是将五台大幅面数码相机进行集成，其中包括 1 台垂直角度的相机和4台倾斜角度的相机，倾斜角度一般为45°，也有30°和60°的情况，以形成一个立体视觉系统，每台相机都需要进行内外方位元素的标定。

其采集步骤和单目倾斜摄影系统类似，但由于该倾斜摄影系统在外业数据采集中可同时从5个方向对地物进行拍摄，因此只需飞行一次就可采集区域全部影像，适用于大场景的数据采集工作。

2. 全球卫星导航系统（GNSS）

GNSS导航系统从组成部分来看可以分为三个部分：空间部分、地面控制部分以及用户设备部分。GNSS导航的定位原理是将接收机与卫星的空间距离作为基本观测量，在保证地面接收机同时接收不少于4颗卫星信号的基础上，利用距离观测量解算出接收机的空间位置。由此可以看出GNSS导航系统的定位误差也主要由这三部分组成，即卫星系统误差、卫星信号传播误差以及接收机的相关误差三部分。为了进一步提高定位精度，消除或减弱这三个方面误差的影响，最常采用的方法是在地面基准站和移动站之间相同时段同步跟踪观测相同的卫星，采用差分GNSS技术有效地消除或者减少上述误差对观测结果的影响，提高定位精度。

差分GNSS的基本原理是在同一观测时间段内，基准站和移动站进行同步观测，由于基准站是在三维坐标已知的观测点上进行观测，由基准站的观测坐标和已知的精确坐标可以得到误差改正数，然后基准站将改正数以及其精确坐标发送给移动站，移动站根据接收数据对测量结果进行改正，获得其精确的位置信息。根据基准站发送信息的不同，可以分为相位差分、伪距差分、位置差分三种。从差分精度上看，载波相位差分的测量精度最高，可以达到厘米级。其中载波相位差分又可以进一步分为实时动态定位技术（Real-Time Kinematic，RTK）和动态后处理定位技术（Post Processed Kinematic，PPK）。

RTK实时动态定位技术，是以载波相位观测为根据的实时差分GPS技术，由基准站接收机、数据链、流动站接收机三部分组成。在基准站上安置1台接收机为参考站，对卫星进行连续观测，并将其观测数据和测站信息，通过无线电传输设备，实时地发送给流动站，流动站GPS接收机在接收GPS卫星信号的同时，通过无线接收设备，接收基准站传输的数据，然后根据相对定位的原理，实时解算出流动站的三维坐标及其精度。

3. 惯性导航系统

惯性导航系统（INS）是一种自助式导航系统，其内部结构主要由惯性测量单元和计算机、控制显示器等装置组成。其可以获得运动物体的速度、姿态和相对位置等导航参数。其中惯性测量单元是由陀螺仪、加速度仪、CPU及数字电路四部分构成，基于惯性空间的力学原理可以直接测得运动物体在惯性坐标系下的姿态和加速度。其中，姿态角包括航向角、俯仰角和翻滚角三个角元素，加速度包括三个相互垂直方向上的加速度。经过坐标变换，在坐标系内对加速度在时间上多次积分运算，依次获得运动物体的速度和相对位置。

3.3.2 倾斜摄影成像相关技术及算法

倾斜摄影成像是进行三维建模的关键技术，主要包括多视影像预处理、特征提取与匹配、空中三角测量、多视影像密集匹配、纹理映射等技术。

1. 多视影像预处理

倾斜摄影测量获取数据后，由于采集数据受太阳光和倾斜角度的影响，在进行实景三维模型构建之前需要对多个角度影像进行预处理，主要包括畸变差纠正和匀光匀色处理。

相机镜头中的机械误差和光学误差会产生畸变差，此外还有在A/D转换过程当中产生的电学误差。摄影物镜上的畸变差同时影响了出射光线和入射光线的平行状态，导致像点偏离了理论位置并且没有满足像点、物点以及摄影中心的三点共线关系，因此无法利用共线条件方程计算像点对应物点坐标，这都源于物镜存在的畸变差。光学畸变通常分为三种，即径向畸变、切向畸变和CCD面阵变形。要纠正畸变差，则需要在相机模型中引入畸变模型，各种光学畸变对应的畸变模型在已在本章3.2.1节给出，对应的畸变参数可以通过相机标定得到。

在利用无人机采集影像的过程中，都会受到人为因素、天气情况、传感器因素等影响，会导致同一地物在不同的影像上存在明显的色调、色相和饱和度差异。若是影像的色彩差异过大，将会严重影像后面的特征点提取、影像匹配以及影像镶嵌，导致测绘精度降低和视觉效果变差。因此，在倾斜摄影测量三维建模中，为了保证影像的色彩和谐统一，需要对获取的原始影像匀光匀色处理。根据算法原理和所用模型的不同，大致可分为两类：基于加性噪声模型和基于统计模型的匀光匀色处理方法。现有的匀光匀色处理算法主要有：MASK（掩膜）匀光算法、基于自适应模板的匀光算法以及基于Wallis滤波的匀光算法。其中，基于Wallis滤波的匀光算法相较于其他几种算法，具有更好的处理效果和更高的处理速度等优势，其原理为：通过利用参考影像的方差与灰度均值处理待处理影像，使待处理影像带有相似的灰度均值与方差，从而达到影像匀色的目的。

2. 特征提取与匹配

在进行影像匹配处理之前，需先进行影像数据的特征提取，特征提取是指利用计算机采集图像中所包含的信息并将其划分成点、曲线等不同的子集。特征提取结果的好坏将直接影响影像匹配的精度以及联合平差空三加密点的精度质量。通常情况下，影像中的几何特征和物理特征变化不连续的区域，或者是影像中灰度急剧变化的部分被称为影像特征，主要包括点特征、线特征以及面特征。在三种影像特征中，目前各种算法使用较多的为点特征，相比于另外两种特征，点特征的提取算法最简便、提取效率最高、特征质量最好。基于点特征的提取与匹配算法常用的有 Forstner 算法、SIFT 算法、Harris 算法等。

3. 空中三角测量

空中三角测量是在具有少量控制点的情况下，通过联测无人机拍照瞬间的三维坐标（经度、纬度、飞行高度）及飞行姿态（航向角、俯仰角和翻滚角）和控制点半自动量测，进行区域网平差，对地面点控制点进行连续致密化扩展，这一过程将最终获取影像外部定向参数和被测物体点的三维坐标。空中三角测量按照平差数学模型不同可分为航带法、独立模型法和光束法；根据平差范围不同可分为单模型法、单航线法和区域网法。目前，光束法区域网平差是最严密、最常用的方法。光束法区域网空中三角测量以各影像组成的单束光线为平差基本单元，共线方程作为平差方程，对模型公共点光束进行空间旋转和平移，从而达到公共点光束最佳的交会，并将整个区域最佳纳入已知控制点坐标系中，此处旋转角度相当于光束外方位元素，平移位置为摄站点空间坐标，光束法空中三角测量示意如图 3-26 所示。

4. 多视影像密集匹配

多视影像密集匹配是一个在多幅影像之间提取同名点的过程。当处于地形复杂或高山区域时，采用双像立体像对形成单一匹配基元，容易出现“病

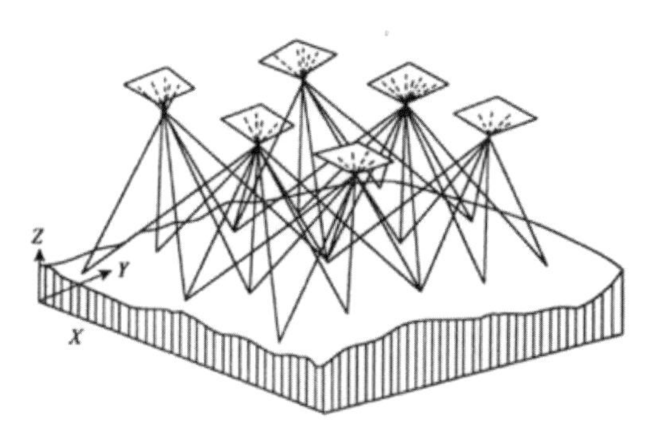

图 3-26　光束法空中三角测量示意

态解”，导致影像的匹配精度下降。而倾斜摄影采集的为多个视角影像且影像重叠度高、覆盖范围大、旋转角偏大，这些特性会增加影像的匹配难度。同时，多幅影像之间的视角不一致或重叠范围过小会造成影像间不存在同名点，以及相似的影像纹理而产生多个重复同名点的问题。因此，利用多视影像匹配中丰富的影像数据量，可以将其应用于对错误匹配的纠正与补充之中，达到精准高效地获取多视影像的同名点坐标的目的。

由于单一的匹配基元与策略获取对应的同名点信息较为困难，因此主要采用多种匹配基元与策略来获取精确解。同时，在影像匹配中存在一些错误的匹配现象，如断裂与纹理重复覆盖等。在多视影像密集匹配中，可以借助冗余的影像信息来最大程度地降低信息盲区，从而达到降低错误匹配的目的。

5. 纹理映射

通常在构建完三维模型白模后，将纹理空间中的纹理像素信息映射至三维模型白膜表面上，能令其成为带有真实视觉效果的实景三维模型。纹理映射的本质是将二维空间中的颜色和灰度值等信息与三维空间表面一一对应，使模型更加符合人眼视觉效果。按照映射方式共分为三种：正向映射、逆向映射以及两步映射。正向映射对屏幕空间的要求较低，主要是通过纹理空间对屏幕空间进行映射，该方式对屏幕空间占用率较低，但该方式容易导致图像信息的缺失与变形。逆向映射能够较好地处理正向映射中图像信息缺失与图像变形的问题，但该方式存储空间以及存储性的要求较高。因此，进一步提出了两步映射法，其能够较好地解决无参数化的曲面纹理映射问题，该方式是利用极坐标法对过渡面进行第一次映射，最后再建立过渡面与屏幕空间之间的联系。

3.3.3 基于倾斜摄影成像的建造过程感知与建模

随着近些年无人机技术及商业无人机系统的快速发展，无人机在各行各业中的应用都在不断推广。无人机的使用受地形影响较小，更容易适应建造施工现场的复杂场景，因此其也广泛应用于建造过程感知及施工现场管控等领域，其中典型的应用包括智能建造无人机、运输无人机、安全无人机、检测无人机等，如图 3-27 所示。表 3-6 给出了各类无人机的具体范例。此外，无人机技术可以与其他数字技术结合运用，服务于智能建造领域一系列具体应用中，如建造施工进度监测、历史建筑保护、施工信息管理、施工安全检测、施工教育、结构和基础设施检查以及交通运输，可以极大地提高数据管理的准确性和记录便利性，促进相关人员之间的协作和沟通。

安全无人机

检测无人机

检测无人机

运输无人机

建造无人机

安全无人机

图 3-27　无人机主导的建筑工作

无人机在建造过程中的应用示例　　表 3-6

无人机类型	工况案例
建造无人机	工作：喷涂
	技术需求 / 组件：无人机连接到料桶、机载压缩泵和柔性软管； 工人 – 无人机互动：工人 – 无人机团队执行喷涂工作，工人确定待喷涂表面后，无人机在准备好的表面上喷涂
运输无人机	任务：向高空作业人员运送工具和小件材料
	技术需求 / 组件：需要无人机具有坚固的框架和高性能旋翼来携带重型载荷； 工人 – 无人机交互：小件材料（例如紧固件、管件）交付给在高处工作的工人和水管工
安全无人机	任务：全局和局部安全监测
	技术需求 / 组件：带有视觉和红外传感器的无人机，用于实时流数据的机载计算机，以及用于实时处理的远程服务器来使用各种人工智能和规则库算法来检测安全问题； 工人 – 无人机交互：无人机在预先规划的飞行路径上对现场进行区域检查，服务器实时处理数据并向安全员发出警告；安全 – 无人机协助起重机操作员安全运输材料，同时监测盲点
检测无人机	任务：进度监控和质量检查
	技术需求 / 组件：配备高分辨率摄像头、GPS 和其他定位系统的无人机； 工人 – 无人机交互：无人机自动检查砖砌，将图像流式传输到服务器，服务器使用计算机视觉技术进行确定进度和识别质量问题

尽管如此，建造施工场景中的无人机应用也存在一系列安全挑战，其潜在风险主要分为三类：①物理风险，无人机或其部件对工人、建筑、设备等造成损伤的风险；②注意力成本，由于无人机的视觉干扰、听觉干扰、认知干扰造成工人在工作中分心的风险。③心理影响，无人机对工人生理和心理状态的影响，包括急性应激、认知过载和感觉过载。Jeelani 和 Gheisari（2021）通过研究详细评估了无人机对工人健康和安全产生不利影响的不同方式，制定了相应的监管和干预措施，以指导无人机在建筑工地的安全操作，并为未来的无人机开发创新的硬件和软件组件提供了理论依据，以确保无人机的安全高效使用。

本小节将着重介绍无人机技术结合倾斜摄影设备在建造过程感知中的应用，主要包括建造过程的安全监测和进度监测两个方面。

1. 建造过程安全监测

由于无人机倾斜摄影受地形影响较小，能快速扫描建造场景全貌，因此在建造过程安全监测方面的应用较为广泛。Gheisari 和 Esmaeili 通过文献调研总结了 16 种可以使用无人机监控改善的工地危险情况或不安全的施工活动。他们通过调研得出 3 种最有效的无人机工地监控场景：在吊杆车辆或起重机附近的安全监测、在未受保护的边缘或开口附近的安全检测、在重型设备盲区的安全监测；研究中还提出了在工地上进行监测的无人机所需要具备的性能：能够提供作业现场的实时视频、能够在室外环境中准确定位、具有良好的感知和避障功能、具有良好的坚固性和耐久性、具有良好的实时通信能力、与其他移动设备的兼容性和简单的交互式用户界面等。在此基础上，Melo 等制定了一套无人机施工现场安全检验的程序和指南，用于收集、处理和分析现场数据，规划了一套安全检查过程：目标规划、数据收集、数据处理和数据分析。同时他们提出了用两个指标来评估无人机安全检查的适用性：可视化和不符合安全要求。图 3-28 为使用无人机观察项目中违反规章的案例。

建造过程的安全监测首要是保证施工场景中各类工作、管理人员的安全。在此方面，Alizadehsalehi 等指出使用无人机可以有效地帮助安全管理人员，通过在施工现场周围飞行，实时传输高分辨率的照片和视频，用于施工检查和安全评估措施。控制无人机在不同楼层对应的不同高度飞行，记录视觉盲点位置情况，并可以实现在设计阶段确定的危险位置的有效监测。此外，使用无人机技术还可以立即向安全管理人员提醒受伤工人的位置，与受伤的工人进行互动。此外，Martinez 等研究了安全管理人员如何在当前的安全规划和监控过程中采用无人机及其生成的视觉内容，并评估此类视觉数据对安全管理人员的用处，以及它们将如何影响安全管理人员的风险感知和危

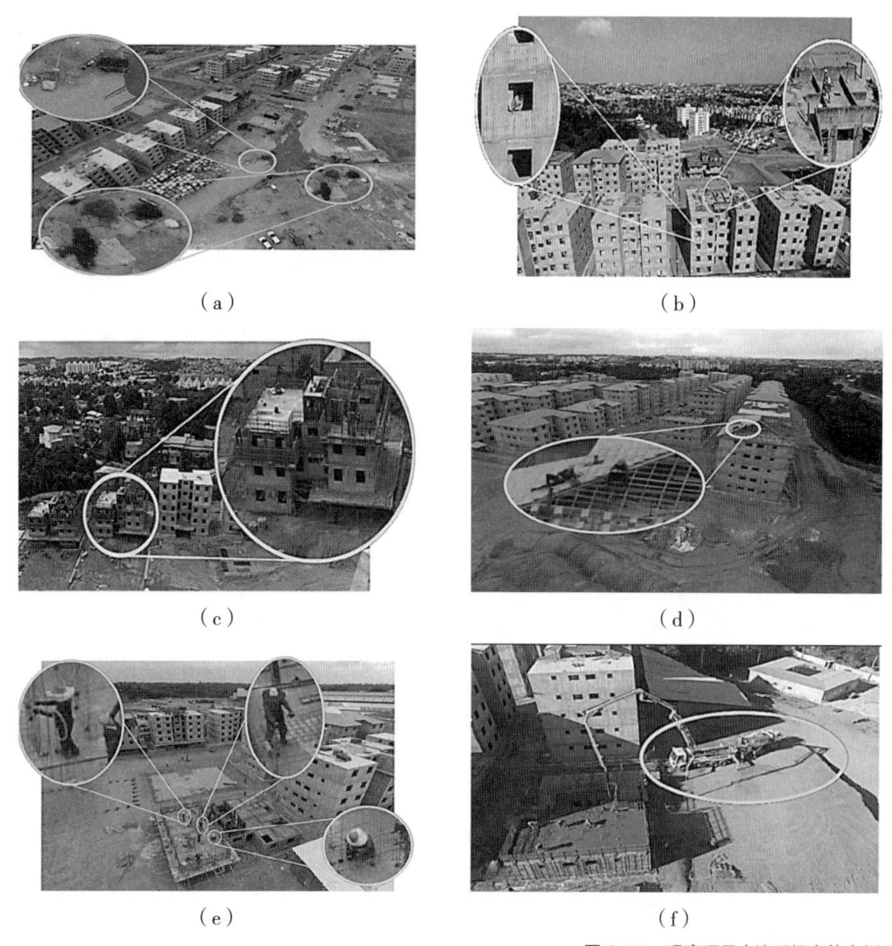

图 3-28　观察项目中违反规章的案例
（a）垃圾没有防雨措施保护；（b）工人未佩戴安全帽和安全绳；（c）建筑物周围未安装安全平台；
（d）屋顶上的工人没有防坠落措施保护；（e）不当使用安全帽；（f）卸料区域未进行隔离

险识别，如图 3-29 所示。同时他们指出使用无人机可以显著减少安全管理人员在项目现场进行现场访问演练所需的时间，并减少现场实地人员检查的时间和次数。此外他们还总结了一些技术挑战：最大距离或高度限制（相关的航空法规）、有限的电池持续时间、现场飞行器的安全问题、电磁干扰、室内飞行能力和天气条件。

除各类人员的安全之外，无人机倾斜摄影还广泛应用于建造设备的安全监测、建造场地的安全评估等。例如，无人机倾斜摄影测量技术可以高效、大范围、高精度的方式进行地形测绘，因此可以应用于建造过程中的土方和露天开采安全评价，监测各类安全评估违规行为，包括超速违规、进入危险区域违规、物体间近距离违规，结合目标识别和跟踪算法检测、分类和跟踪现场的移动物体，可以实现各类违规行为的智能识别、监测及预警。

（a）

（b）

图 3-29　无人机用 90° 垂直摄像机拍摄
（a）工地工人分布；（b）工人靠近间隙和边缘

2. 建造过程进度监测

无人机倾斜摄影技术结合了无人机的高空拍摄能力和倾斜摄影技术，通过使用无人机定期飞越观测建造现场，可以采集周期性的高分辨率图像数据，用于比对设计模型或进度规划方案，快速识别进度延误并辅助决策纠正措施。相较于建造现场的监控照片或人工拍摄照片通常存在照片质量参差不齐、遮挡严重无法获得完整信息等问题，使用无人机倾斜摄影可以更高效准确地收集建造现场的完整数据，更符合建造过程进度监测对数据完整性的要求。采集到的图像数据在几何纠正及图像拼接后可以生成建筑现场的全景正射影像，而后通过对不同建造阶段的正射影像进行图像配准及像素变化检测，从而实现施工进度的监测。在此方法中需要注意的是，通过直接比对像素变化的方法通常受环境因素及场景复杂程度的影响较大，因此可以在像素变化检测过程中利用深度学习方法如深度卷积神经网络，通过利用多时相图像训练深度学习模型，以达到有效地识别建造进度变化区域。

此外，无人机倾斜摄影可以保证图像间的重叠率，从而通过摄影测量法重建建造场景的三维模型，结合对比设计模型（如建筑信息模型 BIM）量化评估实际施工与项目预期进度的差异，如图 3-30 所示。在建造进度监测过程中，摄影测量法重建三维模型的准确性和可靠性至关重要，在图像处理的过程中需要特别注意由图像批量处理效率、图像质量及无人机位置持续变化等因素导致的相机姿态估计问题，特定情况下应考虑采用必要的图像预处理方法，如模糊滤波、关键帧选择、摄像机校正、图像拼接等。

除此之外，无人机采集图像数据过程中若采用人为控制无人机飞行，通常无法保证图片间的重叠率以及图片对建造场景的覆盖率，因而影响摄影测量法的可靠性。因此，无人机倾斜摄影技术多与自动路径规划算法结合使用，例如利用建造现场对应的建筑信息模型（BIM）自动生成无人机巡检路径，通过模拟分析图像对模型的覆盖率以保证实际数据采集过程中对建造场景的覆盖率。同时通过设计静态和动态站点布局的图像捕获计划，最大限度地提高了数据的准确性，并缩短了无人机的数据采集时间。在此基础上，还

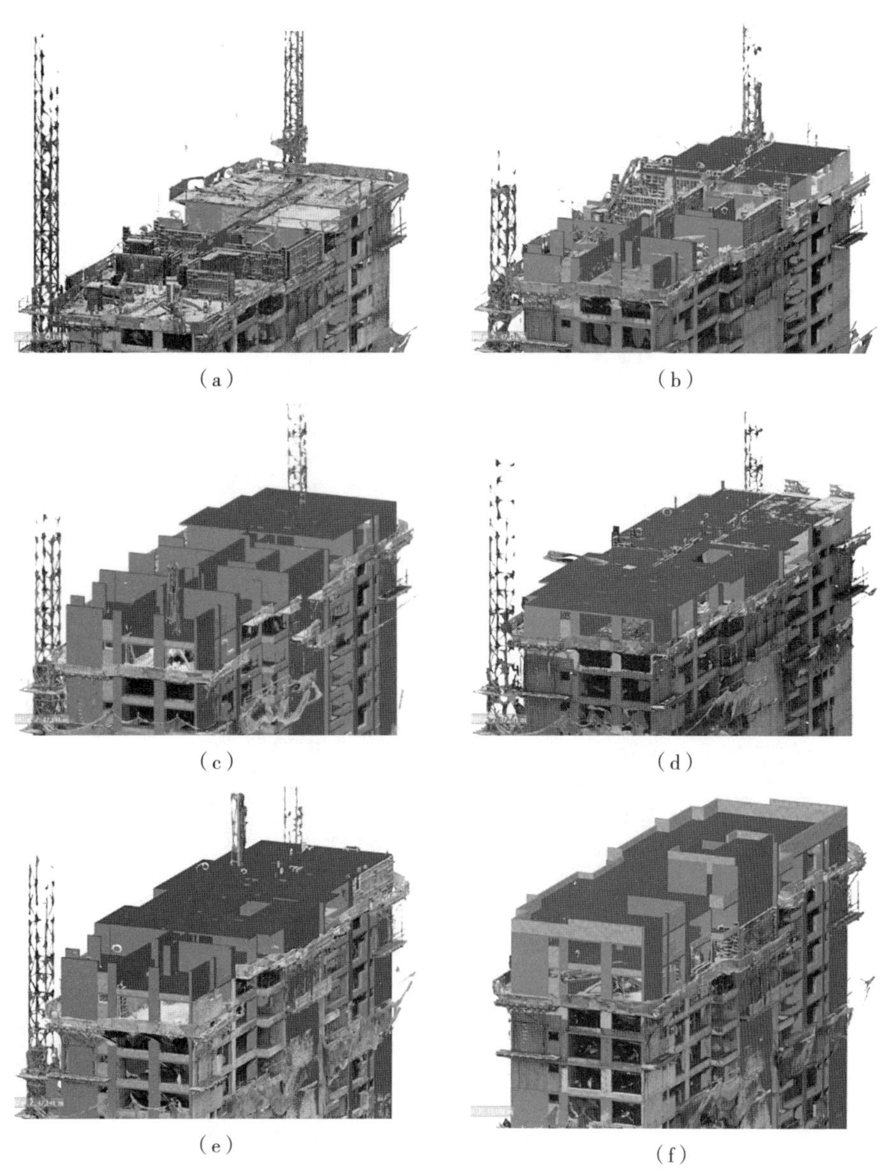

（a）（b）（c）（d）（e）（f）

图 3-30 模型在每个检查日的点云叠加结果变化
（a）第 0 天；（b）第 12 天；（c）第 18 天；（d）第 24 天；（e）第 30 天；（f）第 41 天

可以加入基于人工智能的人机交互方法，根据用户设置的目标描述自动提取检测目标及其对应的建造场景元素，并通过机器学习方法设计最佳的数据采集计划，确保对已识别元素的完整数据捕获。

在利用无人机倾斜摄影采集建造现场的三维模型后，需要把不同时期的三维模型以及规划设计模型进行配准，比对分析不同三维模型间的差异，从而实现建造进度的定量监测。摄影测量技术得到的三维模型通常是非结构化的点云模型，且点云体量通常较大，不利于直接定量对比分析。因此在较多已有应用中，点云模型会首先被转化为结构化的体素模型，而后通

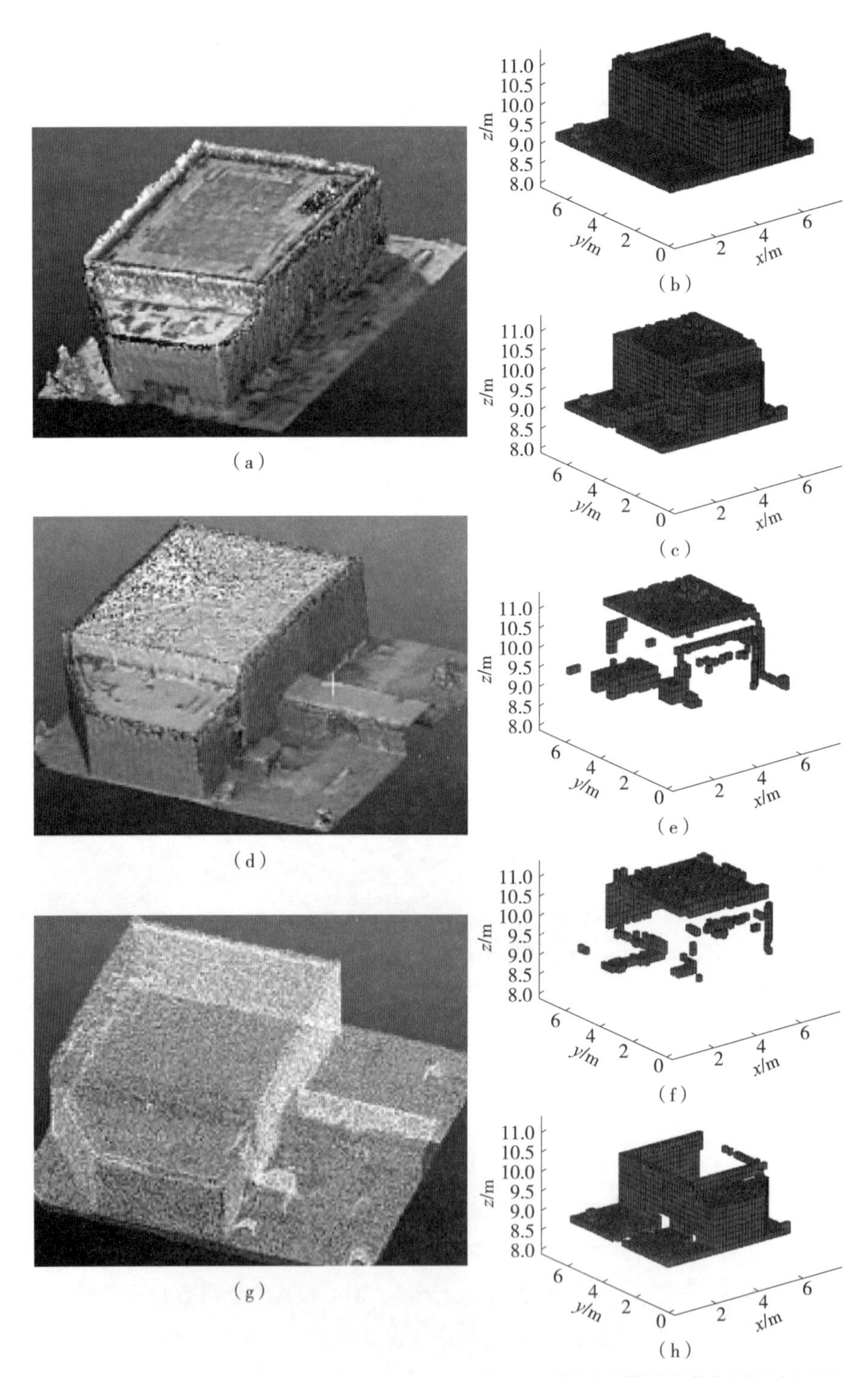

图 3-31 基于点云模型提取的体素模型变化结果
(a)第一期点云模型;(b)第一期体素模型;(c)第二期体素模型;(d)第二期点云模型;(e)第三期体素模型;(f)第四期体素模型;(g)配准后两期点云模型;(h)第五期体素模型

过体素模型的对比计算不同模型间的差异，如图 3-31 所示。另外大型复杂的建造场景中通常包括多种类别建筑物及其他类别的临时堆放物体，对单个建筑物的进度监测通常要求先从场景三维模型中识别提取各个建筑物对应的模型数据，并构建相应的语义模型辅助模型对比，从而实现精细化建造进度监测，如图 3-32 所示。

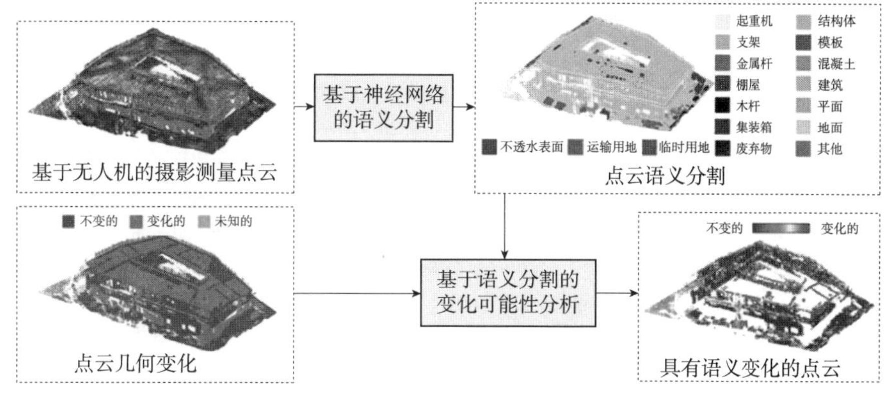

图 3-32　融合点云模型和语义模型的建造进度监测

二维码 3-7　融合点云模型和语义模型的建造进度监测（彩色图）

本章小结

本章主要从人机交互激光扫描、视觉立体成像、倾斜摄影遥感成像三大类介绍了目前实际工程或研究中，在建造过程中的感知及建模领域运用较多的装备及其配套技术。这些装备不仅可以用于建造环境中结构构件的感知和建模，还可以监测非结构构件的活动和安全。激光扫描技术通过激光束在目标物体表面的反射，实现了对建造现场环境的高精度三维扫描；视觉成像技术利用单个或多个视觉传感器获取建造现场信息，实现对建造环境的多角度、全方面监测；倾斜摄影遥感技术可以从空中快速地获取高分辨率的影像数据，为施工管理提供可靠的数据支持。这些技术在建造过程中的应用，能够有效地监测建筑物的施工质量、施工进度、施工安全，对建造行业智能化的发展具有重要意义。

思考题

3-1　请你根据本章介绍的四种激光测距法的原理，简述不同测距法的指标差异，如测量距离、测量精度、适用范围等。

3-2　请你简述世界坐标系、相机坐标系、像平面坐标系三者之间的转换实质，并列出变换关系式。

3-3　请你根据理解，画出双目成像的原理图，并自行推导出深度的计算公式。

3-4 请你结合课外拓展，简述图像特征匹配与提取技术的发展历程。

3-5 本章介绍了三类可以运用到建造过程中智能感知装备及其相关技术，请你根据所学知识和课外拓展，设计一套合理的施工现场、安全监测、质量监测或进度监测方案。

本章参考文献

[1] 江宇．基于三维扫描和BIM的装配式结构精度检测和预拼装[D]．杭州：浙江大学，2022.

[2] 吴奇轩．高精度激光相位测距系统的FPGA实现[D]．西安：西安电子科技大学，2020.

[3] 刘慧芳．基于激光三角法的三维测量系统关键技术研究[D]．太原：中北大学，2022.

[4] BOSCHE F. Automated recognition of 3D CAD model objects in laser scans and calculation of as-built dimensions for dimensional compliance control in construction[J]. Advanced Engineering Informatics，2010，24（01）：107–118.

[5] WANG Q，KIM M K，SOHN H，et al. Surface flatness and distortion inspection of precast concrete elements using laser scanning technology[J]. Smart Structures Systems，2016，18（03）：601–623.

[6] WANG J，YI T，LIANG X，et al. Application of 3D laser scanning technology using laser radar system to error analysis in the curtain wall construction[J]. Remote Sensing，2022，15（01）：64.

[7] WALTERS R，JASELSKIS E，ZHANG J，et al. Using scanning lasers to determine the thickness of concrete pavement[J]. Journal of Construction Engineering and Management，2008，134（08）：583–591.

[8] KIM M K，SOHN H，Chang C. Automated dimensional quality assessment of precast concrete panels using terrestrial laser scanning[J]. Automation in Construction，2014，45（Sep.）：163–177.

[9] KIM M K，CHENG J C，SOHN H，et al. A framework for dimensional and surface quality assessment of precast concrete elements using BIM and 3D laser scanning[J]. Automation in Construction，2015，49（Jan.）：225–238.

[10] KIM M K，WANG Q，PARK J W，et al. Automated dimensional quality assurance of full-scale precast concrete elements using laser scanning and BIM[J]. Automation in construction，2016，72（Dec.）：102–114.

[11] KIM M K，WANG Q，YOON S，et al. A mirror-aided laser scanning system for geometric quality inspection of side surfaces of precast concrete elements[J]. Measurement，2019，141：420–428.

[12] KIM M K，SOHN H，CHANG C. Localization and quantification of concrete spalling defects using terrestrial laser scanning[J]. Journal of Computing in Civil Engineering，2015，29（06）：04014086.

[13] SHIH N J，WANG P. Point-cloud-based comparison between construction schedule and as-built progress：long-range three-dimensional laser scanner’s approach[J]. Journal of Architectural Engineering，2004，10（03）：98–102.

[14] KIM C，SON H，KIM C. Automated construction progress measurement using a 4D building information model and 3D data[J]. Automation in construction，2013，31（May.）：75–82.

[15] TURKAN Y，BOSCHE F，HAAS C T，et al. Automated progress tracking using 4D

schedule and 3D sensing technologies[J]. Automation in construction, 2012, 22 (Mar.): 414-421.
[16] DENG L, SUN T, YANG L, et al. Binocular video-based 3D reconstruction and length quantification of cracks in concrete structures[J]. Automation in Construction, 2023, 148 (Apr.): 104743.1-104743.15.
[17] ZHANG Z. A flexible new technique for camera calibration[J]. IEEE Transactions on Pattern Analysis and Machine Intelligence, 2000, 22 (11): 1330-1334.
[18] GOLPARVAR F M, PEÑA M F, Savarese S. Integrated sequential as-built and as-planned representation with D4AR tools in support of decision-making tasks in the AEC/FM industry[J]. Journal of Construction Engineering and Management, 2011, 137 (12): 1099-116.
[19] BHATLA A, CHOE S Y, FIERRO O, et al. Evaluation of accuracy of as-built 3D modeling from photos taken by handheld digital cameras[J]. Automation in Construction, 2012, 28 (Dec.): 116-127.
[20] MAHAMI H, NASIRZADEH F, HOSSEININAVEH A A, et al. Automated progress controlling and monitoring using daily site images and building information modelling[J]. Buildings, 2019, 9 (03): 70.
[21] ASADI K, SURESH A K, ENDER A, et al. An integrated UGV-UAV system for construction site data collection[J]. Automation in Construction, 2020, 112 (Apr.): 103068.1-103068.23.
[22] CHEN X, HUANG H, LIU Y, et al. Robot for automatic waste sorting on construction sites[J]. Automation in Construction, 2022, 141 (Sep.): 104387.1-104387.12.
[23] XUE J, HOU X, ZENG Y. Review of image-based 3D reconstruction of building for automated construction progress monitoring[J]. Applied Sciences, 2021, 11 (17): 7840.
[24] PARK M W, ELSAFTY N, ZHU Z H. Hardhat-wearing detection for enhancing on-site safety of construction workers[J]. Journal of Construction Engineering and Management, 2015, 141 (09): 04015024.1-04015024.16.
[25] LEE Y J, PARK M W. 3D tracking of multiple onsite workers based on stereo vision[J]. Automation in Construction, 2019, 98 (Feb.): 146-159.
[26] OMAR H, MANDJOUBI L, KHEDER G. Towards an automated photogrammetry-based approach for monitoring and controlling construction site activities[J]. Computers in Industry, 2018, 98: 172-182.
[27] YAN X, ZHANG H, LI H. Computer vision-based recognition of 3D relationship between construction entities for monitoring struck-by accidents[J]. Computer-Aided Civil and Infrastructure Engineering, 2020, 35 (09): 1023-1038.
[28] ZHU Z, PARK M W, KOCH C, et al. Predicting movements of onsite workers and mobile equipment for enhancing construction site safety[J]. Automation in Construction, 2016, 68 (Aug.): 95-101.
[29] SOLTANI M M, ZHU Z, HAMMAD A. Framework for location data fusion and pose estimation of excavators using Stereo vision[J]. Journal of Computing in Civil Engineering, 2018, 32 (06): 04018045.1-04018045.17.
[30] WANG Z, LI H, YANG X. Vision-based robotic system for on-site construction and demolition waste sorting and recycling[J]. Journal of Building Engineering, 2020, 32 (05): 101769.
[31] LEE D, NIE G, HAN K. Vision-based inspection of prefabricated components using camera poses: Addressing inherent limitations of image-based 3D reconstruction[J].

Journal of Building Engineering, 2023, 64: 105710.
[32] BAE J, HAN S. Vision-based inspection approach using a projector-camera system for off-site quality control in modular construction: Experimental investigation on operational conditions[J]. Journal of Computing in Civil Engineering, 2021, 35 (05): 4021012.1-4021012.13.
[33] XU Y, YE Z, HUANG R, et al. Robust segmentation and localization of structural planes from photogrammetric point clouds in construction sites[J]. Automation in Construction, 2020, 117 (Sep.): 103206.1-103206.20.
[34] YUAN X, MOREU F, HOJATI M. Cost-effective inspection of rebar spacing and clearance using RGB-D sensors[J]. Sustainability, 2021, 13 (22): 12509.
[35] SANTOS M R R, COSTA D B, ALVARES J S, et al. Applicability of unmanned aerial system (UAS) for safety inspection on construction sites[J]. Safety Science, 2017, 98: 174-185.
[36] KARDOVSKYI Y, MOON S. Artificial intelligence quality inspection of steel bars installation by integrating mask R-CNN and stereo vision[J]. Automation in Construction, 2021, 130 (Oct.): 103850.1-103850.9.
[37] BANG S, KIM H, KIM H. UAV-based automatic generation of high-resolution panorama at a construction site with a focus on preprocessing for image stitching[J]. Automation in Construction, 2017, 84 (Dec.): 70-80.
[38] 陈远芳. 基于倾斜摄影测量与BIM技术的室内外一体化三维场景建模及可视化[D]. 南昌: 东华理工大学, 2022.
[39] RACHMAWATI T S N, KIM S. Unmanned aerial vehicles (UAV) integration with digital technologies toward construction 4.0: A systematic literature review[J]. Sustainability, 2022, 14 (09): 5708.
[40] JEELANI I, GHEISARI M. Safety challenges of UAV integration in construction: Conceptual analysis and future research roadmap[J]. Safety Science, 2021, 144: 1-16.
[41] ALIZADEHSALEHI S, YITMEN I, CELIK T, et al. The effectiveness of an integrated BIM/UAV model in managing safety on construction sites[J]. International Journal of Occupational Safety and Ergonomics, 2020, 26 (04): 829-844.
[42] MARTINEZ J G, GHEISARI M, ALARCON L F. UAV integration in current construction safety planning and monitoring processes: Case study of a high-rise building construction project in Chile[J]. Journal of Management in Engineering, 2020, 36 (03): 05020005.
[43] SEOKHO C, CARLOS H C. Image-based safety assessment: Automated spatial safety risk identification of earthmoving and surface mining activities[J]. Journal of Construction Engineering and Management, 2012, 138 (03): 341-351.
[44] HAN D, LEE S B, SONG M, et al. Change detection in unmanned aerial vehicle images for progress monitoring of road construction[J]. Buildings, 2021, 11 (04): 150.
[45] NICOLAS J, FELIPE M R, HERRERA R F, et al. Unmanned aerial vehicles (UAVs) for physical progress monitoring of construction[J]. Sensors, 2021, 21 (12): 4227.
[46] 孙伟伦，朱凌，耿源浩. 倾斜摄影测量与建筑施工进度监测研究[J]. 北京建筑大学学报, 2020, 36 (04): 100-105.
[47] HUANG R, XU Y, HOEGNER L, et al. Semantics-aided 3D change detection on construction sites using UAV-based photogrammetric point clouds [J]. Automation in Construction, 2022, 134 (Feb.): 104057.1-104057.14.

第4章 构件自动生产及运输

【本章导读】

构件自动生产及运输是现代化建造过程中提高效率与质量的重要手段。本章旨在通过对构件生产与运输相关技术与管理活动的梳理，明确其在建造全流程中的作用及优化方向。首先，介绍预制构件自动化生产线的核心内容，包括构件种类、生产流程的技术特色以及智能生产装备的应用，这些内容为构件自动化生产奠定基础。其次，阐述构件全寿命溯源数字编码技术，明确编码对象及其技术实现，以保障构件生命周期内的信息可追溯性。随后，详细分析建造现场空间布局优化的目标与原则，并探讨优化方法与多目标遗传算法的应用，同时通过案例分析提供实践参考。最后，介绍集成自动路径规划的构件运输装备，强调其在提升运输效率与精准度方面的价值。本章的框架逻辑如图 4–1 所示。

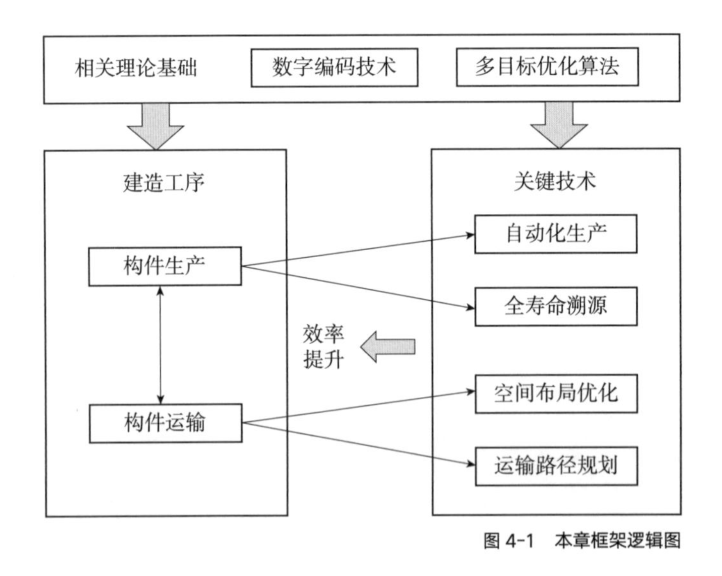

图 4-1　本章框架逻辑图

【本章重点难点】

了解预制构件自动化生产线的关键技术及其在提升生产效率和质量方面的应用价值；掌握构件全寿命溯源数字编码的技术原理及其在信息追溯中的重要作用；熟悉建造现场空间布局优化的目标、原则、优化方法及多目标遗传算法的应用；理解集成自动路径规划技术在构件运输装备中的应用及其对提高运输效率的贡献。

本章介绍了建筑构件自动化生产和运输的技术和装备，包括预制构件自动化生产线技术和装备、构件全寿命溯源数字编码技术、建造现场人－机－材空间布局优化技术以及集成自动路径规划的构件运输技术和装备四大类，着重介绍了各种技术的原理和特色以及各种装备的构造和运作方式，全方位阐述构件自动化生产和运输的整个流程和各类工艺。在预制构件自动化生产线方面，本章从隧道盾构预制管片的自动化生产线出发，阐述了预制构件自动化生产过程中的主要流程及技术特点，并介绍了自动化生产线上的智能设备。在构件全寿命溯源数字编码方面，本章分析了装配式建筑构件质量的影响因素，自动化生产线下构件信息的特点，以及智能构件生产工厂构建的要点，介绍了构件溯源编码技术及其必要性。在建造现场人－机－材空间布局优化方面，本章讨论了优化的目的和原则，介绍了数种优化方法、算法和原理，并给出一例构件生产车间案例，展示具体的空间布局优化实现方式。在集成自动路径规划的构件运输方面，本章主要针对路径规划方法和构件运输装备进行详细介绍，并通过案例展示集成路径规划的自动化运输的优越性和应用前途。

4.1 预制构件自动化生产线

预制装配式建筑并不是近年来才有的新兴技术，早在 20 世纪六七十年代，国外的预制装配式建筑就迎来发展的高潮，主要是为了应对劳动力短缺而居住需求巨大的建筑市场。装配式建筑在中国的发展与 20 世纪 50 年代的建筑工业化发展几乎同步开始，建造方式从手工作业到机械化生产、从借鉴国外技术到自我创新，期间有过高潮也经历过低谷，特别是在 20 世纪 90 年代前后，我国的装配式建筑发展一度进入低潮期，直至 20 世纪末期，才开始新一轮的发展。近年来，在环保压力不断加大、城镇化及房地产产业发展的推动下，装配式建筑进入高速发展及创新期，从全国形势来看，装配式建筑已经是大势所趋，势不可挡。2015 年末至 2016 年初，我国预制拼装产品规划密集出台，先后发布了《工业化建筑评价标准》《建筑产业现代化发展纲要》等文件，文件中提到至 2025 年预制拼装建筑产品要占新建筑的比例达到 50% 以上，预制拼装产品在我国有了良好的发展机遇。

预制装配式建筑是利用混凝土或钢结构预制构件进行装配化施工的建筑结构。其在建设过程中，先按照要求对结构所需的构件实行提前的生产和制作，之后再利用专业的运输设备将其运送至施工现场，然后利用吊装或者组装施工的方式，对这些构件开展安装作业，并利用预留钢筋或者预埋件实施连接作业，然后再通过浇筑混凝土和连接灌浆等工作固定节点位置，使其形成一个完整的整体，确保建筑结构强度达到使用要求。

4.1.1　预制构件的种类

装配式建筑是由预制构件在工厂加工，在工地装配而成的建筑。常见的装配式建筑有三种，分别是装配式混凝土建筑、钢结构建筑、木结构建筑。装配式混凝土结构体系使用混凝土预制构件搭建而成，如图 4–2 所示，可以提升建筑质量，提高效率，节约材料，节能减排，节省劳动力并改善劳动条件，缩短工期，方便冬期施工。装配式钢结构体系使用钢结构预制构件搭建而成，如图 4–3 所示，具有良好的机械加工性能，易拼装，轻质高强，适合建筑的模块化、标准化、工厂化、装配化和信息化，符合创新、协调、绿色、开放、共享的发展理念。装配式木结构体系由木结构预制构件搭建而成，如图 4–4 所示，居住舒适，而且具有自重轻、抗震性能优良、保温隔热性能好等诸多优点。

图 4-2　混凝土预制构件

图 4-3　钢结构预制构件

图 4-4　木结构预制构件

4.1.2　生产流程及技术特色

预制构件可以用于装配式房屋、桥梁和隧道等多种类型的建筑物和构筑物，受篇幅限制，本节仅以预制隧道盾构管片的生产为例，详细阐述自动化生产线中的生产流程及技术特点。

1. 管片生产关键工艺

早期的预制管片生产一般采用“模具固定、工序转换”的模式，如今主流管片生产企业多采用“模具移动、工序固定”的模式实现生产流水线，相关的智能化技术也多基于后者而发展。管片模具是预制管片生产的核心部件，模具流转成为生产循环的核心。

1）模具清理

流水化生产循环一般从清理模具开始，传统人工方式采用铲刀、钢丝球、拖布等工具清理，随后人工喷刷脱模剂。智能化生产线采用 5~7 轴机械臂，装载自动高压水枪、气枪、刷头、吸尘等设备，自动识别流水线上模具位置及型号，通过预设清理程序来判断清理位置、路径、强度等信息并进行清理、吸尘和喷涂脱模剂，如图 4-5 所示，模具内部阴角及预埋位置等死角部位清理更加细致，脱模剂喷洒更加均匀，喷涂面积更广。

2）管片合模、拆模

传统生产线工人通过紧固或放松模具上的螺栓实现模具的合模或拆模，可能产生螺栓紧固不到位影响成型尺寸、螺栓损坏无法拆模等问题。人工拆模时经常还需用大锤锤击使钢模振动以便管片顺利脱出，对模具影响较大。智能化生产线中的合模、拆模、盖板过程由自动化机械实现模板的开合与松紧，例如利用电机、油缸、气缸供能，驱动模具上的液压设备，使合模、拆模过程更加稳定可靠，消除了人工加固可能导致的扭矩不足、丝杠打滑等安全隐患，作业效率更高，模具周转次数更多，如图 4-6 所示。

3）混凝土浇筑

对于预制管片的混凝土振捣，传统的施工方式是人工手持插入式振捣棒进行振捣，受人工操作水平影响较大，欠振可能造成气泡无法排出，过振可能造成钢筋笼损伤或混凝土离析。目前，许多预制工厂采用振动台整体振动法可有效避免上述问题，往往将浇筑与振捣工艺集成，模具位于振动平台上进行浇筑，边浇筑边振捣；在振捣前后，通过自动插拔管装置控制接通和断开压缩空气管，实现振捣全过程的自动化。与此同时，智能化控制系统可针对不同强度等级、体积的混凝土调节振幅、频率和时间等，混凝土内气泡在整体振动的影响下向上排出，振捣效果更加均匀，混凝土表面也更加平整，有助于提高施工效率。

预制管片外弧面基本通过人工使用刮板、打磨盘等手持工具进行打磨收光，完全依赖人工。目前，国内部分企业研发和应用自动化抹面装置，往往采用紧贴模具外弧边缘的自动刮板刮平表面浆液，再使用机械臂装配叶片圆盘、抛光机等设备进行打磨收光，并由智能化系统控制打磨范围、角度、速度、次数等参数，成型的外弧面平整度和弧度的精度高，一致性好。相关研究人员研制了机械臂装配打磨盘进行自动化抹面工作及顶部直线运动模组的抹面机器人，如图 4-7 所示。

图 4-5　自动清模和喷涂机械臂

图 4-6　管片模具自动合模、脱模

（a）

（b）

图 4-7　管片自动抹面收光机器人
（a）打磨盘抹面机器人；（b）直线运动模组抹面机器人

4）管片养护

传统预制管片生产线在养护环节往往采用人工观察温度、湿度等参数，然后调节空调、加湿器等方式控制养护室温、湿度，时效性低，管片表面易产生裂纹。目前，许多预制工厂采用了智能化养护系统。通过温、湿度传感器实时反馈养护室内环境参数，并连通升温降温、加湿祛湿设备，主要的控制设备如养护窑门、蒸汽阀门、降温阀门，温差管理具备全自动控制功能，蒸养控制系统架构如图 4-8 所示。系统对温、湿度的记录可以为管理者提供数据参考，了解管片养护历史状态。与人工调节方式相比，智能温、湿度调节更加灵活、可靠。经过智能蒸养系统生产的管片能源利用效率更高，有助于减少碳排放，生产出的管片表面裂缝也更少。

5）管片吊装、翻转

预制管片的抓取吊装设备一般由桥式起重机和抓臂组成，主要有真空吸盘式和抓斗式两种。真空吸盘式抓取机可将管片从模具中直接吸出，一般用于管片刚刚脱模后的短距离运输，如图 4-9 所示。抓斗式提升机需要将抓斗伸入管片下部，无法直接从模具中吊出管片，所以一般用于已脱模的成型管片在预制厂内或室外的长距离运输。

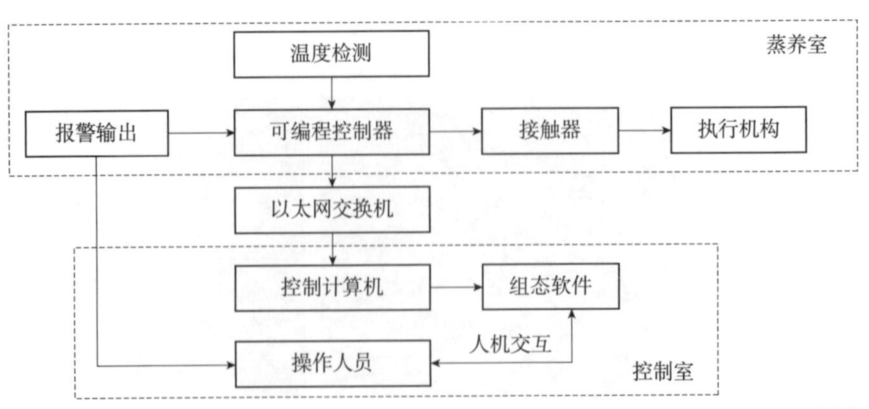

图 4-8　智能蒸养控制系统架构

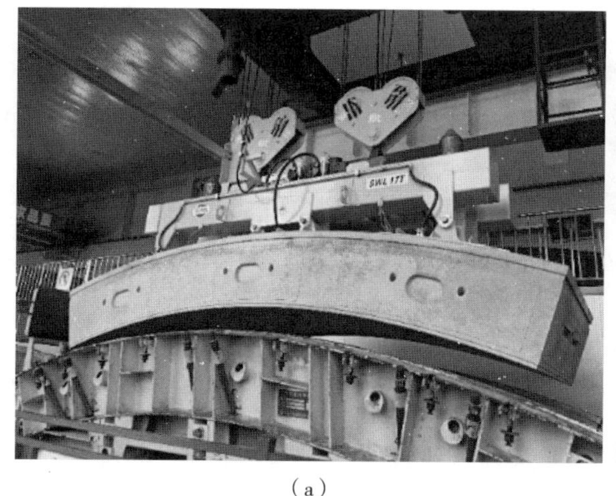

（a）　　　　　　　　　　　　　　　　　　（b）

图 4-9　真空吸盘式提升机
（a）脱模机；（b）吊装反转一体机

预制管片一般采用内弧面朝上的方式进行储存或运输，而生产时模具中的管片外弧面朝上，因此脱模后需要进行管片翻转。传统翻转方式需要将管片吊运至固定于地面上的翻转机上进行翻转。国外预制工厂研发出了抓取、吊装和翻转一体的机器设备，可以实现管片空中翻转，生产效率大大提高。相关企业公司研发了管片空中翻转机，从两侧夹持管片内外弧面，以纵向为轴空中翻转 180°；采用真空吸盘从外弧面抓取管片，以横向为轴空中翻转 180°。

2. 生产材料制备

预制管片最主要的材料是钢筋和混凝土，钢筋加工和混凝土制备往往作为附属生产环节集成在流水生产线中，实现管片自动化生产线更高的配合度，避免材料供应和生产装配节奏不匹配导致的长时间等待或工作流混乱。在预制管片生产线智能化升级的背景下，预制管片钢筋加工和混凝土制备呈现出新的特点。

1）钢筋笼加工

对于预制管片钢筋笼的加工，目前国内外市场上已有钢筋自动加工生产线、钢材加工机器人等相关设备，可根据管片生产线的需求生产钢筋笼，和传统的人工作业相比，采用机器作业具有更高的质量和安全性，在大批量标准化生产时能够实现经济性提升。

相关公司研发了智能化盾构管片钢筋生产线，能够集钢筋剪切、网片成型、钢筋笼焊接等功能于一体，大大减少了人工的工作量。另外还有部分研究人员根据不同的设计图纸和模型，利用控制系统和加工机械进行钢筋机械化整流、切割、弯折、焊接等工序，实现盾构管片钢筋笼的流水线式生产，

(a)

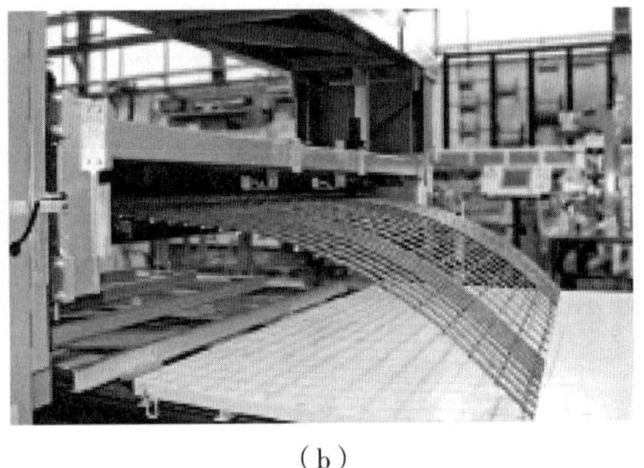

(b)

图 4-10　智能化钢筋生产线
(a) 管片侧面钢筋加工;(b) 管片弧面钢筋加工

如图 4-10 所示。首先根据钢筋笼设计图纸进行钢筋放样拆解为外弧面网格、内弧面网格、侧面网格、箍筋，再使用钢筋调直机、切割机等将钢筋切成对应小段，通过焊接机组合成符合设计要求的盾构管片钢筋笼，直接吊运至预制盾构管片模具中进行后续生产。

2) 混凝土制备

在预制管片智能化生产线上，根据生产节拍制定混凝土供应计划，对生产线上各型号管片的浇筑工作进行合理安排，信息化管理覆盖混凝土生产和物流层面，各级管理者能实时掌握混凝土生产的上下游物流以及生产状态，混凝土生产节拍更为协调，生产能源消耗大大降低，模具和材料利用率更高，同时可防止因混凝土供应不足造成的生产线运转受滞甚至停摆。

目前国内外预制管片工厂中往往自建混凝土搅拌站，自动化程度高的混凝土运输系统一般由料斗、轨道、控制系统等附加设备组成，如图 4-11 (a) 所示。根据每日混凝土浇筑计划，智能化调配系统控制装载混凝土的轨道式料斗移动至模具处浇筑，空料斗再经自动清洗仓后进入下一工作循环，如图 4-11 (b) 所示。

(a)

(b)

图 4-11　自动化混凝土运输装置
(a) 轨道式料斗;(b) 浇筑仓自动清洗

4.1.3 智能生产装备

上述盾构管片预制件生产过程中提到的多种装备器械，在保证生产安全性的同时还大大提高了生产效率，是生产工艺中重要的一环，以下将详细介绍其中的混凝土布料装置和管片转运设备。

1. 新型混凝土布料装置

盾构管片浇筑过程是通过送料车将搅拌混合完成的混凝土运送至浇筑工位，然后将混凝土倒至布料斗内，由操作室人员控制布料斗闸门开闭合来完成混凝土灌注。

传统生产过程中，盾构管片混凝土布料过程由人工观察并控制落料情况，当混凝土落料接近溢流时，停止落料。无法实时反馈混凝土已浇筑重量、缺料情况，整个布料过程与搅拌站控制室无法实现联动，下料不均匀，无法达到智能化生产目的。

混凝土预制件的制作需要在模具中进行，由于混凝土的流动性较差，需要采用高频气动振捣器辅助作业，高频气动振捣器以高压气体作为动力，吹动振捣器内部的偏心轮转动，产生振捣力对模具进行振动使混凝土的分布更加均匀。在将高压气源的管接头与振捣器的进气管连接时，需要人工对管接头和进气管进行连接操作，然而人工操作存在效率低以及安全性差的问题。

1）混凝土布料装置

该布料装置包括架体、送料斗、布料斗、模具、插拔机、检测部以及控制部，如图 4-12 所示。送料斗可水平移动地设置在架体上，以将物料运送至布料斗内，模具位于布料斗的下方，布料斗内的物料通过布料斗的布料出口运送至模具内。插拔机具有插拔部，模具具有对应插拔部设置的气路接头，插拔机通气对模具内的物料进行振捣。其中，检测部包括位置传感器和物料检测件，送料斗和（或）架体设置有位置传感器以检测送料斗的位置，送料斗和布料斗均设置有物料检测件，物料检测件用于检测送料斗的物料状态和布料斗的物料状态。控制部根据检测部检测的数据控制送料斗、布料斗以及插拔机工作，保证下料均匀性，实现智能化生产，满足布料的使用需求。

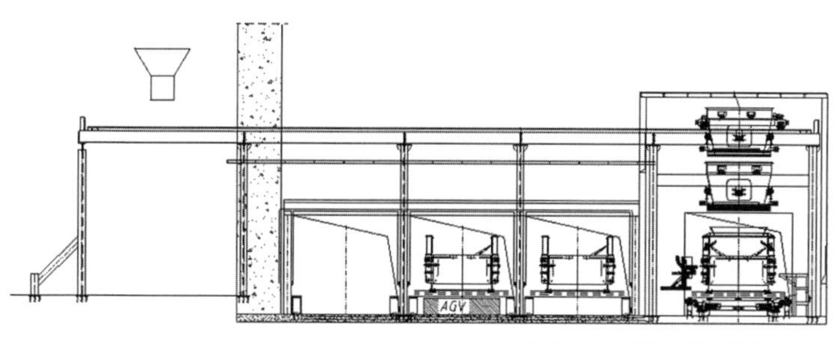

图 4-12　混凝土布料装置示意图

2）混凝土振捣装置

在需要将管接头和进气管进行连接时，首先将公头安装板放入插送座的安装槽内，然后使限位件位于限位位置以将公头安装板限位于安装槽中，公头安装板能够随着插送座一同朝向母头安装座移动，当公头安装板与母头安装座靠近时，使限位件由限位位置移动至避让位置，此时限位件和公头安装板相分离，继续利用插送座带动公头安装板朝向母头安装座移动，直至公头安装板上的管接头插入母头安装座上的进气管中。并且，由于在公头安装板上的管接头插入母头安装座上的进气管的过程中，限位件位于避让位置，此时公头安装板可活动地设置在安装槽内，公头安装板能够实现微调，便于管接头与进气管对准，如图 4-13 所示。采用上述插拔装置，避免了人工对管接头和进气管进行连接操作，提高了连接效率和安全性。

3）混凝土隔振组件

通过在模具的下方设置隔振组件，在振动装置工作之前，通过通气口对隔振组件的气囊充气，利用隔振组件的第二支撑架将模具支撑起来，使滚轮脱离地面，进而在振动装置工作时，模具不会发生移动，使得模具具有良好的支撑稳固性，如图 4-14 所示。

2. 新型管片转运设备

传统生产过程中，管片模具经过蒸汽养护后吊装到脱模台上，通过行车对模具内的管片进行脱模作业。行车上吊取真空吸盘，真空吸盘能够对管片施加提拉力。人工操作行车时，使真空吸盘下降至管片的上方，人工操作真空吸盘，使真空吸盘吸附管片，行车吊取真空吸盘上升将管片吊起，行车将管片移动至翻转装置的上方，行车控制真空吸盘下降，以使管片位于翻转装置的上方，真空吸盘能够释放提拉力，以使管片落在翻转装置上。但是，在人工操作行车吊运管片的过程中，行车起吊后，管片容易四周晃动，需要提醒人工避开，如果人工在管片下面通过，真空吸盘出问题时，管片掉落下来，存在安全隐患。

传统生产过程中，门式起重装置包括门形框架以及可移动设置在门形框架上的升降机。升降机包括减速电机、吊钩以及连接减速电机和吊钩的钢索

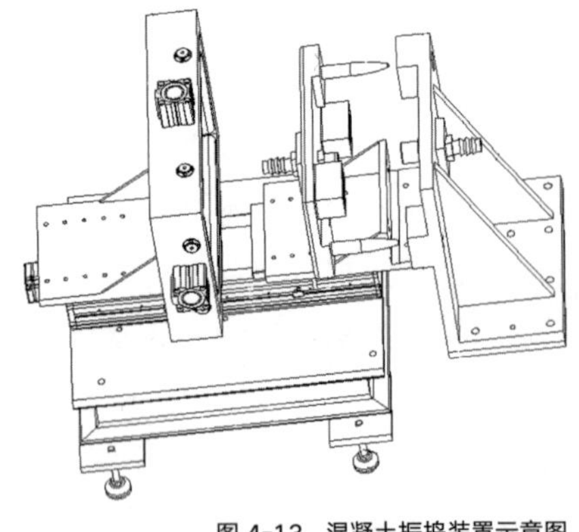

图 4-13　混凝土振捣装置示意图

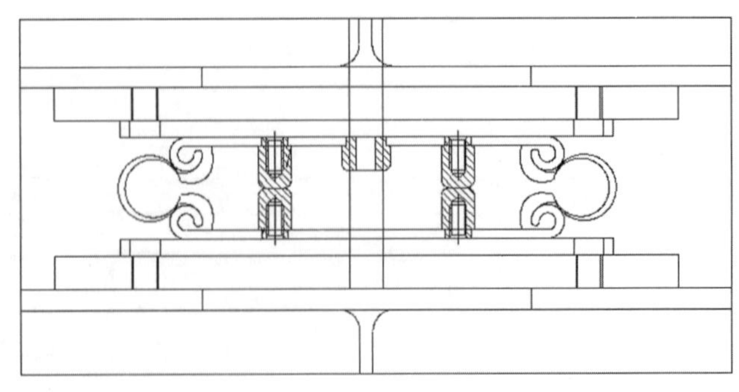

图 4-14　混凝土隔振组件示意图

卷筒。吊钩吊取真空吸盘，通过真空吸盘将管片吊起。由于下放吊钩时，钢索卷筒的钢索稳定性差，使得真空吸盘容易发生晃动，使得真空吸盘对准管片的效果较差。由于门形框架的跨距较大，升降机在门形框架上移动时，会发生门形框架的微变形，导致升降机在吊取管片时，容易发生晃动，使得升降机对准效果较差。

传统生产过程中，管片通过行车吊起并运送到指定位置，从而实现管片的转运。但是，在管片的转运过程中，吊运过程时间较长占用行车；管片转运过程中晃动较大，平稳性较差，存在安全隐患；管片转运主要依赖人工，自动化程度低。

1）管片脱模

管片脱模及转运方法包括以下步骤：①使盛有管片的模具到达预设位置；②检测到转运设备上无管片时，控制真空吸盘从初始位置横向移动到达位于模具上方的第一工作位置；③控制真空吸盘下降；④判断真空吸盘是否下降至第二工作位置，在真空吸盘下降至第二工作位置时，真空吸盘停止下降并吸附管片；⑤当真空吸盘吸附管片的时间超过预设时长时控制真空吸盘上升并返回至第一工作位置，判断管片是否到达安全高度；⑥当判断出管片到达安全高度时，控制真空吸盘带动管片横向移动；⑦判断真空吸盘是否到达位于转运设备上方的第三工作位置，在真空吸盘移动至第三工作位置的情况下，控制真空吸盘下降；⑧判断真空吸盘是否下降至第四工作位置，在真空吸盘移动至第四工作位置的情况下，控制真空吸盘松开管片，使管片放置在转运设备上；⑨判断真空吸盘是否松开管片，在真空吸盘松开管片的情况下，真空吸盘由第四工作位置移动至初始位置，如图 4-15 所示。这样，管片能够通过管片脱模及转运方法实现脱模及转运，将管片的脱模及转运路径固定下来，人工不会进入管片的脱模及转运路径，无须提醒人工避开，大大提高了管片的脱模及转运的安全性。因此，该技术方案有效地解决了人工操作行车吊运管片，存在安全隐患的问题。

2）真空吸盘

真空吸盘组件包括：架体、多个真空吸盘、真空泵以及多个吊环。多个真空吸盘间隔地设置在架体的底部，每个真空吸盘均可相对于架体枢转地安

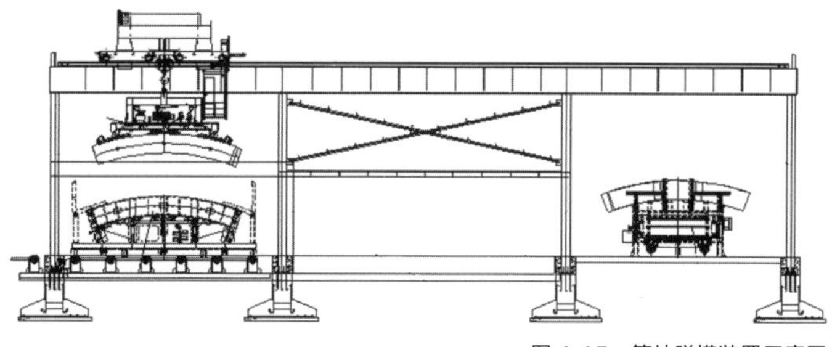

图 4-15　管片脱模装置示意图

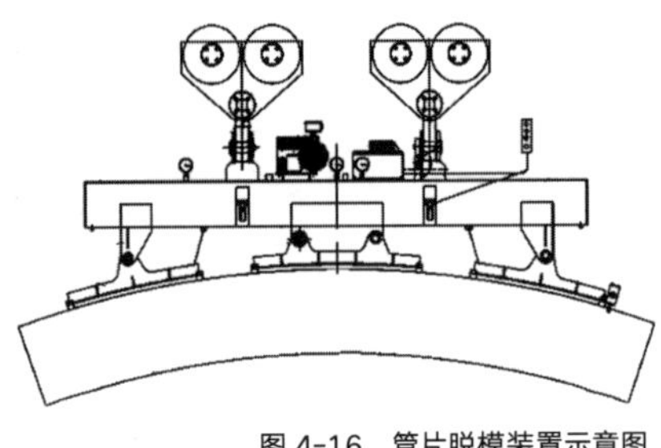
图 4-16　管片脱模装置示意图

装。每个真空吸盘均与真空泵连通。多个吊环间隔地设置在架体的顶部，如图 4-16 所示。这样，吊钩与多个吊环配合，使得吊钩具有吊取真空吸盘组件的多个吊取位置，进而提高了钢索卷筒的钢索稳定性，大大降低了真空吸盘组件晃动的幅度，使得多个真空吸盘容易对准管片。因此，这种技术方案有效地解决了真空吸盘对准管片的效果较差的问题。

3）吊装设备

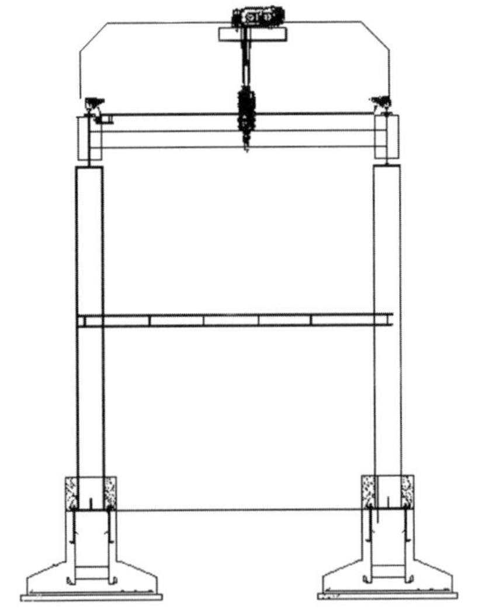
图 4-17　管片吊装设备示意图

支撑桁架结构包括：顶框、多个立柱以及加强板。多个立柱间隔设置并支撑顶框。加强板与顶框平行设置并设置在相邻的两个立柱之间。这样，加强板具有较大的面积，能够有效地加强相邻两个立柱的结构强度，以使相邻的两个立柱能够有效地支撑顶框，升降机在顶框上移动时，防止顶框发生微变形，进而使得升降机在吊取管片时，减小了晃动的幅度，提高了升降机吊取管片的稳定性，使得升降机容易对准管片，如图 4-17 所示。因此，这种技术方案有效地解决了升降机对准效果较差的问题。

4）转运设备

转运设备包括：轨道、第一支撑架、翻转装置以及转运车。第一支撑架位于轨道的第一端。翻转装置位于轨道的第二端。翻转装置包括可枢转设置的翻转支架。翻转支架具有支撑位置和翻转位置。转运车设置在轨道上，并在第一支撑架和翻转装置之间移动。在管片转运过程中，将管片放置在第一支撑架上，转运车移动至第一支撑架的位置处时，转运车转运管片，转运车移动至翻转装置的位置处，翻转支架处于支撑位置，此时转运车将管片移动至翻转支架上，翻转支架由支撑位置切换至翻转位置时，翻转支架带动管片实现翻转。在这个过程中，管片通过第一支撑架、转运车以及翻转装置平稳地实现转运，如图 4-18 所示。因此，该技术方案有效地解决了管片转运过程中晃动较大，平稳性较差的问题。

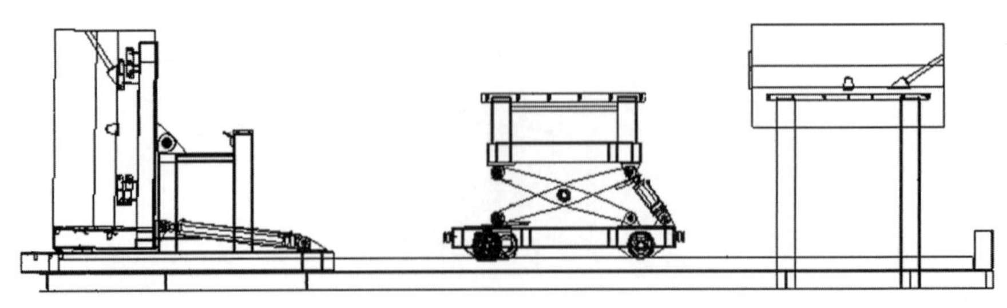
图 4-18　管片转运设备示意图

预制构件作为装配式建筑的基本组成部分，施工投资与施工数量也随之不断增加，随着预制装配式建筑的预制率不断提升，预制构件质量成为影响工程质量的关键。在2020年8月28日，住房和城乡建设部等九部门联合印发《关于加快新型建筑工业化发展的若干意见》，文件中提到了“加强预制构件质量管理，积极采用驻厂监造制度，实行全过程质量责任追溯，鼓励采用构件生产企业备案管理、构件质量飞行检查等手段，建立长效机制”，可见预制构件质量备受建筑业及社会各方人士关注，良好的预制构件质量对新型建筑工业化发展起到重要和关键作用。

预制混凝土结构对预制构件有着较高的质量要求，预制构件各方面的标准也不尽相同。在预制构件生产过程中，用材的选择和工艺的应用有着严格的技术标准，在提高施工工艺质量方面需确保所用手段科学合理，最大限度达到最优化要求，需对各项技术进行严格控制，对模板参数进行实时检查。

预制钢结构构件由于本身材料不耐热不耐火、易受腐蚀的特性，需要在表面涂装防火和防腐涂料，以提高其耐久年限和质量，否则，将造成重大安全隐患，引起人员伤亡、财产损失。

预制木结构构件作为建筑结构使用的木材多为针叶材，其种类较多，不同树种、产地和等级之间的力学性能会有差异，且木材属于各向异性材料，不同纹理方向的物理力学性能悬殊，需要根据结构要求科学合理地选择，若选用不当，亦会造成重大危害。

因此，加强对预制构件溯源机制的研究，可以有效加强预制构件的质量，提高制造人员的警惕性和专业性，避免重大质量事故的发生。

4.2.1 编码对象

构件是装配式建筑的基本要素，具有数量多、成型度高、形态相似等特点。在装配式建筑全生命周期中，通过准确识别构件身份和获取构件位置信息，能够合理组织生产施工和优化资源配置。而依靠人工的方法不仅很难在整个项目过程中对全部构件追踪定位和监督管理，而且极易出现构件丢失、查找困难、安装错误等状况，从而增加项目工时和成本，因此，构件追踪与溯源需要智能化和信息化技术的支持，尽量降低人工干预。

与传统建筑业相比，装配式建筑中的构件追踪定位主要有以下几个特点：

1. 需求范围扩大

在传统建设项目中，模数是构件定位的基础，反映构件之间的空间关系和连接方式，模数网格对建筑开间、进深、层高等的控制，构件基本在施工现场成型，因此构件定位主要发生于施工阶段。而在装配式建筑中，多数构件在工厂预制成型后运送至施工现场安装，构件界面较为清晰，方便后期维修和回收再利用。因此预制构件的定位需求从施工阶段扩大至全生命周期的各个阶段，定位范围也从构件安装区间的控制扩大至项目全过程中对构件空间信息的管理。此外，传统建筑项目缺乏全生命周期管理的思想，各参与方之间缺乏沟通，信息交流不畅，且鲜有在项目全过程中追踪和监督建筑构件状态。而新型建筑工业化遵循全生命周期管理的思想，要求项目参与方之间协同合作，通过对预制构件状态的实时追踪实现对整个项目的监督管理。

2. 实现手段更趋多元

由于预制构件追踪定位贯穿装配式建筑项目的全过程，追踪定位对象多、周期长、内容复杂，因此，仅用单一技术难以满足要求，需要运用更多元的技术手段形成综合性定位技术链。激光扫描仪、摄影测量系统等技术可以用于测量构件的形状、位置和方向，但是需要后续复杂的操作才能实现对构件身份的识别。随着信息技术和物联网的发展，通过二维码、RFID、GPS 等通信感知技术实时定位物体和管理信息变得日渐成熟。将这些技术与激光扫描仪、摄影测量系统等技术相结合，可以极大提升构件追踪定位的效率。

3. 信息共享要求更强

由于预制构件追踪定位范围广、周期长、实现手段多元、参与部门较多，因此，需要统一的信息平台在各专业、部门和各项目阶段之间及时传递和共享构件的空间信息。目前，越来越多的企业和机构研发在项目全生命周期各阶段创建、管理、共享信息的数据库系统和信息管理平台，以改善因各参与方沟通不畅，只注重本部门、本阶段的优化，而造成的局部最优却无法形成全生命周期整体最优的状况。

4.2.2 全寿命溯源数字编码技术

许多预制构件是由多种材料和零件共同组成，如预制混凝土柱是由混凝土、钢筋、预埋件等构成，因此构件生产可能具有离散性而导致产品细节难以把控。在生产加工过程中由于人为、机械、物料、工艺方法等方面的原因，造成构件存在尺寸偏差、平整度及观感差和预埋螺栓处局部空鼓等问题，如图 4-19 所示，从而对现场安装定位产生不利影响，因此需要在生产阶段考虑各个要素对构件质量的影响。

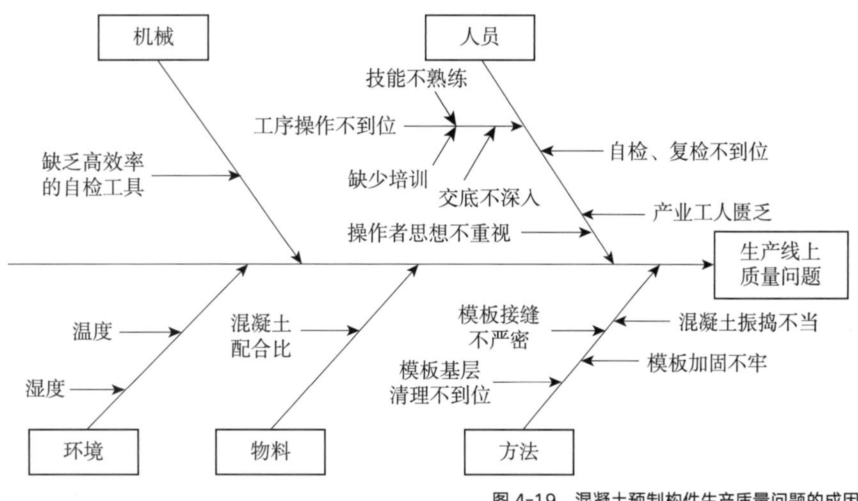

图 4-19　混凝土预制构件生产质量问题的成因

装配式建筑的预制构件生产阶段是连接装配式建筑设计与施工的关键环节。设计人员依据施工时各构件相互协调的原则调整冲突点各要素的位置，进一步完善构件之间的空间关系。深化设计方、构件加工方、施工方根据各自的实际情况互提要求和条件，确定构件加工的范围和深度，有无需要注意的特殊部位和复杂部位，选择加工方式、加工工艺和加工设备，施工方提出现场施工和安装可行性要求。最后利用 BIM 模型直接或辅助输出构件加工信息和施工安装信息。完整和精准地输出信息是 BIM 的一项重要功能，通过 BIM 模型能够生成二维图纸和表格，如构件尺寸图、预埋定位图、材料清单及构件的三维视图等构件生产加工资料。用于生产阶段的数据应满足以下要求：① BIM 模型应包含构件加工所需信息；②加工图应体现预制构件材料、尺寸、内部零件（如钢筋预埋件）类型、数量和定位等信息，达到工厂生产要求；③如果预制构件生产工厂有数字化生产技术，生产数据格式应存储为能被设备直接识别的格式。

数字化生产技术保证了预制构件尺寸的准确性，是施工装配阶段能够精准定位构件的重要基础。装配式建筑工程从设计出图到工厂制造，需要一套完善的数据传递方式来避免“信息流失”。将计算机数字控制（CNC，computer numerically controlled）设备用于预制构件的生产制造已有相当一段时间，例如，生产钢结构构件时所使用的激光切割和钻孔机；生产钢筋混凝土的加强钢筋时所用的弯曲和切割机。基于传统二维 CAD 技术的生产过程难以保证构件模型和加工信息修改的一致性。基于 BIM 的预制构件数字化生产可以将包含在 BIM 模型中的构件信息准确地、不遗漏地传递给构件加工单位。加工信息的传递方式可以是直接以 BIM 模型传递，也可以是 BIM 模型加上二维加工详图的方式传递。利用 BIM 模型不仅能够完整准确地传递数据，而且信息模型、三维图纸、装配模拟、加工制造、运输、存放、测绘、安装等的全程跟踪手段为数字化建造奠定了坚实的基础。所以，基于 BIM 的数字化生产加工技术是一项能够帮助施工单位实现高质量、高精度、高效率安装完美结合的技术。

构件全寿命溯源数字编码技术在生产阶段的主要工作内容是智能构件生产工厂管理体系构建。

1. 建立标准化生产体系

1）数字化技术管理

实现技术资料管理的数字化，对于产品设计图纸、工艺标准、质量检验标准、安全生产守则等技术文件，均实现数字化管理，技术资料版本在线维护、查阅、下载。支持导出技术文件二维码，打印张贴在车间对应岗位，实现车间数字化二维码技术交底。

实现生产任务指令数字化下达，工程部门可以在管理平台中制定生产计划指令，通过平台推送到车间自助终端机和岗位生产管理看板中，岗位班组和工人根据任务指令进行生产作业，同时在自助终端机和岗位生产看板中，会自动实时跟踪生产任务的执行进度，生产任务指令的下单和跟踪全程数字化管理。

2）生产过程数字化监控

通过流水线中的数据自动采集设备，自动监控流水线的运转节拍和模型的实时位置，便于管理人员掌握流水线的运转情况和模型的配置及位置，通过数字化手段降低管理难度。通过自动温、湿度传感设备，自动监控蒸养房升温区、恒温区、降温区的温度变化情况，并提供温度超标预警提示，为构件提供温控质量数据数字化管控工具。生产过程中不再采用手工记录数据，全部工序及生产记录采用数字化采集、记录和保存，提高数据采集和处理效率，同时为后续生产大数据分析提供数据基础。

通过移动作业工具，可以方便快捷地进行管理和操作，避免在不同岗位操作台之间长距离往返。同时，通过 APP 在各个操作现场直接进行管理操作，提高数据维护的及时性和准确性，避免来回转录导致数据不一致的情况发生，从而进一步提高生产管理的整体效率。移动作业工具需要涵盖收发料、骨架质检、骨架入模、成品质检、移动出入池、堆场发运等关键生产环节。

3）标准化生产模式

实现自动化、智能化生产发展的前提条件就是实现产品和生产系统的标准化。对预制构件设计尺寸的标准化整合，不仅能够推动智能化应用的发展，还能够提升设备使用效率。同时，预制构件生产线中的信息化系统、自动化设备等构成部分的标准化，将有利于其生产成本分摊降低，应用也就更加广泛。

通过建立构件生产的信息化系统数据族库，将生产参数、构件信息、模型数据等录入企业甚至行业族库，随着族库资源积累，同类工程、同种构件的生产管理工作量和成本将大幅减少，通过族库数据分析能够进行生产前规划设计、生产中及时纠偏，无论对于企业管理还是整个行业的发展来说都能够起到推动作用。

预制构件的生产受钢筋混凝土等原材料供应和现场施工进展的多方因素影响，因此智能化应用与发展不能仅仅聚焦于预制工厂内部生产环节，要从上游的生产需求、原材料供应到下游的施工追踪、建筑结构运维等一系列环节推动智能一体化的发展，实现更有效率的生产协调和预警。一体化的智能化生产体系应包含数据端、生产端、施工端，如图 4-20 所示。

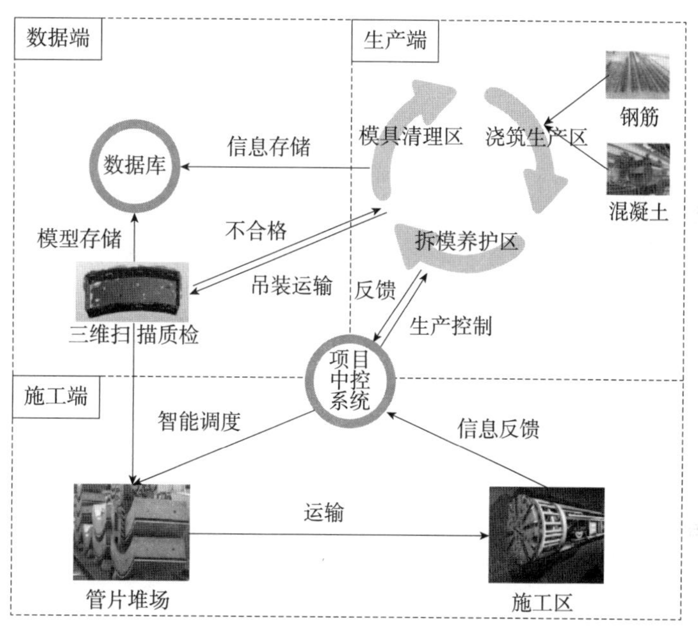

图 4-20　智能构件工厂管理系统：数据端 - 生产端 - 施工端

（1）数据端由企业管理平台和数据库组成，企业管理平台统计不同项目（或工厂）的生产情况，便于企业决策者根据宏观数据进行企业管理，优化企业层面的资源调度和管理水平；数据库储存生产中或已完成的项目各方面信息，对项目运行和企业决策提供数据支持。

（2）项目中控系统作为企业管理平台的子系统，收集企业管理信息、项目生产状态信息、项目施工状态信息，对项目的生产端进行控制和监督，并将生产端信息反馈给企业管理平台和施工端。

（3）结构施工端和构件生产端关系紧密，应根据施工计划和部署，制定构件的生产计划，并根据施工状态及时调整构件生产计划，通过智能化系统实时协调反馈，提高构件生产和建筑施工的配合度。

目前预制构件流水生产线多基于模具流转循环，结合混凝土制备和钢筋笼制作等环节，完成预制构件的生产，如图 4-21 所示。智能化预制盾构构件生产线体系则通过集成了物联网技术、自动化控制技术、数据传输等形成的中央控制系统，实现对生产线各环节的预设、操控和调节。目前国内外很多预制构件厂从规划布局、组织架构、工艺流程多方面优化，使流水线大部分工序具备了数据集成、感知与交互的能力，同时可实现生产循环的全过程实时监控，再结合多种相关的信息化技术，如智能调度、图像识别、三维建模等，将生产信息传递至云服务器和企业管理平台，构建起生产线、数据、网络传输、管理终端一体化的管理系统，在某些生产环节上完成了从自动化到信息化、智能化的技术突破，实现了构件的高效生产和信息的高效传递共享。

高精度高质量构件智能工厂以传统构件生产流水线为基础，通过智能控制系统和各生产环节智能技术、智能设备的结合，提升各生产环节智能化水平，提高生产效率，并在构件浇筑、合模、养护、成型等关键生产环节结束后，利用三维激光点云扫描及逆建模等技术，进行表面质量核查，大大提高构件自主化检查精度和效率，实现构件生产过程中的实时自检，保证高精度高质量构件的成型精度要求，如图 4-22 所示。

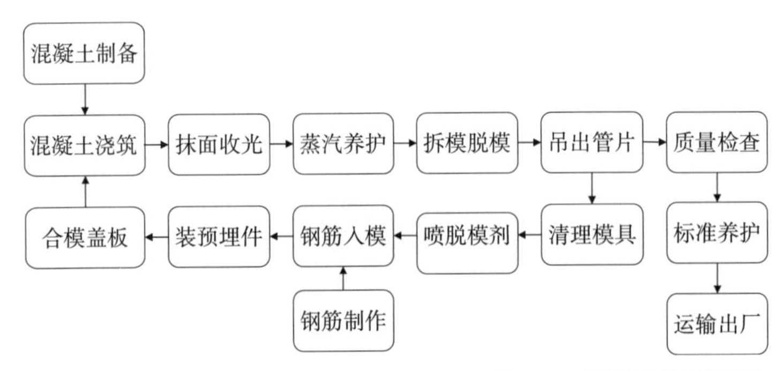

图 4-21　智能化构件生产流程

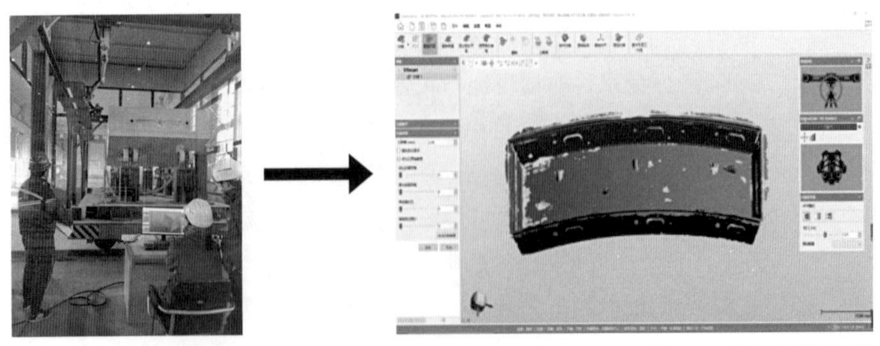

图 4-22　构件点云数据采集

2. 智能构件工厂管理要点

目前国际上技术水平较高的预制构件工厂中，对于灵活度、精度要求较高的复杂工序环节，如设备操控、钢筋笼绑扎等，仍需要人工配合完成，因此，存在很多生产效率、质量、安全问题。智能化预制构件生产线的发展受到多种条件制约，目前上下游产业尚不成熟，还未形成完整的产业链条，智能化的预制构件生产线的应用和推广仍存在着许多问题。

1）管理流程

预制构件生产线全程由智能信息化中控系统控制，分为生产监控系统和构件智能化检测平台两个部分，生产监控系统通过预设程序、数据采集、数据处理、数据比对环节对各项生产环节进行智能化监控与控制，实现生产线的自动化生产、实时检查反馈、异常问题报警处理等功能。构件智能化检测平台通过预设程序、数据获取、逆建模、模型比对环节实现智能化构件质量鉴定，构件数据控制具体流程图如图 4-23 所示。

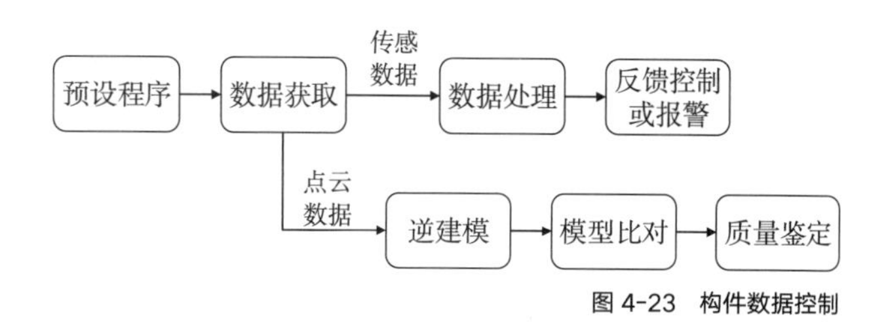

图 4-23　构件数据控制

（1）预设程序

控制系统需要在生产线运行前根据不同的构件型号、生产数量等因素编制生产计划，考虑主生产线与钢筋、混凝土原材料供应生产线及养护线的配合，以及各环节工序穿插，对模具运输路径、各环节操作时间、模具开合等各环节系统进行设置。在智能化检测平台中，需根据设计图纸进行三维建模，形成构件模型库，以便在逆建模完成后与模型库中模型进行比对。

（2）数据获取

智能化信息系统需要对各环节操作进行监督和反馈调节，以适应不同条件下的构件生产。如获取模具在轨道上的定位信息、构件信息、模板状态信息、拼装顺序等。可以应用物联网及图像识别技术，将条形码或文字标识、传感芯片等附在生产线中全部相关物体上，实现对生产线的数据特征收集，模具周转信息、构件信息、设备信息等数据都可存储在云端服务器上，更加便于构件生产线监控、构件出厂后信息追踪、结构运维等一系列环节的可视化管理，达到节省人工、提高构件运输施工效率和精准度、预防构件拼装错误的效果。

将成型的构件运至检测场地，应用三维空间扫描成像测量技术，基于固定靶点技术的校准系统，设计适用于盾构隧道构件的最优扫描路径，采用龙门架或 AGV 小车搭载三维激光扫描仪对构件进行三维扫描，形成点云数据传输至计算机进行软件处理。

（3）数据处理

将图像识别、传感技术等手段采集得到的各工序环节数据输入软件通过算法处理。若某生产环节的数据输出值超出预设范围，将根据数据信息触发反馈调节系统或异常情况报警系统。

三维扫描得到的盾构构件外形尺寸的点云数据，经软件（如 Geomagic Design）处理后生成构件三维模型，同步利用模型库及机器学习技术对逆建模模型特征进行识别提取和比对，获得构件外观控制点特征的量化数值反馈，完成逆建模过程。

（4）模型拟合

将逆建模得到的构件模型与设计原模型进行比对拟合，进行损伤鉴定与差异区域提取，计算得出损伤的形貌、轮廓、损伤体积及损伤程度，输出构件损伤可视化模型。利用统一数据存储格式（如 IFC 格式），丰富模型记录状态库信息，为智能化管理平台提供数据储备记录并丰富正向与逆向构件模型，以系统化数据平台实现检测与自动控制。

（5）反馈控制或报警

完成数据处理或模型拟合后，智能化生产线将自动输出结果进行反馈控制或报警。例如识别出模具定位出现偏差时需自动进行轨道调整或模具位置纠偏，归位后数据无误自动恢复生产工作；再如混凝土蒸汽养护后出现无法自动脱模情况应及时报警，生产暂停并安排人工排查混凝土成型质量或模具卡壳等问题。

模型拟合后输出可视化损伤情况报告，可根据损伤大小进行质量分级，较小损伤构件可进行表面修补，若构件质量存在较大问题，将触发不合格品警报，产品脱出生产线条，进行重新探伤或直接作废处理。

2）管理重点

（1）设备精确度

由于智能化生产系统中所有工序都依赖于轨道及自动化设备运行，设备精确度将直接影响各个生产环节，如模板清理、钢筋笼下放定位、收光抹面等工序；图像识别设备精确度也将直接影响模型精确度以及成型质量判断。由于某些构件成型精度要求较高，如预制管片裂缝最大宽度误差为 0.01mm，虽然目前较为先进的三维激光扫描技术设备可达到 0.01mm 精确度，但对于超大直径的预制构件来说，随机误差和设备性能误差较大，扫描的过程中也有很多扰动因素，并且工程现场环境差，会产生如扫描角度受限、对比度较低、空气粉尘影响光线反射等多方面问题，这些都将导致构件扫描检测的难度较高。因此提高设备精度是保证智能化生产线的生产质量和效率的关键。

（2）型号多样性

由于不同的建筑物和构筑物中构件的形状、材质设计情况差异，因此预制构件的尺寸有很多型号规格，对于预制构件生产来说需要配备不同的模具。在智能化生产线中，对于不同的构件型号，需要进行单独的系统设计，每一个环节的操作时间以及机械臂行程等均需要根据构件型号进行预设和调整，若涉及设备改造，将会造成较大成本。因此，智能化生产线对于不同预制构件型号的适应性需进一步提升。

（3）经济性

预制构件生产线所需的智能化设备、关键技术成本较高，进行智能化生产线研究或实际项目应用多为大型企业所进行的创新尝试，并未形成较为完整的产业结构和市场红利，因此经济实力较弱的厂商或施工单位很难采用智能化生产线进行生产，对于智能化生产线的推广造成了一定的困难。

4.3 建造现场空间布局优化

设备布局规划在制造系统的规划和重构中起着至关重要的作用。优良的设备布局能加快物流处理的效率，减少在制品和库存，提高企业的生产率。目前的预制构件自动生产厂商主要专注于混凝土和钢结构构件的生产，如房屋、桥梁、隧道和盾构管片等。然而，许多预制构件自动生产现场的人/机/材空间布局存在着不合理的情况，这导致建造过程中人员、设备和材料之间的组织不协调，从而降低项目施工效率、增加成本并降低安全性。而模型的数字化平台还可以根据预制构件厂提供的构件生产中的划线定位、模具拼装、振捣浇筑和脱模养护等一系列工序信息，对标准化的预制构件生产流程进行记录。在将来新建预制构件厂时，平台可以为新建厂提供预制构件生产流水线的相关信息，可辅助新建厂进行选址、工作区规划和设备购买，并提供标准化的构件生产流程，辅助新建厂实现高标准、高要求和高效率的生产。某预制混凝土构件生产线建造现场如图 4-24 所示。

优化构件建造现场的人/机/材空间布局具有重要的意义。通过合理的人/机/材空间布局，可以优化建造工序，减少人员和设备之间的冲突和干扰，提高建造效率，缩短构件建造周期，并减少不必要的等待和调整时间。优化布局还可以降低人员和设备的移动距离和运输路径，从而降低物料搬运和人力运输成本，还可以减少设备和材料的闲置时间，提高资源利用率，并降低施工成本。对于建造现场而言，合理的布局可以提高安全性。通过分隔人员和机械设备的工作区域，可以减少交叉作业和接触风险，确保紧急出口

图 4-24　某预制混凝土构件生产线建造现场

和通道的畅通，提高应急疏散能力，并降低事故发生的可能性，有助于改善施工团队之间的协同效率。

随着数字化技术和模块化建筑的兴起，构件自动化生产建造现场的人 / 机 / 材需求和布局面临新的挑战。优化布局可以更好地适应新技术和模式的应用，例如建筑信息模型（BIM）、模块化建筑和无人机等，从而提高建造现场的协同性和自动化水平。通过科学合理的布局设计和优化方法，可以实现建造现场管理的现代化和可持续发展。

4.3.1　建造现场空间布局优化目的与原则

将制造业车间空间布局的理论引入装配式建筑项目的预制构件生产中，并结合混凝土预制构件生产人 / 机 / 材空间布局的特点，以物资运输时间和运输成本为优化目标，建立相应的数学模型。考虑厂内物流运输频率，单次运输价格以及运输时间，并采用智能算法对模型进行求解，得到更为科学合理的预制构件厂布局方法，用以替代传统的仅依据管理者经验进行布局的方法。装配式建筑的特点是构件在工厂预制，现场只需进行组装，因此建造现场的空间布局对于提高施工效率至关重要，2020~2022 年中国装配式建筑市场规模如图 4-25 所示。

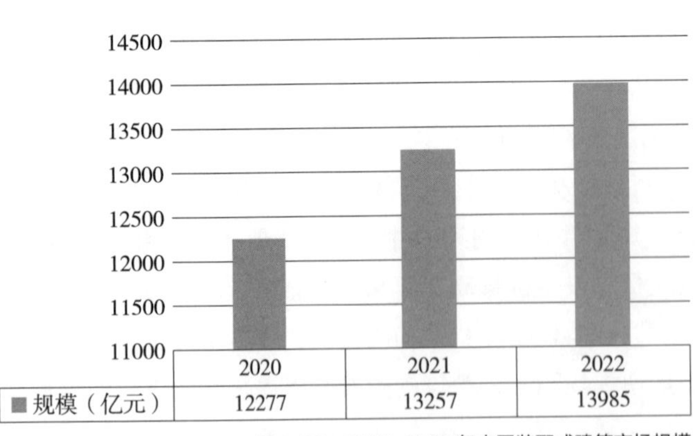

图 4-25　2020~2022 年中国装配式建筑市场规模

充分统一人、机、料、法四要素是现场人 / 机 / 材空间布局的首要原则。它涉及协调和整合人员、机械设备、物资材料和工作方法等要素，以确保施工现场高效运作和资源优化利用。

在现场人 / 机 / 材空间布局中，

最短距离原则是指在建造现场空间布局中尽量将各要素之间的距离最短化，以减少时间和资源的浪费，提高工作效率。通过将常用工具和材料放置在离工作区域最近的位置，工人在工作中能够更快地获取所需物品，减少移动时间。通过考虑生产流程路线、储存设施位置和生产区域划分等因素，最小化移动距离，可以提高效率。

人流、物流畅通原则是指在现场人 / 机 / 材空间布局中，要尽量确保人员和物资流动的顺畅，并避免倒流和交叉现象的发生。这个原则的目的是提高工作效率，减少拥堵和混乱，保证生产过程的顺利进行。

充分利用立体空间原则是指在构件生产现场人 / 机 / 材空间布局中，尽可能减少空间的浪费，最大化地利用立体空间资源。这个原则的目的是提高空间利用效率，进而优化工作流程，提高生产效率和质量。同时，也能够减少对土地资源的占用，减少对环境的影响，优化构件自动化建造现场的布局。

建造现场人 / 机 / 材空间布局的安全满意原则是确保作业人员的安全和舒适。这包括设置安全通道、紧急出口和防护设备，提供足够的工作空间，放置安全设备在易于访问和可见的位置，以及进行作业人员的安全培训和提高其安全意识。通过这个原则，能够降低事故发生的风险，保障作业人员的安全。

建造现场人 / 机 / 材空间布局的灵活机动原则是分离水、电、气与作业台、采用弹性布局、合理利用空间、考虑安全、保持灵活性和可调整性。这样可以增加工作效率、优化生产流程、满足变化的需求。通过合理安排人力资源、机械设备、物资材料和工作方法，能够提高效率、缩短工期，并确保施工安全。

4.3.2 常见空间布局类型及优化类型

常见的建造现场人 / 机 / 材空间布局类型从形状来分，还分为线性布局、U 形布局、C 形布局。除了单元的布局形式外，单元的大小也是一个重要的考虑因素，对于产品重量较轻、体积较小、工艺相对集中的生产车间，可采用小型化的生产单元。每个单元一般只有 4~6 台设备，这类布局在优化时，单元内的运算成本很低，单元的优化目标主要是考虑单元间的运输。对于生产产品品种多、产品体积相差较大的企业，则更适合较大的成组单元。这类单元的特点是单元内的设备较多，一个单元内加工的零件也较多，且零件的需求也是不断变化的。这类大单元的布局优化主要是考虑单元内的布局，单元间的布局运输成本很低，基本可以忽略不计。图 4-26 展示了两类装配式 PC 混凝土自动化生产空间布局教学模型。选择适合的布局类型需要考虑构件建造工序的逻辑顺序、人员和设备的使用效率、材料供应路径、工作区域

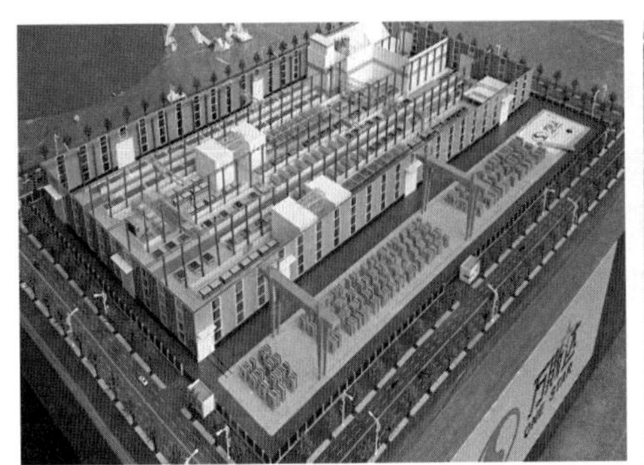

图 4-26　两类装配式 PC 混凝土自动化生产空间布局教学模型

及通道的安排，以及安全和紧急出口等要素。具体选择的决策还要考虑建造现场的实际情况、项目要求、施工管理和调度等因素进行综合分析。常见建造现场人 / 机 / 材空间布局类型特点以及适用情况如表 4-1 所示。

常见建造现场人 / 机 / 材空间布局类型特点以及适用情况　　表 4-1

类型	特点	适用情况
线性布局	将生产流程按照线性连续的方式进行布局，依次排列各个工序和设备	适合流水线式生产和较为简单的构件建造过程
U 形布局	将生产区域围绕一个中心点形成一个“U”字形的布局。这样可以减少物料和工人的运动距离，提高生产效率	适用于较大型的现场和复杂的构件建造过程
H 形布局	将生产区域划分成两个并行的“U”字形布局，通过一个连接通道连接起来	适用于有多个生产线或者工序较多的情况
网格布局	将生产区域划分成方格状的布局，每个方格对应一个工位或者设备	适用于需要严格划分控制每个工序的生产过程，如大规模的构件建造工厂
混合布局	根据具体生产的构件类型、生产过程的要求和现场条件，结合以上不同的布局类型，进行混合布局	充分发挥各种布局类型的优势，提高生产效率和空间利用率，可以灵活应对多样化的工序需求

建造现场人 / 机 / 材空间布局从仅由管理者的经验决定如何布置，发展到用科学的公式对制造现场内的设施进行布置，经历了很长一段时间。从目前的研究形式以及布置方案上来看，制造现场人 / 机 / 材布局主要包括三种优化问题，第一种是对生产车间进行空间上的优化，指的是将相关生产设施进行合理布局，使得其所占用的空间最小，从而缩小生产车间的占地面积，这种优化不考虑物资运输路径，一般适用于车间内物资流动频率低的生产车间，且优化方案一般在车间建成之前完成；第二种是生产设施之间的路径优化，即在生产车间的建筑已经完成之后，此时生产空间大小已经确定，通过对车间内的生产设施进行合理的布置，从而使得设施间物资运输路径最优，

值得注意的是，最优不一定是路径最短，在多种优化目标下，路径最短亦不一定是最优的方案；第三种则是二者混合，既要考虑生产车间的外部建筑占地问题，又要考虑物资运输路径上的最优，即为寻求空间和路径的均衡最佳。建造现场人 / 机 / 材布局优化关系如图 4-27 所示。

4.3.3 优化方法与技术

构件建造现场内设施的布局对生产成本影响很大。在过去，人 / 机 / 材空间布局总是依据管理者的经验去完成，如果在建造现场内设施较少，且物资流动较为简单情况下，依据管理者的经验也可基本上实现最优的布置，然而一旦建造现场内设施较多，且物资流动复杂，则管理者的经验就很难胜任，因此需要有更先进、更具有科学性的方式去完成建造现场布局任务。一般地，制造现场布局问题主要包括单目标优化问题和多目标优化问题。最初时，人们一般只是考量某一个目标，比如运费最少，或者运距最短，但往往在降低运费的同时可能会导致运输距离的增加，尽管在早期也有不少学者研究了多目标优化问题，但是由于早期解决方法的匮乏，导致多目标问题很难去求解。近年来，诸多学者提出了许多车间布局的方法，如图 4-28 所示。

1. 系统布局规划法（SLP）

系统化布置设计（Systematic Layout Planning），简称 SLP，是 20 世纪 60 年代由美国的学者理查德 · 缪瑟提出的一种十分有代表性的研究方法，理查德 · 缪瑟在 20 世纪 80 年代首次将这套理论应用于制造现场布局之中，并不断地发展和壮大，继而被运用到各种设施布置以及物流规划之中，它作为一种比较基础的程序模式，不但可以应用于各种工厂的新建、重建、扩建中对厂房的布置优化，各个作业单位的布置以及各设备的放置和调整，还能应用于医院、机场、图书馆、校园、餐饮服务、商店以及各类服务业的设计，也适用于对办公室以及实验室等的设计。系统化布置设计（SLP）是针对项目进行布置的一套有条理的、循序渐进的、对各种布置都适用的方法。总的来说，系统化布置设计将车间布局从定性发展到了定量，其实现步骤为，首先对物流以及非物流关系进行分析，然后作出作业单位位置以及相关图，最后进行评价选优，选取出最佳的平面布置方案。进行工厂的设施布置时，起初要对所生产产品进行相关性分

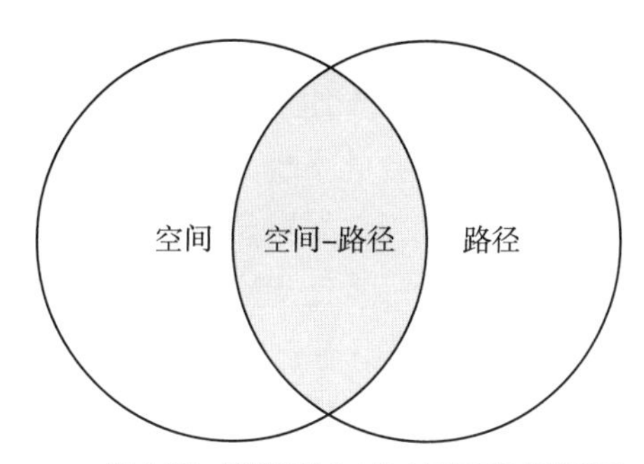

图 4-27　建造现场人 / 机 / 材布局优化关系图

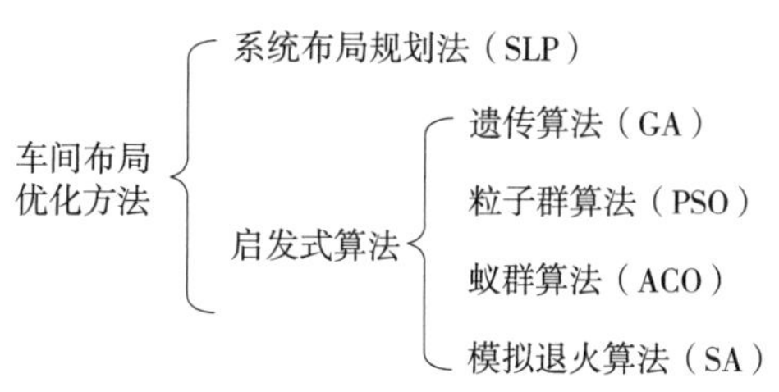

图 4-28　建造现场人 / 机 / 材空间布局方法

析，根据产品P和产量Q，来确定它的生产类型、工艺路线、划分作业单位，明确必要的生产辅助部门。SLP方法具有严格的操作过程，每项布置设计通常要经过四个阶段，即确定位置、总体区分、详细布置以及实施，每一步都必须规范地进行，才能保证方法的准确性。四个阶段要按照顺序进行，其中，第一个阶段以及第四个阶段不属于真正的布置设计工作，而第二个阶段和第三个阶段即总体区分和详细布置则是布置设计的主要内容。

2. 启发式算法

由于车间设施布局的组合特性，传统方法、精确算法以及系统布局规划法等设计烦琐、适用范围有限，对复杂系统难以形成优秀方案。然而启发式技术却很好地规避上述弊端，启发式算法主要包括遗传算法（GA）、模拟退火算法（SA）、粒子群算法（PSO）、蚁群算法（ACO）等算法。

遗传算法（Genetic Algorithm，GA）是模拟达尔文生物进化论的自然选择和遗传学机理的生物进化过程的计算模型，是一种通过模拟自然进化过程搜索最优解的方法。遗传算法是从代表问题可能潜在的解集的一个种群（population）开始的，而一个种群则由经过基因（gene）编码的一定数目的个体（individual）组成。每个个体实际上是染色体（chromosome）带有特征的实体。染色体作为遗传物质的主要载体，即多个基因的集合，其内部表现（即基因型）是某种基因组合，它决定了个体形状的外部表现，如黑头发的特征是由染色体中控制这一特征的某种基因组合决定的。

模拟退火算法（Simulated Annealing，SA）最早的思想是由N.Metropolis等人于1953年提出。1983年，S.Kirkpatrick等成功地将退火思想引入到组合优化领域。它是基于Monte-Carlo迭代求解策略的一种随机寻优算法，其出发点是基于物理中固体物质的退火过程与一般组合优化问题之间的相似性。模拟退火算法从某一较高初温出发，伴随温度参数的不断下降，结合概率突跳特性在解空间中随机寻找目标函数的全局最优解，即在局部最优解能概率性地跳出并最终趋于全局最优。模拟退火算法是一种通用的优化算法，理论上算法具有概率的全局优化性能，目前已在工程中得到了广泛应用，诸如VLSI（超大规模集成电路）、生产调度、控制工程、机器学习、神经网络、信号处理等领域。

粒子群算法，也称粒子群优化算法或鸟群觅食算法（Particle Swarm Optimization），缩写为PSO，是由J.Kennedy和R.C.Eberhart等开发的一种新的进化算法（Evolutionary Algorithm，EA）。PSO算法属于进化算法的一种，和模拟退火算法相似，它也是从随机解出发，通过迭代寻找最优解，它也是通过适应度来评价解的品质，但它比遗传算法规则更为简单，它没有遗传算法的“交叉”（Crossover）和“变异”（Mutation）操作，它通过追随当前搜索到的最优值来寻找全局最优。这种算法以其实现容易、精度高、收敛快等优点引起了学术界的重视，并且在解决实际问题中展示了其优越性。粒子群算法基于群体根据对环境的适应度将群体中的个体移动到好的区域。然而它不对个体使用演化算子，而是将每个个体看作是多维搜索空间中的一个没有体积的微粒，在搜索空间中以一定的速度飞行，这个速度根据它本身的飞行经验和同伴的飞行经验来动态调整。且粒子群算法是一种并行算法，因此其优化时长更短。

蚁群系统（Ant System 或 Ant Colony System）是由意大利学者 Dorigo、Maniezzo 等人于20世纪90年代首先提出来的。他们在研究蚂蚁觅食的过程中，发现单个蚂蚁的行为比较简单，但是蚁群整体却可以体现一些智能的行为。例如蚁群可以在不同的环境下，寻找最短到达食物源的路径。这是因为蚁群内的蚂蚁可以通过某种信息机制实现信息的传递。后又经进一步研究发现，蚂蚁会在其经过的路径上释放一种可以称之为“信息素”的物质，蚁群内的蚂蚁对“信息素”具有感知能力，它们会沿着“信息素”浓度较高路径行走，而每只路过的蚂蚁都会在路上留下“信息素”，这就形成一种类似正反馈的机制，这样经过一段时间后，整个蚁群就会沿着最短路径到达食物源。

3. 遗传算法与多目标优化布局方法

本章节将具体介绍遗传算法与多目标优化布局方法，生物在漫长的进化过程中，从低等进化到高等，是一个精妙的优化过程。遗传算法（Genetic Algorithm）是一种进化算法，它通过模仿自然界的选择与遗传的机理来寻找最优解，遗传算子有三个基本算子：选择、交叉和变异，遗传算法的基本原理是仿效生物界中的“物竞天择、适者生存”的演化法则。一般的迭代算法很容易陷入局部最优，使得迭代无法进行，导致算法效果不良。但遗传算法作为一种全局优化算法，刚好克服了这一缺点。遗传算法不是对问题直接求解，而是通过对问题参数进行编码，再利用迭代的方式进行选择、交叉以及变异等运算来交换种群中的染色体信息，最终得到符合优化目标的染色体。在遗传算法中，染色体对应的是数据或者数组，通常是由一维的串结构数据来表示，串上各个位置对应基因的取值。因此遗传算法在一开始需要实现从表现型到基因型的映射，即编码工作。由于仿照基因编码的工作很复杂，我们往往进行简化，如二进制编码，有时也可使用十进制编码。遗传算法的主要求解步骤包括编码、解码、初始化群体、适应度评估、选择、交叉以及变异。遗传算法的基本逻辑如图 4-29 所示。

现实中大多数工程设计问题都有多个优化目标，在对这些目标进行优化时，可能需要求出这些目标的最大值或者最小值，当然是在相应的约束条件下完成。与单目标问题不同之处在于，单目标问题可以求出最优解，而对

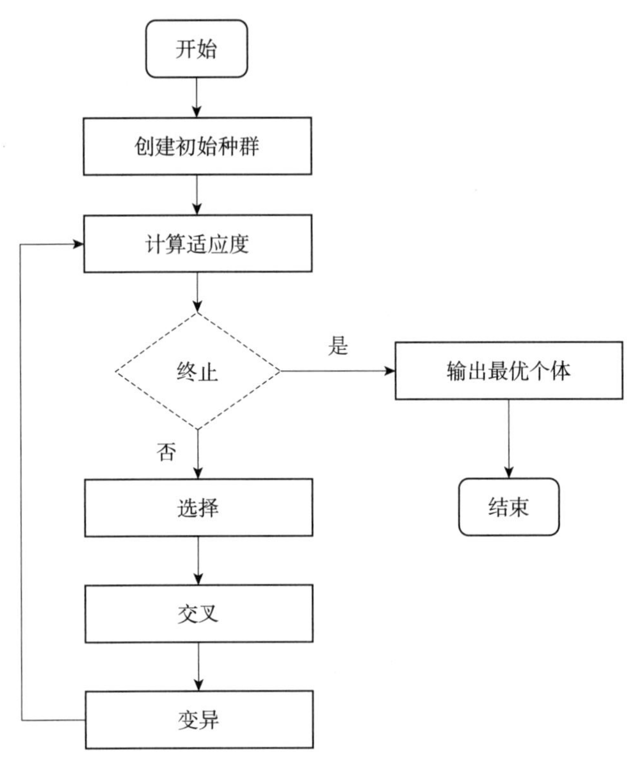

图 4-29　遗传算法的基本逻辑图

于多目标问题，多个目标之间可能存在矛盾，即一个目标的优化只能以另一个目标的劣化为代价，难以同时实现所有目标的最小值或者最大值，而只能在这些目标中进行协调，尽量使各个目标达到最优。这种优化目标数量为两个或两个以上且需要同时对优化目标进行处理的优化问题称为多目标优化（Mutli-Objective Optimization，MOO）问题。多目标问题的数学模型如式（4-1）所示。

$$\begin{cases} V\text{-Min}\, f_{(x)}=[f_1(x),\ f_2(x),\ f_3(x)\ ...f_n(x)] \\ s.t. x\in X,\ X\in R^{\mathrm{m}} \end{cases} \tag{4-1}$$

式中　V-Min——向量极小化，表示使得向量 $f_{(x)}$ 中的各个子目标函数都尽可能的小；

$f_1(x)$——各个目标函数，多个目标函数组成了目标函数向量 $f_{(x)}$；

x——可行解；

X——可行解的集合；

R^{m}——目标函数的约束条件。

多目标优化问题一般是求得 Pareto 最优解，因为在大多数情况下，多目标优化难以使得所有目标都同时达到最优。如果优化目标是求极小值，从图 4-30 可以看出目标函数之间的冲突，A、B、C 三点是 Pareto 最优解，可以发现在这三点处，一个目标的减少必伴随着另一个目标函数的增加。

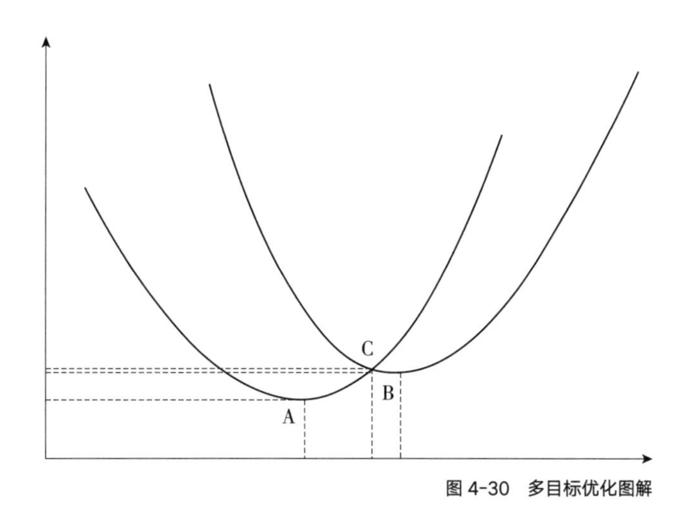

图 4-30　多目标优化图解

多目标优化问题的方法主要包括传统方法和多目标智能优化算法，传统的多目标求解方法主要包括权重法和数学规划法，权重法是指对不同的优化目标依据需求设置权重，然后累加，最后依据单目标的优化方法进行求解，数学规划的方法主要是依据运筹学、管理学以及经济学的一些方法对多目标问题进行系统的规划，最后得出满意解。在传统的多目标优化方法中，权重法需要管理者提出相应的需求，并进行量化，然而有时管理者很难将自己的需求量化并带入数学模型中，而数学规划法则需要管理者充分利用各个方面的知识，逻辑复杂，规划起来很是麻烦，并且对于目标复杂的情况，数学规划法很难求到最优解。多目标智能优化算法主要是指遗传算法，是通过数学建模，然后用算法对数学模型进行求解的一种优化方法，采用智能优化算法可以在很大程度上降低人工规划的工作量，可以提升效率，并且很容易求得最优解，因此近年来智能算法已经成了主流的多目标优化方法。

4.3.4　多目标遗传算法

1. 遗传算法与多目标优化布局方法

帕累托最优（Pareto），最早由意大利经济学家维夫雷多·帕累托使用，又称为帕累托效率，是经济学的重要概念，并且在工程等学科中有着广泛的应用。所谓帕累托最优是指资源分配的一种理想状态，假设在给一群人分配资源，从一种分配状态到另一种状态的变化中，不存在一种方案，在没有使得任何人境况变坏的前提下，使得至少一个人的状态变得更好，则现在的这种分配状态就叫帕累托最优，帕累托最优状态就是不可能再有帕累托改进的余地。帕累托均衡的数学表述如下：

对于多目标优化问题，目标函数空间，$F(X)=f_i(X)$，$i=1$，$2\cdots n$，解空间 $X=X_i$，对任意给定的两个决策变量 X_a 和 X_b，（值得注意的是 X_a 和 X_b 并不是一个数值，而是代表一种方案），都有 $F(X_a)>F(X_b)$，即在参数空间中的所有目标函数 $f_1(X_a)>f_1(X_b)$，$f_2(X_a)>f_2(X_b)$，…，$f_n(X_a)>f_n(X_b)$，则称方案 X_a 优于 X_b。

帕累托最优存在着一种支配关系，如果对于方案 X_a 和 X_b，$F(X_a)>F(X_b)$，则 X_a 支配 X_b；

如果 $F(X_a)\geqslant F(X_b)$，则 X_a 弱支配 X_b；若在目标函数空间 $F(X)$ 中 $f_m(X_a)>f_m(X_b)$，$f_m(X_a)<f_m(X_b)$，则 X_a 与 X_b 互不支配。

如果对于一个方案 X_a，在解空间 X 中，不存在 X_i 支配 X_a，则称 X_a 是帕累托最优解。

2. 遗传算法设计

1）NSGA 算法

NSGA-Ⅱ算法是 NASGA 算法的改进算法，因此说起 NSGA-Ⅱ算法就必须先说到 NSGA 算法。NSGA 算法是非支配排序遗传算法（Non-dominated Sorting Genetic Algorithms）的简称，其是简单遗传算法基于帕累托最优进行改进而得到的新算法，二者的基本区别在于 NSGA 算法在得到种群之后，在选择算子运算之前依据个体之间的支配关系对种群进行了相应的分层。其选择算子、交叉算子和变异算子与简单遗传算法并没有别的区别。其基本实现步骤为：

（1）基于目标函数标记非支配个体，如此重复直到找出种群中的所有非支配个体，通过上述步骤我们得到了第一级非支配最优层，然后赋予它们一个共享的虚拟适应度值。

（2）忽略上面已经在第一个非支配最优层的所有个体，然后重复（1）中的步骤和方法，得到第二级非支配最优层。

（3）重复（1）、（2）步骤，不断忽略计算，最终将种群中所有的个体分层。

值得注意的是在上述步骤中，级数越大，虚拟适应度值越小；反之，级数越小，虚拟适应度值越大。这样可以保证在选择操作中等级较低的非支配个体有更多的机会被选择进入下一代，使得算法以最快的速度收敛于最优区域。另一方面，为了得到分布均匀的 Pareto 最优解集，就要保证当前非支配层上的个体具有多样性。NSGA 中引入了基于共享策略的小生境（Niche）技术，所谓的小生境技术是指将每一代个体划分为若干类，每个类中选出若干适应度较大的个体作为一个类的优秀代表组成一个群，再在种群中以及不同种群之间杂交，变异产生新一代个体群。共享策略是指通过适应度共享函数对原先指定的虚拟适应度值进行重新指定，共享函数是表示种群中两个个体之间密切关系程度的一个函数，其数学表达式如式（4-2）所示。

$$s(d(i,j))=\begin{cases}1-\left(\dfrac{d(i,j)}{\sigma_{share}}\right), & d(i,j)<\alpha_{share}\\ 0, & 其他\end{cases} \tag{4-2}$$

式中，σ_{share} 为共享半径；α 为设定的一个常数；$d(i,j)=\sqrt{\sum(x_i^a, x_i^b)^2}$，表示两个个体之间的欧式距离。NSGA 算法虽然能够解决多目标优化问题，但其本身亦存在着一些缺点，主要包括如下两个方面：

（1）最重要的一点就是计算复杂度过高，其计算复杂度为 $O(mN^3)$，其中 m 为目标函数的数量，N 为种群中个体的数量，可以发现种群中个体的数量对算法的复杂度影响极大，当种群数量过多时会使运算时间极速增加，所以其优化效率较低，难以满足多数工程优化的需要。

（2）在 NSGA-Ⅱ 中提出的精英策略可以提高优化效率，缩短优化时间，而且可以保证满意解的保留，将优秀的基因遗传给下一代，而 NSGA 算法则不具备这样的条件。

2）NSGA-Ⅱ 算法

在 2000 年，Deb 针对 NSGA 算法的缺陷进行了优化改进，提出了带精英策略的非支配排序遗传算法（NSGA-Ⅱ），NSGA-Ⅱ 是目前最流行的多目标遗传算法之一。NSGA-Ⅱ 算法的优点主要包括三个方面：

（1）使用了快速非支配算法，对算法的计算复杂度进行了优化，使得计算复杂度由 $O(mN^3)$ 降低到了 $O(mN^2)$。

（2）使用了拥挤度和拥挤度比较算子，在很大程度上保证了种群的多样性。对每个 Pareto 层级中的个体依据其目标函数值进行排序。对于目标函数 $f_i(X)$，设 $\max f_i(X)$ 为同层级中所有个体中的最大值，$\min f_i(X)$ 为同层级中所有个体中的最小值。则拥挤度如式（4-3）所示。

$$n_d=n_d+\frac{f_i(X+1)-f_i(X-1)}{\max f_i(X)-\min f_i(X)} \tag{4-3}$$

因为拥挤度计算是一个迭代的过程，所以 n_d 一般初始化为 0。

（3）使用了精英策略。精英策略的实现过程包括，首先将子代和父代进行合并生成新种群，值得注意的是新种群并不是新的父代。然后依据 Pareto 等级从低到高，将新种群放入新的父代之中，其中每层中个体的排序方法为依据拥挤度从大到小。精英策略保证了优良个体可以进入下一代，可以快速地提高种群的优良程度。

4.3.5 案例分析

1. 案例背景

本案例是参考某企业的混凝土预制构件生产车间后，所编辑的仿真案例。该车间大小为 100m × 280m，共 4 跨，单跨宽 25m，可生产简单构件和复杂构件，简单构件如叠合板、三明治墙等，复杂构件包括楼梯、整体式卫生间。建造现场人 / 机 / 材布局布置图如图 4-31 所示。其中灰色矩形代表各种设施。斜线区域是已占用区域，不可再布置设施。1~14 号设施是将要布置的设施，15~19 号设施是已经布置好的设施。车间内部的道路在各设施内部，因此这里不再考虑。

12 号设施是半自动生产线，在生产中只需要在生产线的起始位置布置好模具、钢筋、预埋件以及其他一些材料并浇灌混凝土，然后在生产线的终止位置拆模即可。而在中间位置不涉及物资的搬运，因此在这里半自动生产线的坐标不再取其投影中心，而是定义模具布置处为 12A 和模具拆卸处为 12B，并以 12A 和 12B 的坐标为运输距离计算的依据。各设施的详细信息如表 4-2 所示。

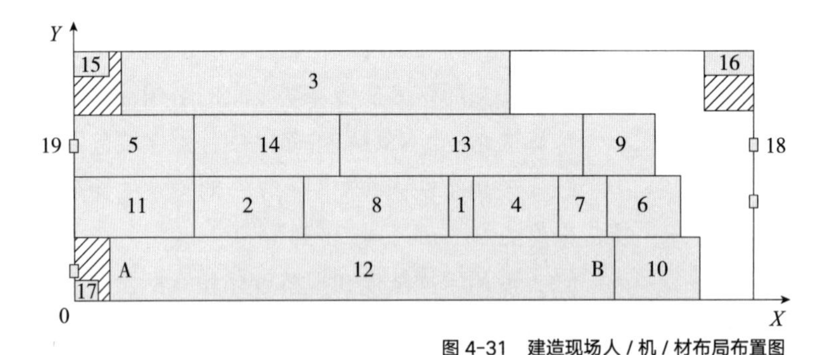

图 4-31 建造现场人 / 机 / 材布局布置图

预制构件生产车间中的各种设施表 表 4-2

设施编号	设施名称	设施数量	是否固定	长（m）× 宽（m）	面积（m^2）
1	实验室与办公室	1	否	10 × 25	250
2	钢材存放区	1	否	45 × 25	1125
3	成品构件存放区	1	否	160 × 25	4000
4	模具清洗堆放区	1	否	35 × 25	875
5	混凝土搅拌站	1	否	50 × 25	1250
6	库房	1	否	30 × 25	750
7	废料堆放区	1	否	20 × 25	500
8	钢筋绑扎加工区	1	否	60 × 25	1500
9	设备模板维修区	1	否	30 × 25	750

续表

设施编号	设施名称	设施数量	是否固定	长（m）× 宽（m）	面积（m^2）
10	构件清洗修补区	1	否	40 × 25	1000
11	砂石料存放区	1	否	50 × 25	1250
12	半自动生产线	1	否	200 × 25	5000
13	固定模台	1	否	100 × 25	2500
14	其他构件生产区	1	否	60 × 25	1500
15	换热站	1	是		
16	变电所	1	是		
17	厕所	1	是		
18	大门	1	是		
19	大门	1	是		

设施间物流频率取车间生产效率最高时的设施间物流频率，单位为次/天，详细如表 4–3（a）和表 4–3（b）所示。

设施间物流频率（单位：次/天） 表 4–3（a）

	1	2	3	4	5	6	7	8	9	10
1	0									
2	0	0								
3	0	0	0							
4	0	0	0	0						
5	2	0	0	0	0					
6	0	0	0	0	0	0				
7	0	3	2	2	2	2	0			
8	0	28	0	0	0	3	3	0		
9	0	0	1	0	0	1	2	0	0	
10	0	0	48	0	0	0	5	0	0	0
11	0	0	0	0	32	0	2	0	0	0
12A	0	0	0	32	14	14	2	24	0	0
12B	0	0	0	32	0	0	2	0	0	24
13	0	0	0	32	12	12	2	12	0	0
14	0	0	8	20	8	8	2	8	0	0
15	0	0	0	0	0	0	0	0	0	0
16	0	0	0	0	0	0	0	0	0	0
17	0	0	0	0	0	0	0	0	0	0
18	0	0	27	0	0	8	0	0	0	0
19	0	24	0	0	0	0	2	0	0	0

设施间物流频率（单位：次 / 天）　　表 4–3（b）

	11	12A	12B	13	14	15	16	17	18	19
1										
2										
3										
4										
5										
6										
7										
8										
9										
10										
11	0									
12A	0	0								
12B	0	0	0							
13	0	0	0	0						
14	0	0	0	0	0					
15	0	0	0	0	0	0				
16	0	0	0	0	0	0	0			
17	0	0	0	0	0	0	0	0		
18	0	0	0	0	0	0	0	0	0	
19	28	0	0	0	0	0	0	0	0	0

设施间单位距离的物资运输费用如表 4–4（a）和表 4–4（b）所示。

单位距离运费表（单位：1×10^{-1} 元）　　表 4–4（a）

	1	2	3	4	5	6	7	8	9	10
1	0									
2	0	0								
3	0	0	0							
4	0	0	0	0						
5	0.7	0	0	0	0					
6	0	0	0	0	0	0				
7	0	0.7	0.7	0.7	0.7	0.7	0			
8	0	0.7	0	0	0	0	0.7	0		
9	0	0	0	0.7	0	0	0.7	0.7	0	
10	0	0	2.4	0	0	0	0.7	0	0	0

续表

	1	2	3	4	5	6	7	8	9	10
11	0	0	0	0	3.6	0	0.7	0	0	0
12A	0	0	0	0.7	3.6	0.7	0.7	0.7	0	0
12B	0	0	0	0	0	0	0.7	0	0	2.4
13	0	0	0	0.7	3.6	0.7	0.7	0.7	0	2.4
14	0	0	2.4	2.4	3.6	0.7	0.7	0.7	0	0
15	0	0	0	0	0	0	0	0	0	0
16	0	0	0	0	0	0	0	0	0	0
17	0	0	0	0	0	0	0	0	0	0
18	0	0	2.4	0	0	0	0	0	0	0
19	0	3.6	0	0	0	3.6	3.6	0	0	0

单位距离运费表（单位：1×10^{-1}元） 表 4-4（b）

	11	12A	12B	13	14	15	16	17	18	19
1										
2										
3										
4										
5										
6										
7										
8										
9										
10										
11	0									
12A	0	0								
12B	0	0	0							
13	0	0	0	0						
14	0	0	0	0	0					
15	0	0	0	0	0	0				
16	0	0	0	0	0	0	0			
17	0	0	0	0	0	0	0	0		
18	0	0	0	0	0	0	0	0	0	
19	3.6	0	0	0	0	0	0	0	0	0

在生产车间内，主要运输工具包括手推液压车、电动叉车和混凝土运料车三种，其中手推液压车的运行速度为2m/s，电动叉车的运行速度为3m/s，混凝土运料车的运行速度为3m/s。依据各个设施之间的运输工具，确定单位距离所需的运输时间，如表4-5（a）和表4-5（b）所示。

运输速度表（单位：m/s）　　表4-5（a）

	1	2	3	4	5	6	7	8	9	10
1	0									
2	0	0								
3	0	0	0							
4	0	0	0	0						
5	0	0	0	0	0					
6	0	0	0	0	0	0				
7	0	2	2	2	2	2	0			
8	0	2	0	0	0	0	2	0		
9	0	0	0	2	0	0	2	2	0	
10	0	0	3	0	0	0	2	0	0	0
11	0	0	0	0	2	0	2	0	0	0
12A	0	0	0	2	3	2	2	2	0	0
12B	0	0	0	0	0	2	0	0	0	3
13	0	0	0	2	3	2	2	2	0	3
14	0	0	3	3	3	2	2	2	0	0
15	0	0	0	0	0	0	0	0	0	0
16	0	0	0	0	0	0	0	0	0	0
17	0	0	0	0	0	0	0	0	0	0
18	0	0	3	0	0	0	0	0	0	0
19	0	2	0	0	0	2	2	0	0	0

运输速度表（单位：m/s）　　表4-5（b）

	11	12A	12B	13	14	15	16	17	18	19
1										
2										
3										
4										
5										
6										
7										

续表

	11	12A	12B	13	14	15	16	17	18	19
8										
9										
10										
11	0									
12A	0	0								
12B	0	0	0							
13	0	0	0	0						
14	0	0	0	0	0					
15	0	0	0	0	0	0				
16	0	0	0	0	0	0	0			
17	0	0	0	0	0	0	0	0		
18	0	0	0	0	0	0	0	0	0	
19	2	0	0	0	0	0	0	0	0	0

2. 优化分析

优化基本参数为：NIND=300，MAXGEN=2000，p_x=0.9，p_m=0.02，η_c=20，η_m=20，算法寻优时长为370s。通过优化得到的Pareto最优解为两个，相距较近，两个帕累托最优解P1和P2的值如表4-6所示。

Pareto解　　表4-6

Pareto解	费用目标函数（F1）	时间目标函数（F2）
P1	5991.6	15536.6
P2	6156.4	14590.7

其中P1建造现场人/机/材布局方案如图4-32所示，P1布局方案各设施坐标如表4-7所示，P2建造现场人/机/材布局方案如图4-33所示，P2布局方案各设施坐标如表4-8所示。

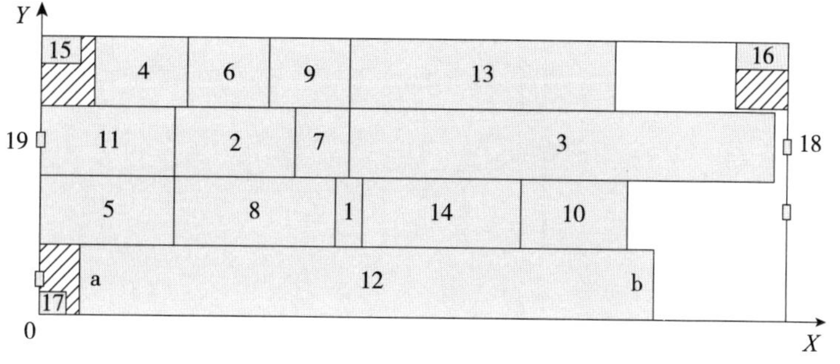

图4-32　P1建造现场人/机/材布局方案

P1 布局方案各设施坐标　　表 4-7

设施编号	坐标（x，y）	设施编号	坐标（x，y）
1	（115，37.5）	11	（25，62.5）
2	（72.5，62.5）	12A	（16，12.5）
3	（195，62.5）	12B	（216，12.5）
4	（37.5，87.5）	13	（165，87.5）
5	（25，37.5）	14	（150，37.5）
6	（70，87.5）	15	（7.5，95）
7	（105，62.5）	16	（270，95）
8	（80，37.5）	17	（5，6.25）
9	（100，87.5）	18	（280，62.5）
10	（200，37.5）	19	（0，62.5）

P2 布局方案各设施坐标（单位：m/s）　　表 4-8

设施编号	坐标（x，y）	设施编号	坐标（x，y）
1	（115，37.5）	11	（25，62.5）
2	（72.5，62.5）	12A	（16，12.5）
3	（195，62.5）	12B	（216，12.5）
4	（37.5，87.5）	13	（165，87.5）
5	（25，37.5）	14	（150，37.5）
6	（70，87.5）	15	（7.5，95）
7	（105，62.5）	16	（270，95）
8	（80，37.5）	17	（5，6.25）
9	（100，87.5）	18	（280，62.5）
10	（200，37.5）	19	（0，62.5）

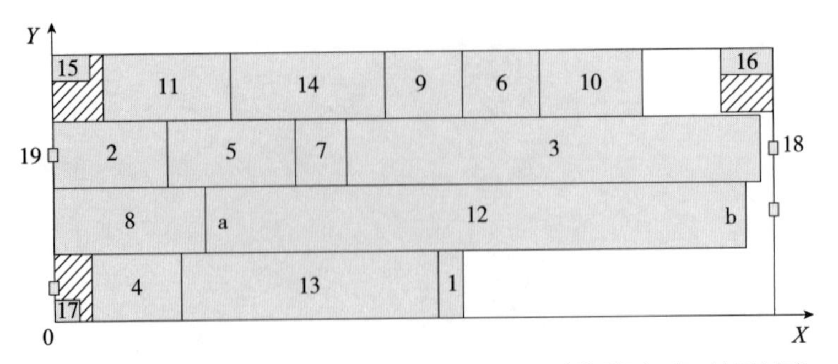

图 4-33　P2 建造现场人 / 机 / 材布局方案

由时间成本与原布局方案的对比可知，其中 P1 方案的时间成本降低约 24%，P2 方案的时间成本降低了约 29%。由费用成本与原方案的对比可知，其中 P2 方案的费用成本降低了约 45%，P2 方案的费用成本降低了约 43%。优化结果较为明显，能在很大程度上降低预制构件在生产中的运输成本。

从实际意义上讲，本节的优化方案以及优化结果能够为管理者提供定量化的决策方案，管理者可以直观地看到每种方案所对应的时间成本和费用成本。而且，通过优化结果，管理者不仅可以知道优化结果所对应的方案比原方案降低了多少成本，还可以对新的方案之间进行对比，从而选择更好的布局方案。

4.4 集成自动路径规划的构件运输装备

在制造和建筑行业中，构件生产和运输是一个重要的环节。传统的构件生产和运输通常依赖于人工操作，需要人员进行构件的制造和搬运。然而，随着科技的发展和自动化技术的进步，越来越多的企业开始探索集成自动路径规划的构件运输装备，以提高生产效率、降低成本并改善工作环境。

集成自动路径规划的构件运输装备可以根据预设的算法和规则，自主计算和选择最佳路径，避开障碍物，实现构件的高效运输。这些装备通常配备先进的传感器技术，如激光导航、摄像头、磁导航等，用于感知环境和获取位置信息，还配备了控制系统和执行机构，能够根据路径规划结果实现自主移动和运输。

集成自动路径规划的构件运输装备在实际应用中具有广泛的用途。例如，在制造行业中，它们可以用于生产线上的构件搬运、物料输送和装配工作。在建筑行业中，它们可以用于运输建筑材料、构件组装等任务。通过引入自动路径规划技术，这些装备可以减少人工干预，提高运输效率和准确性，并增加生产线的灵活性和可扩展性。如今市面上常见的集成自动路径规划构件运输装备如图 4-34 所示。

图 4-34 常见的集成自动路径规划构件运输装备

此外，集成自动路径规划的构件运输装备还可以提高工作环境的安全性。由于装备具备自主导航和路径规划功能，可以避免人员在繁忙或危险的区域进行操作，从而降低发生意外事件的风险。

综上所述，集成自动路径规划的构件运输装备代表了制造和建筑行业的自动化发展趋势，能够为企业带来更高的生产效率、更低的成本和更安全的工作环境。

4.4.1 构件运输装备概述

构件运输装备是指用于运输构件（例如零部件、建筑材料等）的特殊设备或机械。这些装备的主要任务是将构件从一个位置移动到另一个位置，以支持生产流程或完成特定的任务。

构件运输装备可以根据其功能和应用领域进行分类。目前智能建造的预制构件运输装备有自动导引车、自动堆垛机、空中吊运装备、无人机等。自动导引车（Automated Guided Vehicles，AGV）：AGV 是一种能够自主运行和导航的无人驾驶车辆。它们通常被用于物流、仓储和生产线等场景中的构件运输。AGV 可以根据预设的路线和程序在工厂或仓库中自动移动构件，提高运输效率和准确性。自动堆垛机（Automated Storage and Retrieval System，AS/RS）：AS/RS 是一种用于自动存储、检索和堆叠构件的装备。它们通常包括垂直升降机械臂、输送带和控制系统等部件，可以在仓库或生产线中高效地存储和检索构件，节省空间和人力成本；空中吊运装备：空中吊运装备如起重机、桁架和起重机等，用于在建筑、港口、船舶制造等领域中将重型构件悬吊和运输。这些装备通常配备强大的起重能力和精确操纵系统，可以安全高效地运输大型和重型构件。无人机（Unmanned Aerial Vehicles，UAV）：无人机在建筑和工程行业等领域中越来越常见，可以用于空中构件运输。无人机具有灵活性和机动性，可以在准确的路径规划下将构件快速、有效地运输到目的地。

而对于传统的预制构件运输，采用的运输装备有平板拖车、露天车辆、特种运输车辆、集装箱运输、微型运输设备，目前许多传统的运输装备仍在使用中，具有一定的用处。平板拖车：平板拖车是一种常见的运输装备，适用于中小型预制构件的运输，通常具有平整的载货平台和可调节的支架，可以容纳各种尺寸和重量的构件。平板拖车可以用拖车头牵引，并通过道路运输到目的地；露天车辆：对于大型和重型的预制构件，需要使用露天车辆进行运输，通常具有较大的载货空间和强大的承载能力，能够安全稳定地运输大型构件，可以根据需要调整平台高度，以便装卸构件；特种运输车辆：对于尺寸特别大或形状特殊的预制构件，可能需要使用特种运输车辆进行运输，特种运输车辆通常具有定制的设计和装备，以确保构件在运输过程中的安全和稳定；集装箱运输：对于跨国或远距离的预制构件运输，集装箱运输是常用的方式，预制构件装入标准集装箱中，然后使用船舶或铁路进行长途运输，可以保护构件不受外界条件的影响，运输过程更加安全高效；微型运输设备：在狭小的施工现场或有限空间中，可能需要使用微型运输设备，例如手推车、叉车和小型起重机，可以在有限的空间内搬运和安装预制构件。

4.4.2 自动导引 AGV

AGV，也被称为无人搬运车，依靠自身自动导向系统，在无需人工操作的情况下能够沿预定的路线将物料自动从起点运送到目的地，具有无人驾驶、柔性好、清洁生产等特点，受到广泛的应用和大众的青睐。市面常见的AGV 如图 4-35 所示。

AGV 是 Automated Guided Vehicle 的缩写，指装备有电磁或光学等自动导引装置，能够沿规定的导引路径行驶，具有安全保护以及各种移载功能的运输车。在工业应用中，AGV 不需要驾驶员，以可充电的蓄电池为动力来源。AGV 主要包括车辆、外围设备、现场部件以及固定控制系统。车辆是 AGV 的核心，主要执行运输任务。固定控制系统的任务是管理运输订单、优化日程，并通过预先定义的接口和其他控制系统进行通信。系统还负责与客户交互，并提供辅助功能，如图形可视化和统计分析。外围设备包括车辆的各种车载设备，如电池装载站和负荷传递机。

1. AGV 分类

根据使用场景和功能的不同，AGV 可以分为多种类型：

平台式 AGV：具有平台或货盘，用于搬运和运输各种形状和尺寸的构件，广泛应用于物流、仓储和生产线等场景。

搬运车式 AGV：专门设计用于搬运重型和大型构件，具有较大的承载能力和稳定性，常用于搬运机械、设备和大型工件等。

引导车式 AGV：主要用于引导其他非自动化的车辆或设备，配备导航设备，可以引导其他车辆或设备沿指定路线行驶。

翻转车式 AGV：通常用于需要在运输过程中旋转或翻转构件的场景，可以在运输过程中将构件翻转到特定的角度，以满足生产需求。

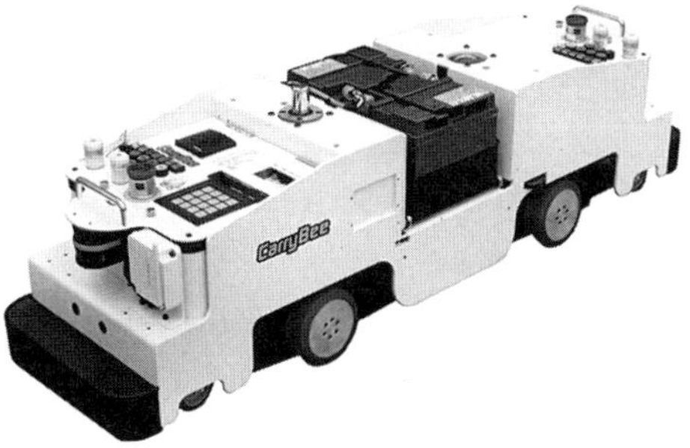

穿梭车式 AGV：专门设计用于在储存系统中搬运构件，可以在储存系统的巷道中自主运行，将构件从一个位置转移到另一个位置。

特殊型 AGV：除了上述类型外，还有一些特殊用途的 AGV，如精密组装 AGV 用于组装细小、精密的构件，清洁 AGV 用于清洁工作区域，充电 AGV 用于自动充电等。

图 4-35 市面常见的 AGV

选择合适的 AGV 类型时，需要考虑实际需求、环境要求和预算限制等因素。不同类型的 AGV 在设计、功能和应用场景上有所差异。

2. AGV 常见导航方式

不同的 AGV 按照不同的原理具有不同的导航方式，分别具有不同的优点与缺点，AGV 常见导航方式如表 4-9 所示。

AGV 常见导航方式　　表 4-9

导航方式	原理	优点	缺点
磁导航	磁导航传感器感应磁条产生的磁信号	成本低，实现简单	路径裸露，灵活性差，维修成本高
色带导航	光学传感器采集图像信号	成本低，实现简单	易损坏，地面平整性要求高
二维码导航	车载摄像头解析二维码获取坐标	相对灵活	二维码易被磨损
惯性导航 IMU	陀螺仪实时获取	成本低	随着运行时间增加，累计误差大
激光导航	发射激光束基于反射板进行定位	反光板可更换位置	反光板不能被遮挡，实现成本高
SLAM 自然导航	通过自然环境作为参照物	无需反光板，建图后即可使用	对环境轮廓依赖较大
混合导航	多种导航方式并用	适应性强，精度高	成本相对较高

4.4.3　AGV 的构造

结合构件自动生产建造现场特点，预制构件生产车间地面不宜安装磁条或色带，周围轮廓相对固定，同时需具备一定的适应能力，导航方式最终确定为混合导航：激光 SLAM+IMU。AGV 作为构件运输装备主要有四种配置方式：传统配置、单回路配置、区段式配置以及区域式配置。

1. 传统配置

在早期的生产系统中，车间里面多采用的是网络式 AGV 系统。这种系统中 AGV 的路径设置十分灵活，不需要遵循太多规则，但多个 AGV 一起工作时容易导致冲突、碰撞以及死锁等情况，因此，这种 AGV 系统的调度管理与路径规划是非常复杂的。

2. 单回路配置

由于传统 AGV 配置存在路径冲突、易死锁等问题，单回路配置方式就慢慢被使用在生产系统中。单回路配置方式中只有一条 AGV 路径，这条路径会将所有工位联系在一起，形成一个闭环，并且该路径只有一个方向，所以 AGV 的控制也相对比较简单。但由于所有 AGV 只能在一条路径上沿着同一方向运行，所以这种配置方式 AGV 的柔性不高，运行效率也很低，同时，AGV 的使用效率也比较低。

3. 区段式配置

区段式 AGV 系统中，将路径划分成若干个小段，每个小段上配置一辆 AGV，这辆 AGV 可以沿着路径双向运行运送物料，这种 AGV 的配置方式也能够解决冲突、碰撞等问题，但是，柔性程度比较低。

4. 区域式配置

区域式 AGV 系统也叫串联式 AGV 系统。区域式 AGV 系统结合了上述几种配置方式的特点，这种配置方式需要将整个车间区域划分成若干个互不重叠的单元，每个单元内配置一辆 AGV 负责物料的运输。这种 AGV 系统中也不会发生 AGV 冲突、碰撞等现象，从而 AGV 的控制和调度也比较容易，维护成本也比较低。每个区域也可以通过合理的划分与组合实现不同的生产功能，因此，这种配置方式具有很高的柔性。

AGV 需要背负上层预制构件，按照上层所需运输预制构件可以选用负载不同的背负式 AGV，可实现前进、后退、转弯等双向行驶功能。背负式重载 AGV 是专为背负大型物件如预制构件或重型产品设备等而设计的移动 AGV 小车，定制化强，可根据需求在 AGV 车体加装托盘、滚筒、举升等结构或直接背负，通常，背负式重载 AGV 采用双驱或四驱机构进行设计，能有效保证平稳安全运输，该 AGV 车能够满足预制构件自动生产工厂的预制构件运输。

背负式 AGV 的机构主要由机械系统、控制系统、动力系统这三部分组成，如图 4-36 所示。

4.4.4 自动路径规划原理和算法

1. 自动路径规划原理

自动路径规划是 AGV 控制系统的基本能力之一，也是 AGV 研究领域的核心问题之一。自动路径规划是指，在存在障碍物的环境中，根据某种评估标准，找到一条从起始位置到达预定目标位置的无碰撞最优路径。根据 AGV 在实际应用过程中目的的不同，自动路径规划的评估标准也有所不同。常见的几种评估标准有：最短时间、最短距离、最少能耗等。本文中涉及的 AGV

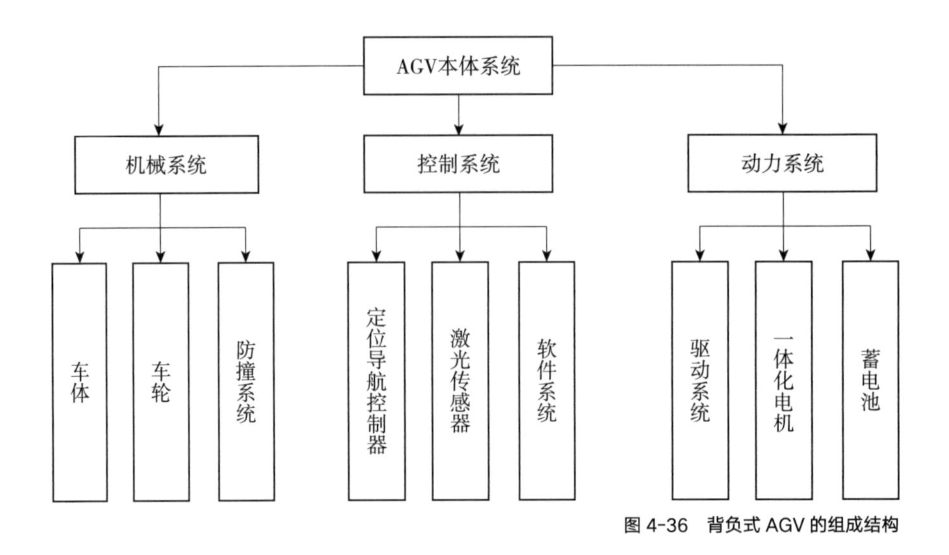

图 4-36　背负式 AGV 的组成结构

路径规划是基于二维平面的求解问题，其自动路径规划过程可以概括为以下三个方面，首先为 AGV 建立合理的环境模型，即将 AGV 执行任务的环境状态转换为地图特征信息；其次利用某种或某些算法加以研究、设计，为 AGV 寻找到从起始位置到达目标位置的合理路径；最后是选择一条能避开环境中障碍物的最优路径。自动路径规划的原理如图 4-37 所示。

图 4-37　自动路径规划原理图

2. 路径规划方法的分类

针对 AGV 路径规划方法有多种不同的分类标准，一般情况下，根据 AGV 对工作空间环境信息的掌握程度，将其分为全局路径规划（Global Path Planning）和局部路径规划（Local Path Planning）。前者全局路径规划又称为离线路径规划或静态路径规划。全局路径规划需要 AGV 在出发前预先掌握环境的全部障碍物信息才可以找到最优解，因此在环境建模过程中就会产生大量的计算任务，且其精确程度受 AGV 对环境信息的掌握情况影响。局部路径规划是指 AGV 只知道一部分环境信息或者是全部未知，在局部路径规划过程中 AGV 需要通过传感器来实时探索附近的障碍物信息和其他环境信息。基于局部路径规划较强的实时性和实用性，在存在动态障碍物的环境下常常使用这种方法，但是容易陷入局部最优状态，无法保证 AGV 能够寻找到最优路径。实际应用过程中，全局路径规划和局部路径规划没有根本意义上的区别，在很多情况下，这两种方法可以相互融合来使用，将某些全局路径规划算法加以改进之后可以应用到局部路径规划算法中。

3. 路径规划常用算法

许多国内外专家学者对 AGV 的路径规划问题进行了深入的探讨和研究，并提出了多种路径规划算法，本节对其中一些算法作简要介绍并分析各自的优缺点。

1）人工势场算法（Artificial Potential Field，APF），最先是在 1986 年由 Khatibt 和 Krogh 提出的。人工势场算法是 AGV 路径规划中一种简单易行且计算量较小的算法，其基本思想来源于物理学中势场的概念。人工势场算法提出，可以将 AGV 工作的目标环境看作一个人工虚拟势场，势场的负梯度会对 AGV 产生虚拟力。环境中的障碍物对 AGV 产生斥力，且障碍物与 AGV 之间距离越长，产生的斥力就越小。目标点对 AGV 产生引力，目标点与 AGV 之间距离越短，产生的引力就越大。引力和斥力形成的合力会对 AGV 产生推动作用，这样，既可以使 AGV 沿着合力方向向目标点靠近，又可以使 AGV 在运动过程中有效避开环境中的障碍物。

人工势场算法的原理比较简单，而且不需要大量运算，实时性好，得到了广泛的应用。但是该算法同样存在着一些缺陷，如陷入局部死锁、在与障碍物距离较近时易发生振荡等问题。人工势场算法运行流程图如图 4-38 所示。

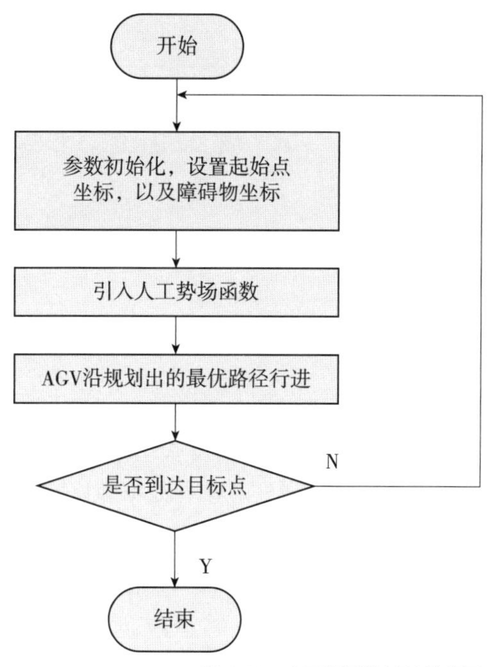

图 4-38　人工势场算法运行流程图

2）20 世纪 70 年代初，J.Holland 教授提出了基于生物进化论和遗传变异理论的遗传算法（Genetic Algorithm，GA）。遗传算法进行路径规划的工作原理是：首先，将路径种群中的所有个体初始化，按照适应度函数计算出种群中所有个体适应度的值；然后，选择适应度的值较高的个体进行交叉和变异操作，将适应度值较低的个体淘汰掉，从而保留下具有更强适应性的后代；之后，再对保留下来的优良个体继续进行选择、交叉、变异的操作，每次都按照“取优去劣”的原则进行遗传。这样经过多次迭代之后，最终就会得到一个最优个体，也就是所需的最优解。遗传算法相较于其他算法，其搜索范围更加广泛，能够有效解决工作空间环境较为复杂的路径规划问题，克服了传统算法容易陷入局部最优的缺陷。但它也存在不足之处：在迭代进化过程中，当向全局最优解趋近时，收敛速度会逐渐降低，且算法实时性也会逐渐变差，其改进算法是当前的研究热点。图 4-39 是遗传算法流程图。

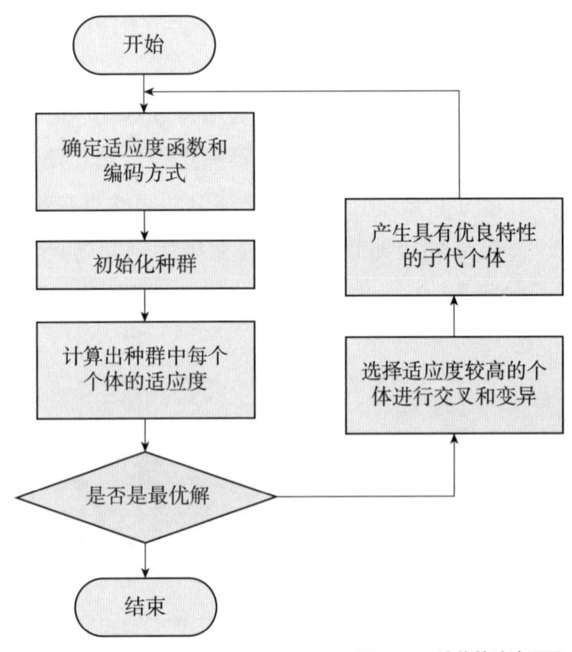

图 4-39　遗传算法流程图

3）20 世纪中期产生了仿效生物神经系统的神经网络算法（Neural Network Algorithm），它是智能控制的重要组成部分。神经网络算法以人体大脑神经网络为研究基础，能够较好地模拟大脑的某些机理与机制。神经网络算法在选择输入的信息时具有较强的灵活性，它不要求被选择的信息是否连续，可以处理离散或者不正常的输入信息。因此，可以将神经网络看作一个非线性信息处理系统，AGV 通过传感器得到的环境信息经过模糊处理后作为神经网络的输入端，对应的神经网络输出端会生成 AGV 的下一步运行动作。

神经网络算法在 AGV 路径规划方面具有鲁棒性强和实时性高的特点，且神经网络算法具有自适应和自组织的能力，在复杂系统控制方面显现出明显的优势。但是应用神经网络算法进行路径规划时，容易产生局部最优状态的情况，无法得到最优路径。

4）1991 年，科学家 Dorigo M 等人根据自然界中蚂蚁群体内的觅食行为，首次提出了新型仿生随机搜索算法——蚁群算法（Ant Colony Optimization，ACO）。科学家们经过长期观察后发现，在不知道食物源具体位置信息的情况下，蚂蚁种群可以找到一条从蚁穴位置到达食物源位置的最短避障路径。原因是蚂蚁种群在路径搜索的过程中，会在所经过的路径上分泌一种叫作“信息素”的化学物质，种群内的个体通过这种“信息素”来进行信息传递。随着蚂蚁个体的移动，较短路径上的“信息素”浓度会渐渐高于其他路径，后面经过的蚂蚁会自发地选择“信息素”浓度较高的路径行走，这就是蚂蚁种群的自组织性。后续经过的蚂蚁会继续释放“信息素”，从而使较短路径上的“信息素”浓度更高，被其他蚂蚁选择的几率也更大，这是蚂蚁种群具备的正反馈机制。蚂蚁种群的自组织性和正反馈特性，使得蚂蚁种群最后会得到一条从起点到达食物源的最短路径。但是在路径规划初始阶段，每条路径上“信息素”含量差异不大，蚁群的正反馈特性不能很好地体现，从而导致种群出现收敛速度较慢的情况。且在路径规划后期，易出现局部最优解，导致种群早熟收敛，影响算法效率。图 4-40 为蚁群算法的生物模型。

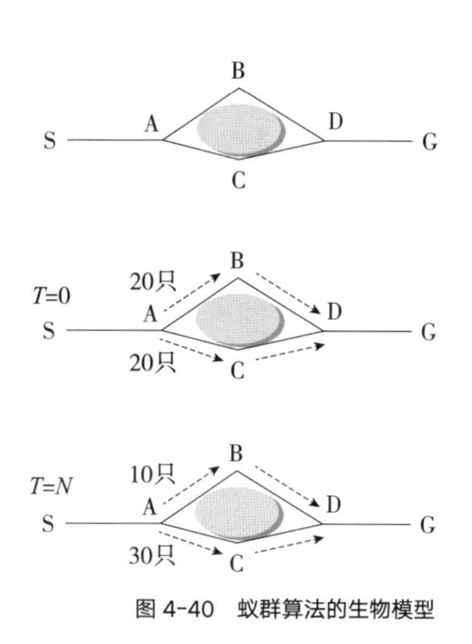

图 4-40　蚁群算法的生物模型

5）A* 算法（A* Algorithm），是静态工作环境下最有效的启发式直接搜索算法。该算法在执行路径搜索过程中，会引入一个估价函数。通过比较当前节点的所有子节点的估价函数值，来选出子节点中函数值最小的节点作为路径的下一个节点。然后再从选出来的节点出发再进行扩展搜索，直到搜索到目标点，以此得到一条最小代价路径。

A* 算法是应用很广泛的最短路径搜索算法，它具有高度灵活性，在搜索过程中避免了大量无效搜索路径的产生，减少路径规划的时间。在路径搜索过程中，启发函数的选择对 A* 算法的运行结果有着决定性的作用。优秀的启发函数往往可以提高搜索速率，使 AGV 迅速地搜索到最优路径。启发函数过大，会使扩展节点减少，AGV 搜索范围也会缩小，有可能会产生局部最优的情况；启发函数过小，会使扩展节点增多，AGV 搜索范围也会扩大，会降低运算效率。

4.4.5 AGV 的应用

1. AGV 小车的结构

本节将重点介绍一种 AGV 小车作为集成自动路径规划的构件运输装备。在高新技术快速发展的背景下，智能制造生产线的管理更加严格，同时对控制要求越来越高。智能建造设备以及相关产品的设计、生产、运输都需要标准化的管理。AGV 小车就是智能控制设备的一种，其广泛应用于智能建造生产线的下料和产品运输环节。该小车结构简单，能够自动巡航，同时具备自动运料上料、产品入库运输等功能，具有较高的应用价值。随着生产建造向智能化和标准化的方向迈进，提升生产效率和产品质量，完善管理标准，推进智能制造标准化体系建设、标准化管理提升，推动智能制造持续发展已经成为产业升级的重要评价标准。AGV 小车的车体由机械架构、四车轮、外表模具以及车载机械装置组成，内部配备控制器、巡航系统、无线网络数据收发模块。车体上前方装有触摸屏和手持调节 TRC 示教器。操作员通过触摸屏可以进行参数设置，也可以通过移动终端进行操作，应用非常方便。

1）硬件部分设计

AGV 小车的车身主体是长方体，车长 1.6m、宽 1.2m、高 1.4m，四车轮直径为 24mm。小车前方支架安装触摸显示屏，支架高出车体 0.6m，便于操作人员操作。车体两侧安装车载机械手，车体上面安装车载托盘。工作时机械手抓取物料和产品，然后放置于车载托盘上，通过视觉系统判断后，进行智能制造生产线加工上下料和产品运输工作。AGV 小车的中央处理器选用研华嵌入式控制器，型号为 ARM4461_V1.0。电路板设计了多功能输入、输出接口，能够进行实时数据采集。板上数据存储器与计算处理器选择 Cyclone IV E 系列的 FPGA 处理器。通过触摸屏的显示可以监测小车的运行状态，同时能进行参数设置和调整小车的运行状态，实现人机交互。小车的硬件还包括标准的电源模块和模拟量等 IO 接口。AGV 小车的硬件结构合理，能实现多种功能，运行稳定。

2）软件部分设计

AGV 小车的软件部分包括控制器的数据处理程序设计和触摸屏的界面设计。数据采集和处理程序设计采用 VHDL 语言编写控制逻辑，通过 IO 数据接口采集数据存储到 FPGA 进行处理，再经过 CPU 的读取和运算，实现对小车的智能控制，控制逻辑分模块进行编写，避免数据传输和运算出现错误，实时数据同时传输到触摸屏显示区，显示小车的运行状态。触摸屏设计了显示主界面和功能操作界面，物流小车的显示屏主界面包括上下料、功能介绍、参数设置、功能选择等按钮，在主界面正中央显示小车运行轨迹曲线和动画效果画面，同时主界面下方设有急停报警按键以及报警指示灯。物流小车的功能界面设计了小车状态显示、安全机制、历史曲线显示、报表输出等功能，实时曲线和动画效果是显示 CPU 发送的实时数据，触摸屏的画面显示清晰稳定，功能选择明确，数据传输稳定可靠。

3）接口部分设计

AGV 小车控制器的电路板设计了数据输入输出接口、控制接口、USB 接口、模拟量输出接口、电源接口以及手持 TRC 示教器接口，各接口相互独立，同时设计了抗干扰电路，避免了信号相互干扰。控制器还设计了无线网络传输模块，能够将数据传输到管理员的移动终端，实现管理员远程操作的功能。数据输入输出接口设置了 32 位数据通道，采用 DS37-S 板载孔型端子，实现智能小车数据采集；模拟量输出接口设计了 ±5V 和 ±10V 的直流电压输出信号；智能控制接口分别设置了 A、B、C 三项脉冲差分信号，接口采用 DS15-S 孔型端子，实现了控制器对机械手和托盘的运动控制；手持 TRC 示教器接口用来外接手持设备，根据需要进行选用配置。电路板设计了两路标准 USB3.0 接口，用来拷贝文件和修改智能物流小车运行参数。物流小车控制器的各接口均采用标准的协议器件，各接口功能完善，运行状态稳定。

2. 智能 AGV 小车的应用

AGV 小车在应用前进行了相关的验证。控制板为了避免干扰，在设计过程中采用电源独立模块，同时增加了 EMC 电源保护和抗干扰器件，在控制板载上增加了滤波电路，能够实现高阶噪声滤除功能。应用之前进行抗干扰实验，其中包括电磁兼容、电压暂降、静电放电以及高低温和湿度实验等，结果表明该小车控制系统运行稳定，抗干扰能力较强，能够适应智能制造现场复杂的工作环境。

AGV 小车广泛应用于智能制造和自动化生产线现场，主要集中在仓储和自动上下料生产线中。智能 AGV 小车可以运输毛坯件、次加工件、成品以及残次品等，将不同的产品按预定要求运送到指定区域。在工作过程中，车载机械手负责抓取物料到车载托盘上，视觉识别系统根据托盘上的物料数量判断是否停止抓取，待物料装载完成，识别系统发送指令到中央处理器，处理器再发送命令控制小车沿着预设轨道行驶，到达上料站由机械手抓取物料完成自动化生产线的上料工作，上料完成后再抓取残次物料到车载托盘，由小车运送到废料区处理。

AGV 小车在智能仓储中应用比较灵活，可根据需要随时修改参数。小车会根据设定的条件进行判断，沿巡航轨道行驶。AGV 小车上装有视觉判断设备，能够识别产品数量信息，当产品数量达到预定要求时，小车开始自动运行，到达存储区域通过识别判断存放空间是否满足存放条件，进行智能化存储。在智能制造生产应用过程中，AGV 小车工作效率较高，能够满足工业生产的要求。

4.4.6 构件运输系统

在智能建造中，为了实现构件的高效运输，必须利用集成自动路径规划的运输装备，构建一个完整的系统。目前，常用的运输系统包括垂直 AGV 运输系统和水平 AGV 运输系统。垂直 AGV 系统已成功应用于自动化港口集装箱码头，例如鹿特丹港。而水平 AGV 运输系统已经在一些港口作为有人操作的系统引入。

通过这些先进的运输系统，预制构件厂与施工现场可以实现良好的连通性，从而顺利完成智能建造中的构件运输任务。这意味着构件可以从预制厂直接通过自动化的运输装备，如 AGV 系统，高效地运输到施工现场，减少了人工操作和处理时间。这不仅提高了运输效率，还降低了人为错误的风险，并且提升了整体的施工质量。

垂直 AGV 系统的引入为自动化港口集装箱码头带来了许多好处。它可以自动将集装箱从码头运输到指定的区域，节省了大量的人力资源和时间成本。水平 AGV 运输系统在一些港口的成功引入，进一步证明了这种技术的可行性和效益。它们可以在港口内部运输货物，提高了货物的流通效率，并减少了人为因素对整个运输过程的影响。

1. 运输系统所需装备

除了 AGV 小车外，整个系统需要其他的运输装备参与来维持系统运行的稳定与高效，其他运输装备主要有自动转移起重机、码头集装箱起重机、轨道式龙门起重机、橡胶轮胎门式起重机等。自动转移起重机（Automated Transfer Cranes），简称 ATC，是一种先进的起重设备，广泛应用于集装箱码头和货运物流领域。它是集集装箱吊装、自动导航和路径规划等功能于一体的自动化起重系统。码头集装箱起重机（Quay Container Crane），简称 QCC，是一种专门用于港口码头的起重设备，主要用于装卸集装箱船舶和处理集装箱货物。它是集起重、旋转、移动和定位等功能于一体的重型机械设备。轨道式龙门起重机（Rail-Mounted Gantry Crane），简称RMGC，是一种专门用于港口集装箱码头的起重设备，用于装卸集装箱货物。与传统的固定式门座起重机不同，RMGC是通过安装在轨道上移动的起重机，具有较高的灵活性和移动性。橡胶轮胎龙门起重机（Rubber Tire Gantry Crane），简称RTGC，是一种专门用于港口集装箱码头和堆场的起重设备，用于装卸集装箱货物和堆放集装箱。与传统的固定式门座起重机不同，RTGC是使用橡胶轮胎进行移动的起重机，具有高度的灵活性和机动性。

2. 垂直AGV运输系统

如图4-41所示，在垂直AGV运输系统中，集装箱船的位置垂直布置。系统的主要特点如下：① AGV路线的长度不依赖于位置的数量；② AGV与ATC之间的集装箱装卸点位于某地；③由于装卸点固定在一个位置，ATC需要运输和储存集装箱。因此，该系统的一个优点是AGV可以通过较短的路线进行循环。

在垂直系统中，使用轨道轮式ATC，即轨道安装龙门起重机（RMGC），因为RMGC需要运输与持有集装箱。在一般情况下，由于两个不同尺寸的RMGC在一个位置工作，因此它们可以在运输和存储容器时相互交叉。

AGV持续循环，直到成功完成所有任务，垂直系统运输步骤如下：第一步AGV在码头区域装载装有QCC的集装箱；第二步AGV通过运输区

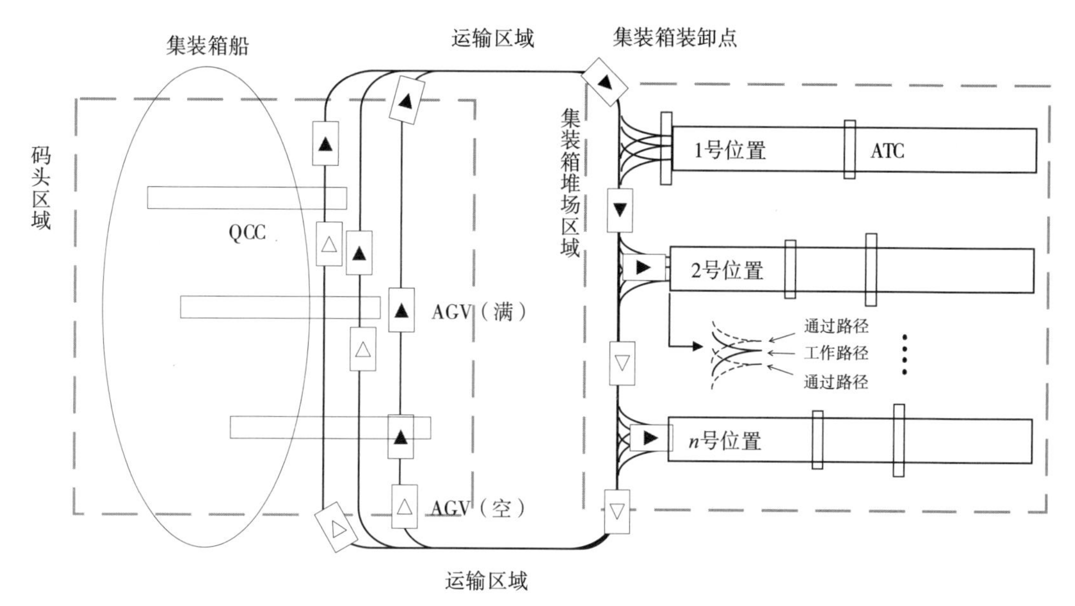

图4-41　垂直AGV运输系统

域将集装箱从码头区运输到集装箱堆场区域指定位置；第三步 AGV 到达指定位置附近的搬运点；第四步如果 RMGC 已经在处理前一个任务，AGV 需要等待，直到它可以在经过的路径上工作；第五步 AGV 开始将容器转移到 RMGC；第六步已经将集装箱转移到 RMGC 的 AGV 通过运输区域返回到码头区域的 QCC；第七步容器被转移到的 RMGC 将其运输到一个存储点，存储，然后再次返回到处理点。

3. 水平 AGV 运输系统

如图 4-42 所示，集装箱船在水平 AGV 运输系统中的位置为水平布置。该系统的特点如下：① AGV 路由的长度取决于位置的数量；②集装箱装卸点为路线上与储存点相邻的任何地点；③由于 AGV 可以将集装箱运输到该位置的储存点，因此 ATC 不需要运输集装箱，只需要转移和储存集装箱。因此，从特点②可知，由于 AGV 路线长度随着站点数量的增加而增加，因此必须考虑运输效率和建设成本。该系统的一个优点是，可以通过多个 AGV 和 ATC 在同一地点同时转移集装箱。然而，在这种情况下，同一路线上与该位置相邻的运输 AGV 前面有另一辆运输 AGV。因此，由于没有垂直系统的通行路径，AGV 需要停止。

在水平系统中，使用橡胶轮胎式 ATC，即橡胶轮胎龙门起重机（RTGC）。这是因为 RTGC 只需要传输和存储容器。一般情况下，两个不同大小的 RTGC 在一个位置工作，因此，在移动和储存容器时，它们可以相互交叉。

水平系统中的运输程序，AGV 继续按以下程序运行：

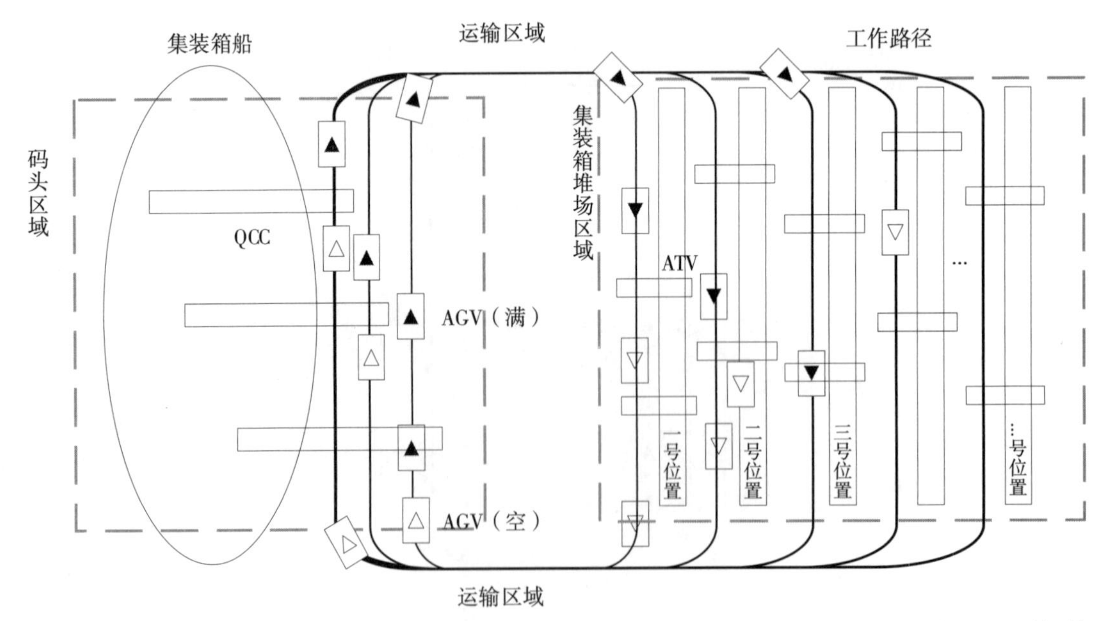

图 4-42　水平 AGV 运输系统

第一步在垂直系统中，AGV 在码头区域装载装有 QCC 的集装箱；第二步 AGV 通过运输区域将集装箱从码头区运输到集装箱堆场区域指定位置；第三步 AGV 到达指定储存点附近的搬运点，然后在到达该点并等待工作后调用 RTGC 进行传输（见图 4-41）；第四步如果指定位置有空闲的 RTGC，则移动到处理点，否则，AGV 需要不断调用 RTGC；第五步当 RTGC 到达点后，AGV 开始将集装箱转移给 RTGC；第六步已经将集装箱转移到 RTGC 的 AGV 通过运输区域返回到码头区域的 QCC；第七步容器被转移到的 RTGC 将容器存储在存储点，然后等待下一个 AGV 的下一个任务；回到第一步。

4.4.7 大型建造运输装备

在当前智能建造领域中，造楼机和造桥机都广泛应用着先进的技术和智能化解决方案，造桥机与造楼机如图 4-43 所示。智能化施工集成平台又称空中造楼机，集成了各类机械设备、操作平台、防护设施及智能监控，使结构施工规范化、标准化。住宅造楼机主要由钢平台系统、支撑系统、动力及控制系统、模板系统、挂架系统、安全防护系统组成。中建·映成都项目在总结先前项目经验的基础上，对住宅造楼机的结构设计、钢平台结构布置及安装工艺等进行优化。移动模架工程上也被称为造桥机，不仅可以利用自身的外模系统进行现场混凝土梁体的浇筑施工，还可以进行自行移位过孔，连续作业。造桥机在道路及桥梁建设方面应用多、效率高。借助数据采集和分析，它们能够收集施工过程中的各种数据，并进行实时监控和分析，帮助优化施工步骤和质量控制。智能路径规划和导航系统使得它们可以自主选择最佳施工路径，提高效率和减少错误。此外，机器学习和人工智能技术的应用使得它们可以进行智能化的决策和学习，提高工程的质量和效益。通过远程监控和协同操作，施工人员可以远程监控和控制施工机械，实现集中控制和协同操作，推动建筑行业的数字化和智能化发展。

在目前智能建造领域，为了更好地完成施工任务，使用造楼机和造桥机时，建造单位应选择合适的集成自动路径规划构件运输装备系统来配合它们

图 4-43　造楼机与造桥机

的工作，以使建造任务完成得更加高效与更加有质量。

在造桥机中，集成自动路径规划的构件运输装备系统的应用可以极大地提高桥梁施工的效率和精确度。首先，感知技术能够实时感知周围环境的结构元素和障碍物，如行车道路、桥墩和敷设设备等。凭借这些信息，路径规划算法可以确定最佳的构件运输路径，避开障碍物，确保安全顺畅地运输构件。其次，定位系统能够精确计算和追踪造桥机的位置和姿态，保证构件准确放置在预定的施工位置上。自动化运输能力使得造桥机可以自主进行构件的提取、运输和定位，大大提高了施工效率。同时，实时监控和反馈系统能够实时监测关键参数，及时发现和处理潜在问题，确保桥梁施工的顺利进行。协同操作能力使得造桥机能够与其他智能化设备和系统进行无缝衔接，共同完成桥梁施工任务。

在造楼机中，集成自动路径规划的构件运输装备系统用于提高楼层建筑施工的效率和准确性。感知技术能够感知施工现场的结构元素和路径条件，如楼层布局、管道和设备等。路径规划算法根据楼层布局和构件属性，确定最佳的运输路径，减少运输时间和距离。定位系统能够精确计算造楼机的位置和姿态，确保楼层构件准确放置在指定位置上。自动化运输能力使得造楼机能够自主进行构件的提取、运输和定位，提高施工效率。实时监控与反馈系统能够实时监测关键参数，如速度、荷载和姿态，发现和处理潜在问题。协同操作能力使得造楼机能够与其他设备和系统进行协同作业，实现楼层建筑施工过程的无缝衔接。

综上所述，集成自动路径规划的构件运输装备系统在造桥机和造楼机中应用，都能够通过感知技术、路径规划算法、定位系统、自动化运输和实时监控等功能，提高施工效率和安全性。在造桥机中，该系统帮助提升桥梁施工的准确度和效率，而在造楼机中，它有助于提高楼层建筑的精确性和施工进度。这些智能化系统的应用推动了建筑行业的数字化转型和智能化发展。

4.4.8 运输装备生产线应用

1. 案例背景

一家建筑公司正在进行一项智能楼宇建造项目，这是一个多层办公楼的大规模施工项目。为了提高工程效率、减少人力投入并确保施工质量，他们决定引入垂直 AGV 运输系统。

2. 具体应用场景

材料供应：在工程施工过程中，大量的建筑材料（如钢筋、水泥、砖块等）需要从仓库或供应商处运输到施工现场。垂直 AGV 被用来自动搬运这些建筑材料。它们会从供应点取货并根据预设的路线将材料运送到施工区域。该系统通过自动化运输，减少了人工搬运的时间和劳动力成本。

混凝土施工：在该项目中，需要大量的混凝土用于楼体结构和地下车库的建设。垂直 AGV 被用来自动运输混凝土到施工现场。从混凝土搅拌站到施工现场的距离较远，传统的搬运方式需要大量的人力和设备。使用垂直 AGV 可以提高混凝土运输的效率和准确性，并减少人力成本。

安全管理：在智能建造项目中，安全管理至关重要。垂直 AGV 配备了传感器和摄像头，可以实时监测运输路径和周围环境。它们可以检测障碍物、避免碰撞，并及时发出警报以确保人员的安全。此外，垂直 AGV 还可以记录并上传数据，为安全管理团队提供有关运输活动和运行状态的重要信息。

运输调度：为了优化运输任务的执行，垂直 AGV 运输系统配备了智能调度系统。该系统能够根据优先级和实时需求自动调度 AGV 的运输任务。它可以准确安排每辆 AGV 的运行路线，避免重复和冲突，并动态调整任务分配。这有助于提高运输效率、减少等待时间，并确保施工现场的物流畅通。

3. 益处和成果

通过引入垂直 AGV 运输系统，该智能建造项目获得了以下益处和成果：

提高施工效率和准确性：垂直 AGV 能够自动化地、精确地完成材料的运输任务。相比传统的人工搬运方式，它们具有更高的运输效率和准确性，可以大大加快建筑施工进度。

降低人工成本和劳动强度：垂直 AGV 的引入减少了对人工搬运的需求，从而降低了人力成本和劳动强度。工人可以将更多精力投入到其他重要的施工任务上，提高工作质量和效率。

改善安全性和减少风险：垂直 AGV 配备了先进的传感器和监控系统，能够及时发现潜在的安全风险并采取措施，提升施工现场的安全性。

实现数据集成和管理：垂直 AGV 的智能调度系统可以集成和管理大量的运输数据，为项目管理团队提供决策支持和数据分析的基础。

通过以上案例分析，可以看出垂直 AGV 运输系统在智能建造中的应用具有很大的潜力。

4.4.9 运输装备发展趋势和展望

未来，构件自动生产集成路径规划运输装备将迎来全面智能化的发展。借助先进的人工智能和机器学习技术，装备将具备自主学习和适应能力，能够根据不同的生产环境和需求进行智能决策和自主运行。路径规划和调度系统将更加智能和高效，能够通过实时数据分析和预测，优化构件的运输路径和装配顺序，实现最佳的生产效率和质量控制。

从技术角度而言，未来的构件自动生产集成路径规划运输装备将更加注重机器人技术的应用。机器人将成为重要的生产力，具备高精度、高速度和高稳定性，能够自动完成构件的加工、装配和运输等工作。此外，机器人还将与人类操作员实现更高水平的协作，形成紧密配合的生产团队，提高生产线的灵活性和适应性。

从总的数字领域的发展趋势来讲，人工智能、新一代信息技术的快速发展，行业整体的互联网、数字化、无人驾驶技术的落地应用越来越成熟，这些因素都将推动 AGV 行业的发展。未来，借助 5G、大数据、物联网、云计算等技术，AGV 将不仅仅是简单地把货物搬运到指定位置，而是成为一种数字化系统节点，能实时感应、安全识别、多重避障、智能决策及自动执行等多功能的新型智能工业设备。而具体到 AGV 本体，随着技术的发展与行业竞争的加剧，如何在非标中找标准，即各功能组件的集成化与模块化水平如何提高以降低成本是每个 AGV 厂家必须开始重视的问题，同时客户对工业设计水平的要求会越来越高，各 AGV 厂家必须在功能模块外购与自研、工业设计与成本效益之间进行合理的取舍以达到一个合理的公司收益水平，从而确保公司生存与发展。

综上所述，未来构件自动生产集成路径规划运输装备将在智能化、机器人技术、数据驱动和人机协作等方面取得突破。这将为智能建造行业带来更高效、可持续和智能化的构件生产过程，推动工业生产向更高水平迈进。

本章小结

随着科技的不断进步和发展，自动化、人工智能等技术逐渐被引入到建筑预制构件生产和运输环节中，其不仅改善了传统生产运输作业的弊端，而且使生产和施工更有效率。本章从隧道盾构预制管片的自动化生产线出发，阐述了预制构件自动化生产过程中的主要流程及技术特点，并介绍了自动化生产线上的智能设备，展现了当前预制构件自动化生产水平。针对构件运输，当前应用最广泛的 AGV 运输设备以及相关路径规划的技术已有众多的研究成果和应用案例，并且还在不断向智能化方向发展，为建筑施工注入新鲜的科技动力。与智能设备配套的相关先进生产技术也处于不断发展和创新的阶段，为预制构件提供生产管理和质量管理保障的空间布局优化方法和数字溯源编码技术，均是在建筑生产施工环节中对工艺进行不断摸索和升级的成果，不仅对提升生产施工的效率有重要的推动作用，并且对建筑行业的规范化和可持续发展有着深远的意义。

思考题

4-1　根据预制构件的材料分类，装配式建筑一般可以分为几类？

4-2　预制管片生产的核心部件是什么？生产循环的核心是什么？

4-3　预制管片生产过程中的转运设备包括哪些？

4-4　预制混凝土构件在生产过程中可能会产生哪些问题？

4-5　集成自动路径规划的构件运输装备的类型有哪些？

4-6　AGV 的种类有哪些？导航方式有哪些？请简要说明其特点。

4-7　简述 AGV 自动路径规划的原理和算法。

4-8　AGV 如何配合造楼机和造桥机进行工作？

4-9　集成自动路径规划的构件运输装备系统对于目前构件自动化生产的意义有哪些？

本章参考文献

[1] 李永敢 . 装配式建筑预制混凝土构件自动化生产线设计配置技术 [J]. 施工技术，2018，47（04）：47–51.

[2] 汲鹏，吴蓉艳，张值源，等 . 预制装配式建筑的发展现状及前景分析 [J]. 科技风，2022，（16）：73–75.

[3] 李斌斌 . 装配式建筑施工技术在建筑工程施工管理中的应用 [J]. 陶瓷，2023，（07）：158–160.

[4] 马荣全 . 装配式建筑的发展现状与未来趋势 [J]. 施工技术（中英文），2021，50（13）：64–68.

[5] 王月婧 . 基于结构方程模型的大型钢筋混凝土预制构件施工质量控制研究 [D]. 大连：东北财经大学，2022.

[6] 李国豪 . 中国土木建筑百科辞典：建筑 [M]. 北京：中国建筑工业出版社，1999.

[7] 郑振华，钟吉湘，谢斌 . 装配式建筑体系节能技术发展综述 [J]. 建筑节能，2020，48（04）：138–143.

[8] 张司懿，邓广 . 装配式竹木结构发展应用与工业化思考 [J]. 室内设计与装修，2023，（08）：118–120.

[9] 潘景龙，祝恩淳 . 木结构设计原理 [M]. 北京：中国建筑工业出版社，2009.

[10] 马蕴晶 . 住宅建筑施工中混凝土装配式施工技术特点分析 [J]. 建筑技术开发，2020，47（15）：45–46.

[11] 黄华力，王笑竹 . 重木结构在中国的发展现状与未来展望 [J]. 建筑实践，2022，（11）：36–44.

[12] 张莹莹 . 装配式建筑全生命周期中结构构件追踪定位技术研究 [D]. 南京：东南大学，2019.

[13] ROJAS E M，ARAMVAREEKUL P. Labor productivity drivers and opportunities in the construction industry[J]. Journal of Management in Engineering，2003，19（02）：78–82.

[14] 苏杨月，赵锦锴，徐友全，等 . 装配式建筑生产施工质量问题与改进研究 [J]. 建筑经济，2016，37（11）：43–48.

[15] 李志华，钟毅芳，刘继红 . 制造系统中的单向环型设备布局设计 [J]. 计算机辅助设计与

图形学学报，2003，(07)：818-822.
[16] 张仲华，孙晖，刘瑛，等 . 装配式建筑信息化管理的探索与实践 [J]. 工程管理学报，2018，32 (03)：47-52.
[17] 谭根风 . 制造现场布局局部优化改善理论分析及实例 [J]. 机电工程技术，2018，47 (10)：116-117+176.
[18] 陈小波，王中原，梁玉美 . 基于遗传算法的混凝土预制构件生产车间布局优化研究 [J]. 工程管理学报，2019，33 (03)：36-41.
[19] 王中原 . 装配式建筑构件生产车间场内设施布局优化研究 [D]. 大连：东北财经大学，2019.
[20] 祝恒云，叶文华 . 模拟退火粒子群算法在动态单元布局中的应用 [J]. 中国机械工程，2009，20 (02)：181-185.
[21] 肖熙，宋旭 . 多 AGV 系统及关键技术研究 [J]. 中国设备工程，2022，(09)：117-119.
[22] 王鼎新 . 自动导引车的路径规划算法 [D]. 青岛：青岛大学，2020.
[23] 李敬新 . AGV 小车在智能制造标准化中的应用 [J]. 品牌与标准化，2022，(04)：13-14+17.
[24] 廖继，蒋及第，刘恒，等 . 住宅造楼机在建筑施工中的应用 [J]. 施工技术（中英文），2022，51 (08)：45-48.
[25] 李金兴，许闯，李刚 . 基于 ANSYS 造桥机外模结构仿真分析与优化 [J]. 现代制造技术与装备，2020，56 (11)：88-90.
[26] 闵四宗，祖基龙，刘家昶 . 自动导向车 AGV 开发技术综述与展望 [J]. 汽车工艺师，2022，(09)：34-36.

第5章 智能安装系列机器人

【本章导读】

智能安装系列机器人在建筑施工中的应用正逐渐成为行业转型的重要推动力。随着建筑业面临资源约束和环境保护的挑战，传统施工方式的局限性愈发明显，因此亟需引入新兴技术以提升施工效率和质量。本章深入探讨智能安装机器人的内涵与特征，首先定义了智能安装机器人的分类，并分析了其在建筑全生命周期中的应用。接着，详细介绍了智能安装机器人的技术特征，包括承载能力、智能感知、导航能力等，阐述了其在复杂施工环境中的适应性。通过对不同类型安装机器人的应用案例进行分析，展示了其在重、大构件和细、小流程安装中的具体应用及优势。最后，探讨了智能安装机器人未来的发展趋势，强调其在推动建筑行业智能化、信息化进程中的重要作用。本章的框架逻辑如图 5-1 所示。

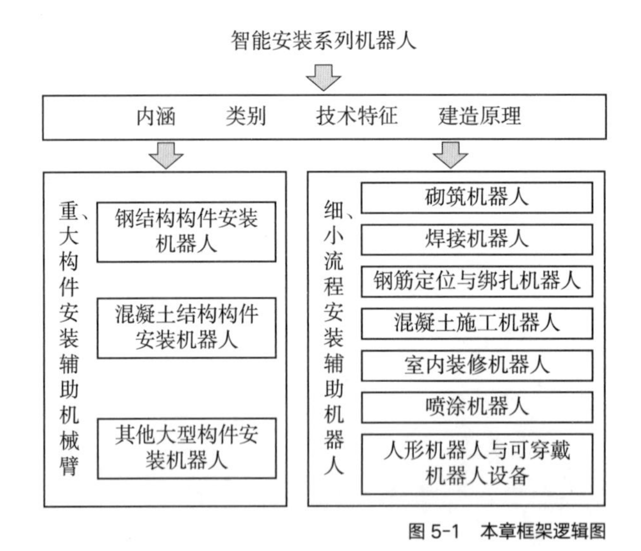

图 5-1　本章框架逻辑图

【本章重点难点】

了解智能安装系列机器人在建筑业中的内涵与类别；掌握智能安装机器人的技术特征；掌握智能安装机器人的建造原理，特别是从设计模型到任务规划，再到实际建造的过程；熟悉根据操作对象尺寸、重量分类的安装机器人，包括重、大构件辅助安装机器人和细、小流程安装机器人的特点与应用；理解智能安装机器人在实际工程中的应用案例。

目前建筑业发展面临资源约束日益趋紧、环境保护形势愈发严峻等挑战，与发达国家和先进行业相比，传统手工作业的施工方式存在着劳动生产率低、科技进步贡献率低、资源能源消耗高、环境污染程度高等问题，制约着建筑业高质量发展。因此亟需采用新兴技术促进建筑业向自动化、信息化升级转型。随着物联网、云计算、大数据和人工智能等技术的快速发展，智能建造领域正在经历着前所未有的变革。在建筑行业，传统的建筑施工方式逐渐被数字化、智能化的技术所取代，而智能安装系列机器人则成为这场变革的重要推动者之一。智能安装系列机器人作为一种重要的技术手段，正以其高效、精准的特点，引领着建筑安装领域的革新。智能安装机器人并非仅仅是传统机械臂的简单延伸，而是通过融合了智能机器人技术、起重机技术、智能感知技术、视觉测量技术、三维重建技术等多种前沿技术，赋予了机器“智能”，使其具备了感知、学习、推理和决策的能力。这种智能化装备不仅可以准确地执行各种复杂的安装任务，还能够适应不同的环境和场景，实现自主操作和智能协作。智能安装机器人的出现不仅提高了建筑施工的效率和质量，同时也大大降低了人力成本和安全风险，推动了建筑行业的数字化和智能化进程。

5.1 智能安装机器人的内涵与特征

5.1.1 智能安装机器人的内涵与类别

就概念而言，用于建造工程的安装机器人包括“广义”和“狭义”两层含义。广义的安装机器人囊括了建筑物全生命周期（包括勘测、营建、运营、维护、清拆、保护等）所有与构件、材料装配相关机器人设备，涉及面极为广泛。狭义的安装机器人特指与建筑施工作业密切相关的机器人设备，通常是一个在建筑预制或施工工艺中执行某个具体的建造安装任务（如砌筑、拼装、切割、焊接等）的装备系统。其涵盖面相对较窄，但具有显著的工程实施能力与工法特征。本章节所关注的狭义上与建造现场施工装配作业任务相关的智能化机器人设备根据面向的结构形式或施工工法、工序不同可分为几大类：地面和地基工作机器人；钢筋加工和定位机器人；钢结构机器人；混凝土机器人；搬运及装配机器人；喷涂机器人以及人形机器人等。其中，钢筋加工和定位机器人（图 5-2a）主要负责钢筋混凝土结构中包括钢筋切割、弯曲、绑扎、精确布置以及钢筋网格在楼板或模板系统中的定位等，可以大幅提高与钢筋生产定位相关工作的效率和精确度。钢结构机器人涉及的是大型桁架与钢结构组件的现场自动组装定位以及钢构件的自动化焊接工作（图 5-2b）等。混凝土机器人包括用于混凝土结构定制生产的“造楼机”（攀登平台）系统、混凝土轮廓工艺 3D 打印机器人（图 5-2c）、混凝土配送和浇筑机器人以及负责混凝土整平工作的精加工机器人等。而对于施工现场搬运及装配任务，有现场物流机器人负责物料的识别、运输、存储和转移（图 5-2d），砖构机器人负责砌体结构的砌筑工作（图 5-2e），将飞行机器人的检测和测量能力用于工程物流和建筑结构装配的装配式飞行机器人（图 5-2f），基于白蚁、蜜蜂等昆虫的集体组织和传播信息行为的集群机器人建造方法（图 5-2g），除此之外还有负责高层

图 5-2　根据施工工艺分类的安装机器人

（a）钢筋布料助手机器人；（b）FANUC 六轴焊接机器人；（c）层叠制造混凝土墙；（d）构件搬运机器人；（e）砌砖机器人；（f）飞行机器人结构装配；（g）集群机器人搭建研究；（h）外立面窗安装机器人

建筑外立面单元的安装机器人（图 5-2h）、负责室内装修如瓷砖、天花板等的安装机器人等。

根据操作对象的尺寸、重量不同，本章节关注的建造工程安装机器人又可分为应用于重、大构件安装（图 5-3a）以及细、小流程安装施工（图 5-3b）的两类智能化机器人设备，分别针对这两种类型的操作目标制定不同的建造策略。其中，由于结构主要承重构件如梁、柱、墙和楼板一般具有吨级左右的自重，如果该自重全部由机器人自身机械结构承担，严重超出了市场常见的工业机器人负载能力。开发高负载能力机器人不仅造价很高，而且机器人体型过大也不利于施工现场的应用。因此，针对重、大构件的安装，可以融合智能机器人与起重机技术，构件的自重主要由起重机承受，机器人起辅助作用配合起重机完成构件的安装。而对于其他小型构件安装或者其他施工工艺，可以直接将智能机器人设备应用其中，替代人工实现自动化建造的目标。本章主要依据此分类进行不同类型安装机器人的介绍。

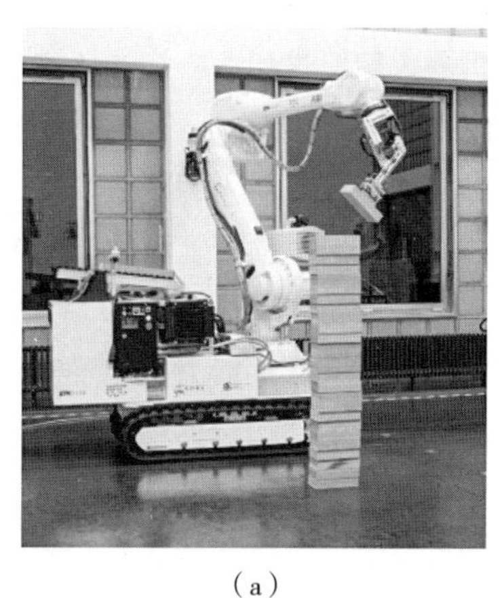

（a）

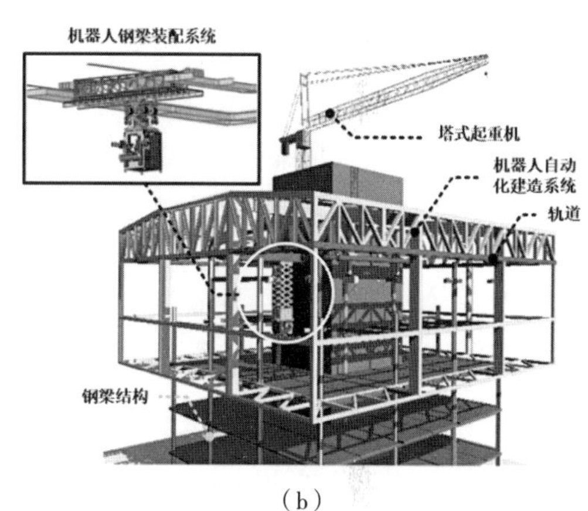

（b）

图 5-3 根据操作对象尺寸、重量分裂的安装机器人
（a）重、大构件辅助安装机器人；（b）细、小流程安装机器人

5.1.2 智能安装机器人的技术特征

建筑工程尤其是施工现场的复杂程度远远高于制造业结构化的工厂环境，因而安装机器人所要面临的问题也比工业机器人要复杂得多。与工业机器人相比，用于建筑工程的安装机器人具有自身独特的技术特点。

安装机器人需要具备较大的承载能力和作业空间。在建筑施工过程中，安装机器人通常需要操作如玻璃幕墙、混凝土砌块等建筑构件，对机器人承载能力提出了更高的要求。这种承载能力可以依靠机器人自身的机构设计，也可以通过与起重、吊装设备协同工作来实现。现场作业的安装机器人需具有移动能力或较大的操作空间，以满足大范围建造作业的需求。加之需要进入狭小空间完成施工作业，对机器人尺寸也有严格限制。在建筑施工现场可以采用轮式移动机器人、履带机器人以及无人机实现机器人移动作业功能。

在非结构化环境的工作中，安装机器人面临诸多不确定性来源，结构构件误差大，而安装精度要求比较高，需具有较高的智能性以及灵活的适应性。对于工业机器人，它的操作环境和工件对象都是严格控制的，末端执行器、工件位姿和工件的几何形状不确定性很小，因此工业机器人可以利用运动学位姿变换直接估计末端执行器对操作点的位姿，完成高精确度的工作，而无需对操作工件进行感知。而对于安装机器人，施工过程和环境中存在的不确定性来源有很多：机器人在建造过程中需要不断移动到作业位置，移动距离很长；安装机器人因需要灵活移动，底座刚度一般小于固定位置工作的工业机器人；构件施工装配的误差较大；许多施工细节没有在设计工程中明确定义；一些建筑构件由于生产加工以及变形产生的误差难以忽视，因此难以利用运动学方程直接估计末端执行器相对操作构件的位姿。基于传感器的智能感知技术是提高安装机器人智能性和适应性的关键。传感器系统要适应非结构化环境，也需要考虑高温等恶劣天气、充满粉尘的空气以及振动等环境条件对传感器响应度的影响，保证机器人的建造精度。除此之外，还需要对制作、安装后的关键位置进行复尺，根据复尺结果反馈修正，以满足连接精度需求。

安装机器人需具备良好的导航和移动能力，能够在复杂的施工环境中避障、移动作业。建筑工程施工涉及的结构构件种类多，分布位置多变，安装机器人需要移动到作业位置，并能够临时固定避免操作中出现偏移。因此，安装机器人不仅需要复杂的导航能力，还需要具备在脚手架上或深沟中移动作业、避障等能力。

预制构件自动化安装过程标准化程度低。装配式建筑结构涉及的构件种类多，针对不同的构件类型须制定相应的安装策略，并可以利用 BIM 模型存储的信息统一调度机器人，形成标准化的建造模式。

机器人安装过程中的受力变形不可忽略。因操作的预制构件尺寸大、自重大，机器人在作业过程中会存在一定的变形，不能通过机器人自身的位置控制构件安装位置，需要尽可能减小机器人的变形，并按照机械臂末端执行器的位置来控制构件的安装精度。

预制构件外露钢筋在安装过程中需要穿插，施工环境复杂使得机器人作业障碍物多。预制构件的外露钢筋会相互穿插增加机器人自动化安装的难度，因此需要给钢筋位置规定模数，避免钢筋位置冲突，且要从结构设计角度简化构件之间的连接和工序，保证构件直上直下，以适应机器人建造的模式。施工环境存在的脚手架会阻碍机器人移动，需要尽可能避免脚手架支撑，保证机器人作业空间和路径。

安装机器人面临更加严峻的安全性挑战。在大型建造项目尤其是高层建筑建造中，建筑机器人任何可能的碰撞、磨损、偏移都可能造成灾难性的后果，因此需要更加完备的实时检测与预警系统。建筑工程建筑所涉及的方方面面都具有极高的复杂性和关联性，往往不是实验室、研究所能够充分考虑的。因此在总体机构系统设计方面，现阶段安装机器人往往需要采用人机协作的模式来完成复杂的建造任务。

安装机器人与工业机器人的不同还在于二者在机器人编程方面有较大的差异。工业机器人流水线通常采用现场编程的方式，一次编程完成后机器人便可进行重复作业。这种模式显然不适用于复杂多变的建筑建造过程。安装机器人编程以离线编程为基础，需要与高度智能化的现场建立实时连接以实时反馈，以适应复杂的现场施工环境。

由于工业机器人发展较为成熟，在工业机器人的基础上开发安装机器人装备似乎是一条相对便捷的途径。但是从硬件方面来看，工业机器人并非是解决建筑建造问题的最有效工具。绝大多数工业机器人的硬件结构巨大而笨重，通常只能举起或搬运相当于自身重量 10% 的物体。安装机器人的优势在于可以采用建筑结构辅助支撑或起重设备，从而机器人可以采用更加轻质高强的材料。但是在土方挖掘、搬运、混凝土浇筑、打印等作业中，安装机器人仍不可避免地具有较大的自身重量。通常在硬件稳定性方面，安装机器人需要处理的材料较重，机械臂的活动半径也很大，所以机械臂需要额外增强，以保证自身所需的直接支撑。这种增强型机器人通常需要在传统工业机器人之外特别研发。

5.1.3 智能安装机器人的原理

1. 智能安装机器人的组成

用于施工建造的机器人主要由三大部分、六个子系统组成。三大部分包括感应器（传感器部分）、处理器（控制部分）以及效应器（机械本体）。而驱动系统、机械结构系统、感知系统、机器人环境交互系统、人机交互系统以及控制系统组成了机器人的六个子系统。每个系统之间互相配合，使得机器人能够执行各种个性化的建造任务。下面分别详细介绍上述六个子系统的原理和功能。

驱动系统：为了机器人能够正常运转，就需要给各个关节也就是每个运动自由度安装传动装置，这就是驱动系统。驱动系统可以是液压传动、气动传动、电动传动，或者多种方式结合的综合驱动系统，也可以直接驱动或者通过同步带、链条、轮系、谐波齿轮等机械传动机构进行间接驱动。

机械结构系统：安装机器人的结械结构系统是可以完成各种运动的机械部件，是系统的执行机构。系统由骨骼即杆件和连接它们的关节即运动副构成，一般机器人的机械结构系统具有多个自由度，由手部、腕部、臂部（大臂和小臂）以及足部（基座）等部件组成。图 5-4 展示了一个典型的六自由度机器人机械结构系统的组成。其中，手部即末端执行器或夹持器，是机器人对目标构件进行直接操作的部位，通过在手部安装诸如焊枪、电钻、电动螺栓拧紧器、喷枪、砖块夹持器等专用的工具头，安装机器人能够完成不同类型的建造任务。腕部是连接手部和臂部的部分，通过关节的旋转或平移调整末端执行器的位置和姿态。臂部承受工件和工具的负载，通过连接机器人机身和腕部，支撑手部和腕部，可以将工件或工具的空间位置调整至目标位置。足部是机器人运动链的起点，支撑整个机器人的所有部位，可以在工作环境内固定或者移动。

感知系统：由内部传感器模块和外部传感器模块组成，用以获取内部和外部环境中有意义的信息。智能传感器的应用使得机器人获取一些特殊信息比人类更为敏锐，极大地提高了机器人的机动性、灵活性和智能化水平。

机器人环境交互系统：是实现机器人与外部环境中的设备相互联系和协调的系统，可以是机器人与外部设备集成为一个功能单元，如加工制造单元、焊接单元、装配单元等，也可以是多台机器人、多台机床或设备、多个零件存储装置等集成为一个去执行复杂任务的功能单元。

人机交互系统：是操作人员对机器人系统进行控制和联系的装置，分为指令给定装置和信息显示装置两部分。

控制系统：作为机器人的中枢结构，通过对驱动器输出力矩的控制，使得被控对象产生控制者所期望的行为方式。现代机器人控制系统多采用

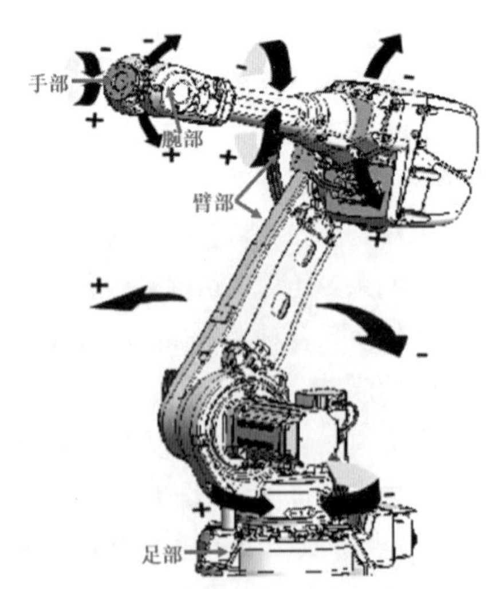

图 5-4　六自由度机器人机械结构系统的组成

分布式结构，即上一级主控计算机负责整个系统管理以及坐标变换和轨迹插补运算等；下一级由许多微处理器组成，每一个微处理器控制一个关节的运动，并行完成控制任务。控制系统可根据控制条件的不同分为以下几种：①按照有无反馈分为开环控制和闭环控制；②按照期望控制量分为：位置控制、力控制和混合控制；③智能化的控制方式：模糊控制、自适应控制、最优控制、神经网络控制、模糊神经网络控制、专家控制以及其他控制方式。

2. 智能安装机器人的建造原理

1）从建筑物设计模型到任务规划

实际工程应用中机器人的编程方式主要有在线编程和离线编程两大类。在线编程，也就是常用的示教编程，指操作人员用示教器进行操纵，使机械臂移动到所需的位置和方向，同时机器人控制器记录机器人的相关配置，编写机器人控制程序，之后机器人可自动重复所记录的姿势和位置来运动。示教编程适用于将不复杂的过程编程到具有简单几何形状的工件上，主要集中在搬运、码垛、焊接等作业任务上，其特点是轨迹简单，人工记录的点位不会太多。离线编程，是利用计算机图形表示的结果，重建机器人及工作场景的三维模型，再根据工件的几何特点、材料特征，应用规划算法，生成机器人控制指令。并可以在系统中仿真和优化轨迹，验证编程是否有效，最后生成机器人程序传输给机器人控制系统。

人工示教是一种效率低下且成本高昂的机器人工作方式。例如，为大型车身手工编程机器人弧焊系统需要 8 个多月的时间，而焊接过程本身的周期时间仅为 16h。然而，建筑物是由数千个子构件组成的复杂结构，这些构件分布相当分散，采用人工示教的方式对所有构件的安装路径进行记录和编程是不切实际的。再加上每个建筑物都具有一定的个性化，针对某一建筑物建造进行人工示教编程的结果也很难应用到下一个建筑物中，不能像工业流水线一样一次示教编程后能通用于后续所有产品中。因此在线编程方法不适合制造多样化特色的产品。

离线编程克服了在线示教编程的很多缺点，充分利用了计算机的功能，对于大批量生产来说，离线编程更加高效和经济，对产品设计的变化具有一定的灵活性。因此，离线编程的形式比在线编程更适合于建造工程中各类构件的安装以及其他施工工艺。然而离线编程比在线编程复杂，编程方法严重依赖于机器人和工件的建模。由于建造工地在形状和形式上不断变化，可以被认为是一个非结构化的场景，需要借助全站仪、激光扫描仪、视觉传感器等测量设备或基于图像的三维重建技术完成机器人执行各类建造任务工作场景的重建和测量，确定机器人与工作区域的相对位置关系。完成了机器人在现场的实际定位后，建造任务参数化模型中各个构件的三维坐标就可以转换到机器人坐标系下。显然，在机器人构件安装作业场景里 CAD 的适应性不足，不能够集成机器人及其工作场景的模型，也就不能及时调整适应不同机器人的位置或装配任务。BIM(Building Information Modeling，建筑信息模型）可以替代 CAD 发挥参数化建模和集成场景信息的作用。IFC（Industry Foundation Classes）是建筑行业数据交换的通用标准，它允许建筑专业人员共享信息，而不依赖于任何 BIM 软件平台。读取 BIM 模型数据最方便、最有效的方法之一就是使用 IFC 数据格式。BIM 模型可以转换为 IFC 数据格式，IFC 数据格式是一种基于文本的结构，包含了模型中嵌套的所有数据，如几何形状、材料类型、现有族参数、元素层次结构。BIM 与 IFC 的关系如图 5-5 所示。

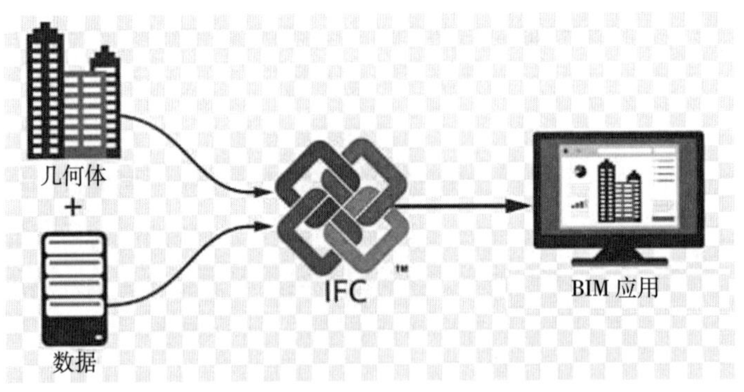

图 5-5　BIM 与 IFC 的关系

此外，从参数化 BIM 模型中提取各个构件的安装三维坐标信息后，还需要对机器人的运动轨迹进行规划，优化工艺过程的顺序。轨迹规划是机器人装配的关键问题，轨迹规划可分为物理级规划、运动级规划和任务级规划。物理级规划解决了基于机器人运动自动度的操作分解，将末端执行器笛卡尔空间上的目标坐标值利用逆运动学转换到对应的关节空间，规划得到各个关节的期望位置、速度及加速度，通常这一步由工业控制系统自动完成。运动级规划侧重于末端执行器工作路径的分解，可以将其离散为一条路径上的大量控制点。许多优化算法如模拟退火、人工势场、图形学和仿生学算法已被广泛研究和应用，以满足一系列的规划要求，如导航、避障或最短路径。任务级规划包括对装配任务进行分解，形成机器人可以执行的一组有序步骤。其核心是将任务语言转化为机器人控制指令。前两种层次的规划方法在行业中已经处于较高的自动化水平。多任务规划是制造业和建筑业迫切需要解决的问题。

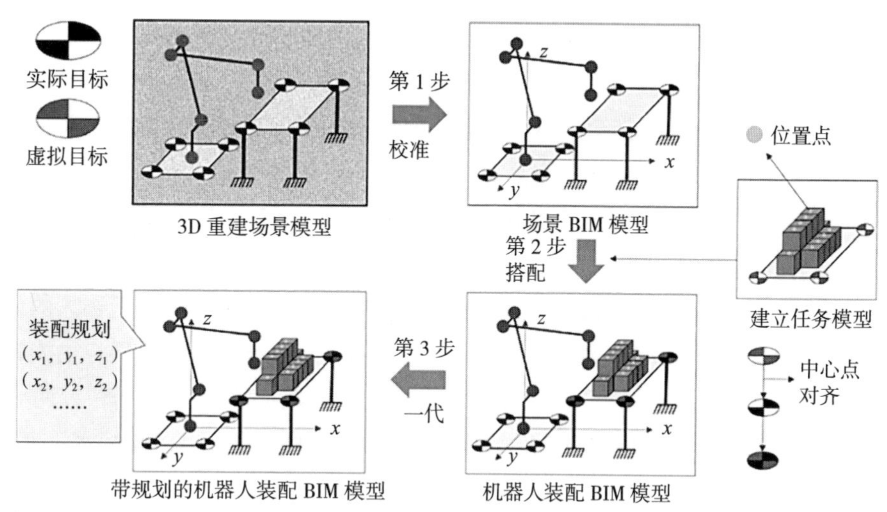

图 5-6　基于 BIM 和图像三维建模的机器人砌砖装配任务级规划

Ding 等为了在不影响装配精度的前提下提高机器人砌块装配的规划效率，提出了一种任务级规划方法，如图 5-6 所示，以快速获取机器人控制指令。通过对原有的 IFC 标准进行扩展，增加了一些必要的机器人属性，形成了机器人装配通用 IFC 模型，包含任务级规划所需的所有信息。利用 BIM 和基于图像的三维建模对机器人进行姿态标定，实现机器人坐标系、施工场地和装配任务的统一。并给出了一个简单的转换过程，将每块砖的三维放置点坐标转换为机器人控制指令。在实验验证过程中，任务级规划可以保持与传统方法相同的精度，但在面对更复杂的任务时节省了时间。这种自动规划编程方法值得探索。在未来的预制领域，机器人将快速组装出更多不同形状的部件。

2）从任务规划到机器人建造

一般情况下，机器人的轴数决定了其空间作业的工作范围和复杂程度，即机器人的自由度。自由度是机器人的一个重要技术指标，它是由机器人的结构决定的，并且直接影响机器人的灵活性。在笛卡尔坐标空间中，运动维度增量或者围绕某一节点的自由旋转能力都可以被定义为工具的一个轴，一般情况下机器人的自由度等于轴数。如果机器人具有三个自由度，那么它可以沿 x、y、z 轴自由地运动，但是它却不能倾斜或者转动。当机器人的轴数增加，对机器人而言，具有更高的灵活性。工业机器人在生产中，一般需要配备除了自身性能特点的外围设备，如转动工件的回转台、移动工件的移动台等。这些外围设备的运动和位置控制都需要与工业机器人相配合并要求相应精度。

单轴和二轴机器人在国内又被称为直线模组、电动滑台等，是一种能提供直线运动的机械结构，同时可通过组合完成更加复杂的工作，名称也从另一方面说明了其能模块化地完成指定工作，同时说明了单轴机器人已经发展得很成熟。三轴、四轴机器人的三个轴可以允许机器人沿三个轴的方向进行运动，这种机器人一般被用于简单的搬运工作之中。四轴与三轴机器人不同的是，它具有一个独立运动的第四轴。五轴机器人是许多工业机器人的配置，这些机器人可以通过 x、y、z 三个空间轴进行转动，同时可以依靠基座上的轴实现转身的动作，以及手部可以灵活转动的轴增加了其灵活性。六轴机器人是市面上应用得比较多的一种，与五轴机器人的最大区别就是，多了一个可以自由转动的轴。第一个关节能在水平面自由旋转，后面两关节能在垂直平面移动。此外，六轴机器人有一个“手臂”，两个“腕”关节，这让它具有人类的手臂和手腕类似的能力。可以拿起水平面上任意朝向的部件，以特殊的角度放入包装产品里。

以六轴工业机器人为例，如图 5-4 所示，机器人机械本体采用 6 个自由度串联关节式结构。六个关节均为转动关节，第二、三、五关节做俯仰运动，第一、四、六关节做回转运动。后三个关节轴线相交于一点，为腕关节的原点，前三个关节确定腕关节原点的位置，后三个关节确定末端执行器的姿态。第六关节预留适配接口，可以安装不同的工具头，以适应不同的作业要求。六轴及以上的机器人可以以任意角度（A，B，C）和姿态到达空间的任何位置（X，Y，Z）。

虽然六轴机器人有能力实现全方位无死角的空间作业，但在运动学和动力学特性方面存在一定的不足。对于传统的六轴机器人来说，每个关节的力是一定的，它的分配可能并不合理。而对于现在刚刚兴起的七轴机器人来说，可以通过控制算法调整各个关节的力矩，让薄弱的环节承受的力矩尽可能小，使整个机器人的力矩分配比较均匀，更加合理。传统的六轴机器人无法只改变末端机构的姿态而时刻保持末端位置不变。对于七轴机器人而言，在充满障碍物的现场环境下，利用其冗余自由度通过运动轨迹规划能够达到良好的运动学特性，允许机器人躲避某些特定的目标。如果有一关节出现故障，传统六轴机器人便无法继续完成工作，而七轴机器人可以通过重新调整故障关节速度和力矩的再分配实现继续正常工作。随着建造精度需求不断增加，七轴机器人拥有广阔的用武之地，将取代人工进行精密的施工作业。

目前，虽然在机器建造平台上安装多种多样的工具端以应对不同建造任务，但本质上机器人的工作流程都可以分为如下三个步骤：接收信号、处理信号和反馈信号。而这三个步骤从具体元件的类型上分别对应感应器（传感器部分）、处理器（控制部分）和效应器（机械本体）。

机器人工具端的感应器可以分为两类：一类是感应机器人发出的信号，一类是感应环境中的信号。感应机器人发出的信号主要是指当工具端本身需要与机器人的动作产生配合时，工具端需要接收从机器人发出的指令并产生相应的动作。例如，机器人在进行砌筑时，工具端为一个用于夹住砖块并将其放置在特定位置的夹具。当机器人运动到取砖地点时工具端通过感应器接收到来自机器人发出的取砖信号，并做出夹取砖块的动作。感应环境中的信号则是指工具端需要感知环境变化并对其做出反应，其中常见的环境感应包括温度感应、外力感应和视觉识别等。

工具端的处理器主要是处理感应器所接收到的信号，然后依据预设程序针对不同的信号发出不同的指令，进而控制效应器的执行。机器人工具端的处理器依据其功能的不同可简单可复杂。简单的处理器可以是几个继电器组成的开关装置，而复杂的处理器一般为类似微型电脑的单片机。

效应器是指依据接收的信号来产生工具端具体动作（如夹取、切割、锤击和加热等）的装置。图 5-7 展示了不同类型的机器人末端执行器。效应器的种类十分多样，这种丰富度使得机器人可以取代平面工艺、增减材建造，甚至是三维成型技术中的数控设备，成为全能的建造工具。机器人末端配备铣刀电钻，便可以进行相应的铣削雕刻作业，而如果搭载锯刀、电锯，就可以进行石材、木材的切削塑形等。因此，机器人末端工具技术的开发也是各种自动化建造试验的核心技术之一。

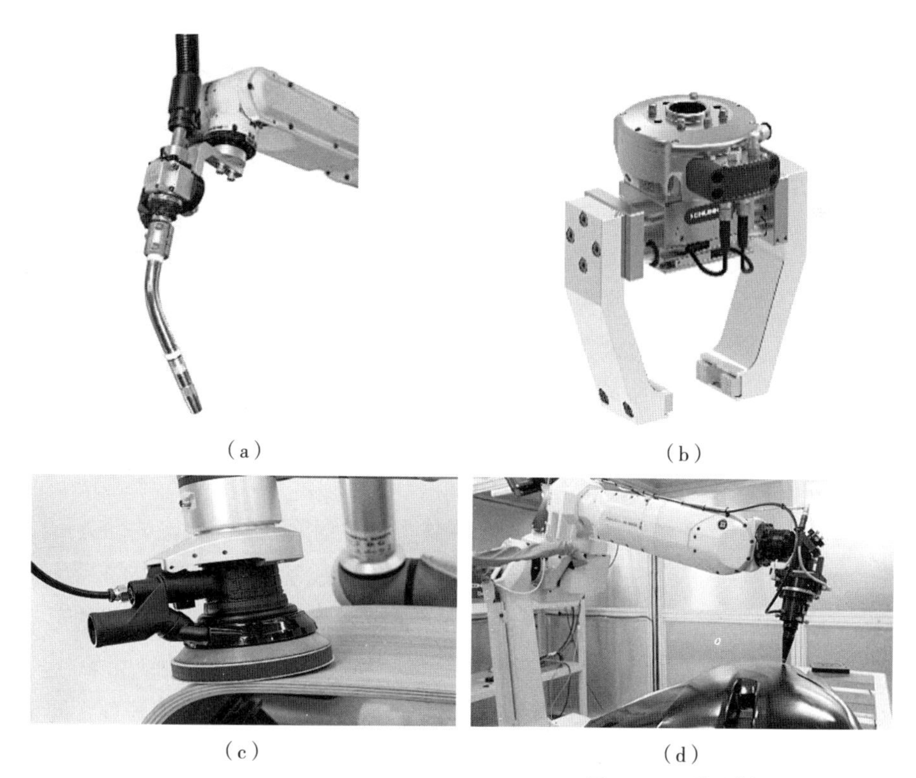

（a） （b） （c） （d）

图 5-7　不同类型的机器人末端执行器
（a）焊枪；（b）夹爪；（c）真空吸盘；（d）激光切割器

5.2.1 钢结构构件安装机器人

韩国高丽大学机器人研究团队与建筑自动化团队进行跨界合作，基于机器人的高层建筑施工自动化系统研究项目（图 5-8a），开发了一套如图 5-8（b）所示机器人钢梁装配系统。钢梁装配工作的基本过程包括将螺栓插入螺栓孔并使用螺母拧紧插入的螺栓。作为包含多种自动化施工安装机器人的建造工厂（construction factory，类似工厂的钢结构）的一部分，机器人钢梁装配系统由一个主要完成钢梁装配工作的机器人螺栓连接装置和一个将机器人螺栓连接装置运送到正在施工的建筑物周围目标螺栓连接位置的机器人运输机构组成。

机器人螺栓连接装置，执行实际的螺栓连接任务，如图 5-8（c）所示，图中的机舱作为控制站，操作员监控钢梁装配过程并操纵安装在舱室前部的机器人螺栓连接装置。机器人螺栓连接装置由执行螺栓连接任务的螺栓连接末端执行器（图 5-8d）和具有龙门式机构的机械臂组成。由螺栓紧固装置和送料装置两部分组成的螺栓连接末端执行器安装在机械臂末端，借助龙门式机械臂笛卡尔空间中的三维运动可以精确地移动到工作位置，进而完成螺栓杆插入螺栓孔并利用螺母拧紧的工作。

机器人运输机构由两个主要部分组成：交叉线升降机（图 5-8f）和滑轨机构（图 5-8e）。机器人运输机构应具有广泛的工作空间和 4 自由度（上 / 下、左 / 右、前 / 后、旋转）移动，以接近每个螺栓位置。滑轨机构将交叉线升降机悬挂起来，并在建筑物周围建造工厂上的轨道移动。交叉线升降机上部悬挂在滑轨机构底部的直线导轨上，作用是在垂直、水平和旋转方向上运输悬挂在它下面的螺栓连接装置。

螺栓连接控制系统作为软件组件，对上述两个装置进行管理。该系统是基于视觉伺服控制技术，利用 CCD（电荷耦合器件）视觉相机和数字图像处理技术开发的。CCD 相机将图像信息发送到视觉伺服控制系统。相机上还有一个激光测距仪，用来测量其到钢梁的距离。根据圆形霍夫变换 CHT 算法计算观测到圆形图像的中心位置，利用该位置信息控制螺栓连接末端执行器跟踪目标位置，如图 5-8（g）所示。另外还开发了一个如图 5-8（h）所示的智能管理系统与操作员针对钢梁装配的状态进行交互。

通过将上述机器人钢梁装配系统应用于韩国高丽大学某 7 层楼中第 5 层楼的装配过程，证明了该系统在实际建造现场应用的可行性。在安全性和时间效率方面，建议的系统有望替代人工完成钢梁组装。

目前，钢构件安装一般都需要人工辅助来完成，即工人必须站在未完成的结构上互相配合手动组装构件，通过拉紧悬挂在吊起构件下面的金属丝使得吊起构件与已安装构件的螺栓孔对齐，如图 5-9（a）所示，这项工作通常

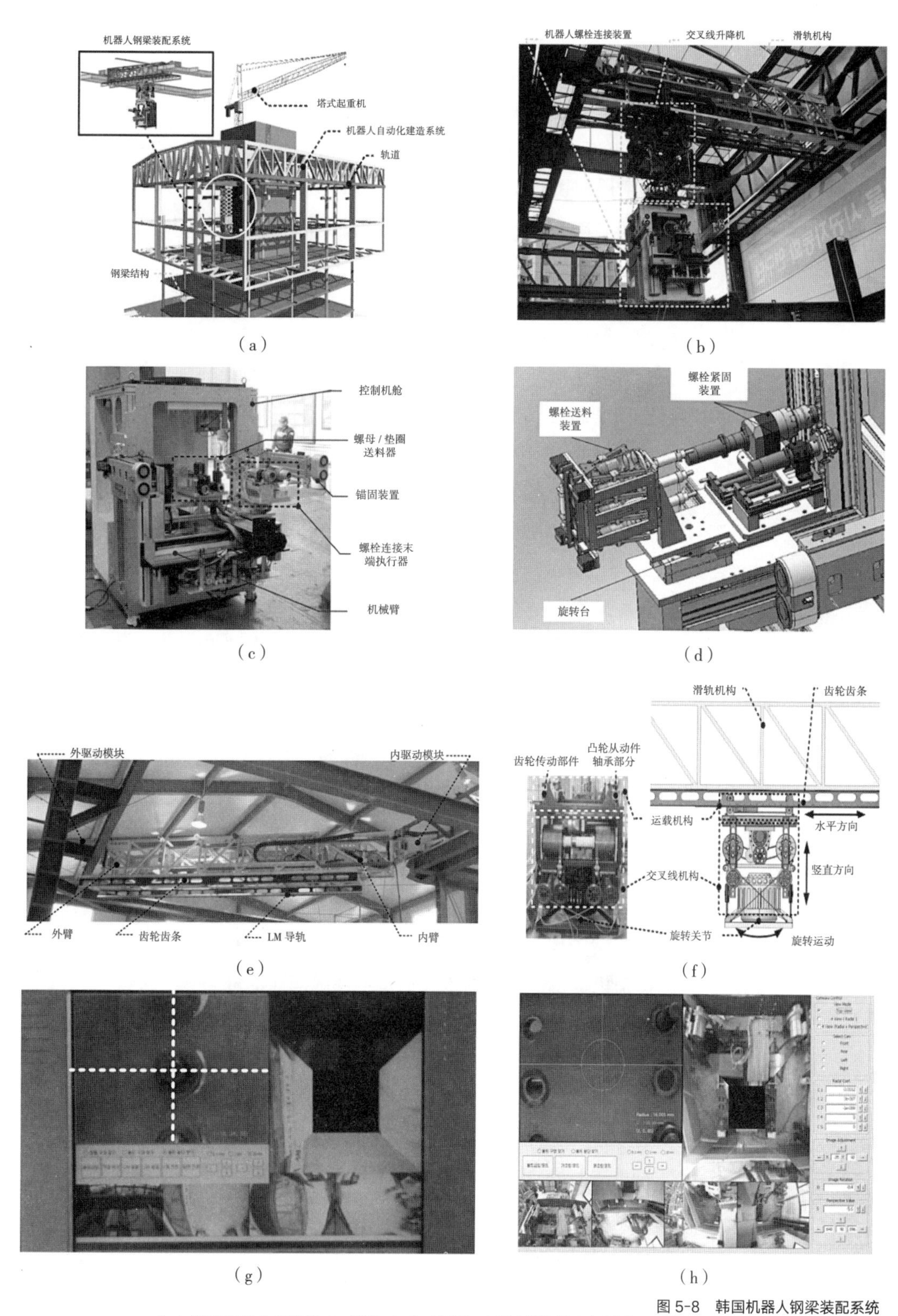

图 5-8　韩国机器人钢梁装配系统

(a)施工自动化系统的 3D 模型；(b)实际施工现场的机器人钢梁装配系统；(c)机器人螺栓连接装置；(d)螺栓连接末端执行器；(e)滑轨机构；(f)交叉线升降机；(g)基于视觉伺服的螺栓连接控制系统；(h)智能管理系统界面

在高处进行，具有很高的安全风险。因此，Liang 等开发了一种用于钢梁起吊和组装的机器人装配系统（RAS），让工人不必在高处工作。RAS 包括四种方法：旋转、对准、螺栓连接和卸载。

旋转的目的是将吊起梁段旋转到装配角度。该方法基于动量守恒定律，在吊起梁段的顶部安装有带飞轮的旋转箱，产生角动量，则吊起梁段会产生逆角动量。图 5-9（b）显示了旋转方法的原理以及旋转箱的构造。飞轮由马达通过轴和齿轮转动。地面操作员使用电机控制器和无线路由器来控制飞轮。当横梁到达合适的位置后，操作员打开飞轮，直到横梁旋转到正确的角度。

对准方法包括垂直对准和水平对准。垂直对准的目的是检查吊起梁是否达到正确的高度。如图 5-9（c）所示，使用相机检测柱子上的标记，并将信号传输到控制室通知起重机操作横梁到合适高度。如果标记位于相机坐标系的中心，则垂直对准完成。水平对准的目的是将横梁调整到指定位置。由于梁在垂直对准时已对准至正确高度，因此水平对准将只考虑平面定位。如图 5-9（d）所示，通过将翼缘的形状改为平行四边形，保证了横梁在旋转过程中不会被卡死，且允许起重机更容易控制位置不准确的横梁。

为了提供更快的螺栓连接过程，使用“即插即用”方法代替传统的“拧紧螺栓”方法，如图 5-9（e）所示。因为横梁临时固定只需要两个螺栓，因此在螺栓孔附近增加了两个额外的导向孔，在安装前将螺栓连接钢板固定在托梁和吊起横梁上。在完成水平对准后，用于临时固定的螺栓已定位在导向孔中。然后起重机操作员下放吊起梁，螺栓滑入螺栓孔，完成临时螺栓安装步骤。

卸载法是指拆除 RAS 并卸载起重机线缆。旋转箱在安装前用线缆连接到起重机吊钩上，使用一个简单的夹持机构将 RAS 的旋转箱安装在吊起梁上。在卸载阶段，可以简单地用起重机将 RAS 移除。在此步骤中，通过设计的插销机构将连接吊起梁和吊钩的线缆同时完成卸载。

在实验室环境下验证了该系统的可行性，图 5-9（f）显示了试验现场的情况，试验结果显示 RAS 可以在避免工人危险高度作业的情况下完成装配过程，并且比传统方法更快地完成组装，可以减少钢梁装配过程中工人意外摔倒的频率。RAS 可广泛推广到现有的建筑工地。

Kim 等针对钢构件的自动化装配开展了一系列研究，他们提出的钢梁组装方法，采用人机界面的概念，即工人可以在地面操作，避免了在托架上进行高空作业，以很经济的形式提高了钢结构工人的安全性。该方法使用一个改变了现有钢构件形状的自支撑钢节点，以及一台支持装配过程的自动化线缆控制机器，工作人员可以在车间进行操作。

在设计自支撑钢节点和自动线控机时，研究人员考虑了以下关键条件：

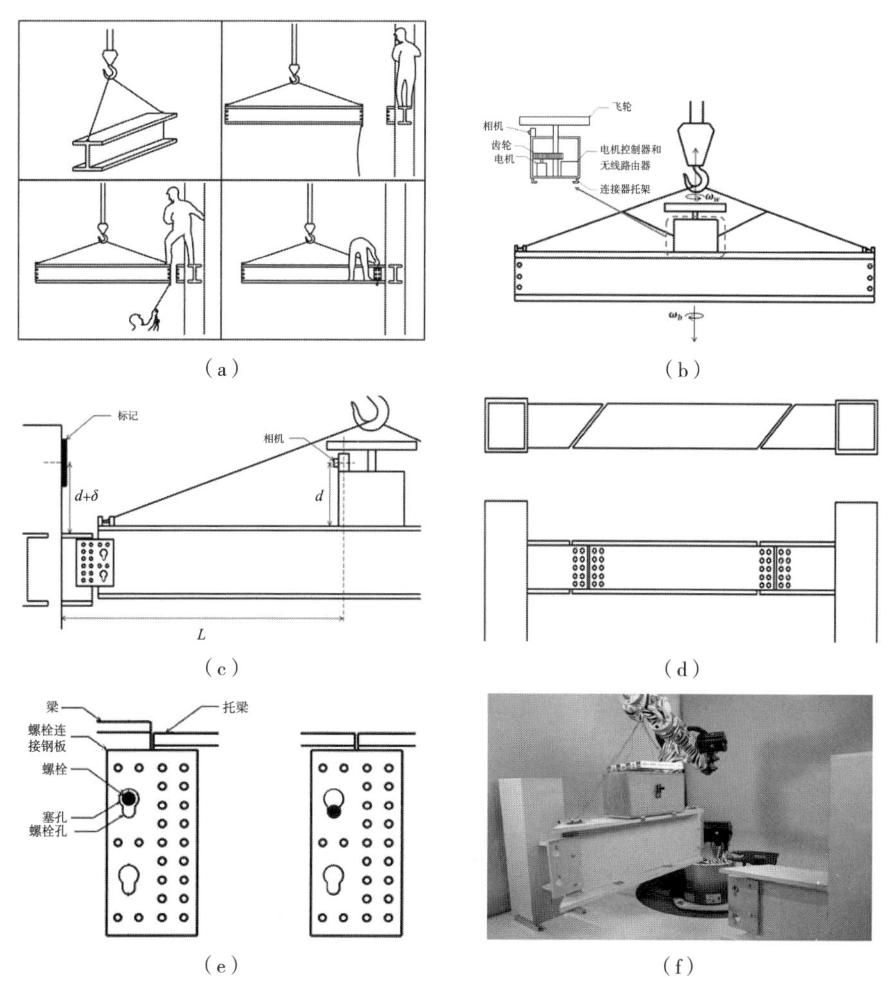

（a）（b）（c）（d）（e）（f）

图 5-9 RAS 钢结构机器人装配方法
（a）传统钢梁装配过程；（b）旋转方法；（c）竖向对准方法；
（d）水平对准方法；（e）螺栓连接方法；（f）原型系统测试

为了保证结构安全，钢构件的形状必须改变；设备的操作、移动、安装、拆卸应方便；工人应该能够对装配过程进行实时监控，并在紧急情况下做出反应。图 5-10 展示了为满足这些条件而生产的样机。首先，自支撑钢节点包括以下组成部分：梁与托架之间的接头是倾斜的，能插入托架底部导向孔而实现临时固定的两个楔子分别焊接在梁两端翼缘底部。托架上与梁的连接处还应该设置一组 Y 形板，引导钢梁与托架完成搭接。导向绳连接拉线缆电机马达与夹在楔子上可拆卸的导向钩，引导钢梁进入 Y 形板，控制梁的旋转并在装配前保证已经穿入托架的导向孔内。由遥控器控制的塔式起重机允许工人在地面上使用遥控器拆卸吊钩。其次，自动化线控机应包含以下部分：拉线缆电机安装在柱子下部附近，并放置在一块有四个轮子的板上便于移动。该设备由电源、防止绳索扭曲的自由滚轮以及力传感器组成，该传感器可以确定起重机与电机之间的张力值，并将此信息实时发送到控制箱。控制箱为运行电机提供动力，并在紧急情况下控制运行。它通过遥控器或主体按钮进行操作，工人可以通过显示器监控电机的运行情况。可拆卸的导向钩引导梁进入Y形板和控制梁的旋转，必须保证它们能通过托架上的导向孔，因此可以设计成圆形横截面。它们由高强度钢制成，经久耐用、可拆卸，以简化安装和拆卸过程。

这种自动化钢梁安装方法总共涉及三名工人，一名普通工人，一名钢结构工人以及一名起重机操作员，由以下六项活动实现：①普通工人在待安装钢梁上安装起重机吊钩，然后将钢梁运输到安装地点；②当钢梁到达安装地点钢结构工人的视线高度时，工人在楔子上安装可拆卸的导向钩；③钢结构工人用无线电通知起重机操作员再次抬起钢梁，这时，工人开始操作自动线缆控制机，根据起重机的抬升速度放出引导绳；④钢结构工人通过控制箱继续检测起重机的张力值，当钢梁高度足以被引导进入Y形板时，自动线控机和起重机暂时停止作业；⑤钢梁向Y形板倾斜，钢结构工人通过操作拉线缆电机缠绕引导绳，确保绳索垂直。当钢梁到达Y形板的上部时，受到自身重力的引导，楔子将会插入导向孔内；⑥最后，钢结构工人将导向钩与起重机吊钩拆卸下来，起重机吊钩返回构件堆放区域继续下一个构件的起吊。

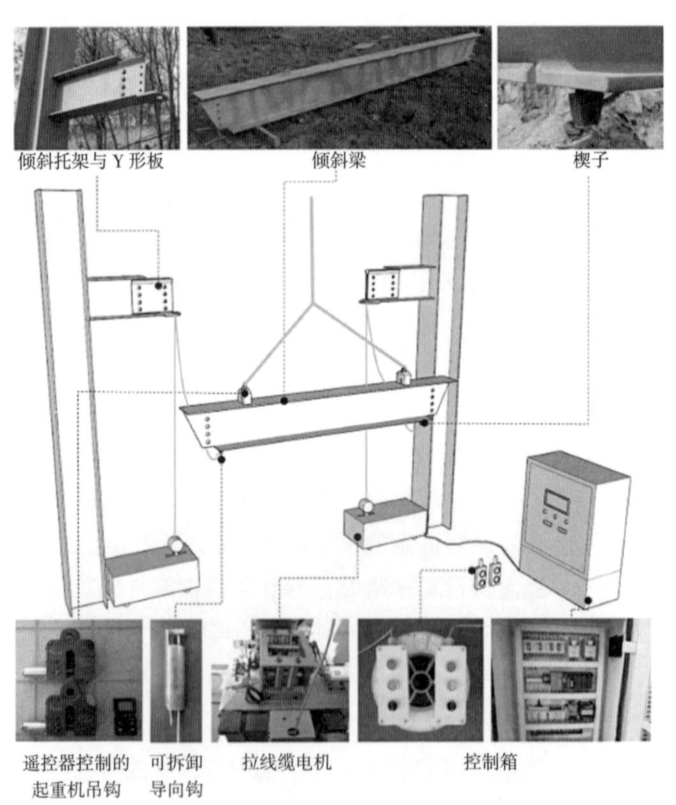

图5-10 自支撑钢节点和自动线缆控制机的原型

在试点项目进行现场组装钢梁测试的结果显示时间和成本相对传统方法分别减少了 3 天和 1365.32 美元，安全性提高了 82.35%。所提出的方法有望成为一种实用的替代方案，可提高钢梁装配过程的安全性，涉及的开发程序可能对有兴趣开发先进施工方法的研究人员有用。

Gao 等开发了基于 BIM 的任务规划算法和运动规划算法原型系统，以协助机器人完成轻型钢框架结构的 COVID-19 集装箱式住院病房的装配。为了实现在没有人工干预的情况下完成住院设施的自动化建造，挑战在于如何生成合理的建筑构件组装序列，然后机器人的末端可以按照预定的序列将建筑构件放置在空间所需要的坐标上。针对这个关键问题，该研究提供了一个机器人原型、一种考虑几何形状和质心的预制构件坐标与装配序列之间数学关系的任务规划算法、一种可以分析确定的装配序列和坐标，并生成机器人的运动学参数的运动规划算法，用于执行 COVID-19 住院设施的装配。通过对基于 ROS（Robot Operating System）环境下搭建的机器人安装任务仿真模型进行测试（图 5-11），验证了上述规划算法的可行性。Zhu 等为了协调装配式建筑施工机器人，提出了一种面向构件的机器人建造方法。基于智能建造对象（Smart Construction Object，SCO）法，构件被当作用于联系施工任务和机器人之间的桥梁。将施工任务的信息作为离散事件分配给施工过程中的各个构件，就机器人需要如何建造它们来说，这些构件则成为具有感知、通信和自主性的 SCO。通过基于市场的方法（MRTA），可以将每个独立构件的建造任务分配给满足构件需求的机器人，实现多个机器人的协同。为了验证该方法，在 BIM 环境中开发了基于钢框架结构的施工模拟。此外，他们还通过在开放的模拟器环境中集成 ROS 和 BIM，提出一种机器人施工模拟的通用方法。所提出的框架可以通过使用基于 IFC 的 BIM 模型生成具有建筑组件构件细节的仿真施工环境，从而提高 BIM 的使用效率。通过一个轻钢框架机器人安装仿真案例研究，展示了从 BIM 模型制作到施工任务调度、施工仿真的全过程。

图 5-11　施工仿真环境下机械臂装配钢结构房屋

由以上案例可以看出，受到普通商用工业机器人负载能力的限制，针对装配式钢结构的建造施工，除了一些轻型构件外，机器人等自动化设备大部分情况下难以直接抓起大型钢结构中主要受力构件进行装配操作，仍需要借助起重机承受构件的自重，机器人起辅助作用，通过其精准的位置控制手段将构件准确地调整至目标安装位置。

5.2.2 混凝土结构构件安装机器人

吊装过程是提高施工时间和成本效益的重要环节，比如预制混凝土楼板这样的预制构件可能非常大，运输成为一个重要而困难的过程，其中吊装是影响安全和效率的关键因素。根据以往建筑工程的调查显示，吊装预制楼板的过程至少需要两名建筑工人，他们在没有任何保护装置的情况下爬到预制构件堆放位置，并用手使吊钩钩住楼板。由于工作环境危险，工作效率低，起重机或人工操纵的设备在吊装过程中造成的工人受伤事件较多。

Li 等针对大型混凝土构件起吊、运输与放置存在的问题，开发了一种智能化、自动化的吊装系统以优化构件吊装过程，该系统涉及机器人小车以及基于视觉的识别等技术。吊装系统由起重机、吊具和机器人三个主要部分组成。在吊装系统中，构件顶部的起重机不是此项自动化吊装研究需要考虑的部分，目前建筑工地或工厂的大部分吊钩都是人工控制的；吊具具有将电动吊钩与起重机、钢丝绳连接起来的重要功能，而机器人则由机器人小车和电动吊钩组成。预制楼板上的吊点数量与机器人小车数量相同，可以根据具体构件情况设置。相机的安装位置应该保证能够观察到完整的工作平面。在吊装系统的设计中，电动吊钩由机器人小车操纵，而基于相机捕捉图像的视觉识别系统引导机器人小车运动。

如图 5-12 所示，整个自动化吊装过程由以下八个步骤组成：①在服务器和机器人小车低速运转时，吊具和机器人从预制构件平面上方的位置 A 下落到小车与预制构件平面互相接触；②机器人小车在当前位置保持不动，相机查找并确定每台机器人小车与对应吊点的各自位置；③服务器处理相机捕获的图像，驱动所有机器人小车到达并抓住对应吊点；④起重机吊起预制楼板到位置 A；⑤起重机运输该预制楼板并将其放置在位置 B；⑥预制楼板完全停放后，吊具继续下落一定距离；⑦电动吊钩松开楼板；⑧起重机将吊具提升，此次吊装任务完成。结合预制工厂内进行的 30 多次试验，证明该系统关于吊钩抓吊点的成功率大约为 92.5%，验证了该系统的可行性。

如图 5-13 所示，针对传统预制混凝土构件安装就位过程中存在的作业安全保障程度低、人工搬扶困难、自动化程度低、构件就位安装精度低、效率差等施工难题，张执锦提出了一种新型建筑构件精确就位机器人，并进行

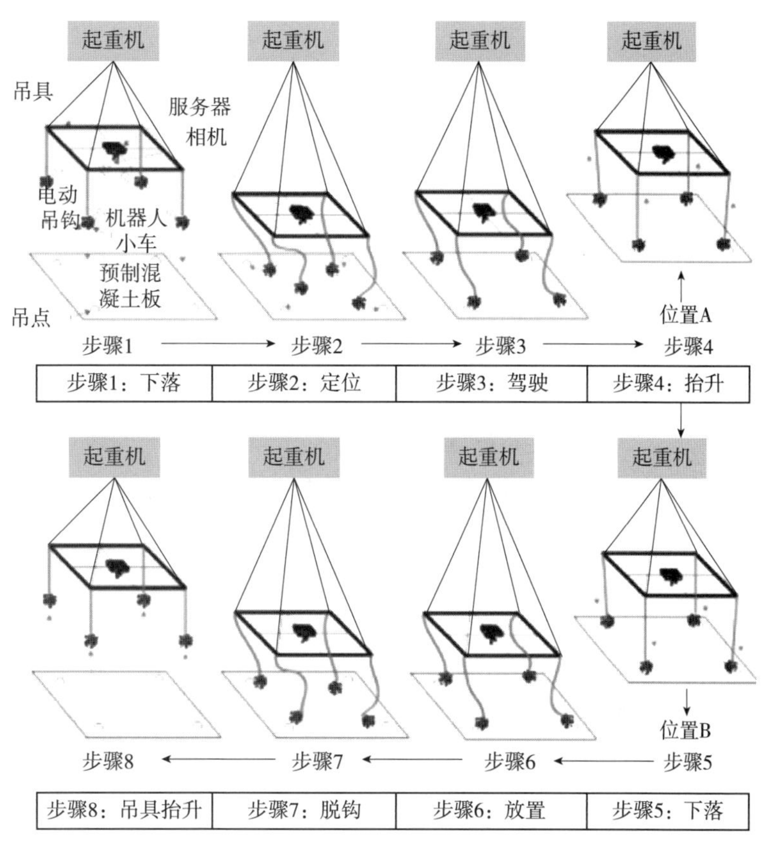

图 5-12 带有汽车式移动机器人的智能吊装系统工作流程

图 5-13 传统预制构件就位安装方法精度低、效率差

了理论方案设计，拓展了机器人技术的应用领域，提高了装配式建筑施工领域的科研水平。

以装配式混凝土结构施工现场预制构件就位安装难题作为建筑构件精确就位机器人的设计需求，对其进行机械结构整体方案设计，如图 5-14（a）所示，建筑构件精确就位机器人主要由多方位移动小车、六轴控制机械臂、双目检测机构组成。

其中，多方位移动小车安装有四个万向轮结构，能够使得整体装置沿 X–Y 平面区域内的全方位移动，其上方安装一个六轴控制机械臂，同时在两侧分别安装一个三轴控制机械臂，在三轴控制机械臂末端均装有单目相机，共同组成双目检测机构。依据双目检测机构实时监测所测量出的吊起构件钢筋轴与地面上落位点即已安装构件预留套筒中心线的距离。通过电机带动机械臂各关节按照预设位姿进行精准动作，到达目标夹持点后，六轴控制机械臂末端的夹持机构对预制构件粗筋进行夹持，夹持机构的构造如图 5-14（b）所示。通过对待安装构件落位的水平方向位置进行调整，代替人工完成构件底部钢筋穿入地面预留套筒中的动作，以此实现混凝土构件的精准安装就位。

由建筑构件精确就位机器人完成预制构件的精确就位安装是一个较为复杂的过程，可将预制构件精确就位安装划分为粗定位和精确定位。粗定位是此时预制构件位姿与目标位置距离较大时而相对快速地接近目标点，精确定位是在粗定位的目标位姿的基础上进行预制构件的慢速微调整，以完成预制构件的精确就位安装。基于机器人的构件自动化精确就位安装方法分为两步，快速接近和精确就位。安装过程中通过双目系统实时监测预制构件的钢筋轴与落位点预留套筒的中心线距离，当检测到的钢筋轴与套筒中心线距离大于 15mm 时，执行粗定位过程，当钢筋轴与套筒中心线距离小于 15mm 时，及时进行微速调整，完成预制构件的精确就位安装。其安装流程如图 5-14（c）所示。

因此，建筑构件精确就位机器人可以满足建筑工业化领域装配式建筑的内墙板、外墙板、楼梯等各类混凝土构件安装需求，实现预制构件精准就位安装，且充分解决了装配式建筑施工领域中的效率低、劳动强度高、安全保障难度大等问题。

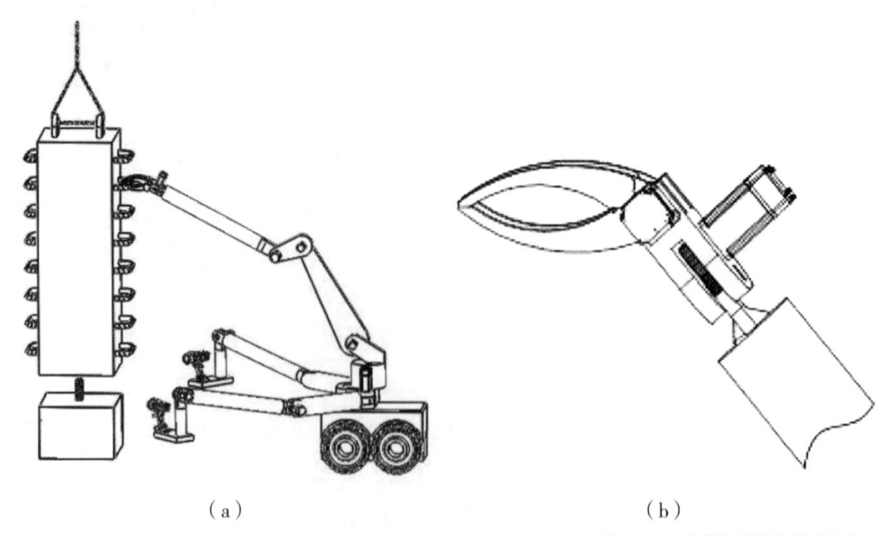

（a）　　　　　　（b）

图 5-14　建筑构件精确就位机器人

（a）机器人整体构造；（b）末端夹持机构

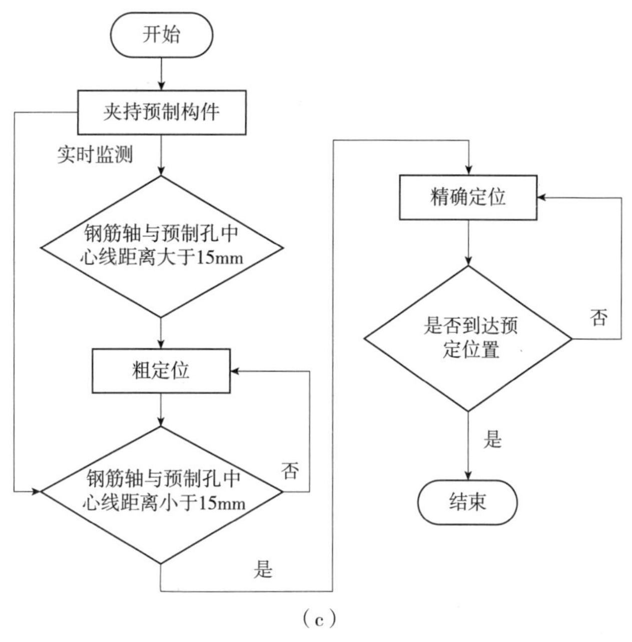

（c）

图 5-14　建筑构件精确就位机器人（续）
（c）构件就位安装流程

5.2.3　其他大型构件安装机器人

除了钢构件、混凝土构件等主要结构受力构件外，对于其他大型建筑构件的装配也有机器人自动化技术涉及。由于建筑材料的多样性、环境的多变性以及施工过程的量化管理困难，制约了建筑自动化的发展。然而，与其他建筑材料相比，幕墙可以被认为是相对标准的材料。现代建筑特别是高层建筑中的立面幕墙与钢筋混凝土或钢结构主体是相对独立的，因此可以被认为是一种表皮系统。幕墙的安装操作是相对复杂的操作过程，涉及将重型部件或单元构件精确地定位在工人难以接近的位置。此外，预制立面单元的定位和对准要求精度高、误差小。自 20 世纪 80 年代以来，大型建筑重复的立面构件元素设计趋势为投资开发自动化和机器人安装系统提供了动力。

日本鹿岛建设公司在 1995 年针对幕墙安装研制了一种建筑施工机器人——Might Hand，如图 5-15 所示。该幕墙辅助安装机器人系统自重约 720kg，额定安装负载为 350kg，横向调整范围为 ±100mm。此款机器人主要用于玻璃幕墙、大理石板材、混凝土幕墙的安装，并且只需要一个人即可操作，和当前的全手工安装相比，可以大大节省人力并降低安装时间，降低事故率的同时也提升了安装质量。河北工业大学、河北建工集团有限责任公司在 863 计划的支持下，研发了我国第一套面向建筑板材安装的辅助操作机器人系统——“C-ROBOT-I”，如图 5-16 所示。该机器人系统面向大尺寸、大质量板材的干挂安装作业，通过倾角和激光测距传感的反馈信息和结构光

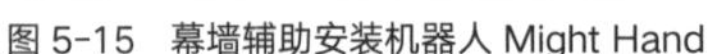

图 5-15　幕墙辅助安装机器人 Might Hand

图 5-16　板材安装机器人

条视觉实现位姿检测。操作安装板材最大平面尺寸为 1m × 1.5m，操作安装板材的最大重量达 70kg 以上。该系统可以实现自动安装和人机协作安装两种安装方法，满足了大型场馆、楼宇、火车站与机场等装饰用大理石壁板、玻璃幕墙、天花板等的安装作业需求。

从 2004 年到 2007 年，汉阳大学和三星集团的研究团队进行了一系列幕墙安装机器人的研究，总结并提出了幕墙安装方法三个阶段发展过程。第一阶段是传统方法，即使用绞车和起重机进行人工安装，这是一种复杂、缓慢和危险的方法。下一阶段是机械化方法，使用带吸力装置的小型挖掘机，可以将幕墙移动到组装点，但仍需要工人进行组装。第三阶段是全自动化方法，如图 5-17 所示，将商用挖掘机和三自由度机械手结合起来，提出了一种新型幕墙安装机器人。三自由度机械手的末端执行器为气动吸收器，用于抓取幕墙玻璃构件。该机器人的控制系统分为两个模块。首先，商用挖掘机在幕墙安装过程中承担了大范围的移动工作。其次，一旦机器人将幕墙组装到板上，三自由度机械手就会精确地定位幕墙。这种自动化系统能够适应与任何类型的商用挖掘机协同工作，当更换施工场地时，只需转移该安装机器人系统的三自由度机械手部分即可。采用人机协作系统，实现工人与环境的实时交互。通过调查该系统在实际施工现场的试验结果，验证了其性能、工作时间和效率满足要求。此外，他们还将该技术引入到玻璃吊顶的安装中，用空中升降机替代商用挖掘机而起到移动平台的作用。

图 5-17　幕墙安装机器人

5.3.1 砌筑机器人

一直以来，绝大多数建筑工地的砌砖工作都是由人工完成的，然而这项繁重、重复的工作在不久的将来可能会由机器人代劳。砌筑机器人作为智能安装系列机器人中的重要一环，不仅提高了砌筑作业的效率和质量，更对建筑行业的革新和发展具有深远的影响。

由澳大利亚 Fastbrick Robotics 公司打造的 Hadrian X 砌筑机器人，如图 5-18 所示，由控制系统、砖块输送系统和动态稳定性系统组成。进行作业之前，利用 3D 计算机辅助系统自动计算砖块的空间位置，并通过长达 28m 的两段式伸缩机械臂及末端机械手按照激光指引将砖块放到指定位置。基于该公司动态稳定性（DST）专利技术，可以在 3D 空间中精确定位相距很远的砖块群，可以抵御来自风力、振动和其他环境因素的影响，从而将一块又一块砖头放置在精确的位置上。作业过程中无需人工干预，而且该设备可适应不同的砖块类型。该机器人系统可以在单体建筑物尺度开展工作，每小时可砌 1000 块，将砌筑精度控制在 0.5mm，建造一栋民居用时不超过 48h。美国 Construction Robotics 公司开发的半自动砌砖机器人（SAM 100），如图 5-19 所示，是世界上第一款真正投入现场砌筑工程的商用机器人。该机器人配备夹具、砖料传递系统（传送带、砂浆泵、喷嘴和机械臂）以及一套位置反馈系统，它利用先进的算法和高精度传感器来测量建筑的角度和方向，配合自主研发的 3D 砖块测图软件，整套 SAM 系统能够在 8h 内针对任意尺寸的墙面自主完成 3000 块砖的堆砌工作，相当于普通工人工作量的数倍，可使墙体砌筑效率提高 3~5 倍，减少 80% 的人工砌筑作业。同时，基于软件端不断更新的数据库，SAM 机器人能够及时提供准确的、由数据驱动的分析报告。目前该砌筑机器人系统已投入商用。

哈佛大学 Werfel 和 Petersen 等组成的研究团队模仿白蚁处理信息的方式和生活习性设计了可以建造建筑结构的搬砖机器人——白蚁机器人 Termes，如图 5-20 所示。机器人系统包含三个自主运动的机器人，每台机器人依靠

图 5-18　Hadrian X 砌砖机器人

图 5-19　SAM 100 砌砖机器人

带钩的轮子和前置的杠杆搬运建筑材料，运用机载传感器辨别周围是否有其他机器人或砖块，来适应工地千变万化的环境。该类型机器人能自动选择位置放置砖块，只需简单规则就能建造复杂结构，是世界上第一台仿生学建筑机器人。

苏黎世联邦理工学院的 Fabio Gramazio 与 Matthias Kohler 针对非结构环境下的砌筑作业研发了第一代 In situ Fabricator（IF）系统，如图 5-21 所示，其主体由一个汽油发动机驱动的履带式移动平台顶置一台 6 轴 ABB 工业机械臂组成，机械臂前端配置吸取式抓取装置。与此同时，该系统还集成了移动机器人的自主导航技术，使其能够工作于存在障碍物的复杂施工环境，其砌筑效率约为人工的 20 倍。IF 砌筑机器人在模拟建筑现场的实验室环境中半自主地建造高 2m、长 6.5m 的连续干堆、起伏的砖墙，砖块系统由离散的建筑元素和简单的装配逻辑组成。机器人的传感器系统扫描周围环境获取初始 3D 模型，与建筑场地的 CAD 模型匹配，以此确定砖块的放置位置。整个砌筑过程最大误差在厘米以内。此外，他们还结合一个名为飞行组装建筑（Flight Assembled Architecture）的试验项目探索了基于无人机的飞行砌筑方法，如图 5-22 所示，利用多台四旋翼无人机搭建了一个高约 6m、包含 1500 块轻质砖块的大尺度曲线形构筑物，成功实施验证了飞行器平台实施结构体营建的可行性，同样产生了强烈的社会反响。

图 5-20　白蚁机器人 Termes

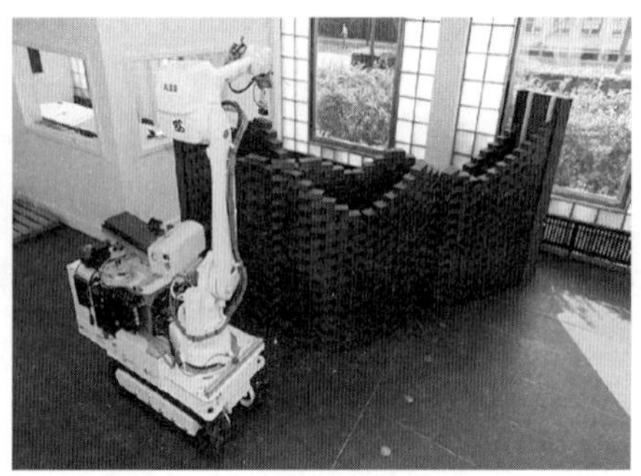

图 5-21　In Situ Fabricator 系统

图 5-22　飞行砌筑机器人

图 5-23　清华大学“砖艺迷宫花园”

2018年，清华大学联合中南置地成立清华大学－中南置地数字建筑联合研究中心，首次把机器人自动砌砖与3D打印砂浆结合在一起，形成“机械臂自动砌筑系统”，并把该系统首次运用于实际施工现场，建成一座“砖艺迷宫花园”，如图5-23所示。上海自砌科技自主研发的一款砌墙机器人MOBOT GT30，工作原理是通过机械臂抓取传送带上的砖块，视觉识别定位，再通过平移精准码放，平均20s砌一块砖。

5.3.2 焊接机器人

焊接机器人以高效、稳定的焊接速度和质量，极大地提升了生产效率，并保证了焊接质量的一致性和稳定性。与此同时，机器人焊接减少了人力成本和安全风险，改善了工作环境，为工人的健康提供了保障，其灵活性和适应性使其能够应对各种不同的生产需求，推动了建筑行业向着数字化、智能化和高效化方向迈进。目前针对自动化焊接也包括原理、工作场景相同的缝隙填充任务，已经有许多机器人和关键技术投入研发或应用。

Lundeen等提出了两种建筑构件模型拟合技术，即聚类迭代最近点（CICP）建筑构件模型拟合技术和广义分辨率相关扫描匹配（GRCSM）建筑构件模型拟合技术，以实现自主感知建造对象的几何形态并完成三维建模，保证机器人能够适应意外情况并执行高质量的工作。为此，通过对具有任意复杂几何形状的单一构件以及由两个简单构件组成的方形对接接缝两类目标特征进行感知和建模，验证了CICP和GRCSM建筑构件模型拟合技术能够估计任意形状物体以及接缝的位姿和几何形状。随后，他们在基于上述GRCSM算法配准完成的目标构件三维模型基础上，从接缝单个剖面的二维几何轮廓和三维坐标系变换入手，设计了整个接缝的自适应接缝填充规划。结合新的填缝机器人硬件设备（图5-24），通过开展随机接缝、复杂几何体之间形成的接缝以及专门为测试机器人性能而设计的精准制造接缝三种不同类型的接缝填充试验，以评估机器人在其工件的实际位置和几何形状可能偏离其设计的环境中执行自适应工作的能力。五次试验的平均值表明，机器人能够识别关节中心的真实位置和姿态，平均规范定位误差为0.11mm，姿态误差为1.1°。他们提出的这种自适应接缝填充方法，在传感器数据不完整、目标物体几何形状复杂等情况出现时，保证了机器人高效、准确地执行填缝任务。

Tavares等提出了一种用于结构钢制造的协同焊接单元，基于BIM标准自动协调分配给操作工人和在线性轨道上移动的焊接机器人必要任务。他们设计的空间增强现实系统（SAR，图5-25a），借助激光扫描仪将焊缝配准信息投射到环境中（图5-25b），以帮助操作员点焊钢梁配件，随后将由工

图 5-24 自适应接缝填充机器人

（a）　　　　（b）

图 5-25 空间增强显示焊接机器人系统
（a）SAR 系统（左）与焊接机器人（右）;（b）钢梁配件焊接位置信息的投影

业机器人对这些配件进行缝焊。通过这种方式，确保梁装配阶段的最大灵活性，同时也提高了整体生产率和产品质量，因为操作员通过沉浸式界面接收任务，不再需要依赖容易出错的测量程序，从而减轻了分析复杂制造设计规范的负担。此外，操作该焊接单元不需要专业机器人知识，借助开发的 MetroID BeamWeld 专业软件，从包含项目执行的所有相关信息的 IFC 文件中提取焊接任务所需要的构件模型和焊缝信息。检流计式扫描仪感知系统可以纠正三维钢梁放置错误或梁弯曲的情况。再加上运动规划和焊接姿态优化系统，确保机器人最大限度地提高焊接质量的同时，在没有碰撞的情况下尽可能高效地执行任务。

在中小批量制造或维修工作中使用机器人焊接的主要困难之一是机器人焊接新零件所需的编程时间。为此，Dinham 等针对机器人焊接提出了一种基于眼在手上的计算机立体视觉的焊缝自动识别与定位方法。在焊接中使用立体视觉技术面临着诸如对比度差，图像无纹理，反射以及钢表面存在划痕缺陷等的挑战。该项研究开发的方法能够基于二维单应性，结合可靠的图像匹配和三角测量，对铁质材料的窄焊缝进行鲁棒识别。如图 5-26 所示，通过工业焊接机器人在车间环境下的实验验证了所提算法的有效性。结果表明，该方法可以提供 ±1mm 以内的三维笛卡尔精度，这在大多数机器人弧焊应用中是可以接受的。

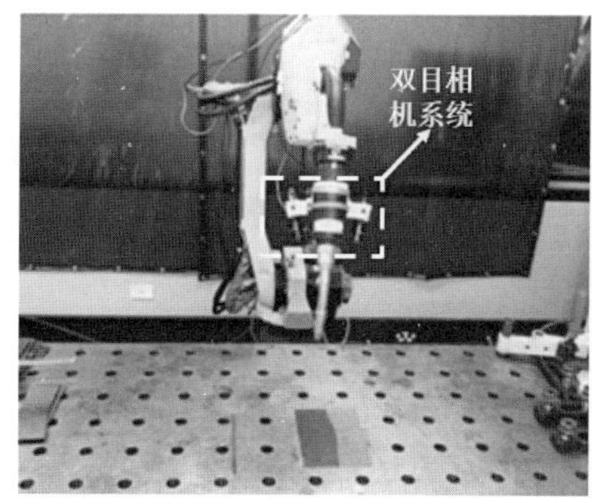

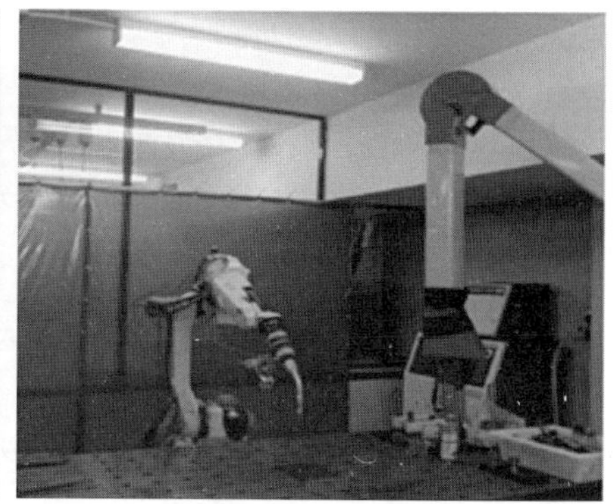

图 5-26　基于立体视觉的机器人电弧焊系统

图 5-27（a）展示了一个自升式石油钻井平台结构部件现场焊接自动化实际案例，与典型的建筑工地类似，为便于工人高空作业，该操作空间被脚手架结构包围。然而标准工业机器人在进入位于高处的特定工作区域（图 5-27a 圈出的区域）存在困难，使得该项目自动化焊接的实现仍然具有挑战性。再加上移动机器人单元在如此杂乱的工作区域周围也会遇到麻烦。为此，Dharmawan 等开发了一个敏捷机器人，该机器人系统通过将一个轻型工业机器人安装在一个特殊设计的机器人平台上，如图 5-27（b）所示，能够快速集成到已搭建

图 5-27　一种安装在现场施工脚手架结构上的敏捷机器人系统
（a）自升式钻井平台腿架制造的施工现场；（b）便携式移动平台；
（c）应用于施工现场的敏捷机器人系统

的脚手架结构中。目前的原型机重量不足50kg，两个人即可轻松携带。此外，以脚手架结构作为其基础，机器人系统只需要很少的额外设置，便能够进入以前只有工人才能进入的建筑工地工作区域。基于推导的梁挠曲解析模型，对组成敏捷机器人系统的关键部件的设计参数进行了优化，以减小脚手架支撑钢管的预期挠曲。最后，进行了如图5-27（c）所示实际实验，验证了理论模型和所提出的敏捷机器人系统的可行性。

5.3.3 钢筋定位与绑扎机器人

钢筋混凝土结构需要大量钢筋加工生产相关的施工操作，包括切割、弯曲、绑扎、精确布置以及加强筋元件或钢筋网格在楼板或模板系统中的定位，均具有一定的操作难度。自动化钢筋弯折绑扎与布料系统不但可以大幅度提高效率与精确度，提高与钢筋生产定位相关工作的生产力和质量，还可以降低对员工健康的影响，降低施工风险。

美国 Advanced Construction Robotics 公司开发的 Tybot 钢筋绑扎机器人通过二维码标签识别定位钢筋绑扎点，由龙门架悬吊机械臂移动完成绑扎，具备自主导航的能力，主要应用于大型桥梁和道路的钢筋绑扎，如图5-28所示。日本千叶工业大学研发了“T-iROBO Rebar”自动绑扎机器人，可根据激光检测器检测钢筋的交叉截面和障碍物位置，利用自动钢筋绑扎工具进行绑扎工作。同时，采用新型运动结构，通过锥形轮使机器人在钢筋表面稳定移动，如图5-29所示。美国 SkyMul 公司使用 SkyTy（P3）无人机进行钢筋绑扎工作。首先使用测绘无人机对钢筋铺设平面进行激光扫描，然后由人工对扫描结果进行验证或调整，如钢筋铺设间距是否正确等，最后施工无人机根据所构建的钢筋地图对绑扎点进行施工，如图5-30所示。

山西建筑产业现代化园区与清华大学合作研发的自动化钢筋绑扎机器人，由视觉识别系统、机器人系统、行走系统、绑扎系统等组成。首先通过

图5-28　Tybot 钢筋绑扎机器人

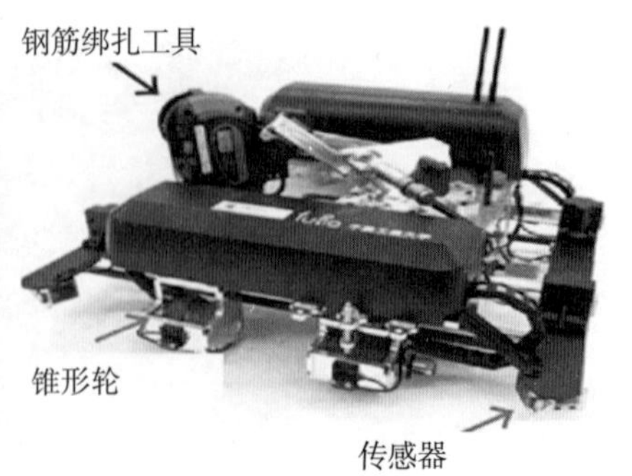

图5-29　T-iROBO Rebar 自动绑扎机器人

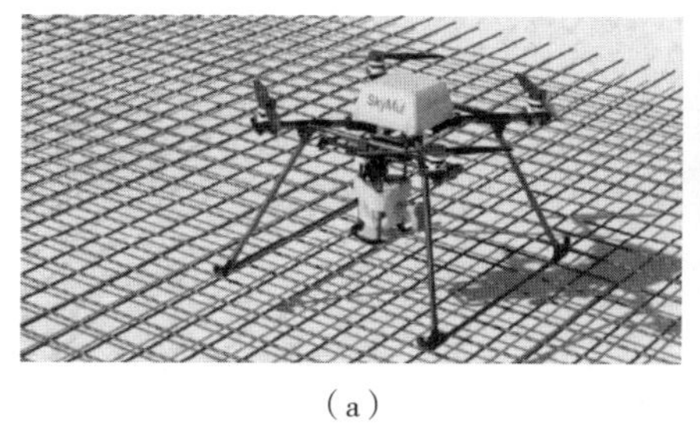

（a）

（b）

图 5-30　SkyTy（P3）无人机绑扎和建图
（a）施工无人机；（b）构建钢筋地图

视觉识别系统对钢筋绑扎点进行定位，其次由行走系统负责控制机械臂移动到指定位置，最后利用绑扎系统中三个独立控制的绑扎装置并列完成绑扎工作，极大地提高了 PC 构件的绑扎效率。Jin 等提出了基于主动感知和规划的全自动钢筋绑扎机器人系统，如图 5-31 所示，实现了钢筋交叉点绑扎过程的自动化。首先采用 RGB-D 相机采集钢筋平面图像，添加逆滤波和深度滤波去除背景干扰，之后利用深度学习算法识别钢筋绑扎点，最后通过基于边界检测和机器人姿态估计的主动规划方法遍历钢筋所在的平面，移动到绑扎位置完成绑扎工作。

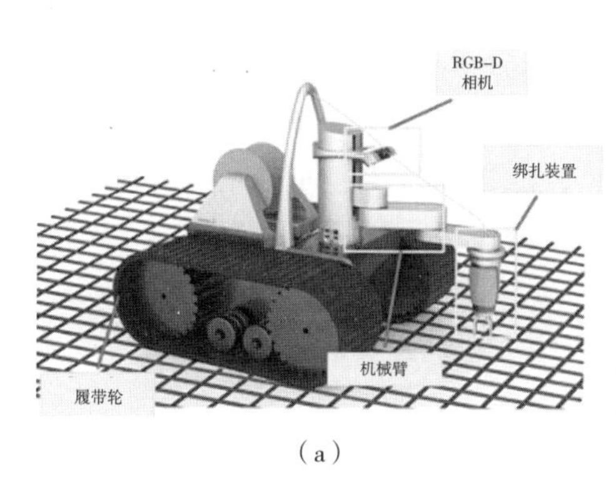

（a）

（b）

图 5-31　基于主动感知和规划的全自动钢筋绑扎机器人系统
（a）设计模型；（b）机器人实体

如图 5-32（a）所示，苏黎世联邦理工学院研制的 In situ Fabricator 机器人系统结合新的建造技术 Mesh mold 还可以用于钢筋的绑扎。Mesh mold 的主要目标是定制同时可以作为混凝土构件模具的自由形状钢筋网，实现定制钢筋混凝土墙结构的零浪费生产。In situ Fabricator 配备了两套相机系统（图 5-32b），一套用于机器人的全局定位，一套用于正在建造的钢筋网的局部探测实现全局和局部姿态估计。对于第一套相机系统，使用人工标记 AprilTag 对机器人坐标系进行全局姿态估计，在建造过程可以重复进行机器人的自动定位，保证了小于 5mm 的全局定位精度。此外，在检测累积

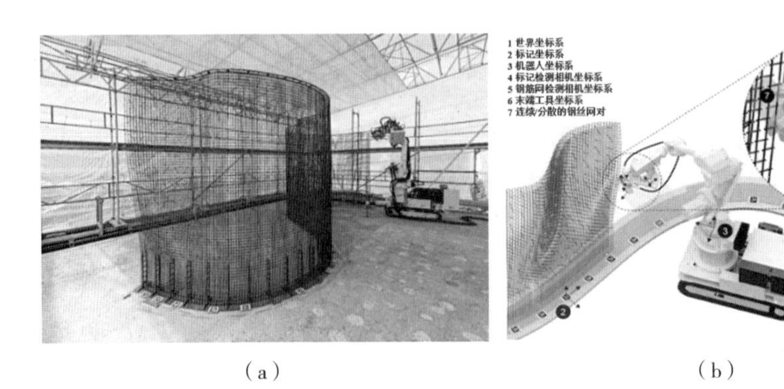

（a）　　　　　　　　（b）

图 5-32　In situ Fabricator 钢筋绑扎机器人
（a）完成实际项目钢筋绑扎任务；（b）两套视觉系统布置与坐标系定义

制造误差和钢筋网格因为内部张力而存在变形的情况下，利用机器人末端执行器上安装的一对立体相机视觉系统作为第二套视觉系统，不断对局部钢筋网的状态进行感知而实时纠正机器人末端执行器的姿态。在一栋实际建筑中利用 In situ Fabricator 完成所有构件钢丝网的绑扎，完成后 98% 的钢筋网与设计位置偏差在 2cm 以内，这是由移动机器人单独使用基于视觉传感方式建造的最大结构。采用此钢筋绑扎机器人系统重新定义了生产顺序，避免了由于运输尺寸的限制而造成结构构件不必要的分解，可以根据所选择的材料系统和移动机械的制造逻辑重新定义。

为了满足大型建筑物防震需求，以及方便进行无法动用起重机的地下混凝土施工，2017 年，日本清水建设株式公社推出了类似人类手臂的“钢筋布料助手机器人”，如图 5-33 所示，可以搬运重约 250kg 的钢筋至 5m 半径范围。过去需要 6、7 人来做的工作现在只需 3 人就可完成。而且，机器人还可以拆卸成好几块，需要转移到其他地方作业时，从拆卸到重新拼装完毕只要 3 名工人花费 20min。

图 5-33　钢筋布料助手机器人

5.3.4 混凝土施工机器人

施工现场的混凝土作业机器人主要包含负责混凝土供应、浇筑的混凝土配送机器人以及负责混凝土调平和压实的混凝土精加工机器人。混凝土配送机器人用于大面积或模板系统上分配具有均匀质量的混合混凝土。该类机器人系统包括水平和垂直物流供应系统和紧凑型移动混凝土分配和浇筑系统，可在各个楼层较大的范围上运行。机器人通过简单的预定动作，以准确的方式重复运动，混凝土分配和浇筑系统能够均匀分布混凝土。目前该混合系统还未达到完全的自动化，仍需要专业技术人员监督指导。

在施工现场进行混凝土处理时，经常要求在作业过程中对混凝土进行调平和压实。混凝土平整施工是将倾倒出的或不均匀分布的混凝土整平得更加密实和平整的过程。调平操作的自动化处理类似于混凝土精加工操作。混凝土平整机器人的使用可加快施工速度，提高劳动生产率，保证整个混凝土表面的完成质量。混凝土压实工具从混凝土中除去空气，压实混凝土混合物内的颗粒，强化了混凝土以及增加材料的密度，加强了混凝土与钢筋之间的粘结。在地板平滑机器人发明以前，建筑工人需要花费数小时以弯曲姿势平整混凝土。为减轻工人工作强度，保证施工质量，各公司已经开发并部署了能够执行该任务的机器人，第一台混凝土平整机器人在 1986 年投入商业使用。该类型机器人能够以预定义的模式操作，并且适用于单楼层机器人的移动系统。大多数系统可配备不同的末端执行器，例如旋转刨刀刀片或推动盘。操作模式包括直接遥控和自主导航，可沿着预编程路线避障。在多数情况下，陀螺仪和激光扫描仪将在预编程的行进路线内进行辅助导航和运动规划。

作为首批建筑机器人企业之一、碧桂园集团全资子公司的广东博智林机器人有限公司，自成立以来以覆盖全产业链路形式切入为主，聚焦建筑机器人、BIM 数字化、新型建筑工业化等产品的研发、生产与应用，并迅速发展成为行业领先的智能建造解决方案提供商。自主研发伺服系统、传感器、控制器、轮系单元、AI 路径规划、导航系统、机器视觉、机器人管理软件八大核心模块，其中导航、视觉、多机调度等技术填补了建筑机器人领域的空白。以混凝土施工机器人为例，博智林机器人产品线由智能随动式布料机及地面整平、地面抹平机器人等组合而成，通过联动施工，整个混凝土施工班组人员可由传统的 12 人减少至 8 人。

12m 智能随动式布料机（图 5-34a），主要用于地下及地上构筑物的混凝土浇筑。整机由底座、大臂、配重臂、配重以及吊管五部分组成，共有自动、随动、点动和人工四种操作模式，各模式之间可自由切换。自动模式下，设备能以底座为原点，按需生成路径，在覆盖范围内进行自动布料，过程中人员可随时介入。利用自动布料均匀度高的优势，可联动混凝土精加工机器人实现布料、整平、抹光全过程的自动化作业，大幅减少了工人的用工量。随动模式下，布料机根据操作人员对手柄发出的运动指令，通过算法驱动大、小臂联合运动，免除人工牵引大小臂的用工需求，实现 1 人轻松完成布料作业的效果。另有点动和人工模式以满足不同用户的需求。

全自动高精度地面整平机器人（图 5-34b），用于建筑地面混凝土浇筑后的高精度整平工作。传统的高精度地面整平阶段作业需要大量人工配合反复测量、刮平，任务繁重且效率低下。此款整平机器人独特的双自由度自适应系统很好地保证了机器人在钢筋混凝土上的稳定姿态。高精度激光识别测量系统和实时控制系统使刮板始终保持在毫米级精度的准确高度，从而准确控制混凝土楼板的水平度。基于自主开发的 GNSS 导航系统，能够自动设定整平规划路径，实现混凝土地面的全自动无人化整平施工，其工作效率是人工的 1.5 倍，作业精度按照国家规范质量验收标准可以达到 95% 以上。

地面抹平机器人（图 5-34c），主要用于标准楼层与地库原浆收光等混凝土高精度地面的提浆、抹平、收面工序。机器人通过 GNSS 导航技术，精准控制履带差速底盘行走，牵引整机根据规划路径自主导航运动，实现在混凝土地面的精准、自动行走。机器人后端设置有自适应振捣机构，作业时机器人在振动电机的激振力作用下，对地面进行持续振动提浆。激光找平系统通过实时激光收发信号，确保抹平刮板在水平可控标高线范围内作业。作业后

图 5-34　博智林混凝土施工机器人

（a）智能随动式布料机；（b）整平机器人；（c）抹平机器人；（d）抹光机器人

混凝土地面平整度偏差控制在 3mm/2m，水平度极差控制在 7mm 以内，达到高精度混凝土地面水平，实现快速穿插施工、加快装修进度，缩短总建造周期，降低企业成本与工人劳动强度，提高综合施工效率与现场作业的安全系数。

抹光机器人（图 5-34d），为克服传统抹光施工作业存在的劳动强度大、施工环境差、噪声污染严重等问题，基于传统人工手扶式抹光机作业工艺，通过远程遥控或路径自动规划，实现混凝土初凝后的抹光工序智能化作业。通过遥控器上的控制杆，机器人可实现前进、后退、向左平移、向右平移、原地顺时针或逆时针旋转等功能。遥控器设置有调节按钮，可调节机器人移动速度和抹刀、抹盘旋转速度，提升抹光质量。自动作业模式中融合了机器人组合导航技术和自研的运动控制和路径规划算法，作业时仅需记录作业面四个边角点位即可完成作业面的路径规划。操作人员打开启动按钮，机器人根据事先规划好的路径进行全自动、精准抹光作业。

中国建筑第八工程局有限公司以建筑工业化为载体，推动数字化、智能化建造，主动创新攻关新技术，逐步形成涵盖科研、设计、生产加工、施工装配、运营等全产业链融合一体的智能建造产业体系。在 $450m^2$ 的混凝土作业面上成功应用了三款智能建造机器人，找平 - 收面 - 压光，三款智能建造机器人联合作战，极大提高了施工效率和质量。激光整平机器人（图 5-35a）具备高精度激光标高控制系统，施工时，操作人员无需进入混凝土浇筑区域，通过遥控或者提前进行 AI 设定，机器人便可自动进行高精度找平施工。经过项目团队实地检验，施工的精度从传统人工的 10mm 提升到 4mm 以内，同时节约人力 3~5 人。地面抹平机器人（图 5-35b），它有一个灵活的“手臂”，可以无死角、灵活地为混凝土面抹平、定型。操作人员设定好需要的数值后遥控操作机器人，不用花大力气轻松将混凝土抹平，效率是人工的 2~3 倍。地面抹光机器人（图 5-35c），同样可以遥控操作，作业面不留脚印，效果更好、效率更高，是人工效率的 3~5 倍。

（a）

（b）

（c）

图 5-35　中国建筑第八工程局有限公司混凝土作业面修整机器人

（a）激光整平机器人；（b）地面抹平机器人；（c）地面抹光机器人

5.3.5 室内装修机器人

土建施工基本完成后，室内的装修与整理工作往往非常不利于健康。机器人技术的进步速度以及软件的集成能力正在大幅度提升，新型具有成本优势的机器人系统正在被研发，并逐渐被运用到常规装修施工中去。该类别的建造机器人系统包括多种类型：配备操纵器用于定位、安装墙板的机器人移动平台系统；全自动化安装天花板的机器人系统；安装大型管道或通风系统的机器人系统；墙纸、片材等材料铺贴机器人系统；墙壁上的砂浆 / 石膏刮平机器人系统；墙壁和天花板自动钻孔机器人系统；可进行室内瓷砖铺装的铺砖机器人系统等等。由于与室内整理相关的各种各样的任务，一些系统甚至被设计为可以定制或适应各种现场条件和任务的模块化机器人系统。

新加坡 FCL（Future Cities Laboratory）联合苏黎世联邦理工学院（ETH）开发了一款名为 MRT 的地瓷砖铺设机器人（图 5-36），可以提供高精度、平整的瓷砖铺贴，速度是传统工作的两倍以上。该方案可以作为一个机器人辅助性设备安全地与人类协同工作，而无需采取额外的安全措施。King 等开发了基于 Rhinoceros 的数字工作流程，包括复杂模式生成、集成机器人编程和仿真以及成本、时间估算，允许瓷砖铺贴机器人基于各种数学算法和基于图像的方法创建复杂的图案。如图 5-37 所示，通过一块原型尺寸为 1.8m × 1.5m 复杂瓷砖图案的自动化铺贴测试，证明了该项技术可以用于手工铺贴不能以很经济的形式实现的复杂瓷砖图案的施工。相比人工虽然建造成本相似，但机器人方法可以创造高度多样化的定制模式。

Gil 等根据人工安装玻璃面板的方法设计了一种基于人机协作的机器人自动装配方法。如图 5-38 所示，该机器人的控制系统具备直观操作装置（IMD），可协助工人搬运和安装玻璃面板。通过一个简单的实验装置，证实了使用直观操作装置的玻璃安装工作比现有的方法效率更高。该方法将操作者的控制能力与机器人的动力相结合。预计玻璃安装工作不仅效率更高，而且更安全。Liang 等基于 LFD 即机器人通过观察人类的演示来学习一项任务的方法指导机器人如何执行重复的施工任务。以将天花板块安装到目标网格中作为要学习的目标知识，使用一组人类示范视频，所设计的方法将包含天花板块姿态的物理工作环境，转化为机器人所感知的工作空间的目标数字孪生体。采用强化学习方法生成机器人的控制策略以执行后续任务。在 ROS 的 Gazebo 模拟器中，使用 KUKA 移动工业机器人模拟器和 60 个不同的场景作为测试案例，如图 5-39 所示，对提议的方法进行了评估。结果显示，基于 3000 个虚拟和 85 个真实演示视频，安装天花板块的成功率为 78%。随着演示视频数量的增加，成功率呈持续上升趋势，这证明了 LFD 方法指导机器人在建筑工地上执行重复性任务的前景和适用性。

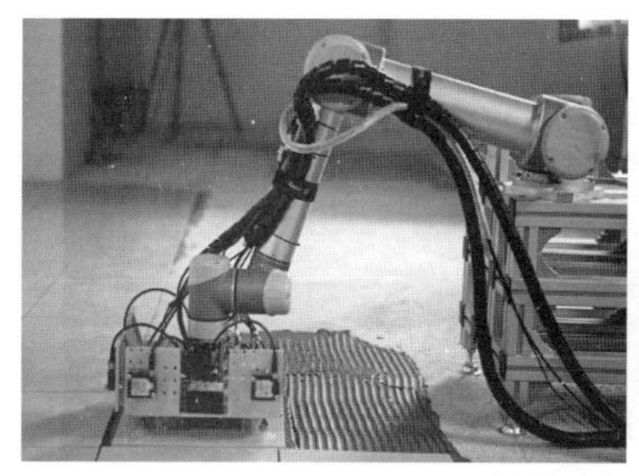

图 5-36 MRT 瓷砖铺贴机器人

图 5-37 复杂图案瓷砖铺贴机器人

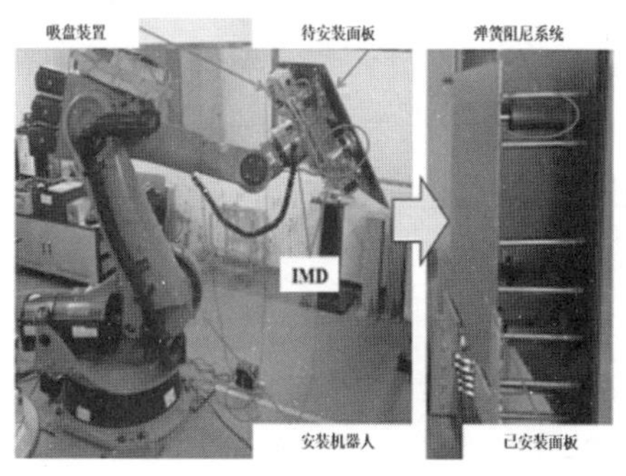

图 5-38 玻璃板安装机器人

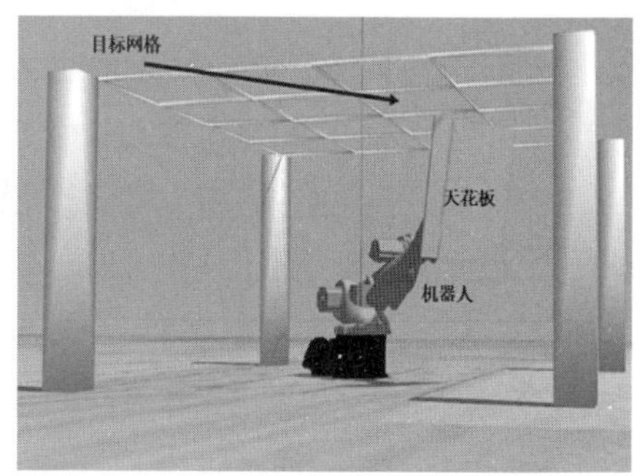

图 5-39 天花板安装机器人

广东博智林机器人有限公司开发的混凝土内墙面打磨机器人适用于商品住宅标准楼层内部墙面的打磨修正工艺。机器人控制方式可在自主导航与人工遥控之间切换，底盘可实现全向自由行走。自动、全自动和手动三种作业模式设计可适应不同的工作环境和工况，且在内墙面打磨机器人 APP 内部即可实现各模式间自由切换。开发的恒压控制技术、自适应打磨装置、多级升降装置、正交滑轨技术，在模拟人工作业手法基础上，实现对混凝土内墙面指定区域的精确打磨。打磨后的内墙面满足观感平整和验收工艺需求。同时，配备的粉尘回收系统，可有效降低现场粉尘污染。全自动作业模式下，无需人工参与施工，提高了现场施工作业的安全性。同时，混凝土切削效率达到 $9m^2/h$，是传统人工作业效率的 2~3 倍。

5.3.6 喷涂机器人

立面涂装是施工中一道较为烦琐的工序，即使是脚手架，通常也难以近距离控制整体均匀度。建筑立面喷涂机器人可以提高建筑立面的涂装效率以及整体效果。喷涂机器人在保持质量不变的情况下具有特殊的优势，它们通常具有能以同步模式操作的多个喷嘴，喷嘴通常也被封装在被覆盖的喷头构造中，可以防止涂料溢出。连续喷涂的质量由喷嘴尺寸、喷涂速度和喷涂压力决定，这些因素都能得到有效的参数化控制。喷涂机器人的另一个优点是工人不会受到有害的油漆或者涂料物质的侵害。喷涂机器人可以安装在不同的立面移动系统中，例如悬挂笼 / 吊舱系统、轨道导向系统和其他立面运动的系统机构。

喷涂机器人主要用于高层建筑和较大型商业建筑的大型外墙。施工要求是建筑外墙尽量规避阻碍机器人操作的拐角或轮廓结构。此外，窗框的设计以及窗户的数量和面积会影响立面涂装机器人的适用性和效率。该类别系统的运行速度取决于喷涂的类型，大致分布在 200~300m^2/h 之间。

新加坡 Transforma Robotics 公司开发的 Pictobot 墙面喷涂机器人（图 5-40）采用 AGV 底盘，使用机械臂精准控制喷头，支持手动远程遥控和自主移动。借助激光雷达、摄像头、声呐等传感器，Pictobot 能够进行自主导航与定位，喷涂高达 10m 的墙壁和天花板，并且在黑暗中 24h 连续不间断工作。Pictobot 已经在效率上进行了优化，计划未来进行实际施工环境测试，将以向建筑施工企业销售为主。Kim 等通过扩展 BIM 将机器人任务规划和生产执行施工任务的详细动作结合起来，在机器人操作系统（ROS）的基础上建立了一个原型系统，该原型包括一个可以将 BIM 模型导出的 IFC 文件转换为可以导入至 ROS 仿真系统的 SDF 文件的转换器，以及执行定位、导航和运动规划的子程序。对建立的机器人原型进行喷涂作业仿真分析，如图 5-41 所示，证明了该系统能够模拟喷涂机器人的行为，并在相关施工任务的背景下评估其性能。案例研究表明，所提出的基于 BIM 的机器人任务规划可以整合建筑和机器人领域，以规划建筑项目中自主机器人的操作。

图 5-40　Pictobot 墙面喷涂机器人

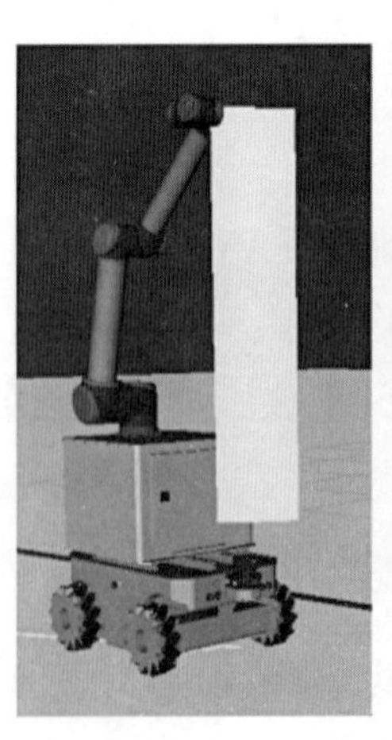

图 5-41　内墙喷涂机器人作业仿真

5.3.7 人形机器人与可穿戴机器人设备

人形机器人领域可以被认为是机器人技术最为复杂的领域之一。这类机器人从问世起就面临着诸多挑战，如复杂的运动学结构、较高的自由度、双足运动机制、自主判断与非结构化环境适应能力以及与人的安全互动等问题。这些难题导致人形机器人在许多应用领域如护理、制造业或施工工程都尚未投入长期使用。然而，由于人形机器人的前沿性，机器人公司和各大高校仍不断投资人形机器人的开发和探索。过去的十几年中，制造业和服务业已经不断有商业化的人形机器人投入使用。人形机器人仍将会是现代建造业对施工自动化、智能化提出的一种优化解决方案，可实现自主执行任务、直接和自然地与人类沟通协作、帮助搬运材料、协同安装石膏板、组装钢材等。川田公司目前已经开发了五代人形工业机器人，其中 2006 年研发的第三代机器人 HRP-3 Promet Mk-Ⅱ（图 5-42）具有包括两个腰轴在内的 42 个自由度，可与人类协作或自主独立地进行多项施工作业和机器操作。

机器人外骨骼，即可穿戴机器人及其他辅助、协作机器人和设备，是一种可以通过人与机器人系统或设备之间的直接穿戴，传递人的控制力、灵活性、判断力，并与机器的强度、速度、精度和耐久性相结合的机器人。外骨骼机器人能够赋予人超过其自然极限的力量，允许工人在操作过程中长时间处理重物。这种人机协作的方法一方面可以规避与其他类型机器人相关的诸多挑战（不需要完全自动化、复杂的运动或自主导航，因此相比人形机器人更容易被开发和实现），另一方面在生物传感器、人机交互和所需的控制算法方面引入了新的挑战。

图 5-42　HRP-3 Promet Mk-Ⅱ人形工业机器人

Naito 等为解决木工安装天花板非常吃力的问题设计了一款可穿戴机器人辅助设备（图 5-43）。基于机器人自主性和轻量化要求，提出了一种基于弹簧的半主动控制方法，该方法耗能低，满足了柔度和辅助力的要求。实验结果表明，该机器人通过提供适当的辅助力，降低了工人的肌肉输出力，减轻了木工工人的肌肉疲劳。Chen 等为建筑工人以跪和蹲的姿势执行施工任务时提供了一种轻便的、可穿戴传感膝盖辅助装置（图 5-44）。集成惯性测量单元 IMU 的测量结果用于实时步态检测和下肢姿态估计。检测到的步态事件和姿势估计被用来控制由轻型外骨骼制成的辅助性膝关节扭矩。结合人体实验以验证所提出的分析和控制设计的有效性。结果显示，在机器人的帮助下，单腿跪地时膝盖与地面的接触压力最多减少 15%，增加的辅助性膝关节扭矩显示出测试者的重量从与地面接触的膝关节重新分配到两只支撑脚。提出的系统可潜在地减少建筑工人的肌肉或骨骼损伤的风险。

Wen 等为减少远程环境下的视觉失真，开发了一种远程呈现视觉系统 Teleyes（图 5-45）。该研究利用最先进的三维输入 / 输出技术，开发一种类似虚拟化身的机制，使操作员的物理行为与远程系统同步。采用了立体视觉

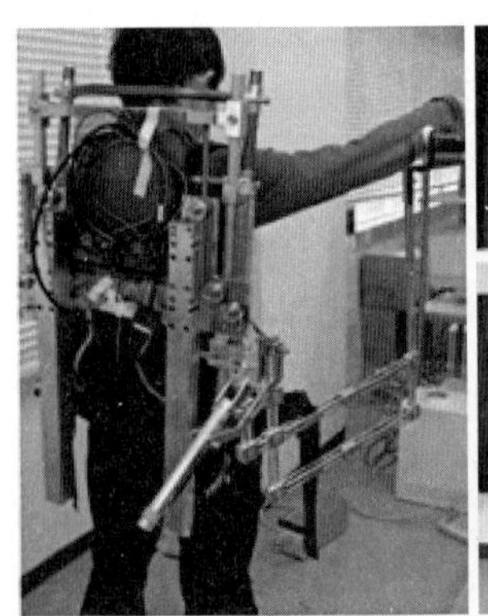

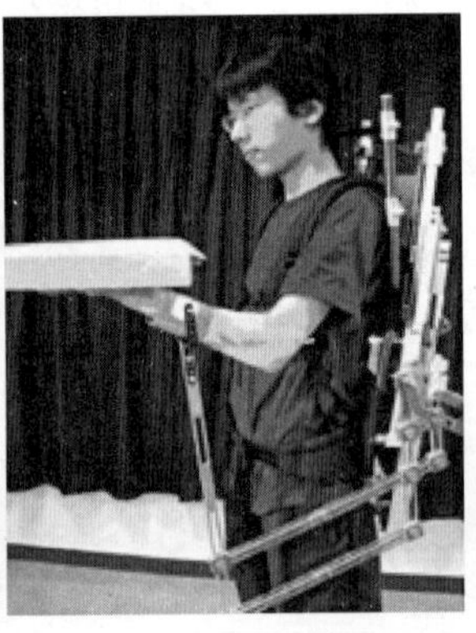

图 5-43　木工辅助可穿戴机器人

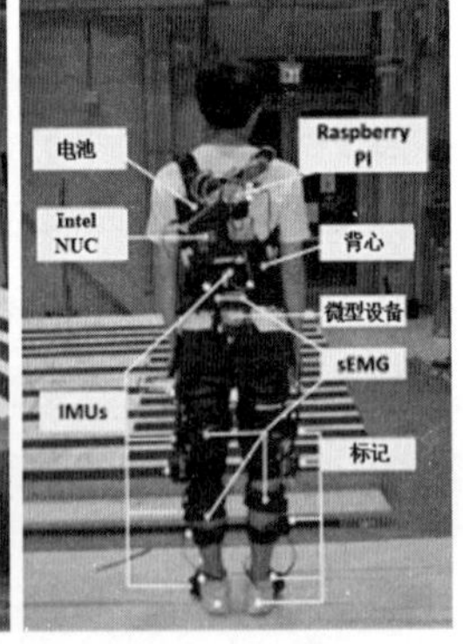

图 5-44　跪式作业的可穿戴膝盖辅助装置

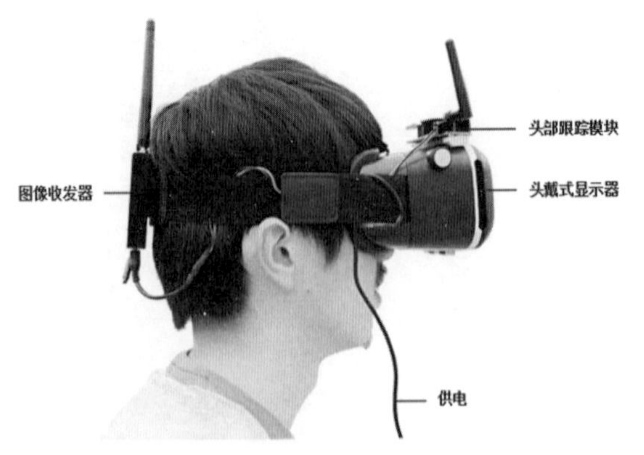

图 5-45　带有头部追踪设备的 Teleyes 界面

和运动跟踪两种三维输入 / 输出方法。该系统被设计为在涉及人类反馈的闭环控制下工作。以人眼视角进行优化的双目相机作为无人驾驶车的立体视觉输入。在操作员端，头戴式显示器用于显示立体图像，并通过嵌入式传感器跟踪操作员的头部运动。头部运动跟踪数据被解释为控制信号，并返回到无人驾驶车以控制安装了两个相机的三轴万向节机构。Teleyes 系统通过设计的实验应用场景进行了验证，结果表明，该系统显著提高了视觉体验和操作效率，开发的系统为操作员提供了逼真的第一人称视角的紫外光谱法（Ultraviolet Spectrometry，UVS）和类似于在船上的视觉体验。

本章小结

本章主要针对应用于施工现场完成建造安装任务的智能机器人及相关技术展开分析。首先从概念出发，介绍了智能安装机器人的内涵与类别，分别从施工工艺不同和操作对象的尺寸、重量不同对机器人进行分类。在施工现场高度非结构化的环境下，与工厂作业机器人相比，建造安装机器人自身具有独特的技术特点。其次，为了更好地理解机器人如何完成建造任务，论述了机器人组成部分和系统，并从建筑物设计模型到任务规划以及从任务规划到机器人建造两个阶段说明了机器人建造原理。最后，从操作重、大构件的安装辅助机械臂以及面向细、小流程的安装辅助机器人两个方面对国内外机器人产品以及相关技术的研究现状分别展开介绍和分析。

从技术发展方面来看，建造安装机器人发展呈四大趋势：第一，人机协作。随着对人类建造意图的理解，人机交互技术的进步，机器人从与人保持距离作业向与人自然交互并协同作业方向发展。第二，自主化。随着执行与控制、自主学习和智能发育等技术的进步，安装机器人从预编程、示教再现控制、直接控制、遥控等被操纵作业模式向自主学习、自主作业方向发展。第三，信息化。随着传感与识别系统、人工智能等技术的进步，机器人从被单向控制向自己存储、应用数据方向发展，正逐步发展为像计算机、手机一样的信息终端。第四，网络化。随着多机器人协同、控制、通信等技术的进步，机器人从独立个体向互联网、协同合作的方向发展。

从上述国内外研究现状可以看出，建造安装机器人的研发主要建立在相关工业机器人技术的基础上，通过技术集成、改造和创新，应对建筑生产与施工中面临的需求和问题。尽管各国发展水平不一，但整体而言，除了在砌筑等少数领域研究相对深入，已有部分产品投入建造生产中，大多数机器人建造技术的信息化水平、智能化水平、技术成熟度仍有待进一步优化与完善。特别是针对大型结构受力构件的安装，受制于机器人的负载能力、操作空间以及较高的安装精度需求，该方向的研究相比以小型构件作为操作对象的机器人来说发展有些欠缺。虽然在大多数施工任务中实现完全自动化仍然比较遥远，但随着德国“工业 4.0”、美国“工业互联网”、“中国制造 2025”等国家战略的出现，为智能机器人建造技术注入强大的推动力，未来实现真正的无人化工地指日可待。

思考题

5-1 用于施工现场的建造安装机器人相比工厂环境下的机器人有什么区别？能否直接将工业机器人用于施工现场？哪些方面需要注意特别开发？

5-2 为什么开发面向大型结构受力构件如墙、柱、梁、板等安装的机器人会比小型构件安装或其他施工工艺机器人面临的挑战更多？

5-3 针对不同类型的结构构件，如作为竖向构件的墙、柱，作为横向构件的梁、板等，如果采用智能机器人设备进行安装，应该分别制定什么样的安装策略？

5-4 人工示教编程是一种常用的机器人编程方法，在建筑环境下能否采用该方法？面对现场数量多、位置分散的建筑构件，以及工序繁杂的施工流程，可以借助什么信息化技术作为建造指挥中心，规划、分配以及协调施工任务呢？

5-5 本章介绍的这些建造安装机器人还是不同程度地需要依赖一些人工辅助，未来想要真正实现无人化工地，还有哪些技术难题需要克服？

本章参考文献

[1] 袁烽，Menges A. 建筑机器人—技术、工艺与方法 [M]. 北京：中国建筑工业出版社，2019.

[2] BALAGUER C，ABDERRAHIM M. Trends in robotics and automation in construction[M]// Robotics and Automation in Construction. London：IntechOpen，2008.

[3] KHOSHNEVIS B. Automated construction by contour crafting-related robotics and information technologies[J]. Automation in Construction，2004，13 (01)：5-19.

[4] GRAMAZIO F，KOHLER M，Willmann J. The Robotic Touch[M]. Zurich：Park Books，2014.

[5] GRAMAZIO F，KOHLER M. Digital Materiality in Architecture[M]. Zurich：Lars Müller Publishers，2008.

[6] AUGUGLIARO F，LUPASHIN S，Hamer M，et al. The flight assembled architecture installation：cooperative construction with flying machines[J]. IEEE Control Systems，2014，34 (04)：46-64.

[7] GOESSENS S，MUELLER C，LATTEUR P. Feasibility study for drone-based

masonry construction of real-scale structures[J]. Automation in Construction, 2018, 94 (Oct.): 458-480.

[8] WERFEL J, PETERSEN K, NAGPAL R. Designing collective behavior in a termite-inspired robot construction team[J]. Science, 2014, 6712 (343): 754-758.

[9] JUNG K, CHU B, HONG D. Robot-based construction automation: An application to steel beam assembly (Part II) [J]. Automation in Construction, 2013, 32 (Jul): 62-79.

[10] MELENBRINK N, WERFEL J, MENGES A. On-site autonomous construction robots: Towards unsupervised building[J]. Automation in Construction, 2020, 119: 103312.

[11] BOCK T. The future of construction automation: Technological disruption and the upcoming ubiquity of robotics[J]. Automation in Construction, 2015, 59: 113-121.

[12] PAN Z, POLDEN J, LARKIN N, et al. Recent progress on programming methods for industrial robots[J]. Robotics and Computer-Integrated Manufacturing, 2012, 28 (02): 87-94.

[13] FUKUI R, KATO Y, TAKAHASHI R, et al. Automated construction system of robot locomotion and operation platform for hazardous environments[J]. Journal of Field Robotics, 2016, 33 (06): 751-764.

[14] 刘晟. 基于BIM的标准砌体构件机械臂拼装任务指令接口研究[D]. 武汉：华中科技大学，2019.

[15] PAN Z, POLDEN J, LARKIN N, et al. Recent progress on programming methods for industrial robots[J]. Robotics and Computer-Integrated Manufacturing, 2012, 28 (02): 87-94.

[16] DING L J, LI K, ZHOU Y, et al. An IFC-inspection process model for infrastructure projects: Enabling real-time quality monitoring and control[J]. Automation in Construction, 2017, 84 (Dec.): 96-110.

[17] YOO W S, LEE H J, KIM D I, et al. Genetic algorithm-based steel erection planning model for a construction automation system[J]. Automation in Construction, 2012, 24 (Jul.): 30-39.

[18] DING L, JIANG W, ZHOU Y, et al. Bim-based task-level planning for robotic brick assembly through image-based 3D modeling[J]. Advanced Engineering Informatics, 2020, 43: 100993.

[19] BECHTHOLD M, KING N. Design Robotics[M]. Vienna: Springer Vienna, 2013.

[20] CHU B, JUNG K, LIM M T, et al. Robot-based construction automation: An application to steel beam assembly (Part I) [J]. Automation in Construction, 2013, 32 (Feb.): 46-61.

[21] LIANG C, KANG S, LEE M H. RAS: A robotic assembly system for steel structure erection and assembly[J]. International Journal of Intelligent Robotics and Applications, 2017, 1 (04): 459-476.

[22] KIM C, KIM T, U. LEE U, et al. Advanced steel beam assembly approach for improving safety of structural steel workers[J]. Journal of Construction Engineering and Management, 2016, 142 (04): 5015019.1-5015019.11.

[23] GAO Y, MENG J, SHU J, et al. BIM-based task and motion planning prototype for robotic assembly of COVID-19 hospitalisation light weight structures[J]. Automation in Construction, 2022, 140 (Aug.): 104370.1-104370.18.

[24] ZHU A, PAUWELS P, VRIES B D. Smart component-oriented method of construction robot coordination for prefabricated housing[J]. Automation in Construction, 2021, 129 (Sep.): 103778.1-103778.15.

[25] ZHU A, PAUWELS P, VRIES B D. Component-based robot prefabricated construction simulation using IFC-based building information models[J]. Automation in Construction, 2023, 152 (Aug.): 104899.1-104899.12.
[26] LI H, LUO X, SKITMORE M. Intelligent hoisting with car-like mobile robots[J]. Journal of Construction Engineering and Management, 2020, 146 (12): 4020136.1-4020136.14.
[27] 张执锦. 建筑构件精确就位机器人运动学标定方法研究 [D]. 沈阳：沈阳建筑大学，2020.
[28] SANTOS P G D, ESTREMERA J, GARCIA E, et al. Power assist devices for installing plaster panels in construction[J]. Automation in Construction, 2008, 17 (04): 459-466.
[29] 田飞. 高空幕墙安装机器人机械系统研究 [D]. 天津：河北工业大学，2015.
[30] 李铁军，杨冬，赵海文，等. 板材干挂安装机器人系统研究 [J]. 高技术通信，2011，21 (08): 836-841.
[31] 杨冬. 幕墙安装建筑机器人系统关键技术研究 [D]. 天津：河北工业大学，2013.
[32] 王雪松. 基于力反馈与视觉的板材安装遥操作系统研究 [D]. 天津：河北工业大学，2014.
[33] CAI S, MA Z, SKIBNIEWSKI M J, et al. Construction automation and robotics for high-rise buildings over the past decades: A comprehensive review[J]. Advanced Engineering Informatics, 2019, 42: 100989.
[34] HAN C, LEE S, LEE K Y, et al. A multidegree-of-freedom manipulator for curtain-wall installation[J]. Journal of Field Robotics, 2006, 23 (05): 347-360.
[35] NIKOLAKIS N, MARATOS V, MAKRIS S. A cyber physical system (CPS) approach for safe human-robot collaboration in a shared workplace[J]. Robotics and Computer-Integrated Manufacturing, 2019, 56: 233-243.
[36] YU S, LEE S Y, HAN C, et al. Development of the curtain wall installation robot: Performance and efficiency test at a construction site[J]. Autonomous Robots, 2007, 22 (03): 281-291.
[37] ORSAG M, KORPELA C, OH P, et al. Aerial manipulation[M]. Berlin: Springer, 2018.
[38] 刘侃. 新型铺贴机器人设计与研究 [D]. 无锡：江南大学，2021.
[39] 李朋昊，李朱锋，益田正，等. 建筑机器人应用与发展 [J]. 机械设计与研究，2018，34 (06): 25-29.
[40] MELENBRINK N, WERFEL J, MENGES A. On-site autonomous construction robots: Towards unsupervised building [J]. Automation in Construction, 2020, 119 (Nov.): 103312.1-103312.21.
[41] WERFEL J, PETERSEN K, NAGPAL R. Designing collective behavior in a termite-inspired robot construction team[J]. Science, 2014, 343 (6172): 754-758.
[42] GIFTTHALER M, SANDY T, DORFLER K, et al. Mobile robotic fabrication at 1 : 1 scale: the In situ Fabricator: System, experiences and current developments[J]. Construction Robotics, 2017, 1 (03): 3-14.
[43] AUGUGLIARO F, LUPASHIN S, HAMER M, et al. The flight assembled architecture installation: cooperative construction with flying machines[J]. IEEE Control Systems, 2014, 34 (04): 46-64.
[44] LUNDEEN K M, KAMAT V R, MENASSA C C, et al. Scene understanding for adaptive manipulation in robotized construction work[J]. Automation in Construction, 2017, 85 (Oct.): 16-30.
[45] LUNDEEN K M, KAMAT V R, MENASSA C C, et al. Autonomous motion planning and task execution in geometrically adaptive robotized construction work[J].

Automation in Construction, 2019, 100 (Apr.): 24–45.
[46] TAVARES P, COSTA C M, ROCHA L, et al. Collaborative welding system using BIM for robotic reprogramming and spatial augmented reality[J]. Automation in Construction, 2019, 106 (Oct.): 102825.1–102825.12.
[47] DINHAM M, FANG G. Autonomous weld seam identification and localization using eye–in–hand stereo vision for robotic arc welding[J]. Robotics and Computer–Integrated Manufacturing, 2013, 29 (05): 288–301.
[48] DHARMAWAN A G, SEDORE B W C, FOONG S, et al. An agile robotic system mounted on scaffold structures for on–site construction work[J]. Construction Robotics, 2017, 1: 15–27.
[49] CARDNO C A. Robotic rebar–tying system uses artificial intelligence[J]. Civil Engineering Magazine Archive, 2018, 88 (01): 38–39.
[50] GHAREEB G M. Investigation of the potentials and constrains of employing robots in construction in Egypt[J]. The Egyptian International Journal of Engineering Sciences and Technology, 2021, 36 (01): 7–24.
[51] MELENBRINK N, WERFEL J, MENGES A. On–site autonomous construction robots: Towards unsupervised building[J]. Automation in Construction, 2020, 119 (Nov.): 103312.1–103312.21.
[52] 董国梁 . 基于深度学习的钢筋绑扎机器人视觉系统研究 [D]. 北京：北京建筑大学，2022.
[53] JIN J, ZHANG W, LI F, et al. Robotic binding of rebar based on active perception and planning[J]. Automation in Construction, 2021, 132 (Dec.): 103939.1–103939.13.
[54] MECHTCHERINE V, BUSWELL R, KLOFT H, et al. Integrating reinforcement in digital fabrication with concrete: A review and classification framework[J]. Cement and Concrete Composites, 2021, 119: 103964.
[55] DORFLER K, HACK N, SANDY T, et al. Mobile robotic fabrication beyond factory conditions: cast study mesh mould wall of the DFAB House[J]. Construction Robotics, 2019, (02): 53–67.
[56] KING N, BECHTHOLD M, KANE A, et al. Robotic tile placement: Tools, techniques and feasibility[J]. Automation in Construction, 2014, 39 (Apr.): 161–166.
[57] GIL M S, KANG M S, LEE S, et al. Installation of heavy duty glass using an intuitive manipulation device[J]. Automation in Construction, 2013, 35 (Nov.): 579–586.
[58] LIANG C, KAMAT V R, MENASSA C C. Teaching robots to perform quasi–repetitive construction tasks through human demonstration[J]. Automation in Construction, 2020, 120 (Dec.): 103370.1–103370.14.
[59] GROSS M D, GREEN K E. Architectural robotics, inevitably[J]. Interactions, 2012, 19 (01): 28–33.
[60] BOCK T, LINNER T. Construction Robots[M]. Cambridge: Cambridge University Press, 2016.
[61] ASADI E, LI B, CHEN I M. Pictobot: A cooperative painting robot for interior finishing of industrial developments[J]. IEEE Robotics & Automation Magazine, 2018, 25 (02): 82–94.
[62] KIM S, PEAVY M, HUANG P, et al. Development of BIM–integrated construction robot task planning and simulation system[J]. Automation in Construction, 2021, 127 (Jul.): 103720.1–103720.12.
[63] NAITO J, OBINATA G, NAKAYAMA A, et al. Development of a wearable robot for

assisting carpentry workers[J]. International Journal of Advanced Robotic Systems, 2007, 4 (04): 431–436.

[64] CHEN S, STEVENSON D T, YU S, et al. Wearable knee assistive devices for kneeling tasks in construction[J]. IEEE/ASME Transactions on Mechatronics, 2021, 26 (04): 1989–1996.

[65] WEN M, YANG C, TSAI M H, et al. Teleyes: A telepresence system based on stereoscopic vision and head motion tracking[J]. Automation in Construction, 2018, 89 (May.): 199–213.

第6章 智能施工装备集成平台

【本章导读】

智能施工装备集成平台也称“造楼机”，在当今高层建筑的施工中已有实际应用，在我国现有的众多高层施工案例中，造楼机优势明显，具有高集成度、承载能力强、标准化、施工效率高、自动化程度高五个方面的特点。本章讨论智能施工装备集成平台相关内容，具体阐述了集成平台的发展概况，着重对集成平台的组成以及集成平台结构设计的关键性步骤进行了讲解，最后，对集成平台建造全过程的施工工序做出了介绍。从支承结构的受力特征而言，智能施工装备集成平台可分为两种形式：自升式和爬升式施工装备集成平台。本书重点介绍爬升式施工装备集成平台，特别是轻量化智能施工装备集成平台。一般智能施工装备集成平台通常包括以下组成部分：支承系统、框架系统、动力系统、挂架系统、监测系统和集成装备及集成设施，本章节均做出了详细介绍。智能施工装备集成平台结构和主体结构有着作业、顶升、提升、停工 4 种工况，本章按以上工况介绍了智能施工装备集成平台的荷载要求、部件设计以及整体设计做出了介绍。智能施工装备集成平台施工工序主要包括施工准备、安装、验收、运行、维护、拆除等部分，本章结合具体施工现场对上述工序进行介绍。本章的框架逻辑如图 6–1 所示。

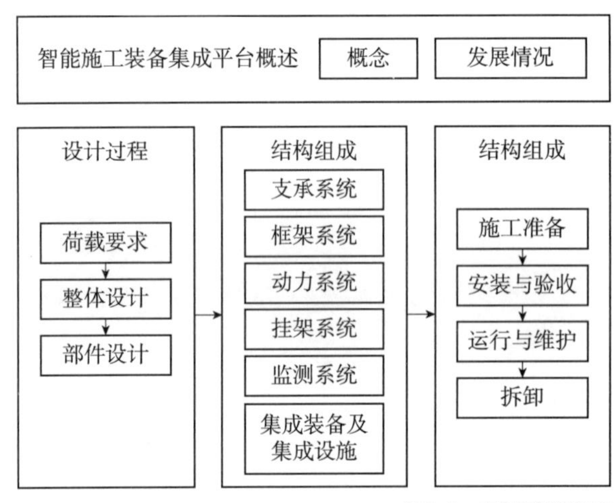

图 6-1　本章框架逻辑图

【本章重点难点】

了解智能施工装备集成平台的概念、智能施工装备集成平台的应用价值、智能施工装备集成平台的特点、智能施工装备集成平台的分类；掌握智能施工装备集成平台的荷载要求、设计方法、智能施工装备集成平台不同系统的功能以及设计要点；熟悉智能施工装备集成平台的施工工序以及其中做为智能施工装备的施工特点。

智能施工装备集成平台也称“造楼机”，在当今高层建筑的施工中已有实际应用，在我国现有的众多高层施工案例中，造楼机优势明显，具有高集成度、承载能力强、标准化、施工效率高、自动化程度高五个方面的特点。本章讨论智能施工装备集成平台相关内容，具体阐述了集成平台的发展概况，着重对集成平台的组成以及集成平台结构设计的关键性步骤进行了讲解，最后，对集成平台建造全过程的施工工序做出了介绍。从支承结构的受力特征而言，智能施工装备集成平台可分为两种形式；自升式施工装备集成平台和爬升式施工装备集成平台，本章重点介绍爬升式施工装备集成平台，特别是轻量化智能施工装备集成平台。一般智能施工装备集成平台通常包括以下组成部分：支承系统、框架系统、动力系统、挂架系统、监测系统和集成装备及集成设施，这些组成部分本章均做出了详细介绍。智能施工装备集成平台结构和主体结构有着作业、顶升、提升、停工四种工况，本章按以上四种工况介绍了智能施工装备集成平台的荷载要求、部件设计以及整体设计。智能施工装备集成平台施工工序主要包括施工准备、安装、验收、运行、维护、拆除等部分，本章结合具体施工现场对上述工序进行介绍。

6.1 智能施工装备集成平台概述

6.1.1 智能施工装备集成平台的概念

多、高层建筑不仅量大面广，还具有体量大、功能复杂等特点，传统的建筑模式粗放且分散，需要大量的人工作业，且施工设备使用相对散乱，使得多、高层建筑的施工、运维难度和费用更高，工程建造的效率、质量和安全等难以达到我国当下高质量发展的要求。随着我国高层建筑的发展，面对智能化建造的新趋势，智能施工装备集成平台技术得到了重视并快速发展，代表着多、高层建筑施工方法的发展方向。

智能施工装备集成平台，俗称“造楼机”，如图 6-2 所示，是一种高度集成化的高层建筑智能化施工装备集成平台，其模拟一座移动式造楼工厂，将工厂搬到施工现场，采用机械操作、智能控制等手段与现有施工技术相配合，进行全天候自动化或机械化作业实现高层建筑结构的快速建造，不受天气变化的影响，极大地提高了生产效率和施工质量，有着广泛的应用前景。

智能施工装备集成平台通过与先进的施工工法以及成熟的预制构件供应链的配合，可确保采用剪力墙的高层与超高层建筑具备优秀的结构整体抗震、防水、防渗性能，以及较长的使用寿命，使得建筑结构更加稳固，能够应对地震等自然灾害的挑战。结合智能施工装备集成平台技术，通过引入精细化管理、机械化和产业化的生产模式，利用计算机技术与自动化技术，可

图 6-2 智能施工装备集成平台——造楼机

以提高施工效率、降低对劳动力的需求、减少劳动力成本，使得高层建筑施工过程更加高效，并且质量有保证。通过推广和应用智能施工装备集成平台，迎合建筑工业化和智能建造的发展进程，实现建筑业更高水平的发展。具体而言，智能施工装备集成平台具备以下优点：

1. 高集成度

智能施工装备集成平台将大型塔机、施工电梯、混凝土操作系统、模板体系、操作和防护平台、操作机房、配电柜、监测设备、材料堆场、施工机具堆场和库房等施工设备设施集成一体，甚至可以包括卫生间、休息室等生活设施，极大地方便了高层建筑结构施工。

2. 承载能力强

智能施工装备集成平台一般为空间框架结构，通过框架梁与框架柱共同作用抵抗模架承受的水平荷载及竖向荷载，框架梁与框架柱之间采用刚性连接，有效提升了模架的承载能力及抗侧刚度。

3. 标准化

智能施工装备集成平台通过合理布置支承点位，面对超高层和高层最常用的核心筒结构，能够应用于各种形式的核心筒结构，且不受核心筒平面形式的限制。

4. 施工效率高

智能施工装备集成平台沿竖向跨越多个结构层，可同时提供多个作业面，从而在不同结构层之间实现工序流水施工；施工工序合理、紧凑，减少了工序间歇时间，大幅缩短施工工期。

5. 自动化程度高

智能施工装备集成平台凭借其先进的自动化技术，可以构建建筑管理平台，将建筑相关信息在平台上保存、显示和管理，从而精准控制施工过程各机械系统的运行，监督各环节的施工情况。

6.1.2 智能施工装备集成平台的发展概况

早在 20 世纪初，英国工程师在建造装配式公寓时，通过建造框架式支

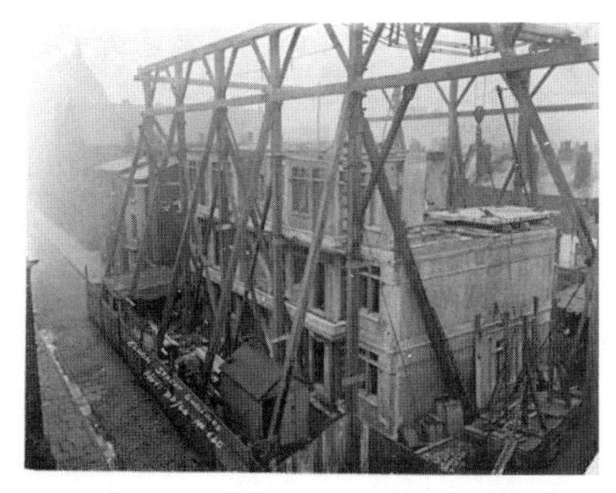

图 6-3　造楼机雏形

撑平台集成了桥式起重机，可以被认为是“造楼机”的雏形，如图 6-3 所示。随着城市化、现代化的不断推进，工程建造的规模日趋增大，为了提高施工效率和经济性、缩短工期、提升施工质量，世界各国都在积极研制开发一机多用的施工机型，开发更多的施工机械主机作业功能。

在 20 世纪 80 年代，日本经历了一个人口下降期，老年人和一般劳工都不愿意从事建筑业的工作。面对劳动力成本问题，日本大林组株式会社于 1989 年推出了全自动的建造系统（ABCS），主要用于建造高层钢结构，其将工厂自动化概念应用于施工现场，综合采用了自动化、机器人和电脑技术。该系统主要由一个超级建造工厂（SCF）、并行运送系统（PDS）和综合管理系统组成。如图 6-4（a）所示，超级建造工厂（SCF）是一个由可以抵御各种天气影响的屋顶及四壁所形成的操作空间，其支撑柱安装于作为建筑结构的钢柱上；并行运送系统（PDS）由材料垂直运送电梯和水平运送起重机组成；综合管理系统由四部分组成：生产管理系统、设备操作管理系统、机器控制系统和 3D 检查系统。针对钢筋混凝土高层结构，大林组株式会社设计开发了 BIG-CANOPY 施工系统，并在 1995 年位于东京的一幢 26 层高的混凝土结构公寓的施工中应用，如图 6-4（b）所示。其主要由四部分组成：同步爬升全天候屋盖、并行运输系统、构件预制与组装系统、器材管理系统。全天候屋盖四角为 4 根独立于建筑结构的临时柱，使得该体系能适应更多的建筑形式，具有更大的自由性，屋盖上设一台悬臂式起重机，

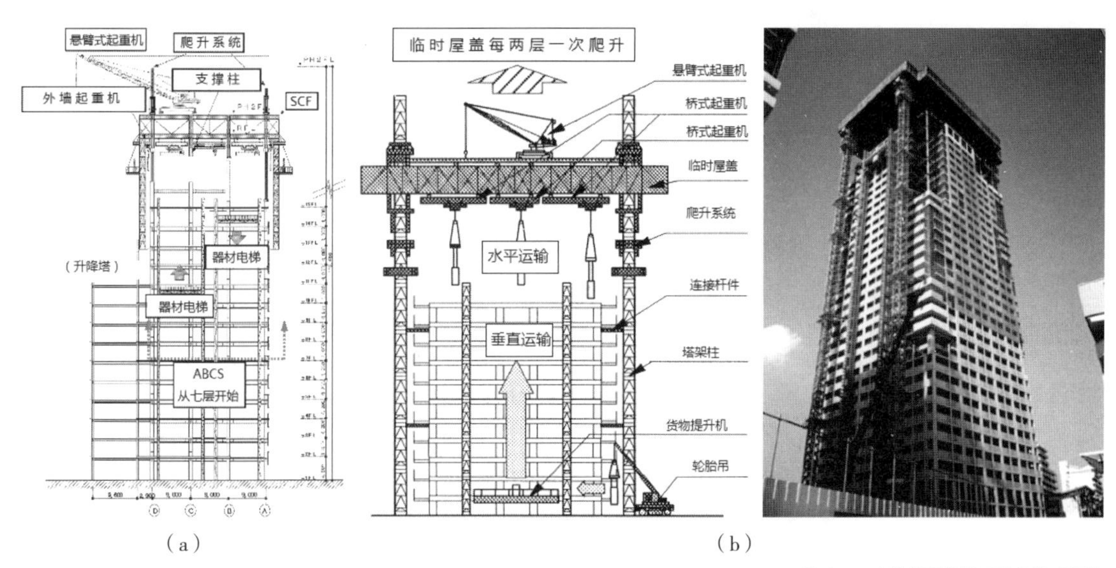

（a）　　（b）

图 6-4　大林组开发施工装备集成平台
（a）超级建造工厂（SCF）；（b）BIG-CANOPY

用于接高临时柱和安装临时柱与主体结构之间的连接杆件，以及拆除临时屋盖。

日本鹿岛株式会社开发了全自动建造系统（SMART），最早应用于88m高的名古屋十六银行大楼。该系统主要应用于高层钢结构建筑，由不受风雨等坏天气影响的屋顶和四壁形成的操作平台与自动提升以及自动运送设备组成，主要进行预制构件的安装工作，包括钢结构安装、混凝土预制楼板的安装、外墙和内墙的安装；操作平台最终将成为楼体的最顶层部分。采用了新的建设理念，该公司又开发了AMURAD施工系统，它首先建造顶层结构，然后利用液压起重设备将其升起，再建造下一楼层，同时进行外表面和内部的装饰工程，如此往复，这个过程就像蘑菇从地上长起来一样，如图6-5所示。

为解决日本的自动化施工系统安装费用相对较高以及重量较大的问题，韩国高丽大学设计开发的RCA施工系统，其将自动化设备和起重机结合，进行钢结构的建造系统主要由四部分组成：①监视和控制系统；②建材运送系统；③梁安装系统；④施工工厂，总重量只有500t左右。

2018年，英国Mace公司成功应用Jump Factory系统建造了两栋大楼，该系统采用附着式大型钢框架系统，通过临时支柱传递竖向荷载，如图6-6所示。通过两边悬挑端形成的空间来提升物料，通过桥式起重机进行构件的

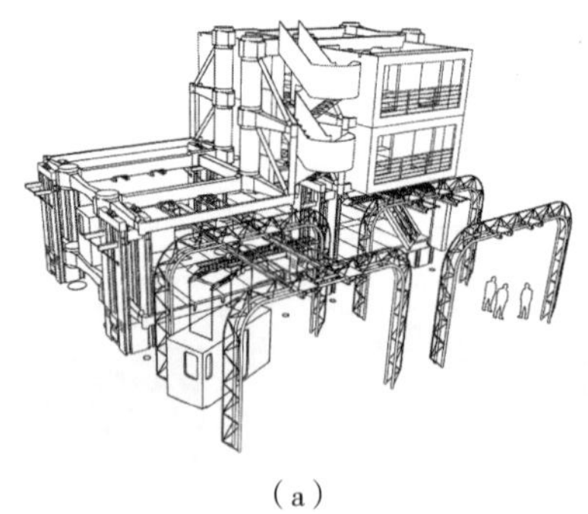

（a）

（b）

图6-5 AMURAD施工系统
（a）概念图；（b）实景图

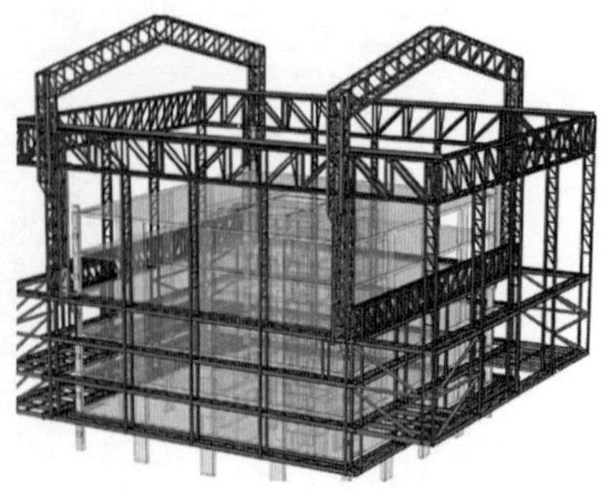

图6-6 Jump Factory系统

安装，采用专用液压爬升机沿临时柱进行爬升。据 Mace 公司测算，建造效率可提高 30%。

随着我国城市人口的增加，面临着用地面积紧缩的问题，高层建筑在我国获得了较大发展。在高层建筑需求日渐增长的背景下，利用计算机和自动化技术，能够集成各种施工机械功能的超高层建筑智能施工装备集成平台亦应运发展。针对现浇混凝土剪力墙高层建筑，卓越置业集团有限公司开发了“空中造楼机”现浇装配式建造技术，该系统重要的特点在于通过电力推杆实现模板的自动升降和开合，模板系统与钢平台系统连为一体，如图 6-7 所示。

针对超高层建筑施工建造，中国建筑第三工程局有限公司在高 636m 的武汉绿地中心采用了造楼机进行建造，该平台在顶升滑模系统上增设了钢桁架平台，并集成了三个塔吊，覆盖面大，工作灵活，一次爬升可实现所有系统的升高，如图 6-8（a）所示。在此基础上，进一步发展，形成了更加先进的造楼机系统，称为整体自动顶升回转式多吊机集成运行平台，并应用于成都绿地中心，如图 6-8（b）所示。该平台由支撑顶升系统、回转驱动系统、钢桁架平台系统和塔机四部分组成。塔机置于回转平台系统上，可实现塔机

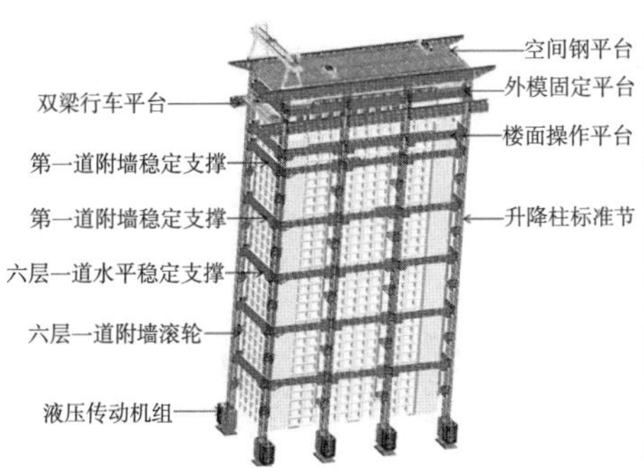

图 6-7 “空中造楼机”现浇装配式建造技术

（a）

（b）

图 6-8 超高层建筑造楼机

（a）顶升钢桁架集成平台；（b）整体自顶升回转式多吊机集成运行平台

吊装范围对超高层建筑的 360° 全覆盖，可根据吊装需求选择大小级配的塔机进行合理配置，充分利用每台塔机的工作性能。

中国建筑第七工程局有限公司开发了装配式建筑自动化施工装备平台，集预制构件取放、吊运、调姿就位、接缝施工于一体，该平台采用了三层钢框架体系，中间层主要用于竖向预制构件的定位吊装，如图 6-9 所示。

上述造楼机形式普遍自重大、成本高，而随着我国高层住宅的建设需要，众多相关公司均研发了轻量化的施工装备集成平台。结合普通住宅项目结构特点与施工工艺组织模式，轻量化施工装备集成平台重点在操作设备的轻便性、安全性、经济性，支点系统的小型化、系列化，各构件的标准化、通用化等方面进行研发拓展。该类平台往往提供全封闭的现场作业空间，在平台底部集成设置喷淋养护、喷雾降尘、降温管带，顶部集成布料机等设备设施，设置可开合雨篷，提升防雨、防晒、隔声降噪效果，为实现全天候作业创造条件。如图 6-10 所示，该系统在爬架系统基础上发展而来，应用于现浇结构具有一定的优势。

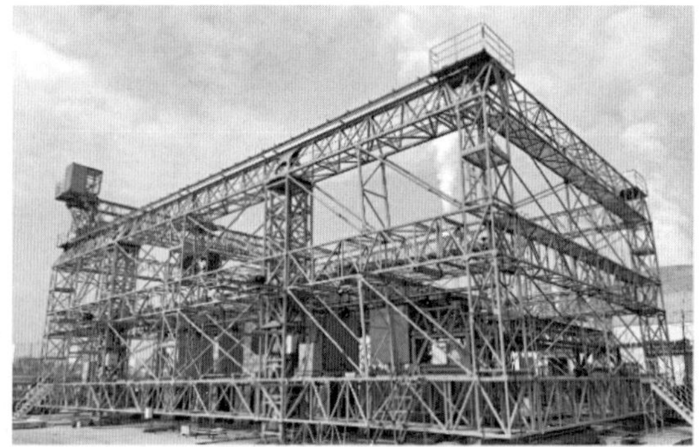

图 6-9　装配式建筑自动化施工装备平台

图 6-10　轻量化施工装备集成平台

从支承结构的受力特征而言，智能施工装备集成平台可分为两种形式：自升式施工装备集成平台和爬升式施工装备集成平台，自升式施工装备集成平台具有独立的支腿，由支腿支撑整个集成平台重量，这种平台与已建成的结构相互独立，不存在影响，灵活度高，但往往成本相对较高，稳定性要求高。爬升式施工装备集成平台通过锚件等附着在已建成的结构上，整个集成平台的重量由已建成的结构部分承担，稳定性相对较高，成本可控，在我国逐渐成为造楼机的主流形式，本节重点介绍该类集成平台，特别是轻量化智能施工装备集成平台，如图 6-11 所示。

一般而言，智能施工装备集成平台通常包括以下组成部分：支承系统、框架系统、动力系统、挂架系统、监测系统和集成装备及集成设施。支承系统附着在混凝土结构上；框架系统立在支承系统上；挂架系统依附于框架系统；当新浇筑的混凝土脱模，且上层钢筋绑扎完毕后，动力系统带动集成装备整体上升一层，反复循环作业；监测系统可实时监控集成平台运行状态；集成装备及集成设施包括吊机、布料机等实现特定施工工序的设备及操作机房、水箱、配电柜等附属设施。

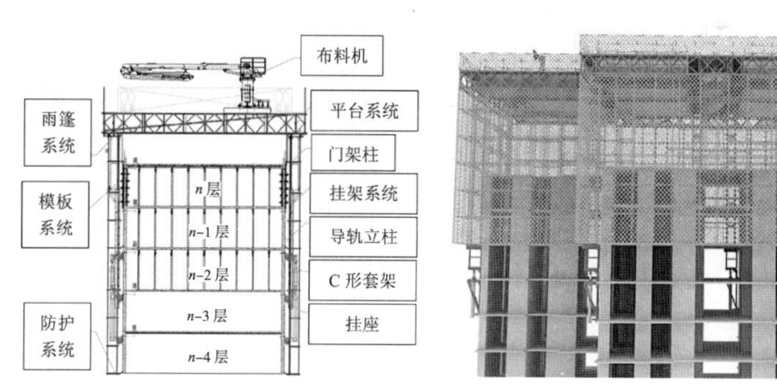

图 6-11　轻量化智能施工装备集成平台示意图

6.2.1　支承系统

支承系统又称“支点”，包括多个支承点，位于集成平台下部，是承担集成平台的荷载并将荷载传递给动力系统和混凝土结构的承力部件。从构成方式而言，一般包括附墙支座、支承架以及相互之间的连接部件等。我国常见的附墙支座有微凸支点式和预埋螺杆式，如图 6-12 所示。微凸支点指利用承力件、固定件作为模板，在浇筑混凝土时自动形成位于混凝土表面的带状微凸结构，荷载主要通过微凸结构传递给剪力墙。微凸支点一般为 20~30mm 厚，浇筑时由承力件和固定件作为模板，其中，承力件由爪靴、面板和纵横肋板组成。预埋螺杆式附墙支座设置时，需要安装混凝土预埋件，包括预埋螺杆、定位板、锁紧螺母等，可以进行附墙支座的固定，支座上往往设置钩爪，用以与支承架进行连接。

支承架是实现支承系统能够沿剪力墙向上爬升的关键部件，往往包括上支架和下支架，上、下支架通过液压千斤顶连接。根据结构形式不同，可形成分体式支承架和套架式支承架，如图 6-13 所示。分体式支承架的上下支架的结构形式基本相同，上下支架相互分离，在连墙侧设置挂爪，通过挂爪与微凸支点式支座承力件上的爪靴咬合作用将集成平台的荷载传递给混凝土结构的承力部件。上支架往往与转接框架相连，通过转接框架连接支承立柱，支撑上部平台并传递荷载。套架式支承架的下支架往往形成套架结构，套住上支架，上支架是由导轨立柱与支承立柱构成的整体结构，附墙支座的钩爪分别与导轨立柱和下支架的承力挡块进行咬合承力，实现对支承系统及爬升框的支承。

集成平台运行按照其荷载条件及支承状态可分为作业、顶升和提升三个阶段。不同的阶段支承系统的传力方式也不同，在作业时，上支架、下支架

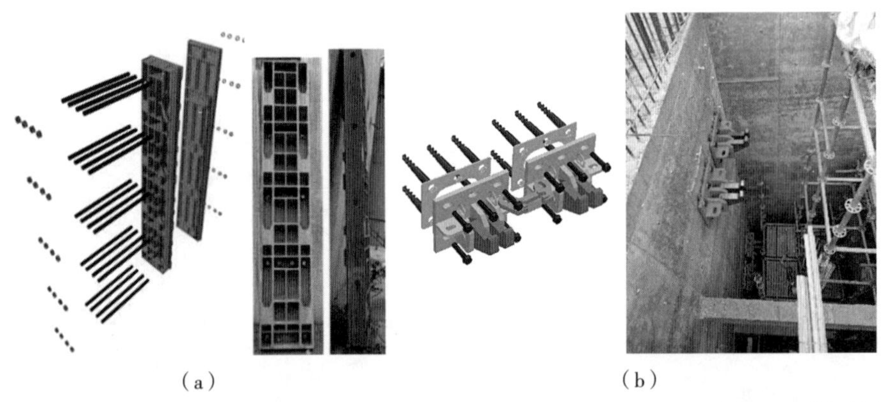

（a）　　　　　　（b）

图 6-12　附墙支座

（a）微凸支点式附墙支座；（b）预埋螺栓式附墙支座；

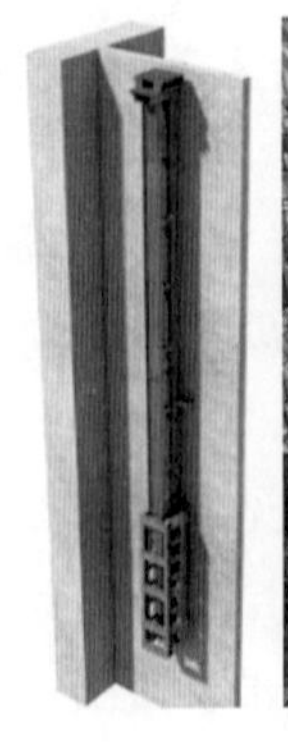

（a）　　　　　　（b）

图 6-13　支承架

（a）分体式支承架；（b）套架式支承架

同时受力，集成平台荷载通过转接框架或者支承立柱直接传递至上支架，并将部分荷载通过顶升油缸继续向下传递至下支架；在顶升时，集成平台荷载通过转接框架或者支承立柱传递至顶升油缸，再由顶升油缸及其托架传递至下支架；在提升时，由上支架承受全部荷载。

6.2.2 框架系统

框架系统为各类设备设施的载体，在整个集成平台体系中起到中枢和纽带的作用，是一种用以承载模板、挂架及集成装备的空间框架结构，具体构成包括钢平台、支承立柱等。钢平台包括主桁架、次桁架、外围桁架、顶部围护等结构。集成平台运行时，模板、挂架及附属设施系统通过悬挂于钢桁架底部或附着于钢平台顶部的方式，随集成平台同步提升。

如图 6-14 所示，集成平台的框架系统一般由支承立柱和桁架梁构成空间框架结构，桁架梁与支承立柱共同作用抵抗模架承受的水平荷载及竖向荷载。桁架梁与支承立柱均匀布置在剪力墙上，相互之间采用刚性连接，形成一个强度、刚度大，跨越整个覆盖结构的巨型“钢罩”。桁架梁系统亦可采用标准化通用型工业构件，如高抗剪型贝雷片，其具有可替代性好、周转使用率高的优点。

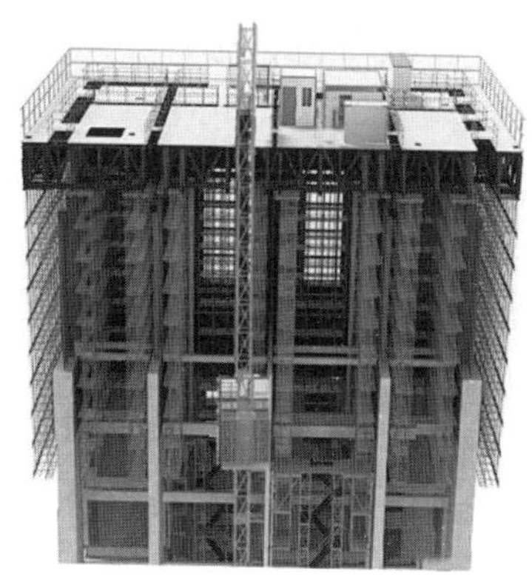

图 6-14　框架系统

6.2.3 动力系统

动力系统是为集成平台沿主体结构整体顶升或提升提供动力的装置，并且能够对顶升过程中的误差、异常进行监测和调控，具体组成包括顶升油缸、传动与控制组件、液压泵站等。如图 6-15 所示，顶升油缸是带动集成平台沿主体结构爬升的液压油缸，提供主要顶升动力的主液压缸筒体通过销轴和下支架连接，液压缸的活塞杆与上支架相连，在顶升时，通过活塞杆的伸缩，改变上支架位置从而实现平台的顶升。传动与控制组件是将液压泵站的动力传递至顶升油缸、控制动力系统运行并监测运行状态的组合部件。液压泵站是独立的液压装置，它按液压缸要求供油，并控制油流的方向、压力和流量，由电机带动油泵旋转，油泵从油箱中吸油后打油，将机械能转化为液压油的压力能。

动力系统通过组合部件监测顶升油缸是否按输入指令正常工作并进行调控，组合部件主要包括安装于顶升油缸上的压力传感器和位移传感器，还有用于控制油缸行程和速度的电磁阀组以及中央控制台。传感器可以监控油缸压力，防止出现超压，位移传感器可以监控油缸实时位移。液压顶升动力系统多采用可编程逻辑控制器（Programmable Logic Controller，PLC）自动同步系统，每组顶升油缸柱塞上的位移传感器把位移信号传送到 PLC 控制中心，采用步进式工作原理，保证同步上升和下降。压力传感器的压力信号也传送到 PLC 控制中心，当有油缸超压时，PLC 可给出警报并给出停止所有油缸工作的信号，此时顶升系统自动停止顶升，从而完成超压保护。

图 6-15　动力系统顶升油缸

6.2.4　挂架系统

如图 6-16 所示，挂架系统附着在框架系统上，平行布置于施工墙体的两侧，是主体结构施工的操作架和防护架，为施工作业人员提供操作面、交通通道和安全防护，具体构成包括滑梁、滑轮、吊杆、立面防护网、翻板、楼梯、走道板、兜底防护等。吊杆是框架系统和挂架系统的连接部件，起到承载和传递挂架系统荷载的作用。滑轮安装在挂架的支撑结构上，与吊杆相连接，可以起到移动挂架的作用。防护网、兜底防护等安全设备安装在楼梯、走道板的外部，起到防护作用，为施工人员提供安全的工作环境，降低

图 6-16　挂架系统

风险。挂架系统本身也可以优化为若干标准化构件，随着结构变化可随时拆卸、改装，重复使用。

6.2.5　监测系统

监测系统是通过多种传感器对集成平台的运行状态进行监测的装置，一般由传感器、数据解调设备、数据处理终端三部分组成。传感器采集测点信息，该信息通过导线传输至数据解调设备，数据解调设备将信息转变为工程量数据，最终由数据处理终端的服务器、工控机及软件平台进行数据储存、分析及展示。

数据的采集、处理和展示是监测系统中重要的环节，也是其最基础最重要的功能。实际运行时，可以通过构建三维模型，快速查看各个位置传感器的信息。进行分析时，利用有限元软件的分析结果对模型参数进行修正，对比实际监测数据，保证集成平台的运行安全。监控预警功能则是保证集成平台运行安全的关键，需要根据不同工况设置多种预警装置。

智能施工装备集成平台的监控内容一般包括表观监控、应变监控、水平度监控、垂直度监控、气象监控以及风压监控等。应力应变监控针对平台的主要承力构件、零件，主要包括框架系统中的支承立柱、钢平台的主桁架梁、支承系统中挂爪与爪靴的连接处等。表观监控是指通过动力系统附近的视频监控设备观察活塞杆等装置在顶升过程中是否到位，如图 6-17（a）所示。水平度监控负责监测钢平台的水平度、顶升油缸的水平度，以保证平台变形符合要求，如图 6-17（b）所示。垂直度监控负责监测支承立柱、塔机、顶升油缸等的垂直度。气象监控和风压监控应对极端天气，当大风、大雨、雷暴等天气到来时，应及时发出预警，确保施工安全。其中，风压监控内容包括风速和风压。风速在集成平台顶部的总控处布置风速风向仪进行观测，

(a)

(b)

图 6-17 安装在智能施工装备集成平台内部的监控设备

(a) 视频监控;(b) 水平度监控

风速大于设计值时，应立即停止施工；风压监控安装在挂架垂直面，利用传感器进行监测。

6.2.6 集成装备及集成设施

装配于集成平台上的施工设备主要包括塔机、施工电梯、混凝土布料机、操作机房、水箱、配电柜、材料堆场、施工机具堆场和库房、可开合雨棚、自动喷淋等施工生产设备设施，以及卫生间、休息室等生活设施，图 6-18 列举了典型集成设备和设施。

塔机有两种集成方式，第一种是塔机自立式集成，即将塔机直接安装在钢平台顶部，这种方式下，塔机所有荷载均传递至钢平台上。第二种是塔机附着式集成，即塔机与集成平台共用支承系统，这种方式下，塔机通过顶部附着、中部附着和底部附着实现与集成平台共用支承，共同顶升。顶部附着位于钢平台顶部，顶升过程中限制塔机水平摆动；中部附着位于转接框架侧边或顶部，承载塔机竖向力及水平力；底部附着位于塔身底部，抵抗水平力或限制塔机水平摆动，包括附着框架和抗水平力装置。塔机施工时，抗水平力装置与结构墙体抵紧抵抗水平力，塔机顶升时，抗水平力装置可限制塔身水平摆动。

(a)

(b)

(c)

图 6-18 典型集成装备和设施

(a) 吊机;(b) 布料机;(c) 开合雨棚

智能施工装备集成平台结构和主体结构有作业、顶升、提升、停工四种工况，在进行集成平台及主体结构的设计时，应按这四种工况进行结构强度、刚度及稳定性计算。智能施工装备集成平台结构设计包括了整体设计和部件设计，具体包含：

（1）平面布置和立面布置。

（2）结构方案设计，包括结构选型、构件布置。

（3）材料选用及截面选择。

（4）作用及作用效应分析。

（5）结构的极限状态验算。

（6）支承系统设计、框架系统设计、动力系统设计、挂架系统设计、监测系统设计和集成装备设计。

（7）构件连接构造设计。

（8）制作、运输、安装、防腐、防火和防雷等要求。

6.3.1 荷载要求

1. 各工况的荷载类型与取值

考虑作业、顶升、提升、停工四种工况下遇到的荷载类型与荷载取值如表 6-1 所示。其中，钢平台施工荷载主要指钢平台顶部的人员作业荷载，挂架施工荷载主要指挂架上的人员作业荷载。因为各工程特点不同，集成平台顶部的堆载区域、堆载面积、堆载大小均不一致，因此，材料堆积荷载大小应根据实际布置情况取值。

荷载类型与荷载取值　　表 6-1

项次	荷载类型	符号	荷载取值	类型
1	支承系统、框架系统自重	G_{k1}	按实际情况取值	永久荷载
2	模板自重	G_{k2}	按实际情况取值	
3	挂架系统自重	G_{k3}	按实际情况取值	
4	材料堆积荷载	L_k	按实际情况取值	可变荷载
5	钢平台施工荷载	G_k	作业和提升阶段：1.5kN/m^2； 顶升和停工阶段：0.75kN/m^2；	
6	挂架施工荷载	F_k	作业和提升阶段：1kN/m^2； 顶升和停工阶段：0.5kN/m^2； 应仅考虑三层挂架施工荷载	
7	风荷载	ω_k	按 6.3.1 风荷载取值计算	
8	不同步顶升的附加荷载	U_k	任意两个支承点间最大高差为 30mm	

2. 风荷载取值

计算风荷载时，应按照国家标准《建筑结构荷载规范》GB 50009—2012的相关规定，其中风速应根据不同作业工况进行选择。风荷载采用集成平台顶部的风速计算基本风压，这样更符合实际情况，同时由于风速按集成平台所处位置取值，因此不考虑高度变化系数。风荷载标准值计算可按下式进行：

$$\omega_k=\beta_{gz}\mu_{s1}\omega_0 \tag{6-1}$$

$$\omega_0=\frac{v_0^2}{1600} \tag{6-2}$$

式中 ω_k——风荷载标准值（kN/m^2）；

β_{gz}——高度 z 处的阵风系数；

μ_{s1}——风荷载局部体型系数；

ω_0——基本风压（kN/m^2）；

v_0——集成平台所处位置的风速，根据表 6-2 选取。

不同工况对应设计风速取值　　表 6-2

项次	工况	设计风速（m/s）
1	作业工况	20
2	顶升工况	12
3	提升工况	12
4	停工工况	42

3. 集成平台荷载作用组合

作业工况为集成平台正常施工工况，上、下支架均支承于剪力墙上，集成平台内施工人员正常施工，相关集成装备和设施正常运转，平台顶上考虑堆有供施工所用的材料；提升工况为下支架提升回收过程的施工工况，此时上支架支承于剪力墙上；停工工况为台风、暴雪等极端天气短暂停工或长时间停工状态，此时，上、下支架均支承于剪力墙上，禁止施工人员上集成平台，相关的集成装备和设施均处于停工状态。上述三个工况的验算工况相同，在计算强度和稳定性时，采用下列荷载组合：

$$S=1.35S_{Gk}+0.7\times1.5\left(S_{Lk}+S_{Ck}+S_{FK}\right)+0.6\times1.5S_{wk} \tag{6-3}$$

$$S=1.35S_{Gk}+1.5\left(S_{Lk}+S_{CK}+S_{Fk}\right)+0.6\times1.5S_{wk} \tag{6-4}$$

$$S=1.35S_{Gk}+0.7\times1.5\left(S_{Lk}+S_{Ck}+S_{Fk}\right)+1.5S_{wk} \tag{6-5}$$

式中　S_{Gk}——永久荷载值，包括支承系统、框架系统自重标准值 G_{k1}，模板自重标准值 G_{k2}，挂架系统自重标准值 G_{k3}，按式（6-6）进行计算；

S_{Lk}——材料堆积荷载；

S_{Ck}——钢平台施工荷载；

S_{Fk}——挂架施工荷载，按表 6-1 进行取值；

S_{wk}——风荷载。

$$S_{Gk}=G_{k1}+G_{k2}+G_{k3} \quad (6-6)$$

进行刚度计算时，采用下列荷载组合：

$$S=S_{Gk}+S_{Qk} \quad (6-7)$$

式中　S_{Qk}——可变荷载标准值，包括材料堆积荷载标准值 L_k、平台施工荷载标准值 C_k、挂架施工荷载标准值 F_k、风荷载标准值 W_k，按式（6-8）进行计算。

$$S_{Qk}=L_k+C_k+F_k+W_k \quad (6-8)$$

在顶升阶段，下支架支承于剪力墙上，集成平台上仅允许顶升作业人员及相关测试人员存在，集成装备和设施均停止施工。集成平台顶升时，需要考虑顶升时的冲击影响，动力系数一般取 1.15，同时应考虑风荷载的影响。顶升阶段进行结构的刚度计算时，荷载组合与作业阶段相同；计算强度和稳定性时，采用下列荷载组合：

$$S=1.15\times1.35S_{Gk}+1.15\times0.7\times1.5\,(S_{Lk}+S_{Ck}+S_{Fk}+S_{Uk})+0.6\times1.5S_{wk} \quad (6-9)$$

$$S=1.15\times1.3S_{Gk}+1.15\times1.5\,(S_{Lk}+S_{Ck}+S_{Fk}+S_{Uk})+0.6\times1.5S_{wk} \quad (6-10)$$

$$S=1.15\times1.3S_{Gk}+1.15\times0.7\times1.5\,(S_{Lk}+S_{Ck}+S_{Fk})+S_{Uk}+1.5S_{wk} \quad (6-11)$$

式中　S_{Uk}——不同步顶升的附加荷载，取值方式如表 6-1 所示。

6.3.2　整体设计

智能施工装备集成平台的主体结构验算包括建筑施工期整体结构安全性分析和支承点附近局部结构安全性验算，除此之外，抗震能力、消防水平、防雷设计均需要符合国家相关标准的规定。整体设计需要考虑支承点位置设计、平面布置、立面布置、结构设计、消防设计、防雷设计。其中，集成平台支承点位置设计根据所有楼层结构平面布置图综合确定，需要根据结构形状、尺寸及变化方式合理布置支承点。在支承点布置基础上，进一步确定支承立柱和钢平台主架布置形式。确定钢平台次架或次梁的布置形式时，需要根据竖向墙体的两侧布置挂架和模板。

在进行平面布置和立面布置时，需要注意平面布置应预留施工升降机与起重机械运行材料的吊装、混凝土浇筑的位置及施工作业人员通道位置，并应进行平面功能分区设计。立面布置应预留构件吊装、钢筋绑扎、混凝土浇筑及养护位置。在确定结构时，需要保证结构构件的变形在容许值内，构件变形容许值如表 6-3 所示。

构件变形容许值　　表 6-3

构件类别	容许值
钢平台中间跨挠度	$l_1/200$
钢平台边跨挠度	$l_2/150$
钢平台顶部水平位移	$l_3/250$

注：1. 当集成平台顶部水平位移超过 $l_3/250$，应进行二阶 P–Δ 弹性分析，具体分析方法应符合现行国家标准《钢结构设计标准》GB 50017 的有关规定；

2. l_1 为支承立柱形心间的距离；

3. l_2 为支承立柱形心至钢平台最外边缘的水平距离；

4. l_3 为施工阶段支承立柱高度，顶升阶段下支承架顶面至钢平台底面高度。

集成平台是用于结构施工的临时措施，小变形不会影响其使用功能，因此一般施工过程中，规定钢平台跨中容许挠度为 $l/200$、悬挑端容许挠度为 $l/150$。但挠度较大时，应控制设计应力比峰值处于较低状态。特别地，钢平台水平位移大于 $l/250$ 时，应进行二阶 P–Δ 弹性分析，以考虑结构整体初始缺陷及几何非线性对结构内力和变形产生的影响。

集成平台结构应采用适当的分析模型进行作业阶段、顶升阶段、提升阶段和停工阶段的作用效应分析；对结构整体分析中不能获得准确、合理结果的结构部位，尚应进行详细的局部效应分析。一般而言，可采用有限元模型进行分析计算，如图 6-19 所示，有限元模型应包括钢框架、支承架及顶升油缸等；挂架、模板、集成装备、集成设施等可以通过荷载的形式作用于钢框架上；附墙支座以边界条件的形式作用于有限元模型中。有限元模型的荷载类型、大小位置、边界条件需与实际情况相符，各件间的连接形式应与实际节点相符。

在材料方面，支承系统、框架系统和挂架系统等所用钢材可采用 Q235、Q355、Q390 和 Q420 钢等常规钢材，支承系统中的挂爪、爪靴、销轴则应采用 42CrMo 钢等特种钢材。如果使用铝合金制作结构部件，一般采用 6061 系列的铝材。需要注意的是，框架结构等需要大量的焊接工作，钢材焊接用焊条或焊丝的型号和性能应与母材的力学性能相适应，其熔覆金属的力学性能应符合设计规定，不低于相应母材标准的下限值。

6.3.3 部件设计

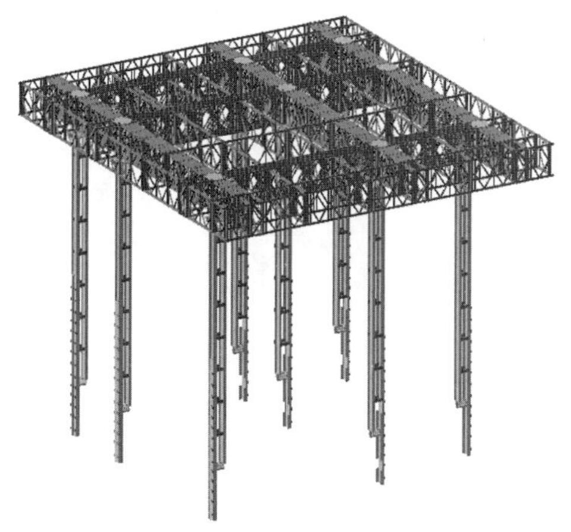

图 6-19 智能施工装备集成平台有限元模型

集成平台部件设计指的是构成集成平台一系列系统的设计，包括支承系统设计、框架系统设计、动力系统设计、挂架系统设计、监测系统设计和集成装备设计，需根据集成平台整体结构计算结果进行局部计算荷载取值，并进行局部效应分析。设计时，需考虑集成平台各个系统的结构应当符合表 6-4 的要求。

集成平台结构要求　　表 6-4

组成部分	结构要求
支承系统	能够承受正常运行与维护期间可能出现的各种作用； 材料的劣化不影响结构体系的安全和正常使用； 支承架的形状、尺寸应满足支承立柱和顶升油缸的连接及传力要求
框架系统	当单个或部分构件被移除或损坏时，框架系统的其他部分应仍能保持原有的形状和承载力； 当单个支点发生液压油缸损坏、液压油泄漏等液压油缸失效、无法承载的情况时，框架系统不应有过大的变形、不可修复的损坏或发生倾覆； 杆件布置位置应能满足挂架、模板的悬挂需求和集成设备设施的安置需求
动力系统	动力系统发生失效或故障时，不应对施工人员造成伤害和对集成平台带来不可逆的损坏
挂架系统	在设计、安装、运行、拆除时均应考虑正、负风压对挂架的作用； 在正常使用时，不应产生影响施工人员操作或产生变形晃动； 挂架和已施工的水平结构之间应具有应急逃生通道
监测系统	应具备监测数据采集、分析、处理、展示和超限预警等功能； 宜具备对动力系统运行数据的采集、展示等功能

为达到上述目的，在设计过程中，各系统需要满足以下要求：

1. 支承系统

支承系统在布置附墙支座时，尽量布置在非连梁区域、无劲性结构、竖向连续的墙体上，并应满足塔机支撑梁布置的需求，应避开降板区域，如卫生间、厨房等。由于角柱位置钢筋较多，对附墙支座螺栓孔预留预埋存在一定影响，应尽量避开。集成平台设计各支点的附墙支座应保证上下间距相同，各层附墙支座标高宜保持一致，从而保证各附墙支座受力均匀，架体水平度满足要求。附墙支座、支承架之间的连接应为能够自动翻转、咬合传力的机构，并必须设置防倾覆和防坠装置，支承架上等距布置挂爪、承力件爪靴、承力挡块等。

微凸支点式附墙支座的承力件、固定件的高度宜与竖向施工段的高度相同，承力件表面沿横向设置与承力件等宽度的凹槽，槽深度控制在 20~30mm 之间，高度控制在 200~300mm 之间。预埋螺杆式附墙支座的螺栓孔采用在模板上预留方式，模板预留孔宜采用机械冲孔，并严格控制精度达到要求。

2. 框架系统

框架系统中的钢平台宜采用空间架结构，而支承立柱一般采用格构柱。同时，钢平台临边应设置不应低于 2000mm 的封闭式防护围挡，并在钢平台洞口周边设置不低于 1200mm 的防护栏杆和不低于 300mm 的踢脚板。

为提高钢平台部件的通用性和周转次数，可采用高抗剪型贝雷片组成主桁架与次桁架，通过十字连接件、一字连接件及柱头等连接构件连接成一个整体平台。根据集成平台系统支点位置布置整个钢平台框架主梁，主梁由多片贝雷片组成，其余位置根据挂架、模板、堆载要求布置次梁，次梁可由单根贝雷片通过连接件与主梁连接。图 6-20 为一种高周转钢平台系统。

3. 动力系统

动力系统依靠液压装置提供动力，液压装置应符合现行国家标准《液压传动　系统及其元件的通用规则和安全要求》GB/T 3766 的有关规定。为了应对动力系统的异常情况，动力系统应具有活塞杆自锁装置和异常情况报警装置。在出现突然断电、顶升油缸之间的行程偏差过大或油管破裂等异常情况时，顶升油缸活塞杆可以自动锁定，并发出报警信号。顶升油缸底部油管出口处应设置独立的机械球阀。

液压泵站在动力系统的设计中至关重要，尽量设置不低于动力回路油液清洁度要求的独立滤油回路。温度对于液压泵站有着一定的影响，当使用环境温度为 -10~40℃时，宜使用常温抗磨液压油，低于 -10℃时，使用低温抗磨液压油。

集成平台顶升时要求各支点油缸同步支撑，不同步顶升会加剧结构内

图 6-20　高周转钢平台系统

力的不均匀分布，局部受力急剧增大，危及结构安全，所以对顶升油缸的同步性要求较高。对于传力与控制组件的设计，需要具备同步伸缩和单支伸缩两种运行模式。在同步伸缩模式下，需要对顶升油缸伸缩速度进行控制，一般伸出速度不大于 0.001m/s，缩回速度不大于 0.002m/s，监测位移差值小于 3mm，超过 8mm 时顶升油缸应自动停止；单支伸缩模式下，顶升油缸伸出速度不大于 0.002m/s，缩回速度不大于 0.004m/s，位移差值应小于 15mm。

4. 挂架系统

挂架系统具备一定滑动能力，能沿垂直于主体结构墙体的方向运动，同时在墙体立面布置发生内收、外扩或倾斜等变化时，挂架与墙体之间需要有足够的距离。

如图 6-21 所示，挂架应含有多个操作层，单层高度宜为 2.0~2.2m，通道宽度宜为 0.8~1.0m，且竖向总高度不小于承力件高度的 3 倍。为保证施工安全，挂架底部应采取与主体结构墙体之间形成封闭防护的措施，确保立面防护网的孔隙率不小于 50%，同时，滑梁端部应具有防止挂架滑脱的限位装置。由于杆件较长不易安装，挂架架体吊杆应采取分段连接方式。通常情况下，建筑一层及二层存在外凸的结构板，对挂架的安装存在一定影响，吊杆采取分段连接方式，可提高架体安装时应对结构变化的能力。

图 6-21　挂架系统局部

5. 监测系统

监测系统的设计应符合现行行业标准《建筑工程施工过程结构分析与监测技术规范》JGJ/T 302 及现行协会标准《结构健康监测系统设计标准》CECS 333 的有关规定；监测系统应覆盖表 6-5 中的监测内容，收集足够的信息和数据，形成信息化平台，如图 6-22 所示，便于平台进行维护和管理。

监测系统监测内容表　表 6-5

监测内容	具体要求
部件应力	监测支承架支承立柱、钢平台主桁架、塔机附着、计算分析受力较大的构件
集成平台变形	监测支承架垂直度、支承立柱垂直度、塔机垂直度、钢平台水平度
视频监控	监测顶升油缸运行状态、支承架挂爪使用状态、挂架与墙体的间距、模板与墙体的间距、钢平台顶部堆载状况等
风速风向和温度	监测指定高度的风速风向、气温、构件温度等

钢平台水平度监测点宜布置在支承立柱顶部、钢平台中部和悬挑端。监测系统需要用到传感器等信息采集装置，在进行传感器布置时，水平度传感器应布置在钢平台的中部和悬挑端，将垂直度传感器宜布置在支承立柱上端，风速风向和温度监测传感器应布置在钢平台顶部空旷无遮挡位。此外，应对塔机中部、底部附着的抗水平力装置的水平力进行监测。

6. 集成装备的设计

集成塔机的强度、刚度、稳定性需要满足受力要求，不同的集成方式对于结构和受力要求不同。当采用自立式集成方式时，塔机的塔身高度宜为 8~12m，倾覆力矩不宜大于 500t · m；当采用附着式集成方式时，塔机的塔身超出钢平台顶面的高度宜为 8~12m，其抗水平力装置宜采用液压油缸或丝杆千斤顶，应具备机械自锁功能，集成平台任意位置与塔身之间的净距不应小于 400mm，中部附着与支座的连接方式应为铰接形式，抗水平力装置应具有安全防坠措施。

常见的集成装备中，喷淋养护系统宜安装于桁架下部，面向混凝土楼面，并可覆盖混凝土结构；风机安装位置宜位于钢平台桁架内部，面向施工作业面；集成液压布料机设计时，可根据建筑面积布置一台或多台布料机，浇筑面积应覆盖建筑结构，必须对布料机所在位置架体进行加强处理，保证架体稳定性满足设计要求；集成光伏照明系统安装位置宜位于控制机房上部开阔部位；集成雨棚宜采用可自动开合的雨棚，雨棚应布置在钢平台顶部，宜覆盖整个结构施工层，雨棚设计时，应考虑排水方向，可根据需求进行雨水收集再利用。

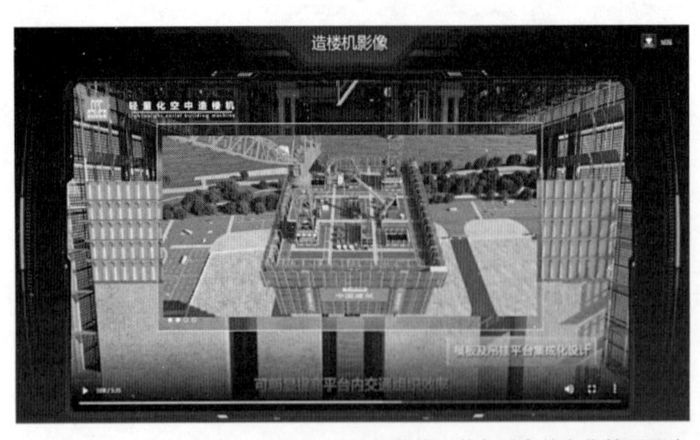

图 6-22　智能施工装备平台信息化管理平台

智能施工装备集成平台施工工序主要包括施工准备、安装、验收、运行、维护、拆除等部分。图 6-23 为工人在集成平台内部进行作业。

图 6-23 工人在集成平台内部进行作业

6.4.1 施工准备

1. 加工制作

在进行集成平台的施工之前，需要完成各个系统在工厂的加工和制作，该工序完成后，需要对系统部件进行预拼装、调试和质量检验，以下为有关的注意事项：

支承系统各构件焊接量均较大，可以通过消除焊接残余应力，改善构件的力学性能，减少变形量；微凸支点式附墙支座承力件上的凹槽与混凝土微凸配合传力，承受较大的剪力，因此应由整体厚钢板加工而成；为保证多个挂爪和多个爪靴同时咬合传力，出厂前应进行预装配，检验其配合度。

2. 安装准备

完成构件和材料的加工制作并运至施工现场后，需要做好保养工作，通常按系统对材料和构件进行分类堆放，并通过设置支承或枕木防止受损。在堆放挂架系统的框架构件、走道板时，为了后续安装方便，应将先安装的构件堆放于上面，并交错堆放防止构件平面弯曲变形。

安装前，在地面应做好钢爬梯、操作平台等安装工作，并应该确认有防坠装置且焊缝质量没有问题。为了方便集成平台的吊装，需要清理现场杂物，并拆除建筑物脚手架管。

6.4.2 安装与验收

在进行集成平台的安装时，需要依照以下流程进行操作：安装前准备→框架系统、挂架系统等构件预拼装→承力构件安装→下支承架安装 →顶升油缸安装→上支承架安装→转接框架、支承立柱安装→钢平台主受力构件安装→钢平台次受力构件安装→模板安装→挂架系统安装→集成装备安装→监测系统安装→动力系统安装与调试→试顶升及整体验收。

1. 支承系统

承力构件安装后应采取可靠的加固措施，并对承力构件的标高、垂直度及轴线位置进行复测。且混凝土浇筑完成后，支承架安装前，应当再次复测上述指标。支承架安装前，对于微凸支点式附墙支座，应加固微凸支点的对拉杆，清理承力构件箱体并核实挂爪位置是否正确，对于预埋螺杆式附墙支座，安装后应采取可靠的加固措施。

支承系统安装方式，应根据现场塔吊的起重能力来灵活选择。可以先将油缸、撑靴、导轨第一节、导轨第二节、导轨接长段、托梁在堆场内拼装完毕，利用塔吊整体吊装；可以进行支承系统分段吊装，先将油缸、撑靴、导轨第一节在堆场内拼装成整体进行吊装，再将导轨第二节、导轨接长段和托梁拼装成整体进行吊装。图 6-24 为支承系统地面拼装。

2. 动力系统

进行顶升油缸的吊装工作过程中，需要及时观察四周，防止损坏缸体上的阀件和油管，并确认安装后油缸处于竖直状态。安装好动力系统后，应当循环过滤油路，对滤后油品清洁度进行检查，以保证动力系统正常运行。

3. 框架系统

支承系统验收合格后，才能进行框架系统的安装工作；钢平台安装过程中，依次进行主受力构件安装和次受力构件安装，确认安装无误后，需要及时安装辅助结构，包括走道板、格栅板、围护栏杆等。图 6-25 为工人正在进行框架的吊装。

图 6-24　支承系统地面拼装

4. 挂架系统

挂架宜在地面组装，并于钢平台安装之前吊装至相应的位置；滑梁安装前应在钢平台上标识出滑梁的定位线；挂架安装完成后应确保滑轮均与滑梁紧密接触、可靠传力，并能沿滑梁滑动。

在地面将外挂架立杆、防护网、走道板、走道板横杆、翻板等组装安装后采用塔吊吊装。首先安装立杆，再安装横杆、

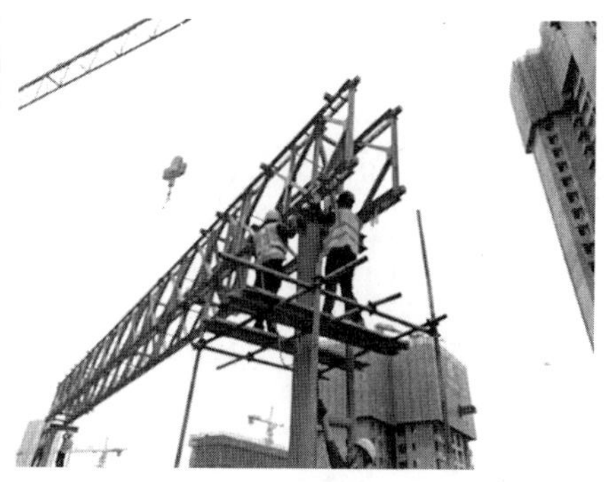

图 6-25　框架系统吊装

走道板等，最后安装网片组装整体吊装。

5. 监测系统

安装监测系统前，传感器需要进行标定，且测量应变的传感器应在构件吊装前安装并采取必要的保护措施。

6. 集成装备

集成塔机应在框架系统安装完成且验收合格后进行安装，且安装过程需要实时监测塔机安装区域集成平台的应力和应变。集成平台安装后应进行调试，并在安装完成后应进行动力系统泄漏试验以及临时用水和临时用电安全性能测试。此时，监测系统需要进行初次采集，确定各监测参数的初始状态。调试完成后进行顶升试验，各顶升油缸的同步性、压力值、应力、变形、水平度、垂直度等监测数据应满足设计要求。

6.4.3　运行与维护

1. 标准层施工工艺流水

如图 6-26 所示，基于常规混凝土建筑结构的施工流程，结合智能施工装备集成平台的标准层施工工艺流水为：① n-1 层浇筑完毕；② n-1 层墙体拆模、平台顶升；③ n 层墙模板合模、n+1 层墙钢筋绑扎；④ n 层顶板支模架倒运、搭设；⑤ n 层顶板钢筋绑扎；⑥ n 层混凝土浇筑，如图 6-26 所示。

2. 作业阶段

作业阶段，集成平台在竖向覆盖范围内进行钢筋绑扎、模板安装、混凝土加固以及结构施工层以下楼层各工序的穿插施工工作，处于正常施工作业状态。

集成平台作业时，集成平台底部防护应处于全封闭状态，且遇雷雨天气时，集成平台上施工作业人员应撤离作业区且不得接触防雷装置。

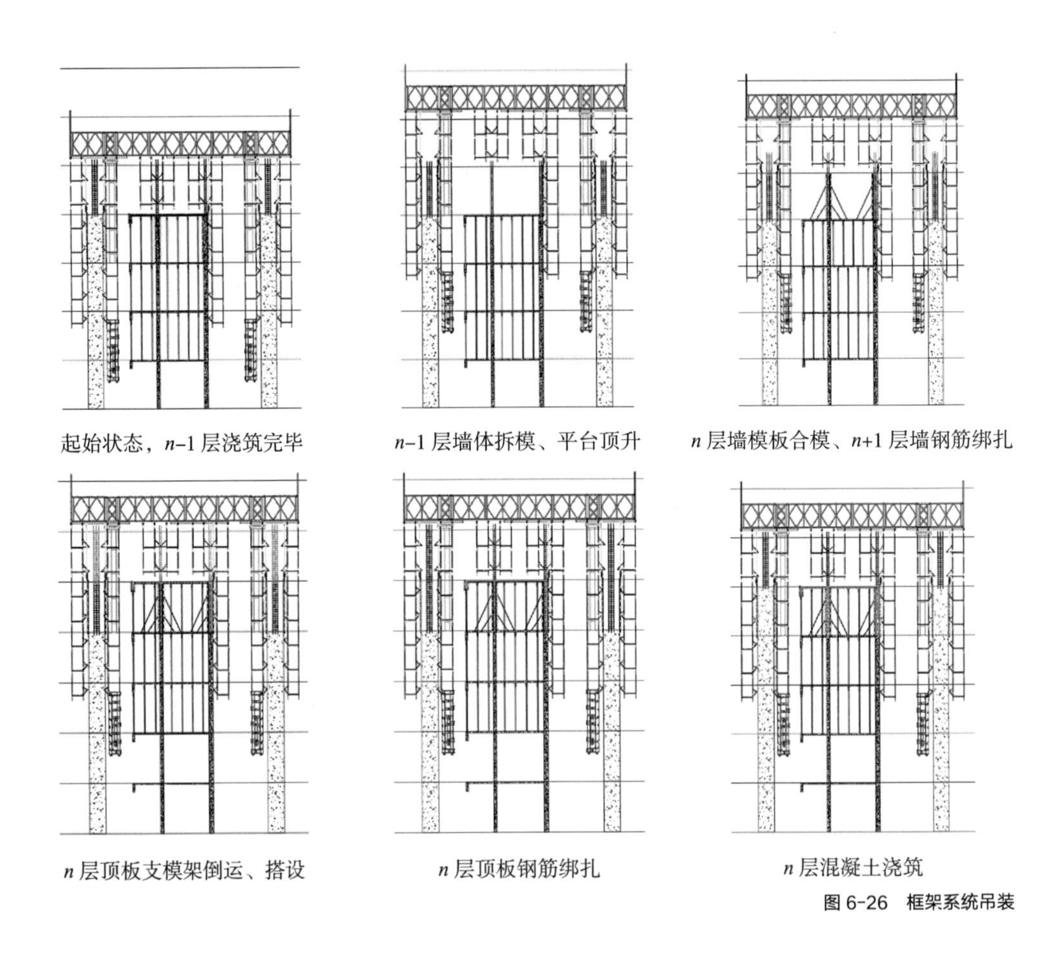

图 6-26 框架系统吊装

为施工安全起见，底层承力件拆卸过程中应采取防坠安全措施，集成平台挂架内不得堆放材料。

3. 顶升及提升阶段

集成平台顶升主要包括集成平台的顶升和提升，顶升阶段完毕后，再进行提升。

顶升之前，一般进行预顶升工作，需要将模板脱离墙体，并全数检查墙面保证无阻碍；翻开挂架与墙体间防护翻板，保证挂架与墙体不阻碍；检查主体结构与钢平台、挂架关系；检查塔吊与钢平台关系。这些准备环节在顶升阶段进行时，需要进行动态观测。

框架系统顶升的主要原理是利用油缸活塞杆顶紧立柱，通过不断顶出和回缩使得支承系统提升；最后收回活塞杆的时候，支承架落回支点承力构件，挂爪与爪靴咬合，支承架与挂爪和爪靴贴紧，完成集成平台的顶升。其中，油缸活塞杆顶出与回收的长度根据楼层层高而定，一般情况下，回收顶升油缸活塞杆时，带动下支架向上运动至目标位置 300~400mm 以上，伸出顶升油缸活塞杆，带动下支架回落至目标位置。

提升在顶升完毕后，步骤与顶升相似，即顶升油缸活塞杆回收，带动下支架向上运动至目标位置 300~400mm 以上，随后顶升油缸活塞杆伸出，带动下承架回落至目标位置，然后对系统进行检查，确认无误可进入作业阶段。

需要注意的是，顶升和提升前后均需要对连接节点情况、塔机状态、抗水平力装置、主电缆线、模板、承力构件等进行检查，并提前清理障碍物，断开泵管、水管等管线。且顶升和顶升时，应随时监测各顶升油缸压力值，当任意顶升油缸压力值与该液压油缸顶（提）升初期压力值相比，变化量超过 1.5N/mm 时，应停止顶（提）升，排查原因并采取处置措施。其中，提升时，宜逐个提升下支承架，不应同时提升所有下支承架。

4. 维护

集成平台的维护应包括日常维护和定期检查，并应建立安全管理制度，配备专职安全管理人员，内容包括安全防护设施、框架系统、挂架系统、动力系统维护。应对集成平台受力构件及其连接节点、液压管路、油缸、阀件、安全防护设施、防雷装置等进行定期检查。

恶劣天气、地震等导致集成平台停止使用或其他原因导致集成平台停止使用 1 个月以上时，恢复施工前应对集成平台进行全面检查。

6.4.4 拆卸

集成平台拆除流程如下：动力系统油路、线路拆卸→集成装备拆卸→监测系统拆卸→挂架系统、模板拆卸→框架系统拆卸→上支承架拆卸→顶升油缸拆卸→下支承架拆卸→承力构件、固定构件拆卸。

进行拆除作业前需要做好充足的准备，再进行拆除：①应根据拆卸施工方案对拆卸作业进行施工模拟分析，并对拆卸过程中的危险工况采取稳固性措施；②在集成平台下方（距离挂架底部 2~3 层）设置水平防护；③应根据拆卸方案划分拆卸单元，并对其进行编号，拆卸后按型号、规格分类堆放。

集成平台拆卸过程中，应当遵循“先装的后拆，后装的先拆”以及对称拆卸的原则，其中，对称拆卸是为了保证拆卸过程的稳定。

另外需要注意的是，液压油管拆卸前，应释放油管内部压力后再拆卸液压油管，随后使用专业设备排净液压油并回收；集成塔机施工升降机、布料机应在框架系统拆卸前拆卸或完成受力转换，并根据相关国家和厂家规范进行拆除。当遇到大雨或平台所在位置的风速超过 12m/s 等恶劣天气时，应停止拆卸作业。

本章小结

目前，智能施工装备集成平台在高层建筑施工中已经得到众多实际应用，具有高集成度、承载能力强、标准化、施工效率高、自动化程度高等众多优势。本章主要介绍的爬升式施工装备集成平台相较自升式施工装备集成平台具有稳定性高，成本可控等优势，应用较广。随着人工智能、机器人、BIM 等智能建造相关领域的进一步发展，智能施工装备集成平台在动力系统、监测系统、集成装备和集成设施等方面的智能化程度进一步提高，对不同环境的适应性也在增强。综上所述，智能施工装备集成平台在高层建筑施工领域有着极大的发展前景。

思考题

6-1 智能施工装备集成平台主要应用在哪些施工领域？相较传统施工方法有什么优势？具体有什么体现？

6-2 简述智能施工装备集成平台的组成及各部分的主要功能。

6-3 某“造楼机”应用于一处高层建筑工程中，其支撑系统及框架系统自重 600t，外模板 45t，内模板 280t，外挂走道板总重量 50t，平台堆放 20t 施工材料。钢平台施工面积 $1500m^2$，走道板面积合计 $1200m^2$。风荷载取 2700kN，重力加速度取 $9.8m/s^2$，计算集成平台停工阶段整体结构设计的荷载作用。

6-4 智能施工装备集成平台有哪些需要重点监测的部位？

6-5 排列智能施工装备集成平台各个系统安装及拆卸顺序。

6-6 智能施工装备集成平台顶升及提升阶段施工有什么相似之处？

本章参考文献

[1] HOWE A S. Designing for automated construction[J]. Automation in Construction, 2000, 9 (3): 259-276.

[2] 管东芝，郭正兴 . 高层建筑自动化建造体系 [J]. 建筑技术，2014，45 (05): 457-459.

[3] 王开强 . 超高层建筑智能化施工装备集成平台系统研究与应用 [C].// 中国工程机械工业协会施工机械化分会 . 2015 全国施工机械化年会论文集 . 廊坊：建筑机械化杂志社，2015: 41.

[4] 中国工程建设标准化协会 . 超高层建筑施工装备集成平台技术规程：T/CECS 744—2020[S]. 北京：中国计划出版社，2020.

[5] 重庆市住房和城乡建设委员会 . 轻型智能施工装备集成平台技术标准（征求意见稿）[EB/OL].（2023-06-23）[2024-07-19]. https://zfcxjw.cq.gov.cn/hdjl_166/yjzj/202307/t20230704_12118947_jlb.html.

[6] 赵守文 . 超高层建筑施工平台钢框架受力性能研究 [D]. 沈阳：沈阳建筑大学，2019.

第7章 建造质量检测装备

【本章导读】

建造质量检测是保障建筑与基础设施项目安全性和可靠性的重要环节。本章旨在通过对建造质量检测装备的分类与应用分析，梳理接触式和非接触式检测技术的关键内容与实践价值。首先，介绍接触式检测装备的常见类型，并重点探讨其在混凝土材料与混凝土水工结构质量检测中的具体应用。其次，分析非接触式检测装备的类型，详细阐述三维激光扫描检测设备、红外热像检测设备及智能型全站仪的技术特点与适用场景。最后，总结接触式与非接触式检测装备在实际检测过程中的应用优势与发展趋势。本章的框架逻辑如图 7-1 所示。

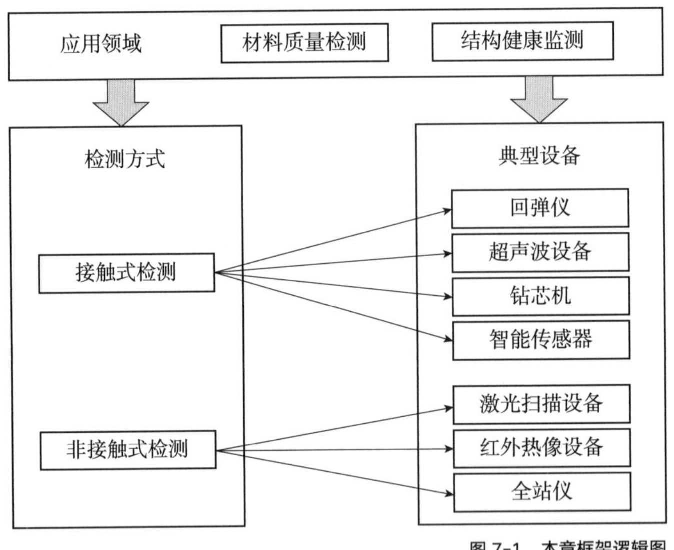

图 7-1　本章框架逻辑图

【本章重点难点】

了解接触式与非接触式检测装备在建造质量检测中的应用价值；掌握常见接触式检测装备的类型及其在混凝土材料和水工结构质量检测中的关键技术；熟悉非接触式检测装备的主要类型及其技术特点，特别是三维激光扫描、红外热像检测设备和智能型全站仪的具体应用场景及操作要点。

在智能建造的自动化流程中，质量检测是非常重要的一环，旨在获得准确的质量数据和评估结果，确保建筑施工过程和成品的质量符合设计要求和标准。本章主要介绍建造质量检测装备，包括接触式和非接触式的检测装备，着重介绍两类装备的相关技术、原理和应用场景。其中接触式质量检测通常使用传感器和探针等设备直接接触被检测对象进行测量，适用于需要测量尺寸、形状、力度等物理参数的情况，例如，在混凝土浇筑过程中，可以使用压力传感器来监测混凝土的流动性和均匀性，确保混凝土质量的一致性；非接触式质量检测通过光学、声波、热红外等非接触式传感技术，无需直接接触被检测对象即可获取相关数据，适用于需要测量表面平整度、温度、颜色等参数的情况，例如，通过激光扫描技术可以对墙面的平整度进行检测，红外热像仪可以用于检测建筑材料的热特性等。本章针对接触式检测，介绍了常见的装备以及在混凝土材料检测和混凝土水工结构健康监测中的应用，针对非接触式检测，介绍了几种典型检测方法和设备。

7.1 接触式检测装备

建筑工地的接触式质量检测装备经历了从手工测量到自动化测量的漫长发展过程。随着科技的不断进步和应用，建筑工地的质量检测装备将会更加智能化、精确化和高效化，也将应用在工厂内构件生产的质量检测，建筑工地施工过程的质量检测以及投入使用之后的质量检测等方面，从而提供更好的支持和保障。本节将围绕接触式装备的类型和典型的质量检测装备及其技术特点做详细介绍。

7.1.1 常见的接触式检测装备

以下是一些常见的接触式质量检测装备：

（1）表面粗糙度计：用于测量物体表面的粗糙度，通常通过测量表面的峰谷高度差来评估表面的光滑度。

（2）压力计：用于测量物体表面的硬度，通常通过将一定压力施加到物体表面上测量其弹性变形来评估物体的硬度，如图 7-2（a）所示。

（3）细微高度计：用于测量物体表面的高度差，通常利用机械或光学原理来实现高精度的高度测量。

（4）三坐标测量机：用于测量物体的三维形态，通常通过探针测量物体表面的坐标来建立物体的三维模型，接触式探针装置如图 7-2（b）所示。

（5）地面位移仪：用于测量物体表面的位移，通常通过将传感器固定在物体表面上测量其相对位移来评估物体的位移情况。

（a）

（b）

图 7-2　常见的接触式测量装置
（a）压力计；（b）接触式探针装置

（6）应变计：用于测量物体表面的应变，通常将应变计固定在物体表面上测量其变形来评估物体的应变情况。

7.1.2　混凝土材料质量检测

混凝土是当前工程建筑中最常用到的建筑材料，对混凝土建筑材料进行质量检测与控制，具有重要的社会效益和经济效益，不仅能够在工程开展前期保证原材料的质量完善，还能够避免安全事故发生，进而降低建筑工程的生产成本。通过对建筑工程混凝土材料的质量检测与质量把控，能够实现对工程建筑的系统推算，从而保证工程整体的质量符合建筑行业标准。在工程建筑施工过程中，混凝土建筑材料与钢筋质量的好坏直接决定了建筑物本身结构是否安全，在这一背景之下，混凝土材料的质量检测与控制更显得尤为重要。

在混凝土质量检测中，检测人员应当确认混凝土的性能、质量是否符合技术规范与施工要求，明确材料的可用性，并且在建筑工程施工环节对混凝土硬化后的构件实体强度以及混凝土浇筑质量加以检测，主要采用以下几种方法。

1. 回弹法检测

回弹检测技术主要用于检测硬化混凝土的抗压强度，该方法采用的设备叫回弹仪，如图 7-3（a）所示，其原理是基于混凝土的弹性性质，通过测量混凝土表面在受到冲击后的反弹程度来推断混凝土的强度。一般来说，回弹值与混凝土的强度存在相关性，强度高的混凝土表现出较小的回弹值，

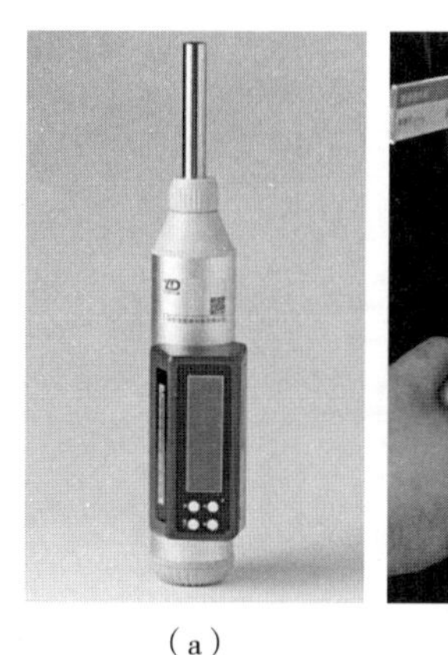

（a）

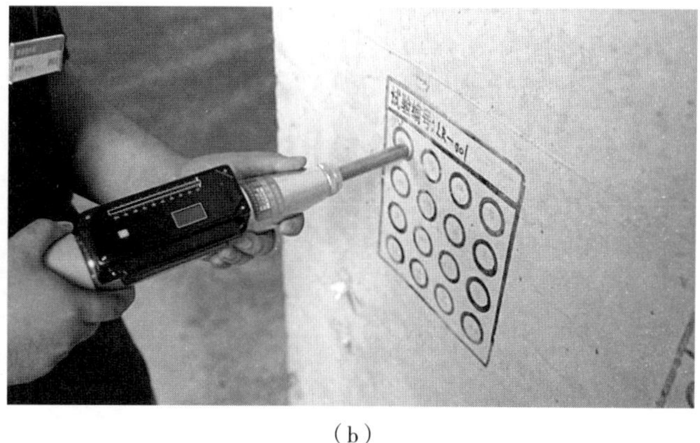

（b）

图 7-3　回弹法检测

（a）回弹仪；（b）回弹检测操作

而强度低的混凝土则表现出较大的回弹值。技术应用环节需使用不同类型的回弹仪，为了将回弹值转化为混凝土强度，通常需要进行现场校准，该校准依赖于混凝土的特性和回弹仪的型号。如图 7-3（b）所示，使用回弹检测技术时，检测人员需要双手握住回弹仪使其垂直作用于混凝土表面；然后通过驱动重锤弹击混凝土表面测试其反弹距离，再利用反弹距离除以弹簧初始长度计算回弹值，最终初步评估混凝土表面强度。回弹法是一种相对简便快捷的混凝土强度检测方法，但由于其受到多种因素的影响，通常被认为是一种初步评估手段，需要根据实际情况结合其他更精准的检测方法进行综合评估。

2. 超声波法检测

在建筑工程施工材料检测过程中，超声波法（图 7-4）是一种全面了解混凝土均质性的检测技术，它能判定混凝土的内部是否存在缺陷，在不破坏或不损害被检材料和构件的情况下评估混凝土施工质量。其原理是：超声波是一种高频声波，可以在材料中传播，并对材料的内部结构和性能进行检测。在混凝土中，超声波的传播速度和衰减受到材料密度、弹性模量、湿度、孔隙率等因素的影响。缺陷（如裂缝、空洞、蜂窝、骨料分布不均匀等）会影响超声波的传播，从而在检测中体现出不同的特征。超声波检测设备通常包括发射器、接收器和数据分析系统。发射器产生超声波脉冲，通过混凝土传播，然后被接收器捕获。数据分析系统用于处理接收到的信号，计算超声波的传播速度和衰减，并将其转化为混凝土的相关性质。超声波法可用于评估混凝土的弹性模量、密度等重要性能指标，帮助确定混凝土的质量。并且通过检测超声波的传播特征，可以发现混凝土中的裂缝、空洞、骨料分布不均等缺陷。对于混凝土结构，超声波法可用于监测结构的健康状

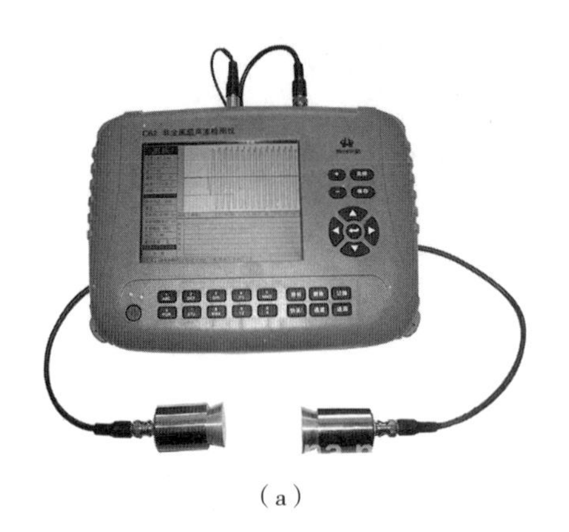
(a)

(b)

图 7-4　超声波法检测
(a) 超声波法检测设备；(b) 超声波法检测操作

况，及时发现潜在的结构问题。超声波法在混凝土检测中是一种有效的非破坏性手段，广泛应用于建筑结构、桥梁、隧道等混凝土工程的质量评估和结构健康监测。例如，在检测某高速铁路现浇梁混凝土内部质量时，为了避免检测对已完成混凝土结构造成破坏，检测人员应用超声波法对混凝土内部质量进行了测定，在保证该段混凝土结构质量达标的同时，为本次工程整体施工安全提供了可靠的数据保障。

3. 超声回弹综合法检测

与回弹检测技术和超声波检测技术相比，超声回弹综合检测技术(图 7-5)具有更强的功能性，这种技术的检测精度高、适用范围广，已经成为现阶段应用频率较高的一种无损混凝土强度检测方法。使用超声回弹综合法检测时，可获得更多的物理参量，为混凝土材料的强度分析提供了更为充足的信息支持，在综合评价混凝土质量方面更具优势。

检测中，技术人员可选用数字式超声波检测仪与中型回弹仪共同完成混凝土强度检测。采用超声回弹综合法检测时，检测人员需要保证超声测点以

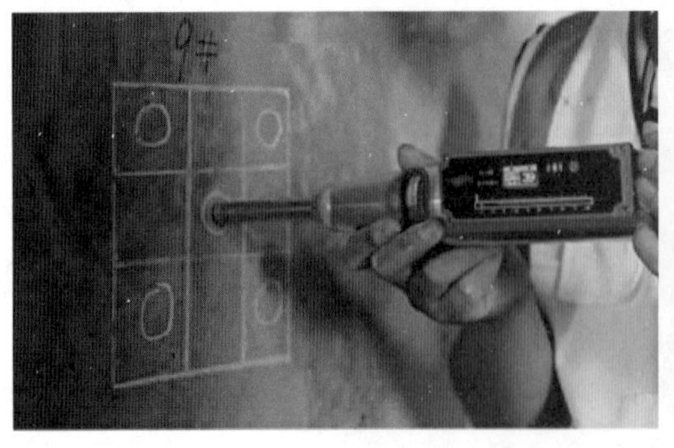

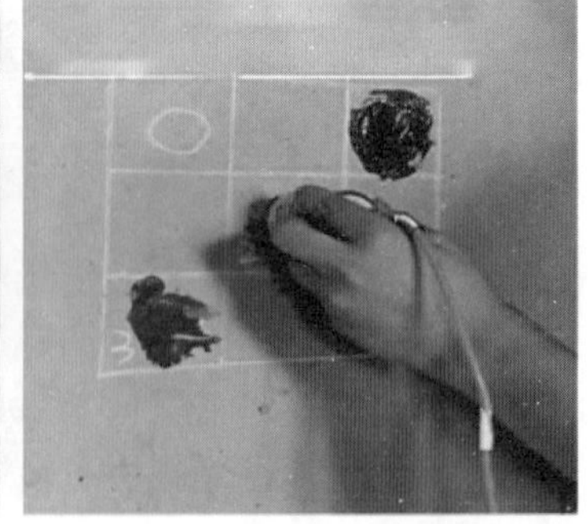

图 7-5　超声回弹综合检测技术的现场应用

及回弹测试区域布设科学性，通常来说超声测试与回弹测试应布设在同一区域。在数据收集结束后将超声波传播速度和回弹值输入综合方程进行计算，得到混凝土的抗压强度。

4. 钻芯法检测

钻芯法被广泛应用于混凝土强度检测中，但这种方法属于半破损性检验方法，通过获取混凝土中的钻芯样品，然后对这些样品进行实验室分析，从而评估混凝土的质量、结构以及抗压强度等性质。图 7-6 为混凝土钻芯机，运用钻芯法检测混凝土强度时需先准备取芯机、切割机、补平器以及压力机等设备，还应该保证钢筋定位仪、钢尺、游标卡尺、磨平器、塞尺等仪器就位。现场检测需按照设备就位、钻取芯样位置确定、芯样钻取、芯样加工测量、芯样抗压的顺序开展，芯样强度检测中还应在干燥状态和潮湿状态下进行分别试验，以便确认抗压强度准确性。

图 7-6　混凝土钻芯机

7.1.3　混凝土水工结构质量检测

水工隧洞和混凝土输水管道作为以输水为主要功能的水工建筑物，是水利工程枢纽的重要组成部分。随着我国水利水电事业的发展，水工隧洞及混凝土输水管道的数量和长度在不断增加。图 7-7 为混凝土输水管道，水工隧洞和混凝土输水管道有长距离、大埋深的特点，建设施工过程中往往存在很多不确定性因素，施工质量、混凝土温度变化等因素难以精准把控，工程难度较大。特别是有些建造年代久远的水工隧洞和混凝土输水管道，施工方

图 7-7　混凝土输水管道

法落后，施工质量把关不严，缺乏科学理论指导。且混凝土材料自重大，抗拉强度低，在建造及服役期间会受到冻融循环和风雨侵蚀，还可能会遭遇地震、火灾等突发自然灾害，诸多因素导致混凝土结构内部产生损伤缺陷。因此，在服役一定的年份后，水工隧洞的混凝土衬砌及混凝土输水管道往往会出现不同程度的病害，常见的病害有混凝土露筋、冲蚀、蜂窝麻面、碳化、裂缝等。病害缺陷的产生，对水工隧洞及混凝土输水管道的正常运行造成不利影响，甚至可能会引发人员生命财产损失的灾难性后果。对水工结构进行结构健康监测需要准确检测出病害缺陷，及时有效地采取必要的修补措施，这是延长水工隧洞和混凝土输水管道安全服役寿命的重要手段。因此，研究针对水工隧洞混凝土衬砌和混凝土输水管道病害缺陷的结构健康实时监测方法在工程实践中具有十分重要的意义。

1. 结构健康监测技术

结构健康监测技术能够实现水工隧洞和混凝土输水管道结构的实时在线监测。混凝土结构健康监测系统一般由传感器子系统、数据采集子系统、数据传输子系统、数据储存与管理子系统和结构预警与评估子系统组成，如图 7-8 所示。结构健康监测技术利用埋置于混凝土结构内部或粘贴于混凝土结构表面的传感器获取实时结构响应等与混凝土结构健康相关的信息，运用监测设备和适用于海量数据的分析处理方法实时提取出各种可能与结构损伤特征相关的参数，利用高效的损伤识别智能算法诊断出混凝土结构中的病害损伤，判定混凝土结构健康状况，预估混凝土结构剩余寿命，在不影响混凝土结构正常运营的前提下及时预警，从而控制一些潜在的危险因素，尽可能避免事故发生，最大限度减少人员伤亡和财产损失。结构健康监测技术可以实现传统无损检测设备无法到达的区域实时损伤监测，扩大了混凝土结构损伤探测的范围。

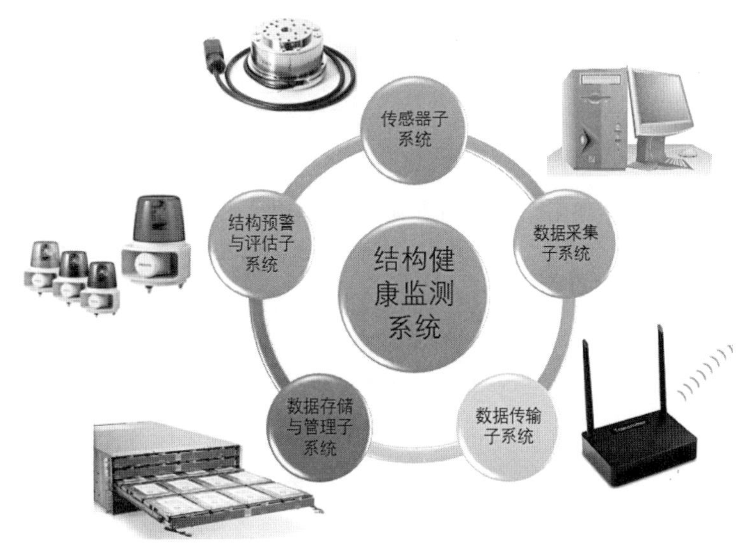

图 7-8 结构健康监测系统

2. 智能传感器

在结构健康监测系统中用于信息采集的传感器设备主要有振动传感器、应变传感器、声发射传感器、温度传感器、光纤传感器和融合多种功能的智能传感器等，下面将举例介绍基于压电智能传感器的结构健康监测技术，该技术具有在一定程度上能够抵抗外界环境噪声干扰、对混凝土结构微裂缝损伤反应灵敏、运营维护成本低廉等明显优点。

智能传感器是具有对信号采集分析处理等智能功能的传感器。智能传感器不仅具有感知能力，还具有传统传感器所不具备的认知能力。智能传感器的主要功能有：①自我标定校正功能；②自我补偿功能；③自动采集数据，并对数据进行预处理；④自动检验，自寻故障；数据存储、记忆与信息处理功能；⑤判断和决策处理功能。

用于智能传感器的智能材料和智能结构概念的提出，促使结构健康监测这一新兴领域蓬勃发展。智能材料概念的构想来源于仿生学。智能材料可感知外界环境的变化，通过改变自身的状态与外界环境变化相协调。压电陶瓷材料为智能材料的主要代表，兼具驱动功能和传感功能，对混凝土结构微小损伤敏感，且测量精度较高，适用于混凝土结构健康监测。压电陶瓷材料既可在混凝土结构浇筑前预先埋置于内部，又可于混凝土结构凝固后粘贴于表面。智能结构为智能材料与土木、水利工程混凝土结构的融合集成，土木、水利工程中的智能混凝土结构利用压电智能材料，可实现结构健康监测及振动控制等诸多功能，使混凝土结构具有自适应、自感知、自控制等优越性能。

基于压电陶瓷材料的压电智能传感器主动监测技术，一般可分为压电波动法和压电阻抗法。压电波动法利用压电陶瓷材料的正压电效应和逆压电效应执行混凝土结构健康监测任务。将压电陶瓷材料与防水材料、绝缘材料等保护材料封装，按所需的功能用作压电智能驱动器或压电智能传感器。压电波动法将用于释放电磁波激励信号的压电智能驱动器布设在混凝土结构的一端，激励信号在混凝土结构内部以应力波的形式传递给布置在混凝土结构另一端的压电智能传感器。压电智能传感器接收到应力波信号后，以电磁波的形式传递至用于读取传感器接收信号的仪器设备。当混凝土结构内部或表面产生裂缝、孔洞等缺陷时，结构的力学性能往往会发生改变，使得应力波的传播时间增长，幅值衰减，相位发生改变。通过实时监测应力波的传播时间、幅值、相位、频率、波形等变量的变化，压电波动法可实现混凝土结构损伤定性识别和实时结构健康监测。

压电阻抗法利用压电陶瓷材料的机电耦合效应，提取压电智能传感器的电阻抗信号，利用阻抗仪等仪器设备观测粘贴于混凝土结构表面的压电智能传感器的电阻抗值，通过压电智能传感器电阻抗值与混凝土结构机械阻抗值的对应关系获取混凝土结构的机械阻抗值。通过对比混凝土结构损伤状态下的机械阻抗值与健康状态下机械阻抗值的差异程度评估混凝土结构的损伤程度，从而实现混凝土结构实时健康状况的监测。与压电波动法相比，压电阻抗法的分析过程较为简单，无需基于混凝土结构的物理模型。压电智能传感器的电阻抗信号工作频率较高，对微小损伤的敏感性较压电波动法更强，常用于监测混凝土结构的局部微小损伤。因敏感范围仅限于压电陶瓷片附近区域，对较远区域不敏感，所以只能在一定范围内较准确地识别损伤。压电阻抗法也同样存在不足之处，土木、水利工程中的混凝土结构往往体积庞大，由于压电阻抗监测法的有效响应范围小，若监测范围覆盖整个待测结构，需布置大量压电智能传感器。该方法现仍局限于定性分析。

压电材料的高阻抗特性，使压电智能传感器适合于动态力学量的测量，而压电材料对应变变化的高敏感性，又适合用于结构状态的被动监测。基于压电智能传感器的被动监测技术可以直接利用传感器监测结构的实时状态，并根据监测参数特征，结合力学建模分析、先验知识、相关仪器（声发射仪等）确定结构的健康状态，无需驱动器，多应用于结构振动状态、冲击荷载识别与定位和基于声发射技术的监测等。基于压电被动监测技术能有效反映监测对象所受荷载及破坏过程的特点。

随着激光技术的发展，激光扫描仪和激光测距仪等非接触式质量检测装备开始被引入到建筑工地中。这些工具可以快速、准确地获取建筑物表面的数据，生成三维模型，提高了测量精度和效率。随着红外线技术的发展，热像仪等装备开始被广泛应用于建筑工地中。这些工具可以检测建筑物的隔热、保温、漏水等问题，提高了建筑物的质量和安全性。近年来，随着人工智能技术的不断发展和应用，智能化测量装备开始被应用于建筑工地中，具有强大的效率提升能力。例如，基于机器学习和视觉识别技术的智能监控系统可以实时检测施工现场的安全风险，并发出预警，提高了施工现场的安全性。总之，建筑工地的非接触式质量检测装备经历了从传统质量检测到智能化测量的发展过程。本节将围绕非接触式装备的类型、典型的质量检测设备及其技术特点作详细阐述。

7.2.1 非接触式检测装备类型

常见的非接触式质量检测装备（图 7-9）有：

（1）激光测距仪：利用激光束测量物体表面到仪器的距离，通过计算得到物体的尺寸、面积、体积等参数。

（2）红外线热像仪：利用红外线辐射测量物体表面的温度分布，可用于检测物体的热损伤、温度分布、热流量等参数。

（3）X 射线检测仪：利用 X 射线穿透物体进行检测，适用于检测金属零件的内部结构、缺陷、裂纹等问题。

（4）电磁感应测量仪：利用电磁感应原理测量物体表面的电磁场，可用于检测金属零件的尺寸、形状、位置等参数。

（5）磁粉探伤仪：利用磁粉探伤原理检测金属零件表面和内部的裂纹、缺陷等问题。

（a）

（b）

图 7-9 常见的非接触式检测装置

（a）非接触式光电法装置；（b）磁粉探伤仪

（6）三维扫描仪：利用光学或激光原理扫描物体表面的点云数据，可用于建立物体的三维模型。

（7）摄像机：利用光学原理拍摄物体表面的图像，可用于检测物体的形态、表面缺陷、颜色等参数。

7.2.2 三维激光扫描检测设备

1. 设备简介

对于梁厂内的质量检测，三维扫描仪可以利用光学或激光原理扫描物体表面的点云数据，可用于建立物体的三维模型，对工厂内的预制构件质量进行检测。在自动检测方面，国内应用较早的三维检测技术采用激光跟踪仪配合靶球进行扫描，虽然与传统方法相比具有设备精度高、数字模型化管理等优点，但也存在缺点，一是扫描结果仍受到人为操作的影响，造成测量不准确；二是靶球测到的点是离散点，不能完全反应被测物体的形状；三是检测单块模具需要 40min 以上，效率也难以提升。

在江阴靖江长江隧道工程中采用的三维激光扫描技术是一种新型测绘技术，是继测绘领域 GPS 技术之后的一次技术革命，促进了传统测量方式向更加现代、更加便利的方向发展。三维激光扫描技术又称实景复制技术，是一种利用高速激光扫描测量的方法，可大面积、高分辨率、快速地获取物体表面各个点的坐标、反射率、RGB 颜色等数据信息，为快速复建出 1∶1 真彩色三维点云模型提供的一种全新技术手段。由于三维激光扫描系统可以密集地大量获取目标对象的数据点，因此相对于单点测量，三维激光扫描技术也被称为从单点测量进化到面测量的革命性技术突破。

2. 应用案例

在江阴靖江长江隧道工程中，进行基于 BIM 与三维激光测量技术的高精度管片工业化建造技术的研究，利用自动化检测装置和基于激光扫描的测量方法，利用 BIM 和点云数据驱动进行管片外观质量多视图三维重建及管控，结合大尺度盾构隧道管片生产线，形成超大直径超深盾构隧道管片高精度生产的系统方案，提高管片精度测量自动化水平和控制水准。

在生产盾构管片的过程中，最常遇到的问题便是表面的气泡以及收缩裂缝，这两大通病会严重影响管片的抗渗能力与抗压强度，而且还增加了后期的修补工作量。在管片的生产过程中，多种因素都能影响生产质量，比如生产技术、管理水平、员工的技能水平、生产设备可靠程度等。如何提高管片质量，减少气泡与裂缝，是目前困扰生产商的主要问题。现阶段的质量精度检验多采用人工检测的方式，通过手工测量和纸笔记录，再计算数据生成报告，这种方式耗时耗力、信息不全面、易受人为因素影响，无法很好地满足装配式建筑发展需求。

随着信息化时代的到来，视觉三维技术得到了快速的发展。激光扫描、结构光法、阴影法、TOF 技术、雷达技术等技术的出现，更是拓宽了数据采集的途径，使其可以满足各种场景下的视觉重建需求。通过数据采集技术采集相应的数据，并对数据进行处理，可以快速有效地获取预制构件的三维模型。通过软件与平台的处理可以最大程度地实现对生产现场和构件生产质量进行动态管理，这为管片生产信息化管理提供了新思路。由此，该工程结合三维激光测量技术和装置，研究关键环节的自动化测量方法，便于掌握和控制盾构管片生产的精度，研究三维激光测量环节对生产工艺、流水线运行的影响，优化三维激光测量的相关模具系统，研究基于 BIM 与三维激光测量技术的测量步骤，形成超大直径超深盾构隧道管片高精度生产的系统方案。

3. 自动化激光扫描设备系统设计

关于自动化激光扫描设备，目前采用框架宏运动 + 机械臂微运动的设计理念，实现机械框架仅在需要时进行宏观的大距离移动，将扫描终端移动到作业区域后，机械框架锁定不动，而让扫描终端进行局部范围扫描，既可保证作业精度，也可以保证作业效率，如图 7-10 所示。集成高精度三维激光扫描仪、人机协作机械臂、PLC 控制系统等关键硬件，开发数据采集与数据处理软件，通过控制软件实现自动数据采集与自动数据处理，并自动输出检测成果报表，满足高效率、高精度智能尺寸检测的生产需求，详细系统设计如下。

1）管片转运及定位

由接近传感器保证管片运输到位后的信号反馈，由于扫描仪扫描范围为 400mm × 400mm，所以定位保证在扫描仪初始范围内即可，由管片识别码或者人工判断管片型号，完成型号的识别。为满足整套系统的自动化检测需求，需要实现管片装载精确定位与自动运输精确定位。管片轨道车示意图如图 7-11 所示。整个轨道车由车体、横向定位块、调节轮、调节模组等组成。

2）设备机械设计

整机分为支撑桁架、X 轴驱动系统（管片长度方向运动的横梁）、双 Y 轴运动系统（横梁上跟踪仪的运动、横梁上机械臂安装立柱的运动）、Z 轴驱动系统（横梁上立柱的竖直方向的运动）、机械臂、激光扫描仪、光学跟踪仪、电气控制柜、上位机软件安装电脑、靶标点安装座，如图 7-12 所示。

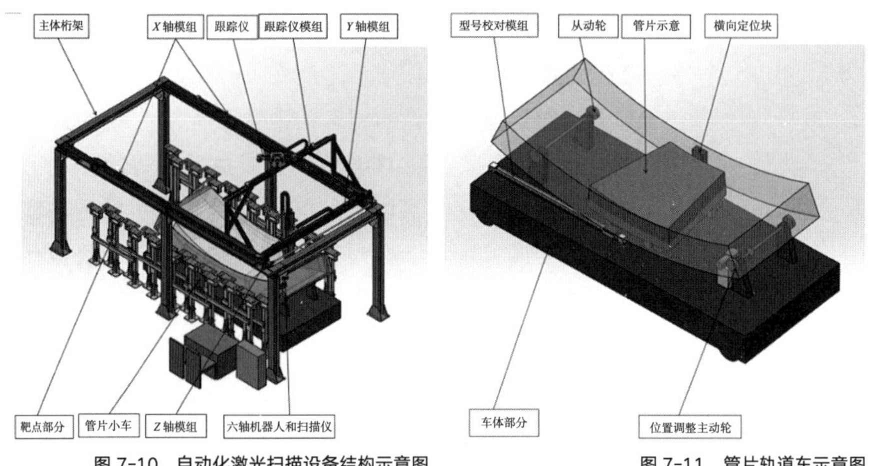

图 7-10　自动化激光扫描设备结构示意图

图 7-11　管片轨道车示意图

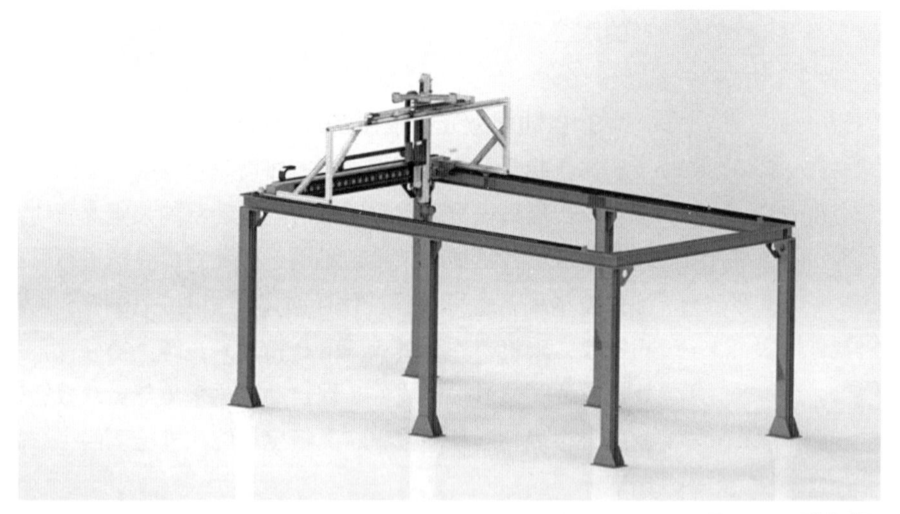

图 7-12　系统组成图

3）系统检测流程

采用三维激光扫描仪、桁架式机械系统实现管片与模具外形尺寸自动检测时，具体控制流程如图 7-13 所示。

（1）隧道管片通过移动小车放置在定位工装上，系统发出扫描指令，沿规划路径进行扫描检测，扫描完毕通过 Profibus-DP 总线将扫描标号传递给 PLC 系统；

（2）PLC 系统控制框架式移动机构与机械臂带动 3D 激光扫描仪以一定的速度扫描制孔的三维点云数据；

（3）三维激光轮廓扫描仪通过以太网将扫描的点云数据传送到数据处理上位机，扫描数据并给出软件分析将点云数据重建为隧道管片模型，获得隧道管片的相关参数；

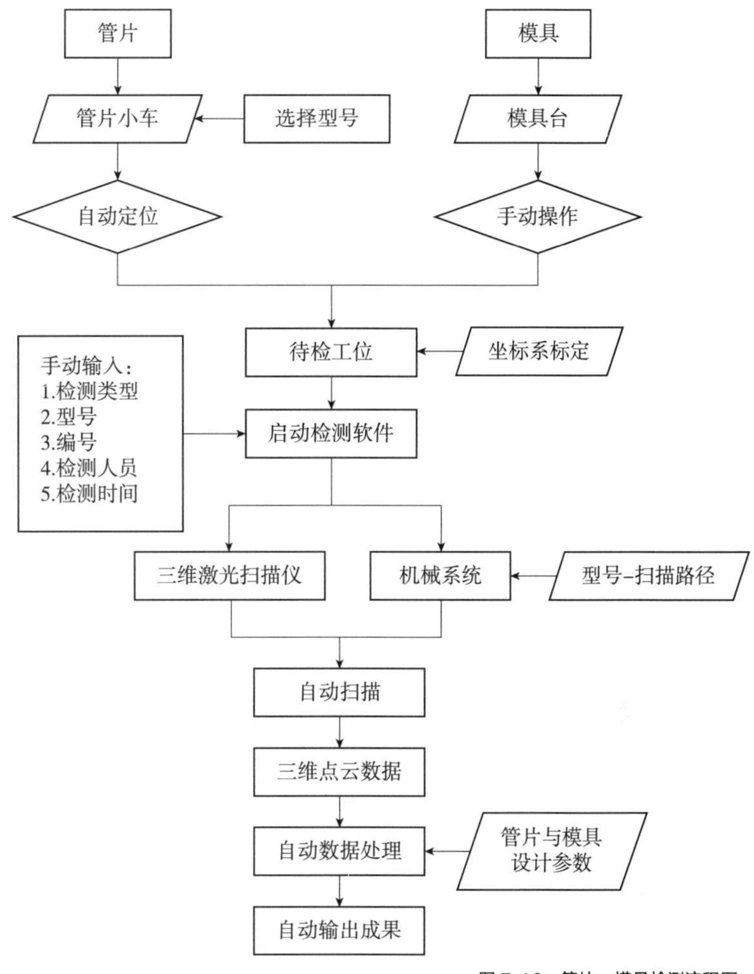

图 7-13　管片、模具检测流程图

（4）上位机将隧道管片的参数通过以太网传送到操作系统。

4）数据处理

点云数据处理软件由 VS2019 的主控台程序，编写而成。其中上位机编译引用了与之相关的 GDK 库、Flann 库、Eigen 库、Boost 库、Vtk 库。引用 GDK 库完成与三维激光扫描仪的接口对接、引用 Flann 库实现邻域的搜索、引用 Eigen 库实现矩阵的运算、Boost 库提供了 C++ 的拓展库、引用 Vtk 库实现点云图像的可视化。

软件通信与控制功能的具体流程如图 7-14 所示。

上述流程中，上位机作为服务器一直等待 PLC 的连接。当 PLC 连接上上位机时，上位机立即调用三维激光扫描仪的接口软件，初始化扫描仪。如果初始化失败，就会报出异常，程序就会将报错信息发给 PLC，结束流程；如果初始化扫描仪成功，返回成功信号给 PLC，PLC 执行扫描位移，扫描仪就会通过服务器的编码线控制，打开扫描仪开关，采集点云数据。如果采

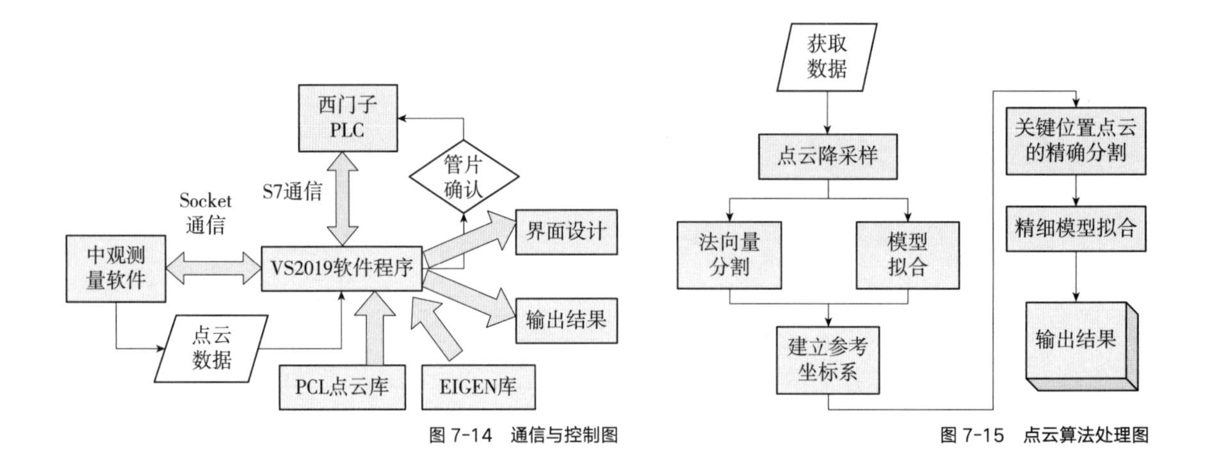

图 7-14 通信与控制图

图 7-15 点云算法处理图

集失败，就会报出异常，程序就会将报错信息发给 PLC，结束流程。如果成功，即开始处理点云数据。处理完毕后，上位机程序就会将计算出的相关参数传给 PLC，等待下一次扫描。

数据处理模块是基于点云数据和点云处理算法进行自动处理，点云算法处理图如图 7-15 所示，包括导入数据、降采样处理、坐标系纠正、点云分类、模型拟合、检测成果输出等，点云数据采集软件界面如图 7-16 所示。

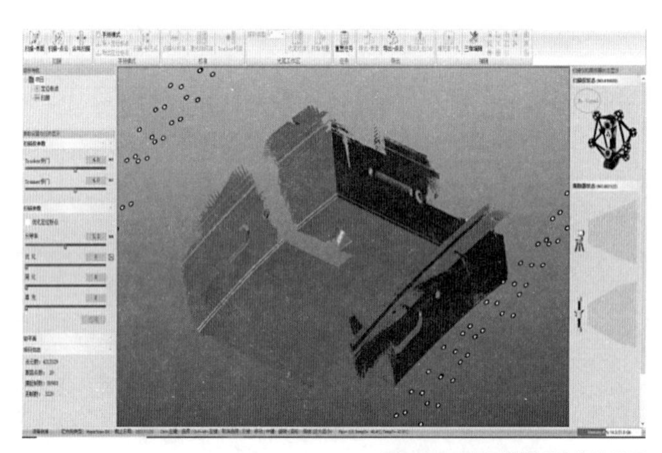

图 7-16 点云数据采集软件界面

7.2.3 红外热像检测设备

红外热像技术在建筑结构无损检测领域中的应用十分广泛，用于建筑物外墙检测时，可以检测到外墙剥离缺陷；针对大型混凝土基础设施，可以检测混凝土结构内部的分层和空隙；混凝土结构的应力或应力场分布情况均可以通过微波辐射或者红外辐射获得，在工程实际中可以实现结构破坏的提前预警；对于钢管混凝土构件，可以通过便携式红外热像仪检测其管壁与混凝土的脱黏缺陷和内部空洞。当前在工程中利用红外热像技术进行建筑结构质量检测的设备主要是红外热像仪，下面对技术与设备的工作原理和应用情况作详细介绍。

1. 设备简介与检测手段

红外热像仪的工作原理是利用红外线传感器感应物体表面所辐射的红外线，将其转换为电信号，再通过信号处理和图像处理技术，将电信号转换为热像图像，图 7-17（a）为红外热像仪。针对施工现场的建造质量检测，使用红外热像仪可以检测建筑物的结构和材料表面的温度分布，进而推测物体内部结构和表面状态，如图 7-17（b）所示。相较于其他无损检测方法，红外热像技术的特点是非接触、速度快、可大范围扫测且精度比较高，适合现场实际应用和远程在线检测。红外热像仪还可以在没有光线或极低光线环境下工作，因此在暗处或夜间均可以使用。红外热像仪可以分为手持式和固定式两种，手持式适合于现场检测和维护，固定式适合于长期监测和安全防护应用。

在应用中，红外热像检测技术按照有无激励可以分为被动式红外热像检测技术和主动式红外热像检测技术。其中主动式红外热像检测技术是利用人工激励被检测物，使其产生变化的温度场，根据温度场的分布变化分析被检测物的内部信息，一般利用热风、激光、大功率闪光灯、超声波、电磁感应、机械振动等不同方式的热激励手段及红外热像仪等相应的装置和软件，对热成像数据进行采集，并进行实时图像信号处理。如，大功率闪光灯利用高能量照灯瞬间在试件表面形成一层平面热源，并以热波的形式在试件中传播，产生温度场的变化；超声红外将短频脉冲照射到物体上，缺陷部位因振动产生的内能以热波的形式向物体的表面传递，导致表面温度发生变化。

二维码 7-1　红外热像检测（彩色图）

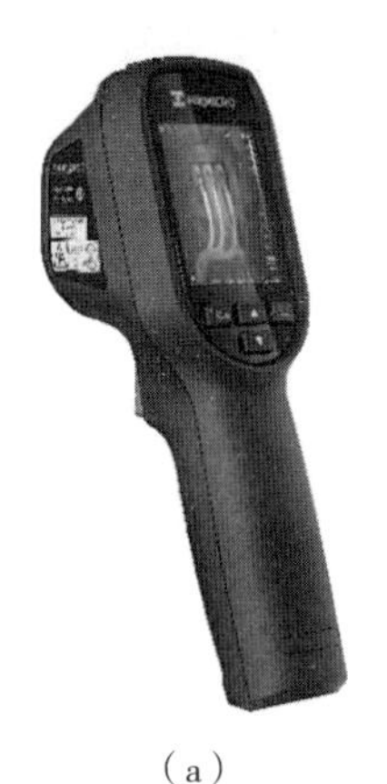
（a）

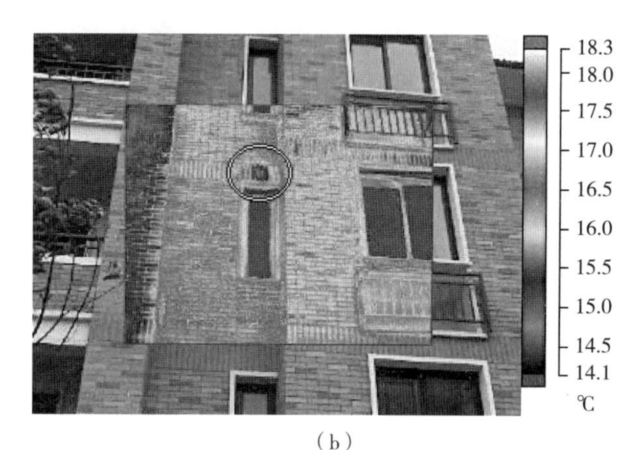

（b）

图 7-17　红外热像检测
（a）红外热像仪；（b）红外热像检测成像

2. 工程应用

甘肃省兰州市某建筑修建于 2006 年，为混凝土框架剪力墙结构，由主楼和裙楼组成，主楼结构层高 21 层，裙楼结构层高 5 层，建筑总面积约 22000m²。建筑外墙采用白色釉面瓷砖装饰，尺寸为 7.5cm × 1.5cm，厚度为 0.5cm，装饰瓷砖采用水泥砂浆与建筑混凝土结构外墙进行粘贴。由于建筑物长时间的运营，白色釉面装饰瓷砖出现不同程度的剥落、空鼓、破损等现象，极大地影响建筑物的美观，也存在安全隐患。因此，借助红外热像技术对建筑结构物的白色釉面装饰瓷砖进行扫描检测，为整治缺陷提供现实依据。工程测试时采用的检测设备能够测试物体表面的热场分布范围为 -20~200℃，最小温度分辨率达到 0.03℃，测量精度可达到 ±0.5%，可检测红外线的波长范围从 8~12μm 不等，成像范围在水平方向为 30°，纵向方向为 28°，水平方向上的图像像素为 225 点，垂直方向上的图像像素为 233 点，聚焦范围大于等于 30cm。对整栋建筑物的外表面进行红外线扫描，如图 7-18 所示。从图中可以看出，在白色釉面装饰瓷砖存在缺陷的位置，红外热像可以容易地进行识别和确定，为了进一步验证红外热像检测结果的可靠性，采用敲击法进行验证，两者的对比结果如表 7-1 所示。从表 7-1 中可以看出，不同缺陷边长等级的红外热像检测结果与敲击法验证结果基本一致，准确率均大于 85%，表明采用红外热像技术可以对建筑结构的缺陷得到可靠的分析结果。

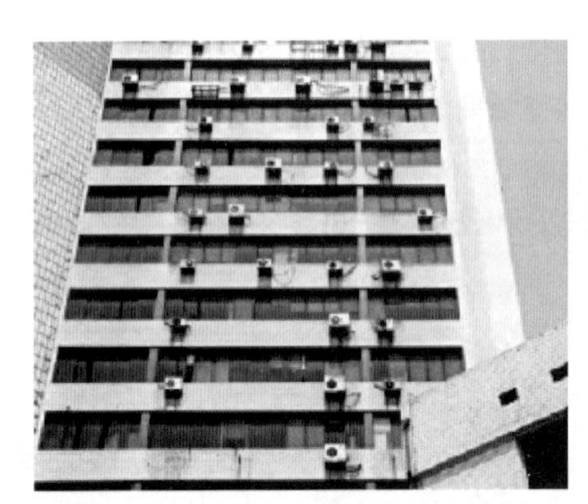

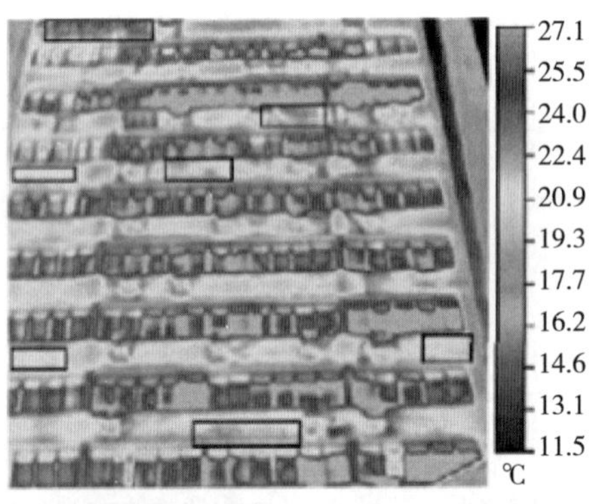

图 7-18　红外热像技术在建筑结构表面缺陷检测中的应用

红外热像技术与敲击法对比　　表 7-1

缺陷最大边长（cm）	红外热像技术（个）	敲击法（个）	准确率（%）
≤ 2	10	8	88.8
2~4	25	26	96.2
4~8	31	28	89.3
≥ 8	17	15	86.7

7.2.4 智能型全站仪

全站仪是施工建设中常用的测量仪器，从最初的手动式、机动化全站仪逐步向自动化、智能化的方向发展和完善。目前，全站仪的测量精度在安装精度要求高、体型复杂的结构安装工程中得到了很好的体现。上海中心大厦、北京国家体育场、上海世博工程等国家级大型工程中均采用了全站仪三维坐标法安装结构构件。全站仪可以准确地将建筑、构件的特征点放样到施工空间位置。

1. 设备简介

全站仪集合了光电测距仪和电子经纬仪，是由电子测角、电子测距单元组成的测量仪器，可以直接测定地面点的三维坐标，同时可以自动存储和处理工程测量数据。与传统测量方式相比，全站仪测量技术获得的位置数据更加全面和精确。

全站仪测量系统主要是由全站仪、测量手簿、棱镜等硬件和相关数据处理软件组成。 目前建筑行业中使用的全站仪种类很多，按照测量功能来分，可以分为四类：经典型全站仪、机动型全站仪、免棱镜型全站仪和智能型全站仪，如表 7–2 所示。经典型全站仪具备电子测角、测距和数据自动记录等基本功能。机动型全站仪在经典型全站仪的基础上安装了电机，可以自动驱动全站仪照准目标和望远镜旋转，完成自动测量。免棱镜型全站仪能够在无反射棱镜的条件下，对一般的目标进行测距。智能型全站仪（Robotic Total Station，RTS）在上述三种全站仪的基础上，添加了自动目标识别照准的功能，并在相关软件控制下，在无人干预时自动完成多个目标的识别、照准和测量。从仪器精度和使用领域来分，全站仪精度及性能从高到低依次为：精密监测全站仪、专业测量全站仪、测量工程全站仪和建筑工程全站仪。

全站仪测量方式在工程测量中的应用具有以下几方面的优点：利用全站仪测量技术可以通过相对简单易行的操作方式完成工程测量工作，还可以在工程测量的过程中直接获取地面点三维坐标，提升工程测量的准确度；利用全站仪测量技术可以尽可能的减少工程测量的人员配备数量。全站仪仪器与专业的工程测量软件配合使用，一旦在工程测量过程中出现一定的问题，可以通过专业的工程测量软件及时调整出现的问题，防止错误的延续，提升工程测量过程中的测量效率和测量准确性；全站仪与专业的绘图软件配合使用，可以将全站仪获取的地面点三维坐标直接转化为地形图，极大提升了工程测绘的内业效率。

关于智能型全站仪，从 20 世纪 80 年代测量机器人的概念在奥地利维也纳技术大学首次提出至今，此种测量仪器的发展经历了被动式测量型、主动

各类全站仪（徕卡 TPS 系列）　　表 7–2

类型	系列名称	性能特点
经典型全站仪	TC	标准型全站仪
机动型全站仪	TCM	马达驱动
免棱镜型全站仪	TCR	无反射棱镜
	TCRM	无反射棱镜，马达驱动
智能型全站仪	TCA	马达驱动，自动跟踪目标点
	TCRA	无反射棱镜，自动跟踪目标点

式测量型、自动化测量型和信息化测量型 4 个阶段，如表 7–3 所示。智能型全站仪也叫机器人（自动）全站仪，是一种随光电技术、精密机械制造和计算机技术的快速发展而产生的智能化测量系统，集自动目标识别、自动照准、自动测角与测距、自动目标跟踪、自动记录于一体的测量平台，包含测量仪器硬件以及图形导入、坐标选点、数据处理的软件系统，具有极大的技术优势。相比常规型全站仪，智能型全站仪只需一个人操作就可以确定被测点位置。通过远程定位技术，操作人员可以在定位棱镜的同时控制全站仪的放样或数据采集工作。智能型全站仪还可以与其他技术结合，满足不同的项目需求。例如，与 GPS 集成，用于局部坐标向全局坐标的转化；与数码相机结合，形成图像辅助全站仪（Image Assisted Total Station，IATS），在布局放样和收集目标对象坐标数据的同时，获取其图像信息。

随着我国经济的快速发展，大型、高层建筑的数量持续增加，对建筑施工精度的要求越来越高。在施工过程中，土建、机电、精装、幕墙等施工项目都需要大量的放样定位和测量校核工作，任何错误和返工都是时间和成本的浪费。BIM 技术保证了施工模型信息的精准度，通过智能型全站仪将 BIM 模型引入施工现场，利用 BIM 模型放样定位，采集实际建造数据并更

全站仪发展阶段和特点　　表 7–3

发展阶段	特点
被动式测量型	采用被动式三角测量或极坐标法测量；需要反射棱镜辅助测量，并在被测物体上设置照准标志
主动式测量型	通过空间前方角度交会法来确定被测点的坐标；无需在被测物体上设置照准标志，用结构光形成的点、线、栅格扫描被测物体
自动化测量型	采用前方交会的原理获取物体的形状和三维坐标；根据物体的特征点、轮廓线和纹理，用图像处理的方法自动识别、匹配和照准目标
信息化测量型	与计算机技术和信息化技术紧密结合，利用无线网络将测量数据导入或导出全站仪，除了专用电子手簿，还可以用手机、iPad 等通信设备控制仪器自动识别、匹配、照准、追踪、测量和记录目标，提高了测量定位的效率，并实现了内业和外业工作的一体化

新 BIM 模型，将实际建造数据与 BIM 模型中的设计数据对比分析作为施工验收的依据。这种“BIM+ 智能型全站仪”的数字化定位系统提高了施工质量和效率，成为施工放样定位的新趋势。

2. 设备技术概述

在利用智能全站仪进行施工质量检测过程中，BIM 技术是其中重要一环。BIM 技术是一种数字化建造技术，可以通过三维建模来创建一个虚拟的建筑物模型，并在其中添加各种信息，如结构、电气、管道、照明等，以帮助设计师、施工人员和业主更好地理解和管理建筑物。智能全站仪和 BIM 技术集成后，可以通过以下步骤实现对建筑物的实时测量和数据共享。

1）建立三维模型：使用 BIM 技术建立建筑物的三维模型，并将其上传到云端。三维模型中需要包括建筑物的各种元素，如墙体、柱、梁等，并为每个元素添加相关的信息，如材料、尺寸、重量等。

2）连接全站仪：将智能全站仪与计算机或移动设备等设备进行连接，并打开测量软件。在测量软件中，需要选择对应的建筑物三维模型，并进行校准。

3）进行实时测量：在全站仪进行实时测量时，可以将测量数据实时传输到计算机或移动设备上，并与建筑物的三维模型进行对比。通过 BIM 技术，可以自动将测量数据与三维模型进行匹配，并显示测量结果。这样就可以实现对建筑物的实时测量。

4）数据共享和协同工作：通过无线通信技术，可以将测量数据实时传输到云端，并与团队中的其他成员进行共享和协同编辑。这样可以实现团队成员之间的实时数据共享和协同工作。

5）数据分析和决策支持：BIM 技术可以对测量数据进行分析和处理，生成各种报告和图表，并为设计师、施工人员和业主提供决策支持。这样可以帮助团队更好地理解建筑物的结构和功能，并进行更好的设计、施工和运营管理。

除了 BIM 技术外，智能全站仪可以与以下技术进行集成，以实现更多的功能，例如机器学习技术。机器学习技术可以通过对大量的测量数据进行分析和学习，实现自动化的测量和数据处理，从而提高测量效率和准确度。

3. 设备组成

1）全站仪

近年来，各个测量仪器厂家都相继推出了智能型全站仪，如徕卡公司推出的 TCA 型全站仪、拓普康公司 GPT 和 GTS 系列全站仪和天宝公司的 RTS 系列全站仪。TCA2003 和 TPS1201 是较为专业的测量性全站仪，常用于道路和隧道的放样、大型工程项目的变形监测以及对飞机、船舶等测量。TS02plus 系列、Builder 系列和 iCON 系列为建筑施工专用全站仪，特别是 iCON robot 全站仪可以和 BIM 技术很好的结合，图 7-19 为 iCON robotic60 全站仪。将 BIM 模型与智能型全站仪相结合，不但能够指导施工精确定位，还可以协调结构、电气、管道等系统，减少现场的冲突量。BIM 模型中各构件定位点的三维坐标数据通过网络同步到现场控制器中，再由全站仪将定位点放样至施工场地，实现 BIM 模型向施工现场的“复制”。

2）现场控制器

常用的现场控制器为专业全站仪电子手簿或是具有放样软件的移动通信设备，如图 7-20 所示，用来运行控制传感器和全站仪的相关软件。控制器的类型取决于用户需要和使用的应用程序类型。智能型全站仪会有与之型号相对应的控制器，如适用于天宝 RTS 系列全站仪的 LM80 型手持控制器和徕卡 iCON robot 系列全站仪的手持控制器，通过蓝牙信号与全站仪连接控制半径较长（180~360m）。而对于非专业施工布局人员来说，具有放样软件的 iPad 更容易操作，通过无线网络与全站仪连接，控制半径只有专业全站仪手簿的一半。

3）棱镜

全站仪可以使用棱镜测量，也可以免棱镜（无反射）测量。棱镜的作用是通过光信号的反射时间计算出反射距离。利用棱镜反射全站仪发射的光信号，测量出棱镜的位置和全站仪与棱镜的角度和距离，从而计算出棱镜的坐标。在实际操作中，智能型全站仪自动“追踪”棱镜，测量人员根据控制器上显示的模型将棱镜放置在布局点，并不断调整棱镜位置，直至控制器上显示位置正确。无反射测量方法不使用棱镜，而是将可见的红色激光投射到测量点上，计算出仪器与测量点之间的距离和测量点的坐标。在选择是否使用

图 7-19　iCON robotic60 全站仪

（a）　（b）

图 7-20　全站仪现场控制器
（a）徕卡 iCON CC80 手簿；（b）具有放样软件的 iPad

棱镜时，应考虑测量区域的位置和有无遮挡物。如果测量点和全站仪之间有遮挡，或激光束受到干扰而无法到达测量点时，应该选择棱镜来测量放样。如果测量点处于较为危险的环境或较高时，例如标注梁的定位点，可以采用无棱镜的定位法，不需要搭建梯子或脚手架，也避免了高空作业带来的安全隐患。

4）软件设备

用于智能型全站仪的软件设备大致分为两种类型：一种为用于测量仪器的专业测量软件，如徕卡公司的 iCON build、Captivate 三维测量软件和天宝公司的 LM80 Desktop，这类软件主要适用于全站仪的电子手簿；一种为 BIM 系统中的放样定位软件，如欧特克公司的 Autodesk Point Layout 插件和 BIM 360 Layout，这类软件主要适用于 iPad 等移动通信设备。

4. 工程应用

全站仪作为一种高精度的测量仪器被广泛应用于工程测量定位的各个领域。在建筑施工中，全站仪的使用从场地布设、施工放样，一直到竣工验收和结构变形监测，贯穿于整个施工建造阶段的各个环节。随着信息化、智能化技术的发展，智能型全站仪与 BIM 技术的联系越来越紧密。全站仪将设计数据真实地投射至施工现场，并将施工现场的实际数据快速准确地反馈至 BIM 模型中，使得施工定位更加准确高效。一般来说，全站仪在建筑施工中的应用主要为以下几个方面：

1）复核起始数据

施工之前使用全站仪复核拟建建筑物四周的城市导线点的坐标及高程等起始数据，其精度满足测量规范的要求后，即可将城市导线点作为该工程布设建筑平面控制网的基准点和起算数据。

2）建立平面控制网与施工放样

平面控制网是建筑物定位、施工放样的基本依据。建筑施工放样随着测量仪器的不断发展和更新，由过去的经纬仪测角、钢尺量距到运用全站仪直接输入坐标放样和校核施工控制点点位的坐标值，工作效率得到很大提高。近几年出现的建筑专用智能全站仪在放样过程中只需输入控制点坐标，就可以直接放样。这样一来不仅可以更加准确方便地测设出整个建筑的平面控制网，进而加密成建筑方格网，而且大大提高了结构构件，特别是复杂结构构件放样定位的精度。最新的三维测量作业软件和 BIM 云技术的发展，可以让操作人员通过手簿和 BIM 移动端上的三维模型，定位和标注控制点的坐标值，如图 7-21 所示，如混凝土板上锚栓的位置，实现了测量定位工作的智能化与可视化。通过全站仪坐标管理软件录入坐标成果，实现坐标资料的数字化管理。由于在实际建设中，可能会根据不同的结构关系在施工图纸或模

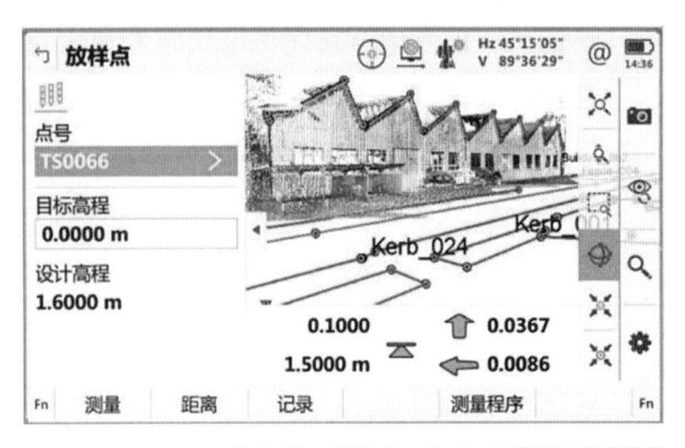

图 7-21　徕卡 Captivate 三维测量作业软件

型中设立不同的施工坐标系，所以现在的全站仪可以实现施工控制点坐标的数字管理，方便后续的坐标管理和坐标系之间的转换与应用。

3）室内测量定位

不同于 GNSS 采用卫星定位的方法会受到信号遮挡的影响，全站仪是一种光学测量仪器，通过产生和接收光波来测量目标位置。由于现在大部分全站仪的光波为激光，其测量的精度受环境影响较小，因此非常适合室内施工定位，如室内结构构件的安装、室内装修、管道设备的安装。

4）动态追踪定位

智能型全站仪的自动照准、识别和测量功能被应用于多种动态定位工程中，例如大型构件拼装测量和大型起重机的定位测量。在拼装大型构件时，构件会受到重力、空气流动等因素影响而不停振动，在这种情况下，智能型全站仪可以锁定目标来跟踪测量，指导正确移动和拼装构件。在建筑施工时，常常需要使用龙门式起重机、塔式起重机等大型设备搬运和吊装重型构件，利用智能型全站仪能够实时检测起重机、起重机臂、起重机钩位置，从而指导起重机在安全范围内作业。

5）施工验收

智能型全站仪结合 BIM 技术可以验收装配完成的部分施工任务。利用全站仪高效的数据采集功能来测量现场施工成果的三维坐标信息，通过无线网络将现场验收数据传输到项目数据库中，对比项目设计模型中的坐标信息，发现并记录下偏差超过验收规范要求的所有问题部分，并将此信息反馈给现场施工人员对其整改。利用全站仪获取现场测绘数据与施工模型的偏差分析使验收结果更全面准确，同时基于云端服务的问题追踪也使现场整改的管控更加方便。

6）结构变形监测

建筑结构体的变形问题，对建筑的危害很大，直接影响了建筑物的质量和使用寿命。当变形量超过建筑物的设计指标极限时，将会危及建筑物的安全运营。因此在建筑物的施工和运营过程中监测结构体的变形情况尤为重要。利用智能型全站仪可以通过对控制点的坐标监测结构的变形情况，测量分析建筑结构的挠度和振荡频率，从而获得准确的结构变形数据。智能型全站仪拥有毫米级的测量精度，这将有助于测量非常小的位移运动。在完成结构体的施工时，将全站仪安装在已知位置，此位置通过至少两个控制点来校准。将棱镜固定在某个控制点，获取其在使用负荷下的参考位置。在建筑的使用过程中，通过测量棱镜的移动距离，计算其修正坐标，并通过比较初始坐标和最终坐标来计算出结构的偏移值。另外，智能型全站仪还可以检测不同荷载条件下结构体的振荡频率，用于分析其稳定性，以及引起不同结构体在共振频率下产生振荡的荷载条件。这些振荡可能会对结构体造成毁灭性的影响，因此需要通过改变荷载条件来避免振荡对其产生的威胁。

本章小结

在建筑工程领域，质量检测是确保建筑物结构安全和符合设计要求的关键步骤。随着科技的进步，建造质量检测装备也在不断发展和完善。本章旨在介绍建造质量检测装备，包括接触式和非接触式两种类型。接触式装备通过直接接触被测量的对象来获取数据，如回弹仪、超声检测仪和压电传感器等。而非接触式装备则无需直接接触对象，例如激光扫描仪、红外线热像检测仪和智能全站仪等，不同类型的建造质量检测装备各有优缺点，具体选择应根据实际需求和情况来决定。随着建筑行业的不断发展，建筑质量检测装备的发展趋势也将体现在自动化和智能化、高精度和高效率、多功能化和集成化、网络化和远程监测等方面，从而为建筑工程质量的提升和安全的保障提供更强有力的支持。

思考题

7-1　常见的接触式质量检测装备有哪些？

7-2　常见的非接触式质量检测装备有哪些？

7-3　简述对混凝土建筑材料进行质量检测的意义。

7-4　对混凝土材料进行质量检测常见的无损检测方法有哪些？

7-5　简述基于压电陶瓷材料的压电智能传感器的工作原理。

7-6　简述基于激光扫描的超大直径超深盾构隧道管片自动化检测系统的组成。

7-7　简述红外热像仪的工作原理。

7-8　红外热像仪在建筑领域可以应用于哪些方面？

7-9　全站仪在建筑施工中的应用有哪些？

本章参考文献

[1] 孙爱民，建筑工程中水泥与混凝土施工材料质量检测相关分析 [J]. 居舍，2023，(10)：150-152.

[2] 辛崇飞，建筑工程水泥与混凝土施工材料检测的重要性及方法探微 [J]. 工业建筑，2022，52 (03)：10051.

[3] 靳璐，混凝土原材料对水利工程混凝土性能的影响与检测控制 [J]. 黑龙江水利科技，2022，50 (02)：73-74+123.

[4] 孙威 . 利用压电陶瓷的智能混凝土结构健康监测技术 [D]. 大连：大连理工大学，2009.

[5] 蒙彦宇 . 压电智能骨料力学模型与试验研究 [D]. 大连：大连理工大学，2013.

[6] 张小虎 . 靶场图像运动目标检测与跟踪定位技术研究 [D]. 长沙：国防科学技术大学，2006.

[7] 戴靠山，徐一智，张香，等 . 三维激光扫描技术在地铁隧道管片承载力试验中的应用 [C]// 中国土木工程学会隧道及地下工程分会，中国岩石力学与工程学会地下工程分会，台湾隧道协会 . 第十二届海峡两岸隧道与地下工程学术与技术研讨会论文集 . 成都：西南交通大学出版社，2013：5.

[8] 张良 . 基于多时相机载 LiDAR 数据的三维变化检测关键技术研究 [D]. 武汉：武汉大学，2014.

[9] 张华 . 移动式三维激光扫描系统在盾构隧道管片椭圆度检测中的应用 [J]. 城市勘测，2015，(04)：103-106.

[10] 吴勇，张默爆，王立峰，等 . 盾构隧道结构三维扫描检测技术及应用研究 [J]. 现代隧道技术，2018，55 (S2)：1304-1312.

[11] 宋云记，王智 . 利用三维激光扫描技术进行地铁隧道施工质量管控及病害检测 [J]. 测绘通报，2020，(05)：150-154.

[12] 汪玉华，黄毅 . 盾构管片模具三维激光扫描检测关键技术 [J]. 铁道标准设计，2020，64 (03)：118-122.

[13] 赵亚波，王智 . 基于移动三维扫描技术的隧道管片错台分析及应用 [J]. 测绘通报，2020，(08)：160-163.

[14] 常舒 . 基于三维激光扫描技术的管片数字化预拼装技术研究 [D]. 北京：北京建筑大学，2021.

[15] 刘新根，陈莹莹，刘学增 . 激光扫描盾构隧道断面变形快速检测 [J]. 交通运输工程学报，2021，21 (02)：107-116.

[16] 薛晓芳，高钟伟，来立志，等 . 地铁盾构管片生产全面质量管理 [J]. 混凝土，2006，(11)：74-76.

[17] 蒋勤俭 . 预制混凝土管片生产工艺及质量控制研究 [J]. 混凝土与水泥制品，2007，(01)：25-27.

[18] 谈永泉，杨鼎宜，俞峰，等 . 我国预制混凝土衬砌管片生产技术及标准现状 [J]. 混凝土与水泥制品，2011，(02)：25-30+34.

[19] STANLEY C，BALENDRAN R V. Non-destructive testing of the external surfaces of concrete buildings and structures in Hong Kong using infra-red thermography[J]. Concrete，1994，28：35-37.

[20] WEIL G J. Nondestructive testing of airport concrete structures：Runways，taxiways，roads，bridges，and building walls and roofs[C]// SPIE-The International Society for Optical Engineering. Nondestructive Evaluation of Aging Aircraft，Airports，and Aerospace Hardware Ⅱ . Bellingham：SPIE，1998：18-29.

[21] 邓明德，樊正芳，耿乃光，等 . 混凝土的微波辐射和红外辐射随应力变化的实验研究 [J].

岩石力学与工程学报，1997，(06)：577-583.
[22] 陈劲，陈晓东，赵辉，等 . 基于红外热成像法和超声波法的钢管混凝土无损检测技术的试验研究与应用 [J]. 建筑结构学报，2021，42 (S2)：444-453.
[23] 左辉 . 基于红外热像与深度学习的结构损伤智能检测 [D]. 长沙：湖南大学，2022.
[24] 刘颖韬，郭广平，曾智，等 . 红外热像无损检测技术的发展历程、现状和趋势 [J]. 无损检测，2017，39 (08)：63-70.
[25] 师建平 . 红外热像技术在建筑中的应用与分析 [J]. 建筑与预算，2023，(02)：73-75.
[26] 李巍，赵亮，张占伟，等 . 常用全站仪放样方法及精度分析 [J]. 测绘通报，2012，(05)：29-32+40.
[27] 张亮 . BIM 与机器人全站仪在场地地下管线施工中的综合应用 [J]. 施工技术，2016，45 (06)：27-31+48.
[28] 郭子甄 . 徕卡 TCA 全站仪在跟踪定位工程中的应用 [J]. 测绘通报，2006，(10)：76-77.
[29] 张莹莹，装配式建筑全生命周期中结构构件追踪定位技术研究 [D]. 南京：东南大学，2019.

第8章 建筑全生命周期数字化管理平台

【本章导读】

随着工程项目的规模与复杂度的日益提高，工程建造领域对数字化、智能化的需求与日俱增。数字化管理平台作为智能建造装备中“大脑”一般的存在，在整个工程项目建设过程中发挥着重要的作用，成为决策的中心。本章旨在通过对数字孪生技术的介绍，阐述数据驱动的建造管理与决策支持机制并最终实现对建筑全生命周期数字化管理平台全面的介绍。首先，介绍数字孪生这一数字化管理平台关键技术，包括其发展历程、概念内涵、关键技术以及技术架构。其次，详细介绍了建造全过程的数据如何由物理世界采集、传输、管理、处理，并最终被利用进行项目的管理并辅助做出决策。最后，回归数字化管理平台本身，介绍了平台的基本概念、应用场景及优势、局限和未来。本章的框架逻辑如图 8-1 所示。

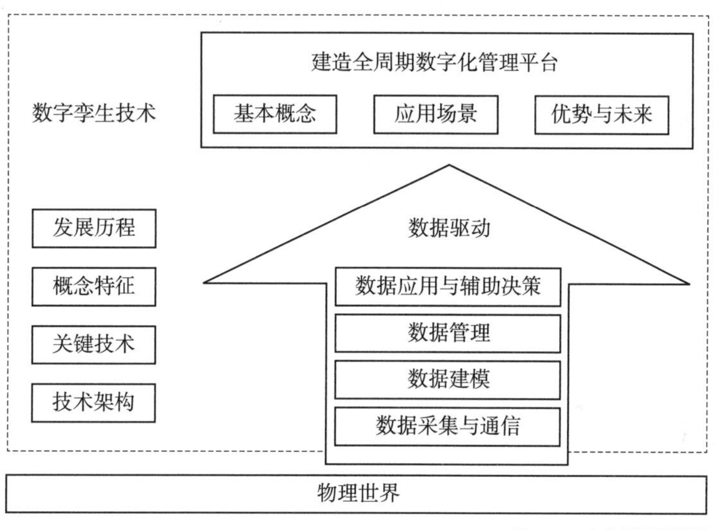

图 8-1　本章框架逻辑图

【本章重点难点】

了解数字孪生的发展历程及数据驱动建造决策与管理过程中的数据建模和数据管理过程；熟悉数字孪生概念特征和关键技术，数字化管理平台的基本概念及管理平台建设的优势与未来；掌握数字孪生技术架构、数据驱动建造决策与管理过程中的数据采集与通信过程和数据应用与辅助决策过程以及数字化管理平台的应用场景。

本书的前 7 章，以拟人化的思路介绍了生产 – 运输 – 安装 – 施工 – 检测等环节涉及的装备，在本章中，建筑全生命周期数字化管理平台正如人的“大脑”，控制着工程建造的决策环节。它可以通过显示器屏幕进行人机交互，可以经由传感器感知现实，甚至或许可以通过扩展现实技术将其与现实融合。

建筑全生命周期数字化管理平台是指利用信息技术手段对建筑项目从前期规划、设计、生产、施工到运维乃至拆除与再利用的全过程进行数字化管理和协同，实现数字化、智能化和可视化的管理方式，如图 8–2 所示。

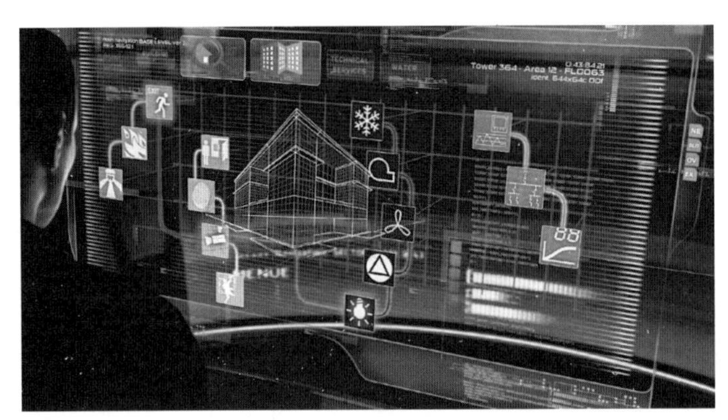

图 8-2　建筑全生命周期数字化管理平台

作为在建筑领域数字化、智能化和可视化发展中发挥着举足轻重作用的重要概念，BIM（Building Information Modeling）概念已经历经了 20 余年的发展，通过 BIM 的 3D 可视化方案，一定程度上解决生产设备、施工工艺、人员、工期、质量记录等问题，为建筑领域的信息化、数字化发展做出了重要的贡献。但 BIM 在提供物理环境的动态实时数据方面的限制，以及处理大量动态和多形式数据的能力有限等局限性，可能导致数据利用不充分，决策效率低下和实践效率低下，并产生重大成本影响。

新兴的数字孪生概念为解决 BIM 的局限性提供了机会。数字孪生在 BIM 的基础上具备了更全面、更精准、更快速的信息处理能力，能通过高精度数字模型描述和模拟现实世界中的事物。借助数字孪生技术，将 BIM 模型连接到物理环境，以实现两个实体之间的双向数据传输。这使得 BIM 模型能够使用实时数据进行更新，从而有助于改进资产实施和管理的决策。此外，数字孪生利用人工智能等高级数据分析技术来处理大量数据，以实现状态监测、预测、诊断、系统优化和辅助决策。基于数字孪生技术搭建的数字化管理平台有可能显著改善各种工程实践中的信息管理和决策，并帮助提高建筑和建筑企业资产管理活动的效率，降低成本，减少误差和风险，提高项目质量和客户满意度。

8.1 数字孪生技术

数字孪生技术以高保真度的动态虚拟模型来仿真刻画物理实体的状态和行为，能够在虚拟空间提前预演或实时模拟物理实体的一切活动，是物理空间与虚拟空间沟通的重要桥梁。其作为一种新兴的现代化信息技术，最初在航空航天及生产制造领域的应用较多，发挥了其独有的价值。

随着对学科交叉融合以及信息化技术普及要求的日益增高，数字孪生技术也被探索应用于建筑建造领域，数字孪生在建筑物建造过程中，能使物理世界的建筑产品与虚拟空间中的数字建筑信息模型同步生产、更新，形成完全一致的交付成果。它能够提供数字化模型、实时的管理信息、覆盖全面的智能感知网络，实现虚拟空间中的实时信息融合与交互反馈，将来自物理空间的实时数据与虚拟的数字化模型紧密联系，以描绘相对应的实体建筑的全生命周期过程，是实现智能建造的关键前提。

8.1.1 数字孪生发展历程

数字孪生发展时间轴如图 8-3 所示，数字孪生的发展经历了种子期、萌芽期、起步期和成长期四个时期。

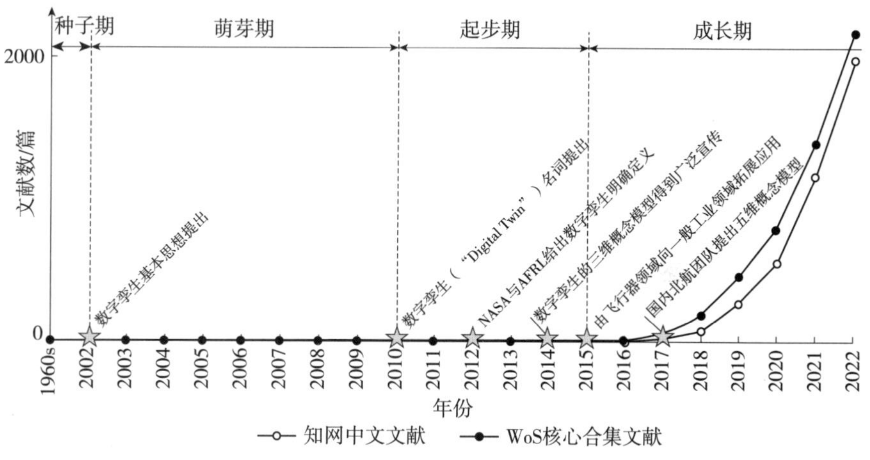

图 8-3　数字孪生发展时间轴

1. 种子期

数字孪生中"孪生"的基本思想最早起源于 20 世纪 60 年代。美国国家航空航天局（National Aeronautics and Space Administration，NASA）提出物理孪生的概念，在阿波罗项目中为实际飞行器制造了一个留在地球上的"孪生"飞行器，并称其为孪生体（Twin）。在飞行任务执行期间，孪生体基于太空中的实际飞行器的飞行状态数据构建精确的仿真模型并进行仿真试验，辅助太空中航天员完成决策，保障太空中飞行器各类动作的正确性和安全性，明显减少了各种操作结果的未知性。

2. 萌芽期

2002 年，迈克尔·格里夫斯（Michael Grieves）教授在美国密歇根大学的产品全生命周期管理课程上首次提出关于数字孪生体（Digital Twin）的设想。但在当时，Grieves 并未正式提出“Digital Twin”一词，而是将这一设想表达为“与物理产品等价的虚拟数字化表达（Conceptual Ideal for PLM）”，指出孪生的虚拟数字模型可以通过仿真模拟产品的状态及行为从而抽象映射出物理实体的性能。此概念模型虽未被称为数字孪生体，却包含组成数字孪生体的全部要素，即实体空间、虚拟空间、实体与虚拟空间之间的数据和信息连接，如图 8-4 所示。

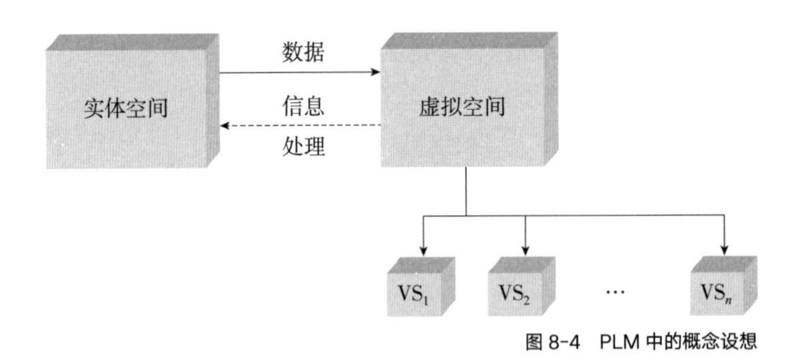

图 8-4　PLM 中的概念设想

在该设想中，数字孪生体的基本思想已经有所体现，即在虚拟空间构建的数字模型与物理实体交互映射，忠实地描述物理实体全生命周期的运行轨迹。

2003 到 2010 年间，Grieves 教授在著作中将此概念进一步称作“镜像空间模型（Mirror Space Model）”和“信息镜像模型（Information Mirroring Model）”。这一阶段是数字孪生体概念的萌芽期，其最初在航天飞行器的维护和性能预测方面被引入，并用于进行航天飞行器状态维护和寿命预测。但由于当时技术和认知上的局限，数字孪生体的概念并没有得到重视。

3. 起步期

直到 2010 年，NASA 为了改进航天飞行器的物理仿真模型才第一次公开引入了“Digital Twin（数字孪生）”这个名词，由约翰·维克斯（John Vickers）命名，并定义为“集成了多物理量、多尺度、多概率的系统或飞行器仿真过程”。

2011 年，美国空军研究实验室（Air Force Research Laboratory，AFRL）和 NASA 合作提出了构建未来飞行器的数字孪生体，能够利用物理模型、传感器数据和历史数据等反映与该模型对应的实体的功能、实时状态及演变趋势等。

2012 年，NASA 与 AFRL 联合发表了关于数字孪生的论文，正式给出了数字孪生的明确定义，指出数字孪生是驱动未来飞行器发展的关键技术之一，随后数字孪生正式进入公众的视野。

2014 年，Michael Grieves 发表了数字孪生白皮书，数字孪生的三维度概念模型得到广泛宣传。在此之后，数字孪生被引入航空航天以外的其他领域，开始得到各研究领域的重视。

4. 成长期

2015 年，何塞 · 里奥斯（José Ríos）等给出通用产品的数字孪生体定义，从此将其由复杂的飞行器领域向一般工业领域进行拓展应用及推广。

在 Michael Grieves 之后，各大公司、咨询机构、学者，纷纷给出了对于数字孪生的定义。出于使用背景的不同，他们将其定义中的“物理对象”，依据需要进行了扩展，不仅从最初的飞行器扩展到更多实体对象（如设备、产品、工厂、车间、城市等），也可以是虚拟对象（如软件、流程等），还可以是上述二者的组合。

此后，数字孪生体的理念逐渐被美国通用电气公司（General Electric Company，GE）、国际商业机器公司（International Business Machines Corporation，IBM）、微软（Microsoft）、美国参数技术公司（Parametric Technology Corporation，PTC）、德国西门子股份公司（Siemens）、法国达索飞机制造公司（Dassault）、法国 ESI 集团等企业所接受并应用于技术开发及生产，产生了巨大的效益。一些组织（如 Gartner、德勤、中国科协智能制造学会联合体）也对数字孪生给予了高度重视，高德纳（Gartner）将数字孪生连续列入了 2017~2019 年度的十大战略性技术，引起了国内外工业界、学术界及新闻媒体的广泛关注。

在这一时期，国内也在探索数字孪生技术的理念，并在制造业等领域进行了应用。2017 年，北京航空航天大学陶飞教授带领的数字孪生小组在国际上首次提出了数字孪生车间的概念，发表了首篇数字孪生车间文献，并与国内 20 多所高校和科研机构共同开展了数字孪生在制造中的应用探索。此外，为实现数字孪生在工业领域的推广应用，北京航空航天大学数字孪生小组提出了数字孪生五维模型，为国内数字孪生体系研究奠定了基础。此后，计算机、自动化等领域都对其进行了大量研究。由于孪生系统的构建实现更多依托计算机，计算机技术的飞速发展也为数字孪生的研究奠定了基础。

土木建造领域对数字孪生的关注也日益增长。刘占省等利用 BIM 和物联网（IoT）应用于疏散的数字孪生模型，谢琳琳和陈雅娇通过集成 BIM、物联网、大数据、人工智能等先进的信息技术，构建基于 BIM+ 数字孪生技术的装配式建筑项目调度管理平台。数字孪生与建筑信息模型（BIM）相结合，为土木建造行业的发展开拓了新途径。

近年来，数字孪生得到越来越广泛的传播，无论在理论还是应用层面都得到较为全面快速的发展，除了各研究机构、企业以及政府等有意识推动外，也得益于计算机硬件平台性能的大幅提升，物联网、大数据、区块链等信息技术的快速发展，云计算、边缘计算、雾计算等大规模、高性能计算方式的普及，4G/5G 等新一代移动通信技术的快速发展，强化学习、深度学习等智能算法的广泛应用，扩展现实技术等新型人机交互方式的出现，为海量动态数据实时采集、可靠与快速的传输、存储与分析，虚拟与现实世界的交互联动融合，实体对象行为的推演和辅助决策提供了重要的技术支撑。现阶段，除了航空航天领域，数字孪生还被应用于电力、船舶、城市管理、农业、建筑、制造、石油天然气、健康医疗、环境保护等行业，如图 8-5 所示。

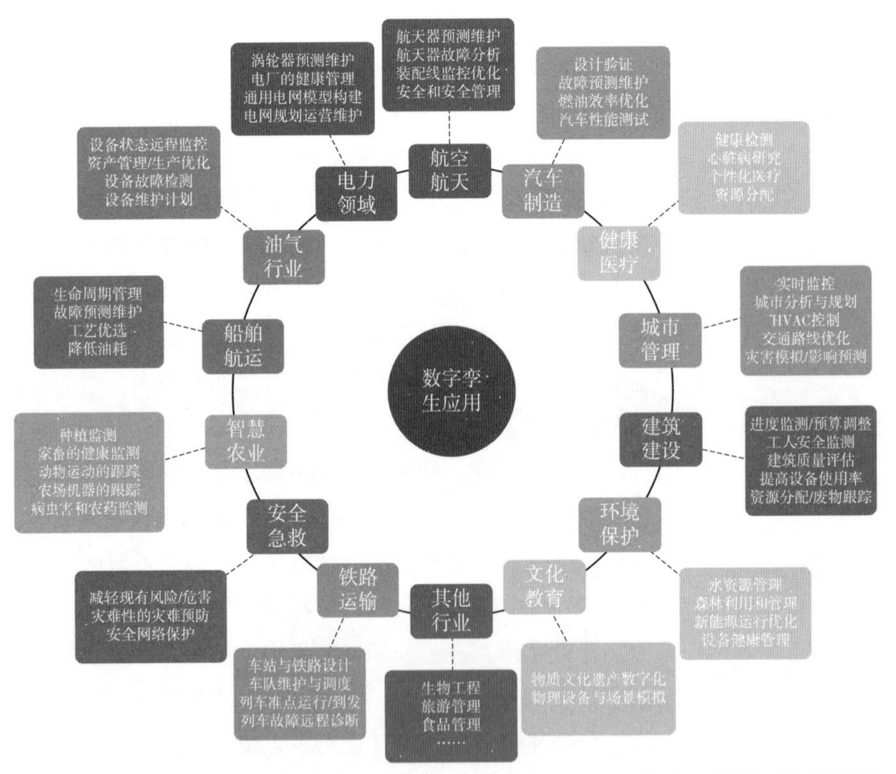

图 8-5　数字孪生的应用领域

在未来，随着新兴数字技术的进一步发展和融合，数字孪生技术和产业生态都有望迎来爆发期，数字孪生将与新型应用场景更紧密结合。

8.1.2 数字孪生概念特征

1. 数字孪生的定义

从数字孪生的发展历程来看，其诞生的源头并不单一，此后更是被应用于多个领域，涉及多个学科，包含多方面技术，其所依托的信息技术和人工智能技术也在不断发展，因此其相关概念也在不断发展中。因此，该技术被提出以来尚无标准的定义，不同的领域、不同的学科、不同的技术专家、不同的公司对数字孪生的理解和解读不同，根据自身需求与研究角度对其进行了不同定义，如表 8-1 所示。

数字孪生在不同角度的定义 表 8-1

时间	提出者	定义	来源
2010	NASA	一个数字孪生，是一种集成化的多种物理量、多种空间尺度的运载工具或系统的概率性仿真，该仿真使用了当前最为有效的物理模型、传感器数据的更新、飞行工具的历史等，以镜像出其对应的飞行中孪生对象的生存状态	Modelling Simulation Information Technology & Processing Roadmap: Technology Area 11（太空技术路线图）
2012	NASA & AFRL	一种面向飞行器或系统的高度集成的多物理场、多尺度、多概率的仿真模型，能够利用物理模型、传感器数据和历史数据等反映与该模型对应的实体的功能、实时状态及演变趋势等	The Digital Twin Paradigm for Future NASA and U.S. Air Force Vehicles
2014	Michael Grieves	一个覆盖产品全生命周期的逻辑上中心化的产品信息构件，用于阐明 PLM 系统是如何在产品生命周期的各个阶段进行信息交互，或 PLM 内部的各个功能如何集成到一起	Digital Twin: Manufacturing Excellence through Virtual Factory Replication（白皮书）
2015	José Ríos	在 2012 年 NASA & AFRL 定义的基础上，使用术语“产品”代替“飞行器”或“系统”，提出“产品数字孪生”的概念	Product Avatar as Digital Counterpart of a Physical Individual Product: Literature Review and Implications in an Aircraft
2015	西门子股份公司	物理产品或过程的虚拟表示，用于理解和预测物理对应的性能特征	Digital twin
2017	Michael Grieves & John Vickers	一个物理产品的一种虚拟的、数字的等价物	Digital Twin: Mitigating Unpredictable, Undesirable Emergent Behavior in Complex Systems

续表

时间	提出者	定义	来源
2018	陶飞等	以数字化方式创建物理实体的虚拟模型，借助数据模拟物理实体在现实环境中的行为，通过虚实交互反馈、数据融合分析、决策迭代优化等手段，为物理实体增加或扩展新的能力	数字孪生及其应用探索
2018	赵敏	数字孪生是指在数字虚拟空间中所构建的虚拟事物，与物理实体空间中的实体事物所对应的、在形态和举止上都相像的虚实精确映射关系	探求数字孪生的根源与深入应用
2020	张霖	数字孪生是物理对象的数字模型，该模型可以通过接收来自物理对象的数据而实时演化，从而与物理对象在全生命周期保持一致	关于数字孪生的冷思考及其背后的建模和仿真技术
2021	ISO	数字孪生是一种适用于可观察制造元素的数字表示，该元素与其数字表示之间具有同步性	Digital twin framework for manufacturing – Part 1：Overview and general priciples：ISO 23247-1. 2021

尽管最早提出数字孪生的相关概念的 Michael Grieves 提出的定义并不是最被广泛接受的，但 Grieves 在 2017 年与 NASA 的 John Vickers 合写的《Digital Twin：Mitigating Unpredictable，Undesirable Emergent Behavior in Complex Systems》中进一步丰富了其著名的“数字孪生”的概念模型，而由于这一概念模型从具体到抽象，从特殊到一般，从形象思维到抽象思维，更易于具有不同专业背景知识的人们的理解，能够覆盖更为广泛的问题范围，因此对该模型的引用率，远远高于对其给出的数字孪生的定义，甚至将该模型，就作为了数字孪生的定义。

三维的数字孪生模型如图 8-6 所示，由三个主要元素组成：左侧的实际或预期的物理元素，当前存在或将存在于物理世界中（“物理孪生”），右侧存在于虚拟或数字世界中的虚拟或数字对应物（“数字孪生”），以及这两个元素之间的连接——数据和信息通道，这种连接被称为数字线程（Digital Thread）。

2. 数字孪生的核心点

综合上述定义，尽管不同研究者从不同的理解角度对数字孪生技术的定义有所不同，但从概念上来看，数字孪生技术有以下 5 个核心点：①物理世界与数字世界之间的映射；②动态的映射；③除了物理的映射，还是逻辑、行为、流程的映射，比如生产流程、业务流程等；④物理世界与数字世界的双向映射关系，即数字世界通过计算、处理，也能（对物理世界）下达指令、进行计算和控制；⑤全生命周期，数字孪生建立虚拟数字模型与现实物理实体是同步的，实现全过程的交互反馈。

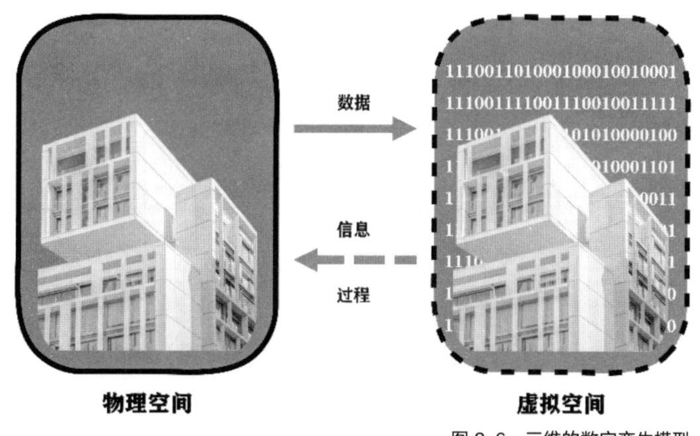

图 8-6 三维的数字孪生模型

3. 数字孪生的典型特征

数字孪生具有数据驱动、模型支撑、软件定义、精准映射、智能决策等典型特征，如表 8-2 所示。

数字孪生的典型特征 表 8-2

典型特征	解释
数据驱动	数字孪生的本质是在比特的汪洋中重构原子的运行轨道，以数据的流动实现物理世界的资源优化
模型支撑	数字孪生的核心是面向物理实体和逻辑对象建立机理模型或数据驱动模型，形成物理空间在赛博空间的虚实交互
软件定义	数字孪生的关键是将模型代码化、标准化，以软件的形式动态模拟或监测物理空间的真实状态、行为和规则
精准映射	通过感知、建模、软件等技术，实现物理空间在赛博空间的全面呈现、精准表达和动态监测
智能决策	未来数字孪生将融合人工智能等技术，实现物理空间和赛博空间的虚实互动、辅助决策和持续优化

4. 数字孪生的概念模型

数字孪生落地应用的首要任务是创建应用对象的数字孪生模型。在 Grieves 教授最初定义的三维模型架构中，数字孪生在三个维度上建模，即物理实体，虚拟模型和连接，并以物理 - 虚拟交互为特征。而随着相关理论技术的不断拓展与应用需求的持续升级，数字孪生的发展与应用呈现出新趋势与新需求。北京航空航天大学数字孪生技术研究团队为适应新趋势与新需求，解决数字孪生应用过程中遇到的难题，对已有三维模型进行了扩展，并增加了孪生数据和服务两个新维度，提出了数字孪生五维模型，如式（8-1）所示，并对数字孪生五维模型的组成架构及应用准则进行了研究。

$$M_{DT}=(PE,VE,Ss,DD,CN) \quad (8-1)$$

式中 M_{DT}——数字孪生五维模型；

PE——物理实体；

VE——虚拟实体；

Ss——服务；

DD——孪生数据；

CN——各组成部分间的连接。

根据式（8-1），模型结构如图 8-7 所示。

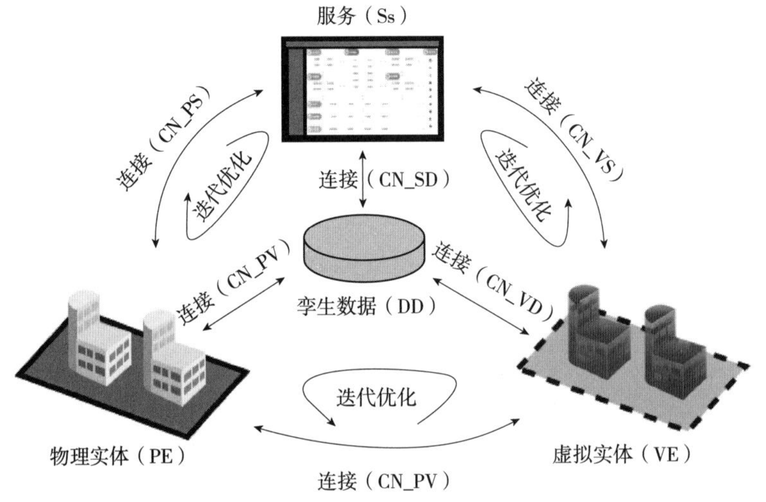

图 8-7 数字孪生五维模型

与 Grieves 的架构相比，除了物理 - 虚拟交互外，该五维模型可以利用数字孪生数据融合物理和虚拟方面的数据，以实现更全面和准确的信息捕获。它还可以从服务中封装数字孪生的功能（例如检测，判断和预测），以进行统一管理和按需使用。

数字孪生五维模型能满足数字孪生应用的新需求。首先，M_{DT} 是一个通用的参考架构，能适用不同领域的不同应用对象。其次，它的五维结构能与物联网、大数据、人工智能等 NewIT 技术集成与融合，满足信息物理系统集成、信息物理数据融合、虚实双向连接与交互等需求。再次，孪生数据（DD）集成融合了信息数据与物理数据，满足信息空间与物理空间的一致性与同步性需求，能提供更加准确、全面的全要素、全流程、全业务数据支持。服务（Ss）对数字孪生应用过程中面向不同领域、不同层次用户、不同业务所需的各类数据、模型、算法、仿真、结果等进行服务化封装，并以应用软件或移动端 App 的形式提供给用户，实现对服务的便捷与按需使用。连接（CN）实现物理实体、虚拟实体、服务及数据之间的普适工业互联，从而支持虚实实时互联与融合。虚拟实体（VE）从多维度、多空间尺度及多时间尺度对物理实体进行刻画和描述。随着这一概念模型的提出，数字孪生技术被更多地应用到了其他行业和领域。

结合建筑工程复杂、要素信息多的特点，参考上述的数字孪生五维模型，可以得到基于数字孪生的智能建造多维模型，如式（8-2）所示。

$$M_{\mathrm{BDT}}=（B_{\mathrm{PE}}，B_{\mathrm{VE}}，B_{\mathrm{Ss}}，B_{\mathrm{DD}}，B_{\mathrm{CN}}） \quad （8-2）$$

式中 B_{PE}——物理建造实体；

B_{VE}——虚拟建造模型；

B_{Ss}——面向建筑全生命周期的智能建造服务；

B_{DD}——建造对象全生命周期数据；

B_{CN}——各模块之间的连接。

物理建造实体包括以下两个方面的内容：一是指建造对象本身的结构、构件与其包含的全生命周期信息；二是指与建造对象相关的要素，如人员、机械、物料、工法、环境。

虚拟建造模型包含物理实体所对应的全部虚拟模型。

智能建造服务是指分析物理空间的实际需求，依靠虚拟空间算法库、模型库和知识库（包括专家知识、行业标准、规则约束、推理推论等数据处理方法）的支撑，对建造过程中遇到的问题与设备、构件运行状态进行决策，进而实现功能性调控。

8.1.3 数字孪生关键技术

数字孪生是一个“系统”技术，是一系列数字化技术的集成融合和创新应用，它的实施和应用是一个包括多学科、多领域技术集成的系统工程，主要依赖于数字仿真、先进传感采集、高性能计算、智能数据分析、可视化技术呈现，实现对目标物理实体对象的超现实镜像呈现，对产品进行性能预测和健康评估，涵盖了数字孪生体技术、数字支撑技术、数字线程技术、人机交互技术四大类型。其中，数字孪生体技术和数字线程技术是核心技术，数字支撑技术和人机交互是基础技术，图 8-8 为数字孪生技术体系。

在建筑建造领域中，数字孪生技术的基础是建筑信息模型（BIM）技术和物联网（IoT）技术，二者的应用使得数字技术和实体建筑得以结合并发挥最大价值。同时，随着 5G、云边计算、大数据、人工智能、地理信息系统、区块链、扩展现实等数字孪生体使能技术的不断进步，数字孪生技术在建筑建造领域中的发展迎来了绝佳机遇。

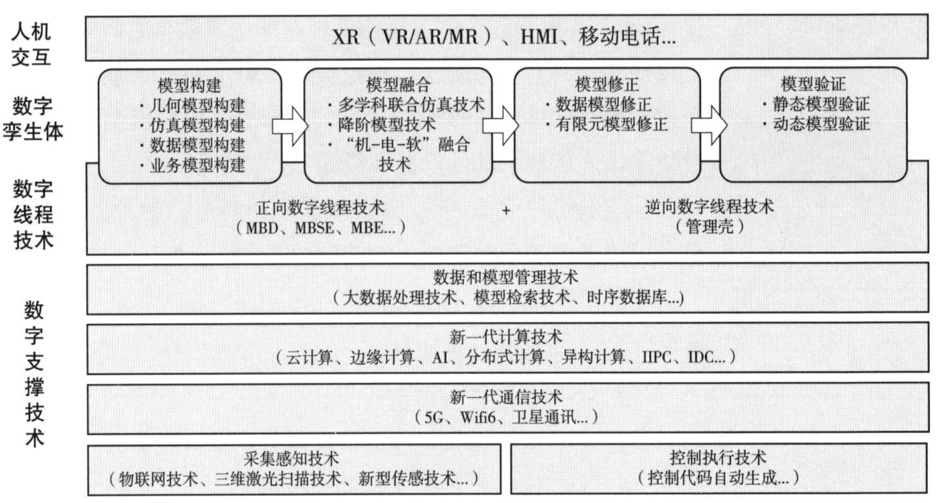

图 8-8 数字孪生技术体系

1. 数字孪生体技术

数字孪生体是数字孪生物理对象在虚拟空间的映射表现，建模是创建数字孪生体的核心技术，也是数字孪生体进行上层操作的基础。建模不仅包括对物理实体的几何结构和外形进行三维建模，还包括对物理实体本身的运行机理、内外部接口、软件与控制算法等信息进行全数字化建模。数字孪生建模具有较强的专用特性，即不同物理实体的数字孪生模型千差万别。目前不同领域的数字孪生建模主要借助 CAD、Matlab、Revit、CATIA 等软件实现。前两者主要面向基础建模，Revit 主要面向建筑信息模型（Building Information Modeling，BIM）建模，CATIA 则是面向更高层次的产品生命周期管理。

数字孪生在建筑领域应用的核心是 BIM 应用。BIM 是一种数字化的建筑模型，能够采用三维建模技术来构建现实建筑的数字化模型，并提供准确的建筑信息和各个层面的数据支持。

BIM 不仅仅是建筑的设计模型，而且包括了建筑的施工、运营和维护等所有生命周期阶段的信息。BIM 的最大好处在于，它运用数字模型的方法代替了传统的图纸，不仅对建筑管理工作起到了极大地优化、提升和方便的作用，更能形成建筑物的数字孪生模型，对建筑物信息化建设的进程起到了非常重要的推动作用。同时 BIM 也是一个大型数据库，储存整个生命周期当中所有与建物有关系的数据，需要通过各种方式维持数据与数据之间的关联性。

作为建筑建造领域信息化、数字化、智能化进程中至关重要的技术，BIM 技术独立于数字孪生已有二十余年的发展，它与数字孪生双线发展，并最终汇合。一方面，后者的融入为前者应用中面临的一些问题提供了解决的思路，另一方面，前者的发展为数字孪生技术在建筑领域的应用奠定了一定的基础，成为数字孪生在建筑建造领域应用的重要使能技术。

2. 数字支撑技术

数字支撑技术具备数据获取、传输、计算、管理一体化能力，支撑数字孪生高质量开发、利用全量数据，涵盖了采集感知、执行控制、新一代通信、新一代计算、数据模型管理五大类型技术。未来，集五类技术于一身的通用技术平台有望为数字孪生提供“基础底座”服务。

1）物联网技术

物联网（Internet of Things，IoT）是指通过各种信息传感器、射频识别技术（RFID）、全球定位系统（GPS）、红外感应器、激光扫描器等各种装置与技术，实时采集任何需要监控、连接、互动的物体或过程，采集其声、光、热、电、力学、化学、生物、位置等各种需要的信息，通过各类可能的网络接入，实现物与物、物与人的泛在连接，实现对物品和过程的智能化感知、识别和管理，是承载数字孪生体数据流的重要工具。

物联网能够为数字孪生体和物理实体之间的数据交互提供链接，即通过物联网中部署在物理实体关键点的传感器感知必要信息，并通过各类短距无线通信技术（如 NFC、RFID、Bluetooth 等）或远程通信技术（互联网、移动通信网、卫星通信网等）传输到数字孪生体。

2）5G 通信技术

第五代移动通信技术（5th Generation Mobile Communication Technology，5G）是具有高速率、低时延和大连接特点的新一代宽带移动通信技术，5G 通信设施是实现人、机、物互联的网络基础设施。

国际电信联盟（ITU）定义了 5G 的三大类应用场景，即增强移动宽带（Enhance Mobile Broadband，eMBB）、超高可靠低时延通信（Ultra Reliable & Low Latency Communication，uRLLC）和海量机器类通信（Massive Machine Type Communication，mMTC）。eMBB 主要面向移动互联网流量爆炸式增长，为移动互联网用户提供更加极致的应用体验；uRLLC 主要面向工业控制、远程医疗、自动驾驶等对时延和可靠性具有极高要求的垂直行业应用需求；mMTC 主要面向智慧城市、智能家居、环境监测等以传感和数据采集为目标的应用需求。

数字孪生体的应用广泛，包括数字孪生生产、数字孪生产业、数字孪生城市、数字孪生战场等方面，同时对 5G 的三大应用场景产生了需求。

首先，数字孪生体的基础必然是海量终端的双向互联（mMTC）、数据采集和操作控制；其次，数字孪生体应用的重要作用是将虚拟世界中模拟、仿真输出的结果和控制指令反馈传输到物理终端加以控制，其中时效性和可靠性保障是基础（uRLLC）；另外，如何有效洞察和控制数字孪生体这一虚拟世界的人机交互方面，VR、AR 和图像识别等技术将成为一种重要的手段，同样需要网络大带宽传输的支持（eMBB）。

这三大应用场景并不是指三种不同的网络。网络只有一张，技术标准只有一种，就是5G。5G将采用网络切片等方式，使一张网络同时为不同的用户提供服务。也就是说，5G不是多种技术标准的合集，而是整合了多种关键技术于一身的、真正意义上的融合网络。在数字孪生体不同的应用场景下，动态切换和调整。

3）云计算与边缘计算

云计算（Cloud computing）为数字孪生提供重要计算基础设施。云计算采用分布式计算等技术，集成强大的硬件、软件、网络等资源，为用户提供便捷的网络访问，用户使用按需计费的、可配置的计算资源共享池，借助各类应用及服务完成目标功能的实现，无需关心功能实现方式，显著提升了用户开展各类业务的效率。云计算根据网络结构可分为私有云、公有云、混合云和专有云等，根据服务层次可分为基础设施即服务（IaaS）、平台即服务（PaaS）和软件即服务（SaaS）。

边缘计算（Edge computing）是将云计算的各类计算资源配置到更贴近用户侧的边缘，即计算可以在如智能手机等移动设备、边缘服务器、智能家居、摄像头等靠近数据源的终端上完成，从而减少与云端之间的传输，降低服务时延，节省网络带宽，减少安全和隐私问题。

云计算和边缘计算通过以云边端协同的形式为数字孪生提供分布式计算基础。在终端采集数据后，将一些小规模局部数据留在边缘端进行轻量的机器学习及仿真，将大规模整体数据回传到中心云端进行大数据分析及深度学习训练。对高层次的数字孪生系统，这种云边端协同的形式更能够满足系统的时效、容量和算力的需求，即将各个数字孪生体靠近对应的物理实体进行部署，完成一些具有时效性或轻度的功能，同时将所有边缘侧的数据及计算结果回传至数字孪生总控中心，进行整个数字孪生系统的统一存储、管理及调度。

4）大数据与人工智能

大数据（Big Data）与人工智能（Artificial Intelligence，AI）是数字孪生体实现认知、诊断、预测、决策各项功能的主要技术支撑。大数据的特征是数据体量庞大，数据类型繁多，数据实时在线，数据价值密度低但商业价值高，传统的大数据相关技术主要围绕数据的采集、整理、传输、存储、分析、呈现、应用等方面，但是随着近年来各行业领域数据的爆发式增长，大数据开始需求更高性能的算法对其进行分析处理，这些需求促成了人工智能技术的诸多发展突破，二者可以说是相伴而生，人工智能需要大量的数据作为预测与决策的基础，大数据需要人工智能技术进行数据的价值化操作。

目前，人工智能已经发展出更高层级的强化学习、深度学习等技术，能够满足大规模数据相关的训练、预测及推理工作需求，其大力发展为数字孪生提供了强有力的算力、算法支持，如智能数据分析和预测分析。在数字孪生系统中，数字孪生体会感知大量来自物理实体的实时数据，借助各类人工智能算法，数字孪生体可以训练出面向不同需求场景的模型，完成后续的诊断、预测及决策任务，甚至在物理机理不明确、输入数据不完善的情况下也能够实现对未来状态的预测，使得数字孪生体具备“先知先觉”的能力。

5）区块链

数字孪生涉及海量数据收集和处理，如何确保数据的安全性和保护用户的私密性是数字孪生一大挑战。区块链（BlockChain）是分布式数据存储、点对点传输、共识机制、加密算法等计算机技术的新型应用模式。从应用视角来看，区块链是一个分布式的共享账本和数据库，具有去中心化、不可篡改、全程留痕、可追溯、集体维护、公开透明等特点。其技术的发展能够降低网络安全和数据安全风险，更好地保护数字孪生的数据安全和用户隐私。数字孪生数据的安全性和隐私考虑因素也有助于解决其信任（Trust）问题。

6）地理信息系统

地理信息系统（Geographic Information System，GIS）有时又称为“地学信息系统”。它是一种特定的十分重要的空间信息系统。它是在计算机硬、软件系统支持下，对整个或部分地球表层（包括大气层）空间中的有关地理分布数据进行采集、储存、管理、运算、分析、显示和描述的技术系统。

随着数字孪生技术的不断发展，GIS 数据在城市规划、基础设施建设、环境监测、应急管理与救援、交通规划与优化和能源管理与优化等多个领域发挥着越来越重要的作用。GIS 数据作为地理空间信息的载体，为数字孪生提供了基础数据支持，使其能够更准确地模拟现实世界。在数字孪生建筑建设领域的应用中，在 BIM 的基础上引入 GIS 技术，可用以弥补对宏观场景的依赖性。

3. 数字线程技术

数字线程（Digital Thread）技术是数字孪生技术体系中最为关键的核心技术，能够屏蔽不同类型数据、模型格式，支撑全类数据和模型快速流转和无缝集成，主要包括正向数字线程技术和逆向数字线程技术两大类型。

1）正向数字线程技术

正向数字线程技术以基于模型的系统工程（MBSE）为代表，在用户需求阶段就基于统一建模语言（UML）定义好各类数据和模型规范，为后期全量数据和模型在全生命周期集成融合提供基础支撑。

2）逆向数字线程技术

逆向数字线程技术以管理壳技术为代表，依托多类工程集成标准，对已经构建完成的数据或模型，基于统一的语义规范进行识别、定义、验证，并开发统一的接口支撑进行数据和信息交互，从而促进多源异构模型之间的互操作。管理壳技术通过高度标准化、模块化方式定义了全量数据、模型集成融合的理论方法论，未来有望实现全域信息的互通和互操作。

4. 人机交互技术

传统平面人机交互技术不断发展，但仅停留在平面可视化。新兴扩展现实技术具备三维可视化效果，正加快与几何设计、仿真模拟融合，有望持续提升数字孪生应用效果。

扩展现实（Extended Reality，XR）是虚拟现实（Virtual Reality，VR）、增强现实（Augmented Reality，AR）和混合现实（Mixed Reality，MR）等沉浸式技术的总称，如图 8-9 所示。XR 技术是指通过计算机技术和可穿戴设备产生的一个真实与虚拟结合、可人机交互的环境。XR 是随着计算机图形与仿真技术的不断发展而产生，沉浸式技术就是其发展的基石。首先诞生的是 VR 技术，随着 VR 的发展又衍生出 AR 技术、MR 技术等。区别于传统的超文本、平面图像等二维媒介及传统 3D 图像 / 视频，沉浸式技术依托跨媒介、非结构化的视、听、触等多感官刺激途径，进一步解放人的感性思维，激发创造性思维。而在技术深度融合的大背景下，更具包容性的扩展现实技术横空出世，将 VR、AR、MR 等诸多人们所熟悉的沉浸式交互技术融合在一起，以实现虚拟世界与现实世界之间的无缝转换。

1）VR 技术

VR 以声音和视觉为主导，通过计算机模拟虚拟环境而给人以环境沉浸感，是一种多源信息融合的、交互式的、三维动态实景和实体行为的系统仿真，其将构建的三维模型与各种输出设备结合，模拟出能够使用户体验脱离现实世界并可以交互的虚拟空间。

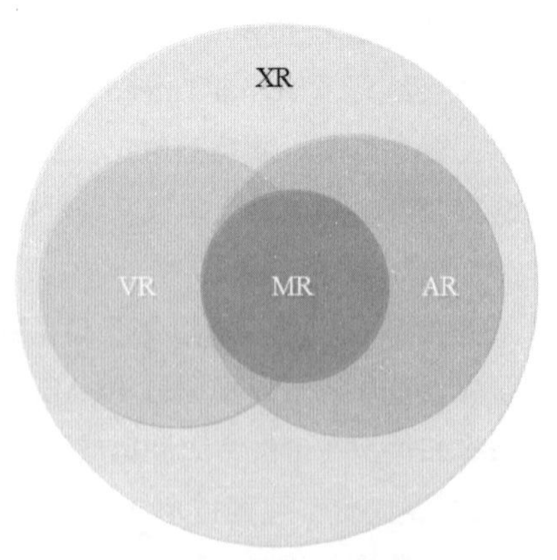

图 8-9 扩展现实技术关系图

2）AR 技术

AR 是虚拟现实的发展，是一种实时根据现实世界的位置和角度，并加上相应的虚拟图像、三维物体的技术，其将虚拟世界内容与现实世界叠加在一起，把虚拟信息，如物体、图片、视频、声音等映射在现实环境中，使用户体验到的不仅是虚拟空间，从而实现超越现实的感官体验。

3）MR 技术

MR 是对 VR 和 AR 的进一步发展，在增强现实的基础上搭建了用户与虚拟世界及现实世界的实时交互渠道，进一步增强了用户的沉浸感。

在 VR、AR、MR 等 XR 技术的支撑下，用户与数字孪生体的交互开始类似与物理实体的交互，而不再仅限于传统的屏幕呈现，使得数字化的世界在感官和操作体验上更接近现实世界，根据数字孪生体制定的针对物理实体的决策将更加准确、更贴近现实。

8.1.4 数字孪生技术架构

五维模型的提出为我国数字孪生的发展提供了研究基础，如今已成为各领域广泛接受并使用的理论模型，为各式体系结构的构建提供了思路。基于五维概念模型可以搭建出产品通用的数字孪生技术架构，分为物理层、数据层、模型层、功能层四层，这四个层面相互关联：物理层为模型层提供感知数据；模型层为物理层提供仿真数据；在数据层中可以对物理层和模型层中的数据做采集、传输、预处理、处理分析，从而实现对产品的描述、诊断、预测、决策，如图 8-10 所示。

1. 物理层

物理层所涉及的物理对象既包括了物理实体，也包括了实体内部及互相之间存在的各类运行逻辑、生产流程等已存在的逻辑规则。

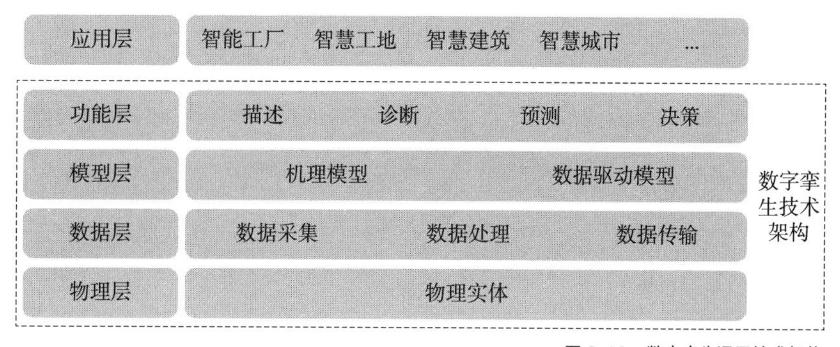

图 8-10 数字孪生通用技术架构

2. 模型层

数字孪生中的模型既包含了对应已知物理对象的机理模型，也包含了大量的数据驱动模型。其中，“动态”是模型的关键，动态意味着这些模型需要具备自我学习、自主调整的能力。

3. 数据层

数据层的数据来源于物理空间中的固有数据，以及由各类传感器实时采集到的多模式、多类型的运行数据。数据层主要包括保证运算准确性的高精度数据采集、保证交互实时性的高速率数据传输、保证存取可靠性的全生命周期数据管理。

4. 功能层

功能层的核心要素“功能模块”则是指由各类模型通过独立或相互联系作用的方式形成的半自主性的子系统，或者说是一个数字孪生的小型实例。半自主性是指这些功能模块可以独立设计、创新，但在设计时需要遵守共同的设计规则，使其互相之间保持一定的统一性。这种特征使得数字孪生的模块可以灵活地扩展、排除、替换或修改，又可以通过再次组合的方式，实现复杂应用、构成成熟完整的数字孪生体系。功能层是数字孪生体的直接价值体现，实现系统认知、系统诊断、状态预测、辅助决策功能。

系统认知一方面是指数字孪生体能够真实描述及呈现物理实体的状态，另一方面指数字孪生体在感知及运算之上还具备自主分析决策能力，后者属于更高层级的功能，是智能化系统发展的目标与趋势；系统诊断是指数字孪生体实时监测系统，能够判断即将发生的不稳定状态，即“先觉”；状态预测只是数字孪生体能够根据系统运行数据，对物理实体未来的状态进行预测，即“先知”；辅助决策是指能够根据数字孪生体所呈现、诊断及预测的结果对系统运行过程中各项决策提供参考。

最终，通过功能模块的搭配组合解决特定应用场景中某类具体问题的解决方案，在归纳总结后会沉淀为一套专业知识体系，这便是数字孪生可对外提供的应用能力，是面向各类场景的数字孪生体的最终价值体现，也可称为应用模式。因为其内部的模型和模块具有的半自主特性，使得形成的模式可以在一定程度上实现自适应调整。

数据和模型是数字孪生系统的两个重要的基本面。数据代表了物理实体，是从物理实体运行过程采集而来；模型代表虚拟，是从数字模型分析、仿真而来，虚实融合就是模型和数据的融合，虚实融合与交互反馈的过程，实质上是数据与信息在虚实世界中传递与发挥作用的过程。

在建筑物的全生命周期管理中，数据是传递建造信息的重要载体。数据可以消除管理和决策过程中的情绪因素，促进行为改变，同时减少风险和管理复杂性。以数据作为决策的支撑相比直接进行的决策更令人信服与信赖。

数据驱动是基于精益分析和数据闭环理念，通过业务数据化和数据业务化，采集数据并将数据作为生产资料，通过数据分析和挖掘方法提炼规律、获取洞见，再应用到业务过程中，循环做出正向反馈，促进业务优化，实现以数据为中心进行业务决策和行动。

数据驱动的决策管理可以为建筑工程提供一个基于数据的决策支持系统，通过对建筑工程数据的分析和挖掘，可以帮助决策者更好地理解建筑工程的情况和趋势，从而制定更加科学和有效的决策。同时，数据驱动的决策管理还可以帮助建筑企业实现资源的优化配置和成本的控制，从而提高企业的竞争力和盈利能力。

数据驱动是数字孪生的典型特征。数字化管理平台的大数据来源包括来自 BIM 的设计数据、来自物联网的采集数据、业务信息系统数据和历史项目数据等，这些数据中蕴含着丰富的信息或知识，它们对于管理决策至关重要。在智能建造中应用数字孪生技术构建全周期的数字化管理平台，需要解决四个关于数据的问题，即数据采集与通信、数据建模、数据管理和数据应用，这四个问题也分别对应数据驱动进行建造管理与决策的过程，如图 8-11 所示。

8.2.1 数据采集与通信

物理空间是一个复杂、动态的建造环境，由影响工程质量的五大要素、感知模块以及网络模块组成。五大要素（人、机、料、法、环）指人员、机械设备、物料、工法、环境，是最原始的数据源，在建造活动中产生多源异构数据被传送至虚拟空间，同时接收虚拟空间的指令并作出相应反应。感知模块与网络模块分别负责数据的感知采集与数据向虚拟空间的传输。全要素信息采集与传输如图 8-12 所示。

1. 数据采集

感知模块通过安装在施工人员或机械设备上的不同类型传感器来进行状态感知、质量感知和位置感知，同时采集多源异构数据。作为联系物理世界

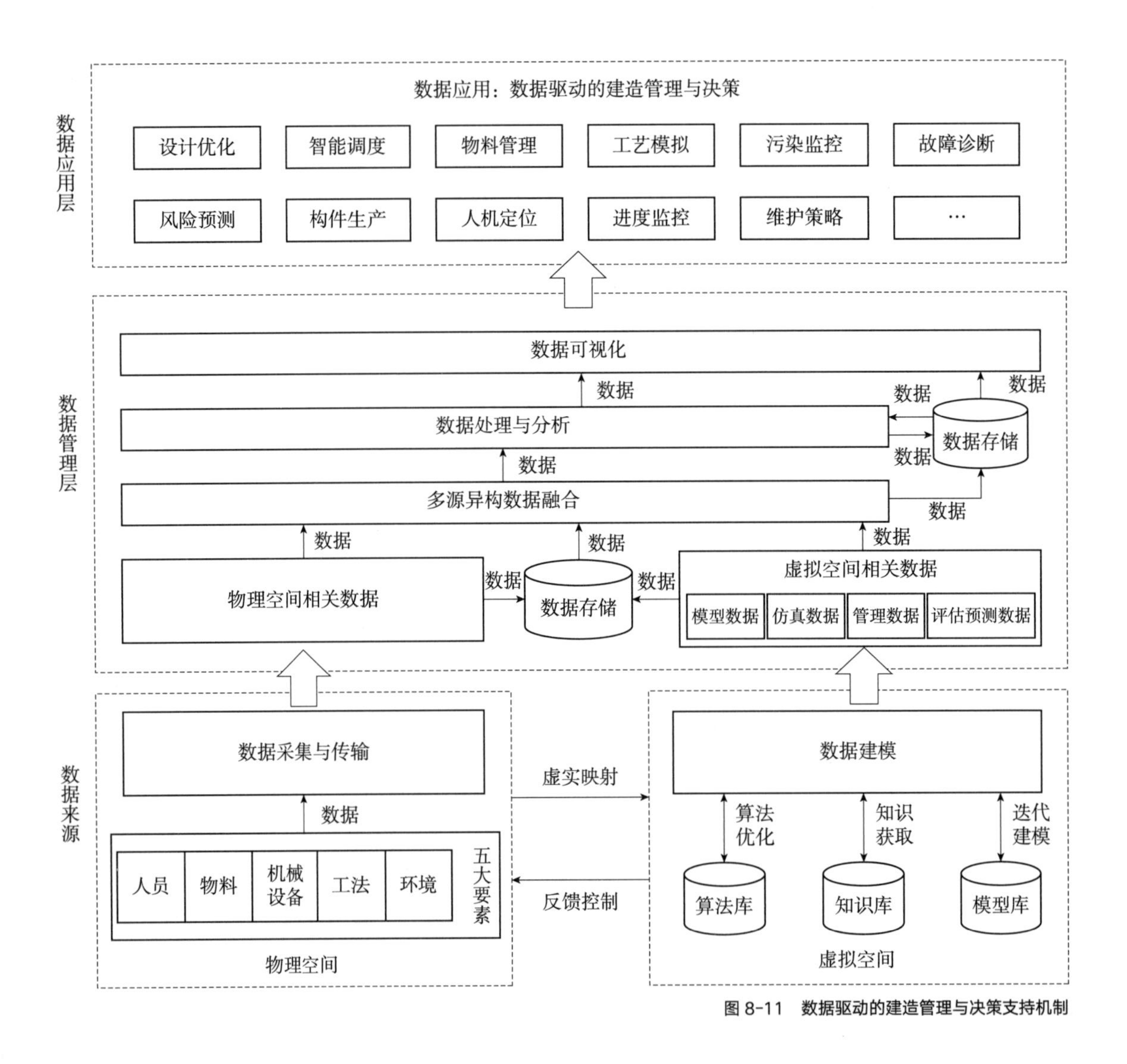

图 8-11　数据驱动的建造管理与决策支持机制

和虚拟实体的关键，数据采集感知技术的不断创新是数字孪生蓬勃发展的源动力，支撑数字孪生更深入获取物理对象数据。数据采集是整个数字孪生驱动的数字化管理平台的基础，支撑着整个上层体系的运作。数据采集感知技术应用如表 8-3 所示。

来自物理环境的数据主要通过物联网技术获取，通过 RFID、GPS、GIS、红外线感应器、信息传感器等数据采集方式使整个系统平台能获得更为准确与充分的数据支撑。

相比于专家经验知识，物联网提供的孪生数据更为实时、可靠，可以真实地反映物理系统的状态，为数字孪生驱动管理平台提供可靠的数据支持。

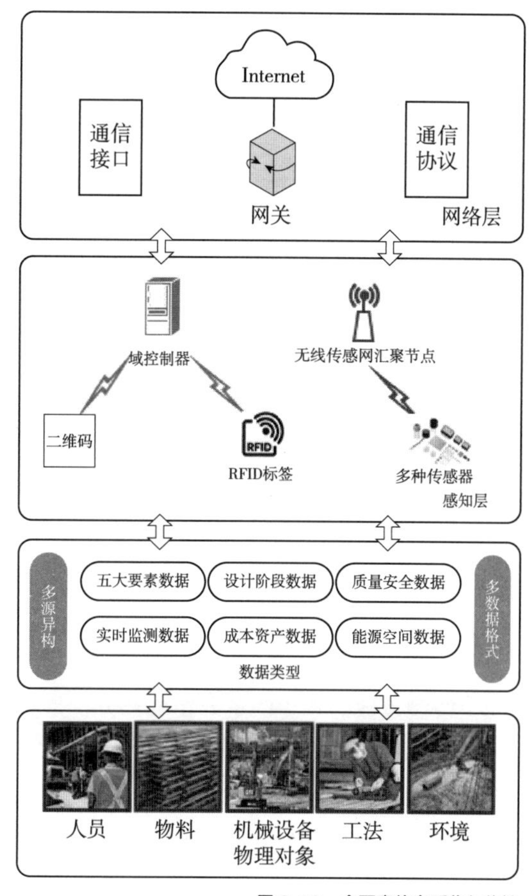

图 8-12　全要素信息采集与传输

数据采集感知技术应用　　表 8-3

要素	应用
人	室内定位可采用 RFID、Zigbee 或超宽带（Ultra Wide Band，UWB）技术 室外定位则可通过全球定位系统（Global Positioning System，GPS）实现 集成了传感器、摄像头和移动定位器功能的可穿戴设备可收集现场工人的工作状态并向其反馈信息 智能摄像机记录现场人员安全设备的佩戴情况
机	传感器收集各种应用中的机械数据，包括实时动态数据，如智能施工设备状态等，还可用于在动态环境中获取机械设备的定位数据
料	传感器可用于收集资源的定位数据，以检测冲突和准确放置并跟踪现场资源的位置 预制施工现场组装全过程采用 RFID（Radio Frequency Identification）技术，通过跟踪构件内嵌入的标签，实时采集数据
法	智能摄像机捕捉现场施工过程的图像，用于记录和分析施工过程
环	通过不同类型的传感器从物理环境中采集实时环境数据，包括结构的应力和位移、现场的温度、湿度、空气质量、能耗、二氧化碳及声学水平等 智能摄像机记录环境数据 无人机搭载激光扫描仪获取施工现场点云数据
其他	采用 Wi-Fi 或蓝牙（Bluetooth）等技术将施工现场部署的无线传感器连接起来，形成无线传感器网络 使用包括 RFID 标签，UWB 标签和全球导航卫星系统（GNSS）在内的识别和跟踪技术获得定位和位置数据

2. 数据传输

在数据采集的基础上，通过在网络模块中建立一套标准的数据接口与通信协议，实现对不同来源的数据的统一转换与传输，将建造活动的实时数据上传至虚拟空间。

数据可通过有线和无线传输技术进行传输，但大多依赖于无线技术。消息队列遥测传输（Message Queuing Telemetry Transport，MQTT）是最常用的标准通信协议，其次是超文本传输协议（Hypertext Transfer Protocol，HTTP）。MQTT 是一种轻量级的发布 / 订阅消息传输协议，它将远程传感器连接到应用程序的其他软件层。它具有高延迟的特点，适用于受限设备、不可靠网络和低带宽，是物联网网络的首选。它的发布 / 订阅策略允许一对一和一对多连接，允许对传感器数据进行多个订阅，对于数字孪生的开发非常有用。

8.2.2 数据建模

模型是数字孪生的重要组成部分，是实现数字孪生功能的重要前提。

1. 数字孪生模型构建准则

数字孪生模型“四化四可八用”构建准则，以满足实际业务需求和解决具体问题为导向，以“八用”（可用、通用、速用、易用、联用、合用、活用、好用）为目标，提出数字孪生模型“四化”（精准化、标准化、轻量化、可视化）的要求，以及在其运行和操作过程中的“四可”（可交互、可融合、可重构、可进化）需求，如图 8-13 所示。

1）精准化

数字孪生模型精准化是指模型既能对物理实体或系统进行准确的静态刻画和描述，又能随时间的变化使模型的动态输出结果与实际或预期相符。

2）标准化

数字孪生模型标准化是指在模型定义、编码策略、开发流程、数据接口、通信协议、解算方法、模型服务化封装及使用等方面进行规范统一。

3）轻量化

数字孪生模型轻量化是指在满足主要信息无损、模型精度、使用功能等前提下，使模型在几何描述、承载信息、构建逻辑等方面实现精简。

4）可视化

数字孪生模型可视化是指数字孪生模型在构建、使用、管理的过程中能够以直观、可见的形式呈现给用户，方便用户与模型进行深度交互。

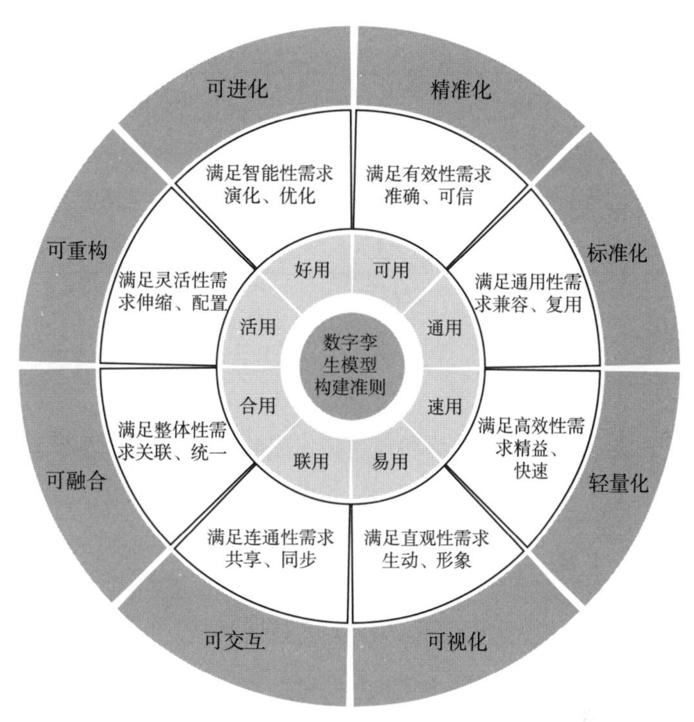

图 8-13 数字孪生模型构建准则

5）可交互

数字孪生模型可交互是指不同模型之间以及模型与其他要素之间能够通过兼容的接口互相交换数据和指令，实现基于实体－模型－数据联用的模型协同。

6）可融合

数字孪生模型可融合是指多个或多种数字孪生模型能够基于关联关系整合成一个整体，即机理模型、模型数据、数据特征和基于模型的决策能够实现有效融合。

7）可重构

数字孪生模型可重构是指模型能够面对不同的应用环境，通过灵活改变自身结构、参数配置以及与其他模型的关联、关系快速满足新的应用需求。

8）可进化

数字孪生模型可进化是指模型能够随着物理实体或系统的变化进行模型功能的更新、演化，并随着时间的推移进行持续的性能优化。

2. 数字孪生模型构建理论体系

数字孪生模型构建理论体系包括模型构建、模型组装、模型融合、模型验证、模型校正、模型管理等 6 大组成部分，图 8-14 为数字孪生模型构建理论体系。

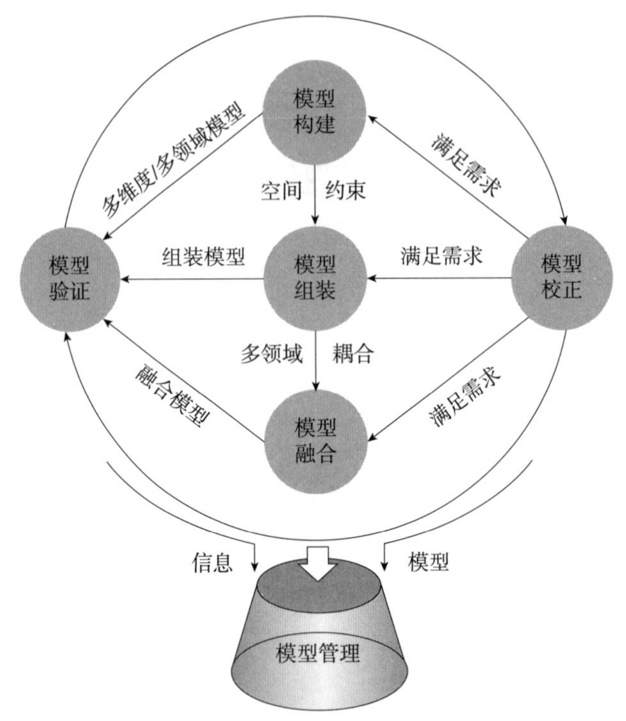

图 8-14　数字孪生模型构建理论体系

1）建：模型构建

模型构建是指针对物理对象，构建其基本单元的模型，可从多领域模型构建以及多维度模型构建两方面进行数字孪生模型的构建。如“几何－物理－行为－规则”多维度模型可刻画物理对象的几何特征、物理特性、行为耦合关系以及演化规律等。多领域模型通过分别构建物理对象涉及的各领域模型从而全面地刻画物理对象的热学、力学等各领域特征。

理想情况下，数字孪生模型应涵盖多维度和多领域模型，从而实现对物理对象的全面真实刻画与描述。但从应用角度出发，数字孪生模型不一定需要覆盖所有维度和领域，可根据实际需求与实际对象进行调整，即构建部分领域和部分维度的模型。

2）组：模型组装

当模型构建对象相对复杂时，需解决如何从简单模型到复杂模型的难题。数字孪生模型组装是从空间维度上实现数字孪生模型从单元级模型到系统级模型再到复杂系统级模型的过程。数字孪生模型组装的实现主要包括以下步骤：首先，需构建模型的层级关系并明确模型的组装顺序，以避免出现难以组装的情况；其次，在组装过程中需要添加合适的空间约束关系，不同层级的模型需关注和添加的空间约束关系存在一定的差异；最后，基于构建的约束关系与模型组装顺序实现模型的组装。

3）融：模型融合

模型融合是针对一些系统级或复杂系统级孪生模型构建，空间维度的模型组装不能满足物理对象的刻画需求，还需进一步进行模型的融合，即实现不同学科不同领域模型之间的融合。为实现模型间的融合，需构建模型之间耦合关系以及明确不同领域模型之间单向或双向的耦合方式。针对不同对象，其模型融合关注的领域也存在一定的差异。

4）验：模型验证

在模型构建、组装或融合后，需对模型进行验证以确保模型的正确性和有效性。模型验证是针对不同需求，检验模型的输出与物理对象的输出是否一致。为保证所构建模型的精准性，单元级模型在构建后首先被验证，以保证基本单元模型的有效性。此外，由于模型在组装或融合过程中可能产生新的误差，导致组装或融合后的模型不够精准。因此为保证组装与融合后的数字孪生模型对物理对象的准确刻画能力，需在保证基本单元模型为高保真的基础上，对组装或融合后的模型进行进一步的模型验证。若模型验证结果满足需求则可将模型进行进一步的应用。若模型验证结果不能满足需求，则需进行模型校正。模型验证与校正是一个迭代的过程，即校正后的模型需重新进行验证，直至满足使用或应用的需求。

5）校：模型校正

模型校正是指模型验证中验证结果与物理对象存在一定偏差，不能满足需求时，需对模型参数进行校正使模型更加逼近物理对象的实际状态或特征。模型校正主要包括两个步骤：

（1）模型校正参数的选择

合理选择校正参数，是有效提高校正效率的重要因素之一。校正参数的选择主要遵循以下原则：选择的校正参数与目标性能参数需具备较强的关联关系；校正参数个数选择应适当；校正参数的上下限设定需合理。不同校正参数的组合对模型校正过程会产生一定影响。

（2）对所选择的参数校正

在确定校正参数后，需合理构建目标函数，目标函数即校正后的模型输出结果应与物理结果尽可能地接近，基于目标函数选择合适方法以实现模型参数的迭代校正。通过模型校正可保证模型的精确度，并能够更好地适用于不同应用需求、条件和场景。

6）管：模型管理

模型管理是指在实现了模型组装、融合以及验证与修正的基础上，通过合理分类存储与管理数字孪生模型及相关信息为用户提供便捷服务。为提供用户快捷查找、构建、使用数字孪生模型的服务，模型管理需具备多维模型/多领域模型管理、模型知识库管理、多维可视化展示、运行操作等功能，支持模型预览、过滤、搜索等操作；为支持用户快速地将模型应用于不同场景，需对模型在验证以及校正过程中产生的数据进行管理，具体包括验证对象、验证特征、验证结果等验证信息以及校正对象、校正参数、校正结果等校正信息，这些信息将有助于模型应用于不同场景以及指导后续相关模型的构建。

在数字孪生模型的实际构建过程中可能不需要全部包含以上 6 个过程，需根据实际应用需求进行相应调整。

3. 智能建造多维度数字孪生模型构建

1）时间维数字孪生模型

时间维数字孪生模型的建立，包括按照时间跨度划分的 3 个阶段：设计阶段、施工阶段、反馈修正阶段。

在设计阶段，建立理论 BIM 模型与理论有限元分析模型，同时引入大数据技术进行数据收集、挖掘，构建模型循环修正体系；

在施工阶段，为施工模拟、施工方案比选等提供指导，物理空间利用传感器采集包含对象物理信息的实时数据，并利用三维激光扫描仪建立包含对象几何信息的点云模型，二者经数据融合为实际监测模型。实际监测模型可作为施工阶段物理对象的实时映射，准确反映真实施工情况。此外，对于装配式建筑，通过 RFID 技术跟踪构件的生产、物流及装配过程，经过装配后的构件信息自动关联 BIM 设计模型中的构件，生成实时建造模型；

在反馈修正阶段，将点云数据链接到理论 BIM 模型中得到修正后的 BIM 模型，并提取新的关键节点坐标，得到修正有限元模型，二者共同作为修正模型，消除了实际施工误差，使得数字孪生模型更接近真实物理对象，如图 8-15 所示。

全生命周期内各模型的组合利用如图 8-16 所示。

2）信息维数字孪生模型

信息维数字孪生模型的建立是包含几何、物理、行为、规则模型在内的多种模型深度融合。

首先在虚拟空间中进行几何建模，反映物理实体的尺寸、大小、形状、位置关系等几何信息，形成三维模型。

然后通过安装在物理实体上的多类型传感器采集反映实体物理属性的信息，进行物理建模，包括应力、应变、疲劳、损伤等。

将采集到的物理属性信息与三维模型进行融合，并赋予模型行为与反应能力，进行行为建模，可以对建造过程中的人工操作或者系统指令作出相应的响应。

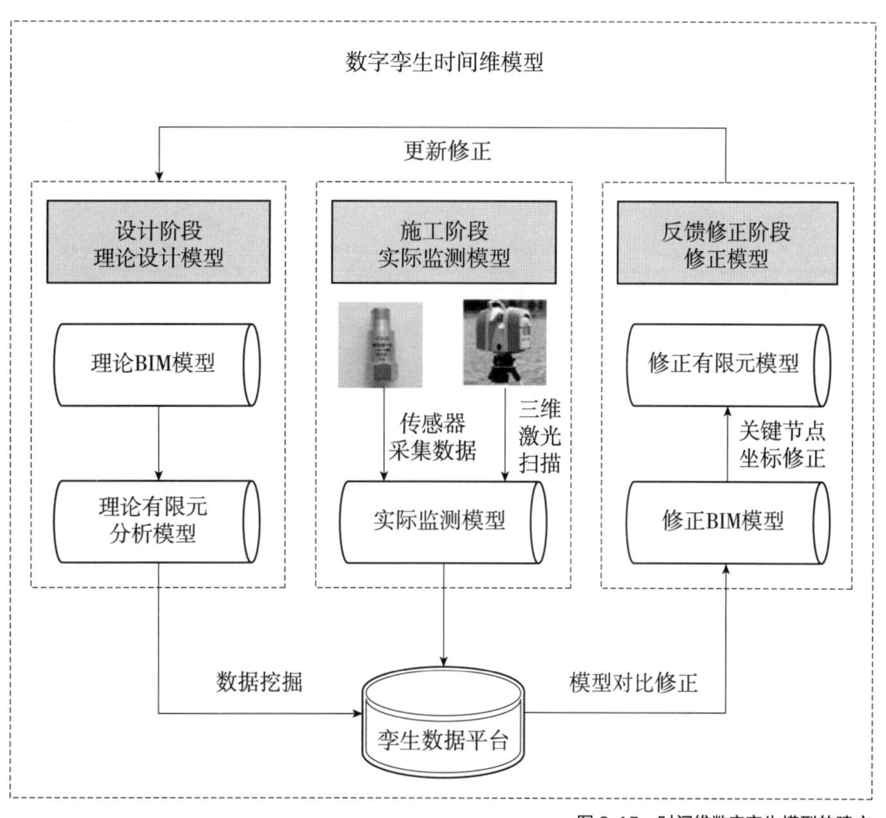

图 8-15　时间维数字孪生模型的建立

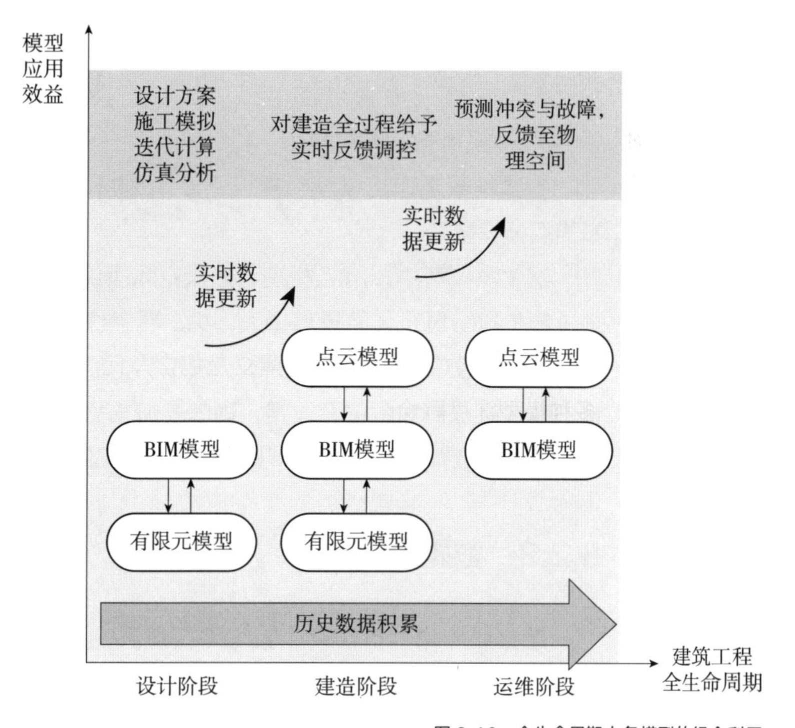

图 8-16　全生命周期内各模型的组合利用

最后，对建造物理实体的运行规律进行规则建模，包括评价规则、决策规则、预测规则等，并与行为模型进行关联，最终建立起信息维度的数字孪生模型，如图 8-17 所示。

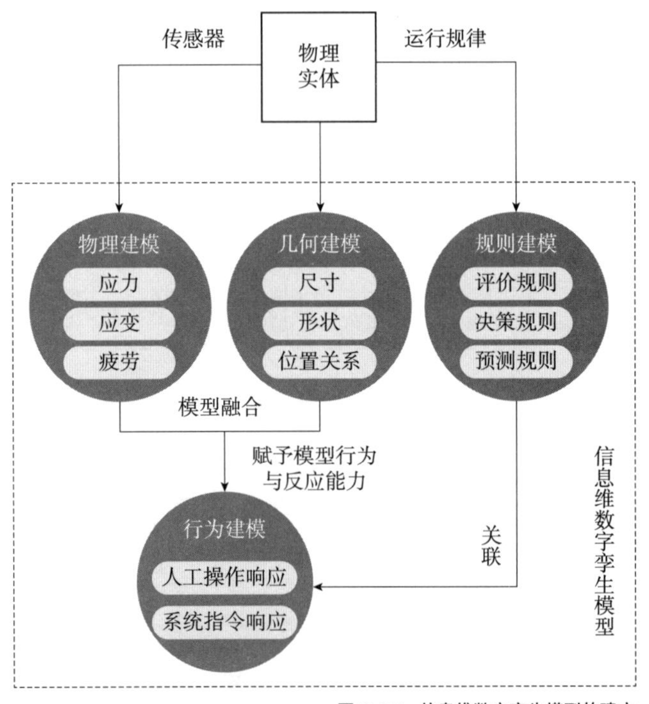

图 8-17 信息维数字孪生模型的建立

3）种类维数字孪生模型

种类维数字孪生模型包括但不限于 BIM 模型、有限元模型、三维激光扫描点云模型等。

这 3 类模型中，BIM 模型为虚拟空间提供可视化功能，将建造活动真实地进行模拟与展示，并提供了人、机、料、法、环全要素信息；有限元模型进行建造过程实时力学仿真分析，模拟结构的力学性能；三维扫描点云模型提供建造过程的实时位形数据，确保几何模型与物理对象的高度一致。三者相互融合形成数字孪生模型，如图 8-18 所示。

8.2.3 数据管理

采集和传输的数字孪生数据需要经历一系列阶段，包括数据存储、数据与模型的集成和融合、数据处理和分析以及数据可视化，以产生有用的信息。

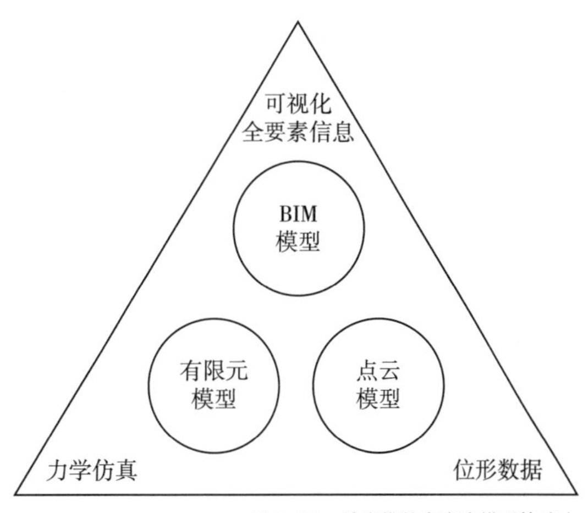

图 8-18　种类维数字孪生模型的建立

1. 数据存储

数字孪生数据是多源、大容量的数据，需要大数据存储技术。存储数据库的选择取决于海量数据的可访问性、可扩展性、高性能和管理能力。云数据库为计算应用程序提供了适应性强的特殊后端访问，因此云计算平台被广泛使用以进行数据存储。

云计算平台是基于硬件资源和软件资源的服务，提供计算、网络和存储能力。云平台根据功能可以划分为以数据存储为主的存储型云平台，以数据处理为主的计算型云平台以及计算和数据存储处理兼顾的综合云平台三类。其中，云存储通过网络技术和云计算技术将分散在网络中的大量信息与各种类型的存储设备，通过应用软件整合以进行协同工作，并提供对外数据存储与业务访问功能，如图 8-19 所示。

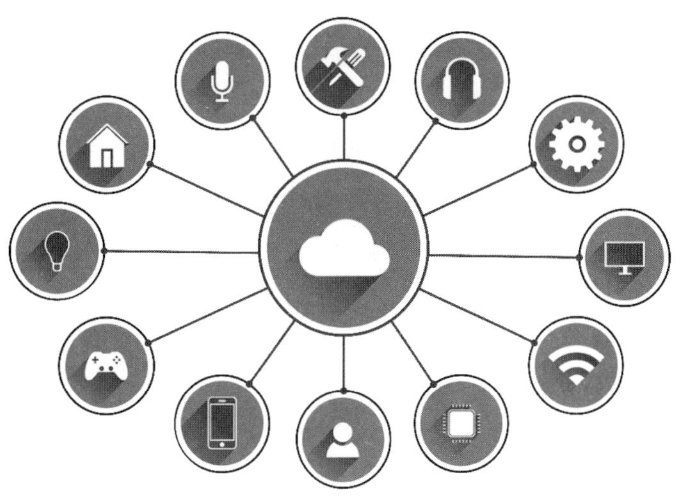
图 8-19　云计算平台

2. 数据与模型的集成和融合

来自物理和虚拟空间的各种数字孪生数据需要通过数据融合技术集成以提供人类可理解的推断，这包括将环境数据、机械数据、图像和视频数据等传感器数据集成到模型中，以反映虚拟模型中物理实体的实时状态。这需要使用技术来提供一个平台，用于托管包含传感器和模型数据的数字孪生。通过将定制的应用程序接口（Application Programming Interface，API）内置于3D模型软件平台中，实现数据的集成和融合，如图8-20所示。Unity跨平台技术是最常用的数据/模型集成平台，可以承载传感器和模型数据的数字孪生体。

图8-20　API集成

3. 数据处理和分析

利用先进的技术对数字孪生数据进行处理和分析，以获得有用的、可以支持数据应用和辅助决策的信息。在数据的处理和分析中，既包括简单的数据分析技术，例如测量值与目标值/阈值的比较、可见性分析、数值模型和基于规则的推理等，也包括高级的数据分析技术，其中机器学习是应用最多的数据处理技术。

除了机器学习，人工智能技术中的强化学习、深度学习、数据分析、数据挖掘、知识图谱等技术也被应用于数据处理和分析中，能够满足大规模数据相关的训练、预测及推理工作需求，为数字孪生提供了强有力的算力、算法支持，包括但不限于方差分析（Analysis of Variance，ANOVA）和支持向量机（Support Vector Machine，SVM）、马尔可夫模型（Markov Model）准备和人工神经网络（Artificial Neural Network，ANN）训练、Apriori 算法和复杂网络分析、马尔可夫链（Markov Chain）、累积和图（Cumulative Sum Chart，CUSUM Chart）算法以及机器学习和集成学习算法等。

这些技术和算法的应用为在实际问题中应用数据解决问题并辅助决策奠定了重要基础。

4. 数据可视化

在虚拟环境中将数据可视化是数字孪生的一个重要特点，经过处理的数字孪生数据最终以各种可视化形式直接提供给用户。数据可视化的方式有很多，在同一平台中往往有不止一种形式的数据可视化。

1）2D 数据可视化

数字孪生数据的呈现可以使用 2D 图形方法，主要以性能仪表板（performance dashboards）、颜色编码（color coding）和时间序列图形（time-series graphs）的形式体现，如图 8-21 所示。

2）三维建模软件数据可视化

三维建模技术是利用计算机技术对物体的空间结构以及特性进行展示的一种技术。一些三维建模软件在建筑领域被广泛应用，具有很好的可视

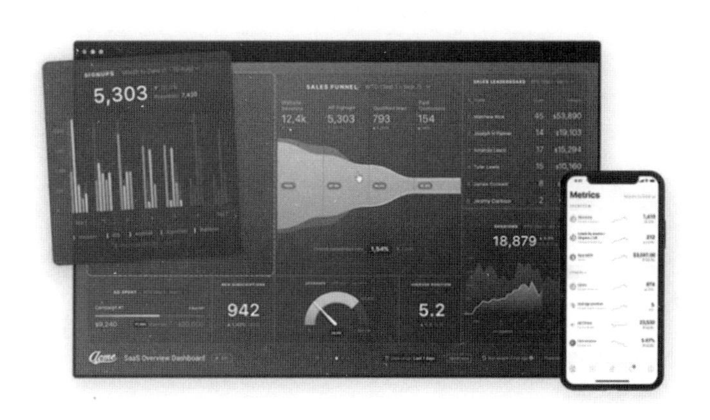

（a）

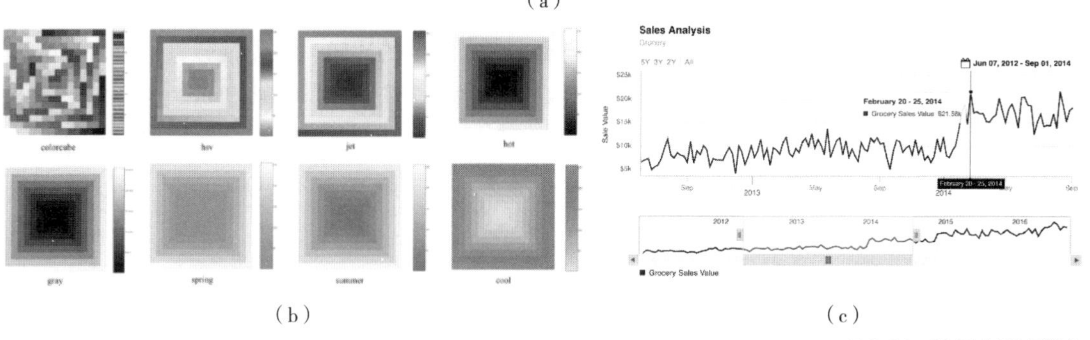

（b）　　（c）

图 8-21　2D 图形方法可视化
（a）性能仪表板；（b）颜色编码；（c）时间序列图形

图 8-22 三维建模软件可视化

化效果，如图 8-22 所示，包括但不限于 Autodesk Revit、Midas Gen 软件、Autodesk Navisworks 和 Autodesk Civil 3D 等，一些研究使用 Autodesk forge 在 BIM 模型中可视化传感器数据。

3）扩展现实技术数据可视化

扩展现实（XR）技术是数字孪生重要的可视化技术，通过计算机技术和可穿戴设备产生的一个真实与虚拟结合、可人机交互的环境，包括 VR、AR、XR 技术，如图 8-23 所示。

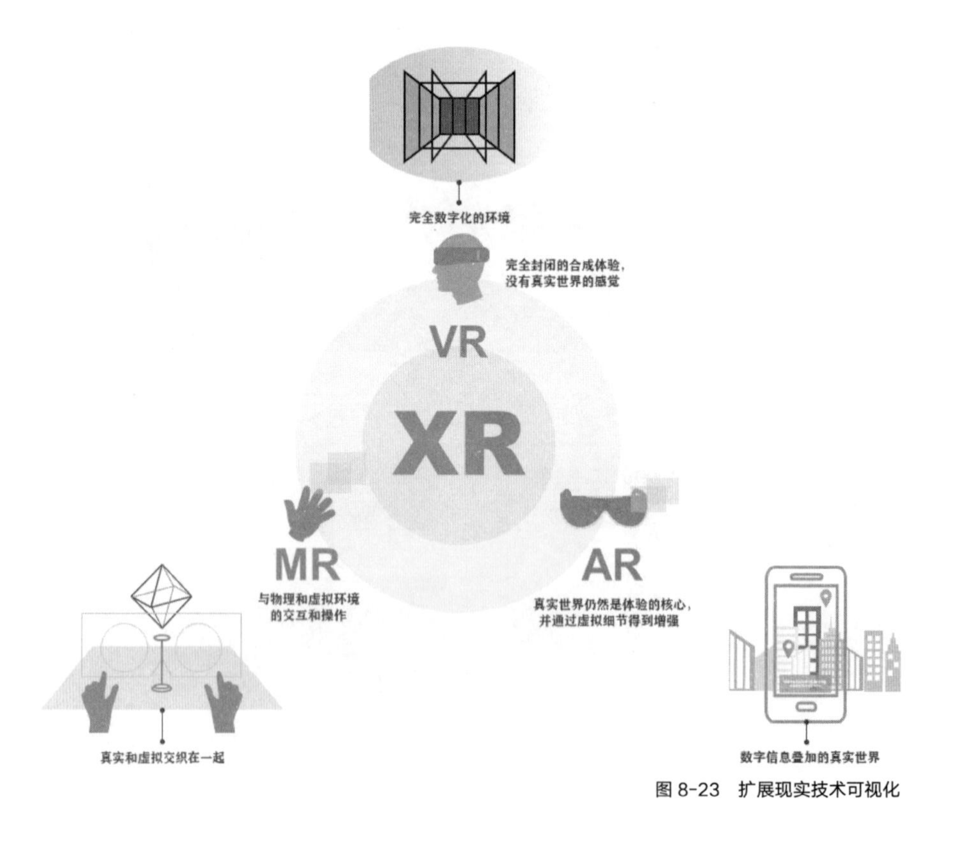

图 8-23 扩展现实技术可视化

4）游戏环境平台数据可视化

游戏环境平台，如 Unity3D 游戏引擎，具有强大的可视化能力，也用于可视化。

除此之外，也可以应用 Three.js 程序、Node-RED 仪表板等软件进行数据的可视化。

8.2.4 数据应用与辅助决策

数字孪生作为实现智能建造的关键前提，它能够提供数字化模型、实时的管理信息、覆盖全面的智能感知网络，更重要的是，能够实现虚拟空间与物理空间的实时信息融合与交互反馈，从而在认知描述、系统诊断、状态预测和辅助决策四个发展阶段对建造过程对应起到可视化呈现、智能诊断、科学预测、辅助决策四大方面的作用，数字孪生应用价值如图 8-24 所示。

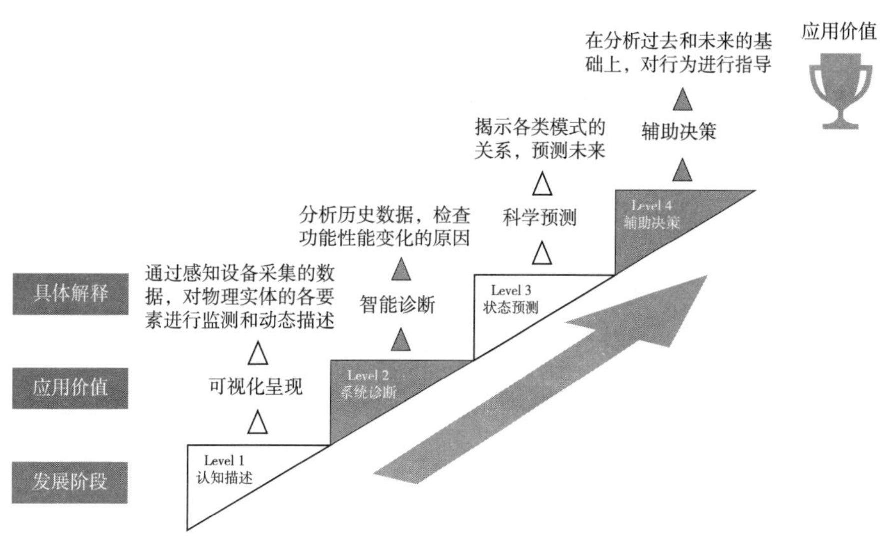

图 8-24 数字孪生应用价值

1. 可视化呈现

在认知描述阶段，数字孪生要对物理空间进行精准的数字化复现，并通过物联网实现物理空间与数字空间之间的虚实互动。由于虚拟数字空间中的模型是根据现实物理世界进行搭建的，因此可以通过 BIM 模型、有限元模型、三维点云模型等模型将建筑物实体的相关性能做可视化呈现，实现了现实同虚拟的一一映射。

这一阶段主要涉及数字孪生的物理层、数据层和模型层（尤其是机理模型的构建），最核心的技术是建模技术及物联网感知技术。通过 3D 测绘、几何建模、流程建模等建模技术，完成物理对象的数字化，构建出相应的机理模型，并通过物联网感知接入技术使物理对象可被计算机感知、识别。

2. 智能诊断

系统诊断阶段，在虚拟映射的基础上，由孪生模型中的数据层进行建筑物的信息处理，实现对建造过程中风险的智能诊断。

在这一阶段，数据的传递需要达到实时同步的程度。将数据驱动模型融入物理世界的精准仿真数字模型中，对物理空间进行全周期的动态监控，根据实际业务需求，逐步建立业务知识图谱，构建各类可复用的功能模块，对所涉数据进行分析、理解，并对已发生或即将发生的问题做出诊断、预警及调整，实现对物理世界的状态跟踪、分析和问题诊断等功能。

3. 科学预测

状态预测阶段的核心是由多个复杂的数据驱动模型构成的、具有主动学习功能的半自主型功能模块，这需要数字孪生做到类人一般灵活地感知并理解物理世界，而后根据理解学习到的已知知识，推理获取未知知识。实现了学习预测功能的数字孪生能通过将感知数据的分析结果与动态行业词典相结合进行自我学习更新，并根据已知的物理对象运行模式，在数字空间中预测、模拟并调试潜在未发觉的及未来可能出现的物理对象新运行模式。在建立对未来发展的预测之后，数字孪生将预测内容以人类可以理解、感知的方式呈现于数字空间中。

在建造领域，数字孪生模型可以根据获取的数据拟合出建筑物的性能函数，从而准确预测安全风险的影响程度以及引起风险的作用机理，保障了建造的科学性和可行性。

4. 辅助决策

到达辅助决策阶段的数字孪生基本可以称为是一个成熟的数字孪生体系。拥有不同功能及发展方向但遵循共同设计规则的功能模块构成了一个个面向不同层级的业务应用。这些能力与一些相对复杂、独立的功能模块在数字空间中实现了交互沟通并共享智能结果。而其中，具有“中枢神经”处理功能的模块则通过对各类智能推理结果的进一步归集、梳理与分析，实现对物理世界复杂状态的预判，并自发地提出决策性建议和预见性改造方案，并根据实际情况不断调整和完善自身体系。

数据驱动的数字孪生辅助决策过程可以总结为：在虚拟空间中建立数字孪生模型，将物理空间部署的采集感知装备获取的数据上传至数字孪生模型中，使得在数字孪生模型中模拟物理世界建造过程进行运转。基于数字孪生模型的真实模拟，在对现实数据和模拟数据进行综合分析后，可以结合建造过程中的相关性能限值，对建造过程进行指导，从而辅助施工，做出科学决策，在数字孪生模型中验证后反馈至物理空间，如图 8-25 所示。

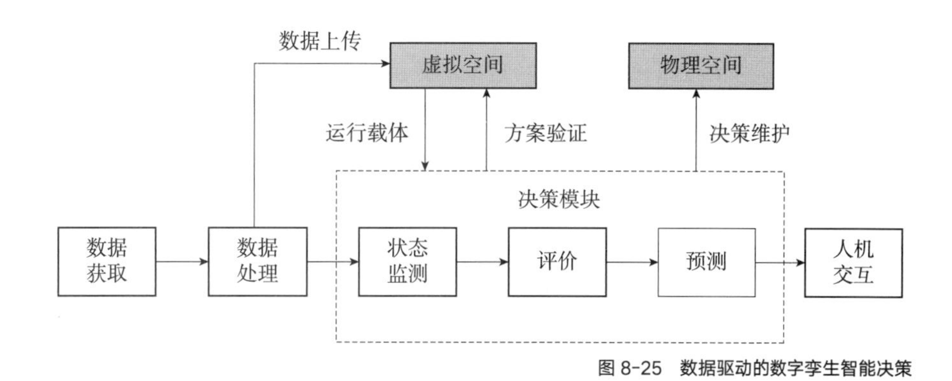

图 8-25　数据驱动的数字孪生智能决策

8.1 节详细介绍了数字孪生技术，其作为建造全周期数字化管理平台实现的重要技术基础，是连接虚拟与现实的技术桥梁；8.2 节则承接数字孪生技术，阐述了数据沿平台数字孪生技术框架并最终应用于建造管理与决策的过程。本节回归数字化管理平台本身，介绍了平台的基本概念、应用场景、优势、局限和未来。

8.3.1　数字化管理平台的基本概念

1. 数字化管理平台的概念

随着数字经济的蓬勃发展，各产业都在积极地进行数字化转型，建筑业依靠要素和投资驱动的发展模式已经难以为继，以数字化技术创新驱动的发展模式将成为发展的主流。数字化管理平台是赋能产业转型升级的新动能，通过数字化管理平台在数字世界中进行全数字化的虚拟设计与建造，再通过工业化的建造方式在物理世界中建造出实体建筑，改变传统建造模式，全面提升全产业链数字建造水平，推动我国由建造大国向建造强国迈进。

通过数字化管理平台的赋能，工程项目的建造方式将经历从实体建造向“虚拟建造 + 实体建造”的转变，每个项目都通过虚拟建造和实体建造的两次建造，实体建造与虚拟建造相互融合，通过“项目大脑”，将生产对象、生产要素、管理要素等通过各类终端进行连接和实时在线，并对设计、施工生产、商务、技术等管理过程加以优化，提高工程建造的管理效率、决策效率和整体运营效率，助力实现工程项目精益实体建造。

数字建筑平台作为建筑产业的互联网平台，将构筑起支撑产业数字化转型的“新基建”。它贯穿工程项目全过程，升级产业全要素，连接工程项目全部参与方，提供虚拟建造服务和虚实结合的孪生建造服务，系统性地实现全产业链的资源优化配置，实现生产效率最大化，赋能产业链各方，实现让每一个工程项目成功的产业目标，数字化管理平台业务架构如图 8-26 所示。

2. 数字化管理平台的特点

数字化管理平台以数字孪生为基础，通过数字技术建立工程项目全过程、全要素、全参与方的泛在连接；产业链各方通过平台协同，完成建筑的前期规划、设计、采购、生产、施工、使用和运维，更高效地实现全产业链的资源优化配置；基于数据驱动，提供智能化服务。概括来说，数字化管理平台的主要特征表现为：连接 + 协同 + 数智。

1）连接

基于工程物联网的万物互联。数字化管理平台以工程项目为中心，通过

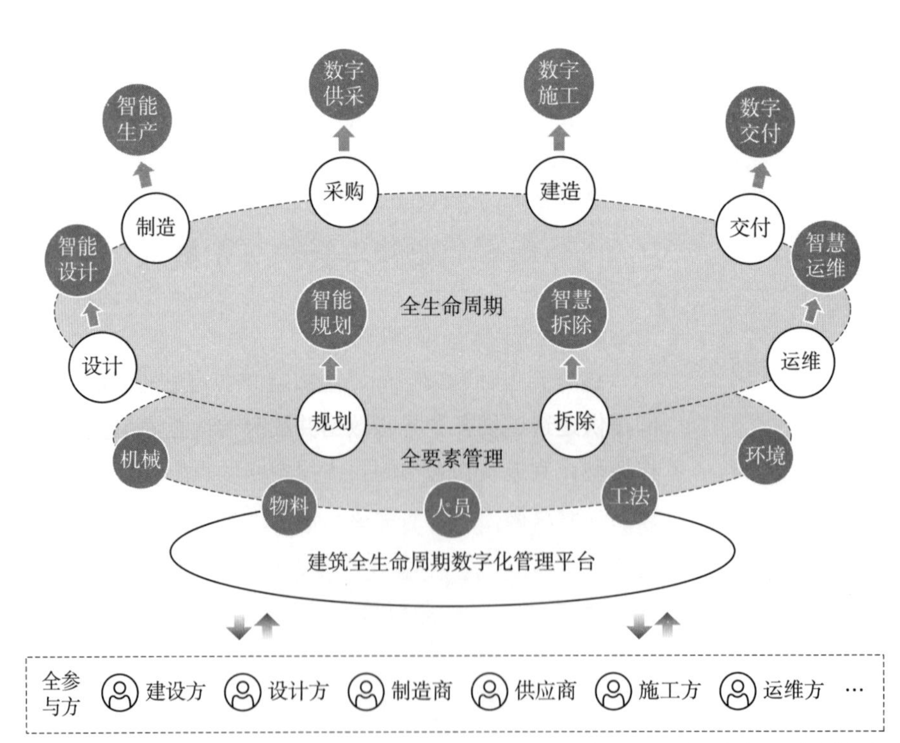

图 8-26 数字化管理平台业务架构

工程物联网构建起“人、机、料、法、环”等工程项目全要素的实时在线；通过数字项目集成管理平台实现工程项目全过程、全要素与全参与方的泛在连接；通过数字营销、个性定制等系统实现供给端与需求端的全面互联；最终形成数据驱动的项目、企业与产业之间弹性互补和高效配置的数字生态。数字建筑平台将实现从业单位数据、从业人员数据、工程项目数据、标准服务数据、信用征信数据等有效连接与整合，为建筑产业数据发掘与决策支持提供数据支撑。

2）协同

以工程项目为核心的多边网络协同。产业链各方通过平台协同完成建筑的前期规划、设计、采购、建造和运维，系统性地实现全产业链的资源优化配置。在设计阶段，设计各方通过平台进行协同设计，交付数字化样品；在交易阶段，利用平台进行供需智能匹配、征信互查与智能合约服务，重塑数字交易场景；在建造阶段，通过现场需求驱动工厂生产与现场安装，实现建造资源的有效配置；在运维阶段，利用数据对建筑物空间和设施设备进行实时控制，为用户提供个性化精准服务。

3）数智

数据驱动的智能服务。数字化管理平台将成为工程项目的智慧大脑和调度中心，通过部署物联网设备和现场作业各类应用系统，实现对项目生产对象全过程、全要素的感知与识别，通过“数据 + 算法”提供模拟推演、智能调度、风险防控、智能决策等智能化服务。

3. 数字化管理平台的架构

基于数字孪生五维概念模型和技术框架、智能建造的需求以及建筑数字孪生系统的特点，可以得到智能建造数字孪生的平台参考架构，如图 8-27 所示。在该架构中物理建造实体和虚拟建造实体虚实交互，通过建造对象全生命周期数据驱动实现智能设计、智能施工、智能运维等智能建造服务，辅助智能建造的实现，实现建筑全生命周期的管理。

该框架包括物理空间、虚拟空间、信息处理层、系统层四部分。物理空间提供建造过程多源异构数据并实时传送至虚拟空间；虚拟空间通过建立虚拟模型，完成从物理空间到虚拟空间的真实映射，实现对物理空间建造全过程的实时反馈控制；大数据存储管理平台接收物理空间与虚拟空间的数据并进行数据处理操作，提高数据的准确性、完整性和一致性，作为调控建造活动的决策性依据；基于数字孪生的数字化管理平台通过分析物理空间的实际需求，依靠虚拟空间算法库、模型库和知识库的支撑和信息层强大的数据处理能力，进行建筑工程数字孪生的决策与功能性调控。

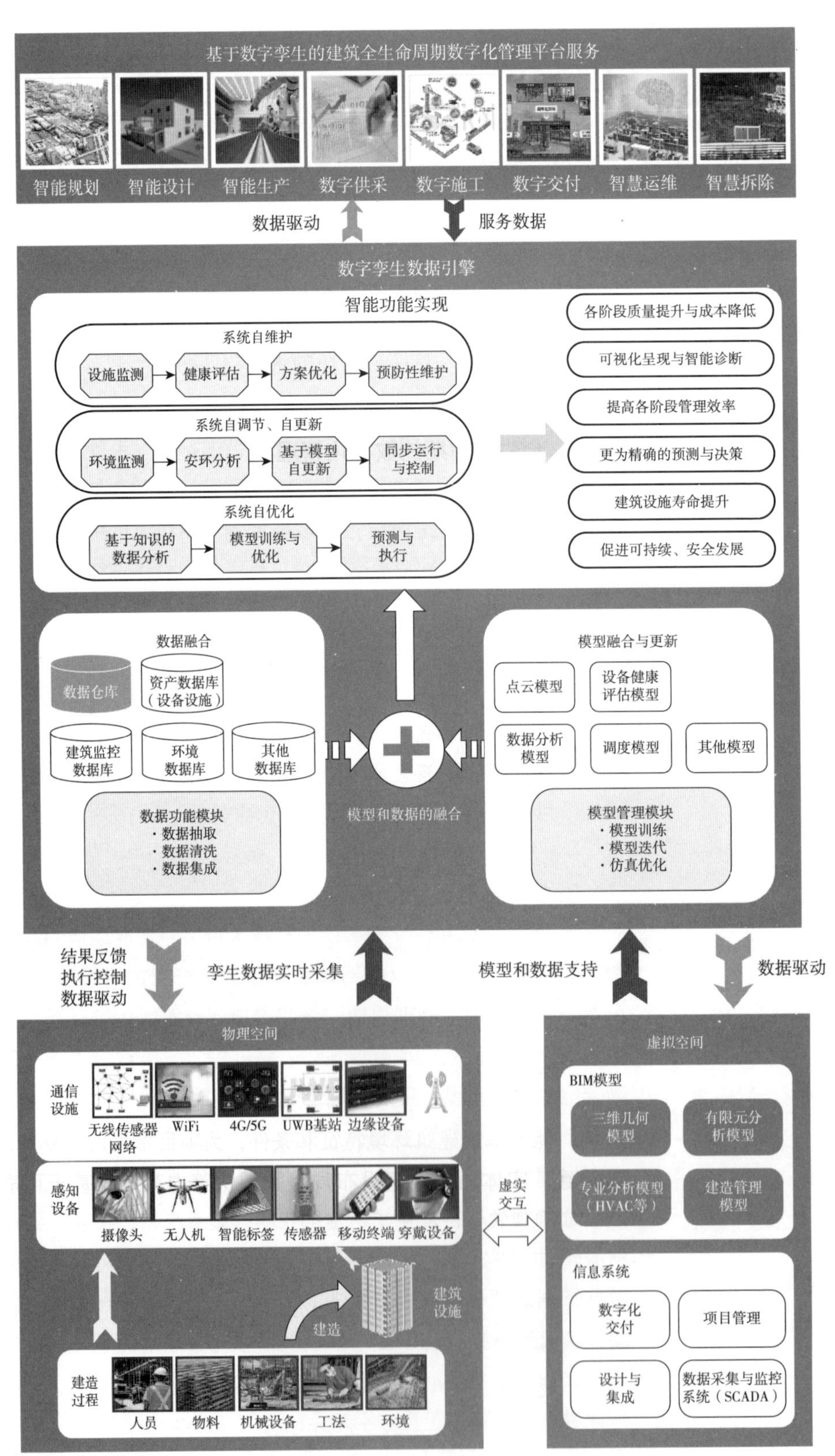
基于数字孪生的建筑全生命周期数字化管理平台服务
智能规划
智能设计
智能生产
数字供采
数字施工
数字交付
智慧运维
智慧拆除
数据驱动
服务数据
数字孪生数据引擎
智能功能实现
系统自维护
设施监测
健康评估
方案优化
预防性维护
系统自调节、自更新
环境监测
安环分析
基于模型自更新
同步运行与控制
系统自优化
基于知识的数据分析
模型训练与优化
预测与执行
各阶段质量提升与成本降低
可视化呈现与智能诊断
提高各阶段管理效率
更为精确的预测与决策
建筑设施寿命提升
促进可持续、安全发展
数据融合
数据仓库
资产数据库（设备设施）
建筑监控数据库
环境数据库
其他数据库
数据功能模块
· 数据抽取
· 数据清洗
· 数据集成
模型和数据的融合
模型融合与更新
点云模型
设备健康评估模型
数据分析模型
调度模型
其他模型
模型管理模块
· 模型训练
· 模型迭代
· 仿真优化
结果反馈
执行控制
数据驱动
孪生数据实时采集
模型和数据支持
数据驱动
物理空间
通信设施
无线传感器网络
WiFi
4G/5G
UWB基站
边缘设备
感知设备
摄像头
无人机
智能标签
传感器
移动终端
穿戴设备
建造
建筑设施
建造过程
人员
物料
机械设备
工法
环境
虚实交互
虚拟空间
BIM模型
三维几何模型
有限元分析模型
专业分析模型（HVAC等）
建造管理模型
信息系统
数字化交付
项目管理
设计与集成
数据采集与监控系统（SCADA）
图 8-27　智能建造数字孪生的平台参考架构

8.3.2 数字化管理平台的应用场景

工程项目作为建筑企业生产和经营活动的业务原点，其全要素（空间维度）、全过程（时间维度）、全参与方（人/组织的维度）场景的应用与升级是项目成功的关键。数字化管理平台通过软件和数据打造的数字生产线，赋予项目全生命周期新的内涵，推动工程建造过程从传统的实体建造，转变为全数字化虚拟建造和工业化实体建造；有效连接项目各方主体，打破相关企业边界，形成网络化与规模化的多方协同，驱动工程项目的全要素实现数字化和在线化，最终走向智能化。

1. 全生命周期的数字化管理

赋能全过程，提升生产效率。通过数字化管理平台的赋能，工程项目能够实现设计、采购、制造、建造、交付、运维等全过程一体化，提升产业链的生产效率。在设计阶段，参建各方通过平台进行全过程数字化打样，实现设计方案最优、实施方案可行、商务方案合理的全数字样品；在采购阶段，通过大数据、区块链等技术，构建数据驱动的数字征信体系，使整个交易过程透明高效；在制造和建造阶段，打造融合工厂生产和现场施工的一体化数字生产线，通过基于数字孪生的精益建造，实现工厂制造与现场建造的一体化；在运维阶段，通过大数据驱动的人工智能，自动优化设备、设施运行策略，为业主提供个性化精准服务。

1）数字化规划

建筑场景分析是研究影响建筑实体定位的重要因素，是明确建筑实体的空间方位和外观，建立与周边环境联系的过程。在初期规划阶段，建筑的各项环境条件都是影响设计的重要因素，需要基于对环境现状、施工配套及项目周边的交通情况等各类影响因素来进行综合分析。传统方法对项目分析存在如定量分析缺失、主观因素偏高、规模化数据信息处理困难等问题。结合城市信息模型（City Information Modeling，CIM），通过 BIM 与 GIS 的应用结合，能够基于建筑环境特征和条件，为项目建设前期制定最优的规划、物流路线、实体功能性建设布局等重要决策内容提供基于可靠数据的技术支撑，实现建筑设计和施工方案的优化。

项目顶层规划是对建设目标所处社会环境及相关因素进行逻辑分析，确定规划内容，并合理论证实现这一目标。采用数字孪生的方法，可以为项目顶层规划提供科学依据。利用 BIM 技术在空间分析方面的能力优势，可在项目顶层规划阶段中对标准和法规进行三维可视化的解读，提高方案的可读性和可理解程度。关于规划方案与建设方、业主方的沟通过程中以及对于方案的选择上，通过数字孪生的三维可视化数据分析手段，协助工程师完成关键性决策。BIM 应用的阶段性成果也能及时被调用，方便工程师随时与需求方进行沟通交流以便进一步完善方案，实现基于数字孪生应用融合的数据信息传递和事件追溯。

2）数字化设计

在智能建造的设计阶段，融合数字孪生技术可以实现建筑物的协同化设计。跨专业协同设计是数字化设计与快速发展的网络技术结合的一大趋势，数字孪生技术对于设计师们来说，不仅是三维可视化的设计工具，而且带来更多的对跨专业协同设计的模型和数据方面的技术支撑。在设计过程中，将建筑物的孪生模型融合虚拟现实技术及时预测和规避设计的不合理之处，提高设计精度，在施工过程中避免图纸的多次返工整改，保证施工质量和速度。利用专业的分析工具，对供暖通风与空气调节（Heating Ventilation and Air Conditioning，HVAC）等设计方案以可视化方法进行展示，并且在统一模型下进行集成和跨专业的验证。消除了建设方内部不同专业设计者之间、建设方和使用方之间因缺乏对传统设计图纸的理解能力而造成的交流障碍。

数字孪生系统基于 BIM 技术，大量不同专业的数据自动完成录入和分析处理，实现相应工程内容的精确计算和建筑物性能的准确评估，并分析验证建筑物是否满足设计规定和未来的可持续标准建造要求。对工程的定量化分析，是提高工程建设过程成本和时间控制能力的关键因素。

3）数字化制造

在数据驱动的智能工厂中，存在着一明一暗两条生产线，即物理生产线和数字生产线。在物理生产线，通过引入数控机床、机械手臂等先进生产设备，可以实现生产设备的自动化。在数字生产线，通过物联网、大数据分析、人工智能等数字技术的赋能，可以实现生产前的智能排程、生产过程中的智能调度等数字生产线自动化。通过数据流动自动化驱动生产设备自动化生产是智能工厂的生产逻辑，数据驱动、柔性自动化的精益生产是智能工厂的显著特征。对于生产出的构件，通过堆场优化、运输优化、构件跟踪等进行预制构件的过程管理，直至运至项目现场交付使用。

4）数字化建造

建造工程是一个动态过程，随着规模的扩大，复杂程度也随之提高，使项目管理变得极为复杂。基于数字化管理平台实现的项目数字化管理，可以更直观、精确地了解到整个项目实施的全生命周期。通过对施工现场“人、机、料、法、环”等各关键要素的全面感知和实时互联，并与云端的虚拟工地相互映射，构建虚实融合的智慧工地，通过岗位级的专业应用软件和各种智能机械、设备、机器人等对施工现场进行联动执行与协同作业，提升一线作业效能，实现对工程现场的精细化管控，如表 8-4 所示。

数字化建造应用点 **表 8-4**

应用点	具体应用
场地管理	通过数字孪生技术，能够将施工场内的平面元素立体直观化，以利于优化各阶段场地的布置
现场危险源辨识	辅助安全管理人员通过数字孪生环境预先识别各类危险源，从重复性、流程性的工作中解放出来，将更多的时间用于对安全风险的评估与措施制定等方面，提前在数字孪生环境中进行安全预控，在建造全过程中保障安全生产
技术交底	运用数字化三维可视化技术进行技术交底使施工单位快速了解工程的总体情况，施工、结构、机电工程和管道布置，减小了设计与施工之间的沟通难度，有利于工程的实施与推进 运用数字化三维可视化技术按照施工计划进行虚拟施工，并且可以模拟各专业施工工艺的关键程序，既有利于熟悉施工程序，又为成本控制、进度控制和质量控制提供可靠的依据
碰撞检查	运用数字孪生环境的碰撞检测功能，可根据各专业管道之间的冲突，设置无压管压力管道和大型管道与小型管道，以降低施工难度
项目物料追踪	根据 BIM 中的定量计算，可以精确采购，并且对物流供应过程进行跟踪管理，类似制造业的供应链管理。通过对物料和物流的数据采集和跟踪，保障材料按时、按质、准确地送达目的地
人员沟通	基于项目共享管理平台，能让项目实施的各方人员共同就项目方案进行沟通，及时排除风险隐患，减少项目变更数量，合理缩短工期，降低因设计协调产生的成本增加，提升实施现场的生产效率

5）数字化运维

在智能建造的运维阶段，融合数字孪生技术可以实现建筑物的智能运维管理，应用数字孪生理念，由包括虚拟模型数据和设备参数数据在内的各种数据库作为支撑，融合建筑结构和设备在运行和维护过程中产生的数据，形成建筑结构和设备的数字孪生体。由此实现建筑结构和设备实体与虚拟建筑结构和设备实体之间的同步反馈和实时交互，以达到对建筑结构和设备故障的准确预测与健康管理服务的目的。

数字孪生体记录了施工过程的数据以及管理数据，包括隐蔽工程数据信息，为建筑物运行维护提供支持。将 BIM 中包含的建筑信息和物料的完整信息导入资产管理系统，不必人工录入数据，减少系统初始化过程中数据准备方面的时间及人力成本。BIM 技术与 RFID 技术结合，借助 RFID 在资产跟踪定位方面的优势，呈现一个有序、可靠、可追踪定位的资产管理系统，大幅提高建筑资产管理水平和生产效率。这些信息为未来建筑物可能的翻新、改造、扩建工程提供有效的基本数据信息。利用数字孪生技术，可以对建筑物的各项功能进行模拟演练，实现如设备运行管理、能源管理、安保管理等功能，降低运营维护成本，真正做到用数据说话、用数据决策、用数据管理、用数据创新。例如，灾害的应急管理方面，可以结合灾害模拟分析软件，仿真灾害发生的全过程，有效分析灾害形成的内外因素，根据建筑特征制定避免灾害的措施和发生灾害后在特定场景中的人员疏散、救援支持等应急预案；当发生实际灾害时，利用感知数据和三维模型，可以及时掌握现场实际情况，为应对措施的科学决策提供支持。

2. 全参与方的数字化协同

连接全参与方，改进生产关系。在传统的业务模式下，设计、施工、运维各阶段是相对割裂的，参建各方都是利益的个体，相互之间是利益博弈的关系。数字化管理平台实现了各参建方之间不再受时间、地点限制的互动，提升了各方互动频率，促进了各方不断升级产品和服务，围绕工程项目，形成利益共同体。为将来平台赋能下的数字项目集成交付模式打破项目各方之间的组织藩篱，形成以项目建成为目标的利益共同体，真正实现项目的信息共享以及跨职能团队的高效协作奠定基础。

3. 全要素的数字化管理

升级全要素，配置生产资料。数字时代，数据将成为重要生产要素，通过数字化管理平台对工程项目“人、机、料、法、环”等各关键要素的数字化，实现工程现场的全面感知和实时互联，并与云端的数字虚拟工地相互映射，构建数字孪生的智慧工地。在物理空间中，通过“传感器感知＋人工采集”的方式，收集生产要素过程数据，并将其映射到数字空间进行描述，然后通过数据驱动的人工智能对各生产要素数据进行诊断，发现问题，并给出决策建议，利用控制器及数字空间位置的精准定位，完成对物理空间中生产要素的智能决策支持，实现透明化的人员管理，智能化的机械设备管理，可追溯的物资材料管理，技术、进度、质量、安全上综合的现场管理和全方位的环境监控。

8.3.3 管理平台建设的优势与未来

1. 优势

通过数字建筑平台，以客户为中心，连接需求端和供给端，打造全过程、全要素、全参与方的数字生产线，实现全数字化样品、工业化建造和智慧化运维，持续推动产品创新、业务创新、组织创新，从而应对不确定性风险，进而构建强大的新企业优势，全面提升生产力，助力建筑企业“多、快、好、省、优”，实现工程项目成功。

1）多：资源高效配置，多项目集约化管理

企业通过数字化转型，充分优化企业资源配置效率，基于数据驱动进行科学决策，实现企业多项目集约化管理。

2）快：大幅度缩短项目工期

企业通过数字化转型，先模拟再施工，零成本试错，实现设计方案最优、施工方案可行、经济方案合理，提升生产效率，减少窝工、返工和变更。实现按期交付，甚至进度提前的目标。

3）好：实现建造过程“零”质量缺陷、“零”安全事故，交付工业级品质的建筑产品

企业通过数字化转型，充分满足客户需求，精益化项目管理，提升工程质量，降低安全事故。在工程现场，借助数字项目大脑的AI，对上百万张影像和现场照片进行智能识别，杜绝安全事故，消除质量缺陷。数字孪生技术的模拟和预测功能还可以帮助建筑物管理者更好地对安全问题进行快速反应和预处理，提高安全保障，加强生产过程的可控性，最大化地降低了施工过程可能造成的风险。

4）省：降低建造成本，减少碳排放量

通过数字化转型，实现节本降耗，最大化减少浪费，提高企业利润。

通过对建筑物的各项参数进行精确分析和预测，实现建筑物的全寿命周期管理，从而降低运营成本和维护费用。

通过对建筑物的不同参数进行模拟和预测，实现建筑物资源利用和环境控制的最优化管理，使建筑物的可持续性得到进一步提升，帮助建筑物管理者更好地利用资源和节约能源，实现绿色建筑的目标。

5）优：优化用户体验

帮助实现建筑物的个性化和多样化需求，提高用户体验。在实现建筑物智能化的过程中，数字孪生技术可以帮助实现建筑物与公众的互动和参与，从而实现更好的信息共享和对话。

2. 局限

数字孪生在建筑建造领域尤其是在工程建设设计和施工阶段的应用仍面临一些困境，导致平台的建设存在一定局限。

1）数字孪生与实际建筑物的差异

建筑物是一个非常复杂的系统，数字孪生需要包含大量实际建筑物的场景和状态。然而，由于建筑物的复杂性和实际环境等因素，数字孪生很难完全呈现实际环境，这导致数字孪生可能存在与实际建筑物的差异问题。

2）平台建设缺乏系统性考量

在数字孪生工具和平台建设方面，当前的工具和平台大多侧重某些特定的方面，缺乏系统性考量；从兼容性的角度看，不同平台的数据语义、语法不统一，跨平台的模型难以交互；从开放性的角度看，相关平台大多形成了针对自身产品的封闭软件生态，系统的开放性不足；从模型层次来看，不同

的数字孪生应用场景，由不同的机理和决策模型构成，在多维模型的配合与集成上缺乏对集成工具和平台的关注。

3）行业基础知识库内容匮乏

从系统层级看，数字化、标准化、平台化的行业基础知识库内容匮乏；目前知识库的数据结构和模型没有统一的标准，多模型互操作难，层级之间的基础知识库互联互通障碍；基础知识库的整体架构有待探索，企业知识内化的数字化不足，使基础数据采集困难导致后期的数据提炼、分析到产生知识的结果欠佳，企业内部知识平台建设滞后。大量传统非数字化的基础知识转化为数字形态存在结构化、传承性、规划性的缺失。

4）系统和数据安全性难以保证

实现数字孪生技术的应用，在数据传输过程中会存在数据丢失和网络攻击等问题，在数据存储中，会涉及海量的生产管理数据、生产操作数据和工厂外部数据等，这些数据可以存储在云服务端、生产终端或服务器，数据存储的安全问题均有引发数据泄密的可能。在数字孪生制造系统中，由于虚拟控制系统本身可能会存在某种未知安全漏洞，易受外部攻击，导致系统紊乱，致使向物理制造空间下达错误的指令。

5）系统集成行业应用标准缺失

当前各个行业的大量软硬件系统由国外企业提供，工业软件、仿真技术由国外人才主导，致使国内企业使用时存在通信协议及标准不统一、不开放，数据采集难、系统集成差等诸多问题，为我国数字孪生快速发展和融合应用造成较大困扰。各行业应用数字孪生缺乏标准的指导与参考。虽然一些国际技术委员会、工作组等组织正在开展数字孪生标准体系的研究，但尚未有统一的数字孪生具体应用标准发布，这导致了在系统集成时会存在较大难题。

6）多系统融合推进任重道远

数字孪生面临的是物理世界的多系统挑战。据不完全统计，我国制造业设备的数字化率还不到 50%，局域联网率仅 40% 左右，可接入广域网约为 20%，因此，底层 OT（Operational Technology，操作层面的技术）跟 IT（Information Technology，信息技术）的深度融合仍然任重道远。当然，企业管理及其机制也是制约因素之一，企业内部业务集成度较低，企业与企业之间协调难度大，即使引入信息化技术也难以实现资源的优化配置，在一定程度上影响数字孪生的融合应用。目前的传感器技术在实时性、同步性和容错性等方面尚不满足数字孪生需求。在数据的实时传输方面，TCP/IP 等网络传输协议可能会造成数据丢失，进而影响数字孪生在虚拟空间的可信度和可靠性。如何开展高效、精确的大数据分析，实现知识的高效管理、智能分析和可靠决策，也是一个需要进一步解决的问题。

3. 未来

建筑产业的数字化转型是一个不断深入和演进发展的过程，在数字化管理平台的赋能下，建筑全生命周期数字化管理平台将推动建筑产业“四层”变革。首先进行岗位作业层的数字化，提升各岗位作业层的效率和质量；然后将生产、商务、技术等工程项目管理各条“线”数字化，实现项目的精益管理；再将企业层的业务流、信息流、资金流等分别打通，优化产业链的资源配置，实现企业的集约化经营；最后构建监管服务平台和监管体系，提供健康市场监管、高效现场监督、健康征信体系、系统劳务培训等监管服务。

1）赋能岗位层高效作业，提升效率

岗位层数字化是工程项目数字化的基础支撑，在项目施工过程中，围绕项目“人、机、料、法、环”等主要生产要素的管理，平台推动人员管理、机械管理、物资管理、方案和工法模拟等岗位作业的数字化，提升各岗位层的效率和质量，保障工程项目建设的高效实施。

2）驱动项目层精益管理，提高效益

工程项目是建筑产业的业务原点，工程项目的成功是产业可持续健康发展的根本。平台将实现对生产要素和作业过程的实时、全面、智能的监控和管理，业务数据汇聚形成项目管理数据中心，助力作业层对项目进度、成本、质量、安全等业务实现精细化管理，基于现场实时数据和管理活动数据以及历史数据，利用数据驱动的人工智能，有效支撑项目管理层实现智能化决策。

3）推动企业集约经营，提升竞争力

企业是产业发展的核心主体，通过数字化使企业管理的广度、深度、精度、效率不断得到提升，重塑企业的组织，打破企业边界和区域边界的限制，提升企业资源配置能力，加大管理跨度，缩短管理半径。利用数字建筑平台，促进企业的价值链融合和改造，催生商业模式的创新，充分实现需求方与供给方端到端的连接。企业的经营决策将更加依赖基于数据驱动的科学决策，及时有效地对项目进行管理和服务，实现企业集约化经营和项目精益化管理。

4）促进行业层数字化治理，提高治理水平

基于平台汇聚的海量业务数据，助力政府行业监管部门构建监管服务平台和监管体系，通过实施健康市场监管、高效现场监督、健康征信体系、系统劳务培训、多样化增值服务等方式，以数据创新应用为驱动，以数据整合和挖掘为手段，服务于整个行业，大幅提升市场治理与服务水平，最终实现宏观态势清晰可见、监管政策及时准确、公共服务精准有效的行业发展格局，全面达成“理政、监管、服务”三个层面的创新发展。

本章小结

随着工程项目的规模与复杂度提高，建筑建造领域对数字化、智能化的需求与日俱增。数字化管理平台作为智能建造装备中“大脑”一般的存在，在整个工程项目建设过程中发挥着重要的作用，成为决策的中心。本章共有3节，8.1节介绍了数字化管理平台的重要基础技术，即数字孪生技术的相关内容，包括其发展历程、概念内涵、关键技术以及技术架构，数字孪生技术作为平台建设的关键技术，对平台功能的实现起到了重要的作用；8.2节介绍了基于数字孪生技术架构，数据从物理空间经由数据采集和通信、数据建模、数据管理，并最终应用于数字化管理，辅助进行建造管理决策的数据驱动全过程；8.3节回归数字化管理平台本身，介绍了数字化管理平台的基本概念、应用场景、优势、局限和未来。

思考题

8-1 为什么数字化管理平台在智能建造装备中的作用被认为相当于人体的“大脑”？

8-2 为什么数字孪生能被作为关键技术应用到数字化管理平台的建设中？

8-3 数字孪生与数字孪生体的区别是什么？

8-4 作为智能建造领域的重要概念，BIM并没有确定的定义，数字孪生也没有统一的定义，两者没有公认定义的原因分别是什么？它们相同吗？

8-5 信息和模型是BIM技术的核心，BIM管理是以数字技术支撑的对建筑环境全生命周期管理。数字孪生技术也重视信息（处理数据得到信息）和模型，并强调实现全生命周期的管理。BIM技术和应用在建筑领域与数字孪生技术的区别是什么？

8-6 为什么将BIM作为数字孪生技术应用于建筑建造领域的重要基础？

8-7 信息物理系统（Cyber-Physical Systems，CPS）是一个综合计算、网络和物理环境的多维复杂系统，通过3C（Computer、Communication、Control）技术的有机融合与深度协作，实现大型工程系统的实时感知、动态控制和信息服务。CPS和数字孪生的区别是什么？

8-8 8.2节描述了数据从数据采集阶段到最终辅助进行决策，在数字孪生框架，也是数字化管理平台中流转的整体过程。数字孪生的最高目标是实现以虚控实，因此，辅助决策或许是数字化的终点，但并不总是平台功能的终点，真正的智能化的终点会回到建筑建造本身。你认可这种说法吗？你是怎么认为的？

8-9　数字化管理平台的功能是固定的吗？平台功能的差异化是如何实现的？

8-10　建筑作为特殊的工业产品，一直与其他工业产品有着较大的差异，建筑业可以被看作是一种特殊的离散型制造业，但其发展并不能完全仿照制造业。数字孪生技术在制造业中的应用是最广泛、最成熟的，其他领域往往都在跟随制造业的步调进行适当的调整与应用。建筑行业是世界上数字化程度最低的行业之一，将数字孪生技术应用在建筑领域与在制造业的应用有何差异？建筑领域的数字化管理平台又与其他产品的数字化管理平台有何不同？

本章参考文献

[1] 陆剑峰，张浩，赵荣泳．数字孪生技术与工程实践 模型＋数据驱动的智能系统[M]. 北京：机械工业出版社，2022.

[2] 杜修力，刘占省，赵研，等．智能建造概论[M]. 北京：中国建筑工业出版社，2021.

[3] 陶飞，张萌，程江峰，等．数字孪生车间——一种未来车间运行新模式[J]. 计算机集成制造系统，2017，23（01）：1-9.

[4] 陶飞，刘蔚然，刘检华，等．数字孪生及其应用探索[J]. 计算机集成制造系统，2018，24（01）：1-18.

[5] 陶飞，刘蔚然，张萌，等．数字孪生五维模型及十大领域应用[J]. 计算机集成制造系统，2019，25（01）：1-18.

[6] 陶飞，张贺，戚庆林，等．数字孪生模型构建理论及应用[J]. 计算机集成制造系统，2021，27（01）：1-15.

[7] 张霖．关于数字孪生的冷思考及其背后的建模和仿真技术[J]. 系统仿真学报，2020，32（04）：1-10.

[8] 赵敏．探求数字孪生的根源与深入应用[J]. 软件和集成电路，2018，（09）：50-58.

[9] 刘占省，刘子圣，孙佳佳，等．基于数字孪生的智能建造方法及模型试验[J]. 建筑结构学报，2021，42（06）：26-36.

[10] 刘占省，史国梁，孙佳佳．数字孪生技术及其在智能建造中的应用[J]. 工业建筑，2021，51（03）：184-192.

[11] 王巍，刘永生，廖军，等．数字孪生关键技术及体系架构[J]. 邮电设计技术，2021，（08）：10-14.

[12] 尤志嘉，郑莲琼，冯凌俊．智能建造系统基础理论与体系结构[J]. 土木工程与管理学报，2021，38（02）：105-111+118.

[13] 本刊编辑部．建造全过程智能化管控平台 塑造全新数字竞争力[J]. 中国建设信息化，2022，（20）：14-17.

[14] 刘刚．数字建筑平台构筑产业数字化转型“新基建”[J]. 中国勘察设计，2020，（10）：31-34.

[15] 广联达科技股份有限公司．数字建筑平台为工程项目“赋能”[J]. 中国勘察设计，2019，（09）：26-33.

[16] 刘创，周千帆，许立山，等．“智慧、透明、绿色”的数字孪生工地关键技术研究及应用[J]. 施工技术，2019，48（01）：4-8.

[17] 金明堂．数字孪生在智慧建筑中的应用探索 [J]. 建设监理，2021，(06)：8-10+5(
[18] VALERIAN V T，JOSEPH H M T，FONBEYIN H A. Technologies for digital applications in construction[J]. Automation in Construction. 2023，152 (Aug. 104931.1-104931.19.
[19] SHAFTO M，CONROY M，DOYLE R，et al. Modeling，simulation，information technology and processing roadmap[R]. Washington，D.C.：National Aeronautics and Space Administration，2010.
[20] GRIEVES M. Intelligent digital twins and the development and management of complex systems[J]. Digital Twin. 2022，2：08.
[21] Automation Systems and Integration-Digital Twin Framework for Manufacturing-Part 1：Overview and General Priciples：ISO 23247-1：2021[S/OL]. [2023-08-10] https：//www.iso.org/standard/75066.html.
[22] GRIEVES M，VICKERS J. Digital twin：Mitigating unpredictable，undesirable emergent behavior in complex systems[M]// Transdisciplinary Perspectives on Complex Systems：New Findings and Approaches. Cham：Springer International Publishing，2017：85-113.
[23] 刘继强，张育雨，王雪健．基于数字孪生的城市轨道交通建造智慧管理研究 [J]. 现代城市轨道交通，2021，(S1)：120-125.
[24] 齐宝库，李长福．基于 BIM 的装配式建筑全生命周期管理问题研究 [J]. 施工技术，2014，43 (15)：25-29.
[25] 沈娟斐，李超，陈岳飞．数字孪生在建筑工程领域的应用 [J]. 中国检验检测，2022，30 (03)：6-10.
[26] 中国电子技术标准化研究院．数字孪生应用白皮书 2020 版 [R]. 北京：中国电子技术标准化研究院，2020.
[27] 工业互联网产业联盟．工业数字孪生白皮书 (2021) [R/OL]. (2021-12-06) [2023-08-10]. https：//www.aii-alliance.org/index/c318/n2681.html.
[28] 林楷奇，郑俊浩，陆新征．数字孪生技术在土木工程中的应用：综述与展望 [J]. 哈尔滨工业大学学报．2024，56 (01)：1-18.
[29] 张栋樑，王永志，廖少明，等．土木建筑数字孪生建造技术研究进展 [J/OL]. 施工技术 (中英文). 2023，1-14 [2024-07-25]. http：//kns.cnki.net/kcms/detail/10.1768.tu.20230113.0935.002.html.
[30] 数据管理自习室．智慧建造数字孪生：几何、数值、逻辑的孪生 [EB/OL].(2023-06-28) [2024-07-25].http：//www.clii.com.cn/lhrh/hyxx/202307/t20230703_3957391.html.
[31] 王进峰，问丛川，花广如．面向概念、技术与应用的数字孪生综述 [J]. 中国工程机械学报，2023，21 (02)：112-116+133.
[32] 阴艳超，李旺，唐军，等．数据—模型融合驱动的流程制造车间数字孪生系统研发 [J]. 计算机集成制造系统，2023，29 (06)：1916-1929.